松辽盆地长岭断陷
火山岩气藏勘探开发实践

俞 凯 刘 伟 沈阿平 秦学成 等编著

U0325763

中国石化出版社

图书在版编目(CIP)数据

松辽盆地长岭断陷火山岩气藏勘探开发实践 / 俞凯等编著. —北京：中国石化出版社，2014. 12
ISBN 978-7-5114-2974-2

Ⅰ. ①松… Ⅱ. ①俞… Ⅲ. ①松辽盆地-断陷盆地-火山岩-岩性油气藏-油气勘探-研究 Ⅳ. ①P618. 130. 8

中国版本图书馆 CIP 数据核字(2014)第 268447 号

未经本社书面授权,本书任何部分不得被复制、抄袭,或者以任何形式或任何方式传播。版权所有,侵权必究。

中国石化出版社出版发行

地址:北京市东城区安定门外大街 58 号
邮编:100011 电话:(010)84271850
读者服务部电话:(010)84289974
http://www. sinopec-press. com
E-mail:press@ sinopec. com
北京科信印刷有限公司印刷
全国各地新华书店经销

*

787×1092 毫米 16 开本 19. 5 印张 476 千字
2015 年 1 月第 1 版 2015 年 1 月第 1 次印刷
定价:76. 00 元

序

十二年前，作者曾拿《松辽盆地南部断陷层系石油天然气地质》一书让我作序，认真阅读后，我为作者敢于在松辽盆地这样高勘探程度区，把晚侏罗世到早白垩世裂谷盆地作为新的油气勘探目的层系的勇气所折服，欣然作序。十二年后的今天，我又见到作者经过松辽盆地南部十余年油气勘探开发的实践，编撰完成的《松辽盆地长岭断陷火山岩气藏勘探开发实践》一书。该书集理论探讨与实践总结于一体，对松辽盆地南部长岭断陷营城期火山岩气藏成藏演化历程、主要控藏因素与伴生 CO_2 气的成因类型等问题从地质认识和技术进步的双重角度进行了系统而独特的剖析，体现了四个方面特点：

一、以松辽盆地南部长岭断陷为实例，从断陷生成、发展、演化入手，深入分析了火山岩气区构造及断裂系统的演化特征

长岭断陷火山岩气区构造及演化特征与松辽盆地及中生代大地构造背景的发展、演化过程密切相关。受欧亚古陆与环太平洋构造域演化的动力控制，三叠纪以来松辽盆地经历了热隆张裂、裂陷、坳陷和萎缩褶皱四个发展演化阶段，裂谷作为断陷盆地发育的早期阶段是断陷盆地演化的基础，坳陷盆地作为断陷盆地演化的晚期阶段是断陷盆地的演化结果，萎缩褶皱使松辽盆地整体抬升大面积遭受剥蚀，坳陷和萎缩褶皱阶段导致松辽盆地构造反转定型。作者论述了断陷盆地的发展演化与大地构造背景的成生联系，阐述了长岭断陷的断裂构造格局与构造样式及其对火山岩分布的控制作用。

二、通过对长岭断陷烃源岩成因及热演化特征的分析，精细表征了火山岩储集体展布特点，论述了火山岩气藏储盖组合及油气输导体系

长岭断陷广泛发育侏罗系火石岭组、白垩系沙河子组、营城组和登娄库组四套烃源岩，由于沉降速度快，沉积建造厚，烃源岩发育，有机质丰富，因此，断陷层系具有雄厚的油气生成的物质基础。受断陷构造格局控制和强烈的火山活动影响，主力烃源岩沙河子组和营城组有机质热演化程度较高，主要以生气为主，为长岭断陷深层火山岩气藏提供了丰富的气源。断陷层系油气储集条件及其封盖条件发育，不整合面、断裂破碎带、构造裂缝带等是天然气输导运移的通道，溢流相流纹岩和爆发相凝灰岩是天然气有利的储集体，广泛发育的登娄库及泉头组等泥岩盖层、致密火山岩盖层等是天然气聚集保存的有效封存箱，生、储、盖、运和火山岩圈闭的有效配置构成了营城组火山岩的立体成藏系统。

三、探讨了长岭断陷含碳天然气藏的成因，重点阐述了火山岩气藏成藏规律、成藏模式及成藏的主控因素

长岭断陷营城组火山岩气藏天然气 $\delta^{13}C_1$ 值大于-30‰及烷烃气碳同位素的倒转特征，应属于无机与有机混合成因。有机成因部分是Ⅲ型腐殖型干酪根热裂解成因的煤型气，无机成因部分是成藏后的构造改造中无机成因天然气的混入，CO_2 主要是无机成因。与火山岩有关的圈闭是断鼻构造与火山岩体叠合形成的复合圈闭。长岭断陷营城组火山岩气藏具有多期成藏特征，表征为登娄库—明水末期构造反转定型，嫩江末期煤型气充注成藏，嫩江末期到四方台早期构造改造，油型气和幔源 CO_2 气体充注的成藏模式，"断裂"和"岩相"是成藏主控因素。因此，解剖长岭断陷不同构造带的天然气藏，建立不同火山岩机构的成藏模式，对深入开展长岭断陷的油气勘探具有重要意义。

四、针对火山岩气藏特点，大胆实践，形成了一套集约化的火山岩天然气藏勘探开发的配套工艺技术

火山岩气藏具有同其他气藏所不同的特殊性，这一特点决定了要有效勘探开发火山岩气藏，必须形成火山岩气藏勘探开发的配套工艺技术。作者在松南气田的勘探开发实践中，充分汲收国内外先进的勘探开发理念和技术，博采众长，集成了包括火山岩岩性识别、火成岩体形态描述、火成岩形成期次综合判断、火山岩岩相分析、火山岩层裂缝特征及预测、裂缝性储层综合评价、火山岩气藏描述与三维地质建模研究及火山岩含碳天然气藏的测试评价、火山岩储层的水平井欠平衡钻井、完井和深井排水采气工艺、火山岩气藏 CO_2 防腐工艺、含碳天然气脱碳工艺等火山岩气藏的勘探开发配套工艺技术，为此类特殊天然气藏的勘探开发提供了成功范例。

总之，该书较为完整系统地概括了长岭断陷天然气的生成、演化、运移输导特征，研究了营城期火山岩体天然气分布规律及成藏模式，是一部理论和实践价值较高的学术著作，它的出版发行必将推动和促进松辽盆地乃至整个东部裂谷盆地断陷层系的油气勘探开发工作的发展。

中国科学院院士

2014 年 1 月 15 日

前　言

松辽盆地具有断陷层系和坳陷层系两种不同的地质结构，是叠置在古生代海相沉积盆地之上中生代陆相沉积盆地，属大陆板内裂谷盆地，形成于晚中生代主动板块边缘的裂谷作用。松辽盆地特殊的双层结构盆地演化模式赋予了松辽盆地丰富多样的油气成藏组合及分布特征，蕴育了大庆油田、吉林油田等。研究表明松辽盆地断陷层系及坳陷层系均发育了巨厚的烃源岩系，它们共同构成了松辽盆地油气赖以生成运移、聚集成藏的物质基础。松辽盆地中、新生代大陆裂谷拉张，火山活动异常强烈，形成了巨厚的火成岩系，其中的火山熔岩和火山碎屑岩经后期构造活动和溶蚀作用形成的裂缝、溶洞、溶孔成为油气(特别是天然气)聚集成藏的重要储层。

松辽盆地南部在地理位置上泛指松花江以南的吉林省北部和内蒙古东部地区，大地构造位置指的是嫩江—白城断裂以东，开原—赤峰断裂以北和伊通—依兰断裂以西的广大地域。松辽盆地南部的油气勘探始于20世纪50年代，经过60余年无数石油地质工作者的艰苦努力，先后发现并建成了吉林油田、东北油气田，成为松辽盆地重要的油气生产基地。

松辽盆地不仅具有丰富的石油资源，同样也蕴藏着丰富的天然气资源。从1995年5月升深2井首次在营城组火山岩中发现天然气，到2002年徐家围子断陷徐深1井在火山岩获得重大突破，中国石油加快深层天然气勘探开发步伐，实现了松北深层天然气跨越式发展；2005年长岭断陷长深1井、2006井腰深1井分别在营城组火山岩获得高产天然气，揭开了松南深层天然气勘探的序幕。至“十一五”末松辽盆地已经基本形成了$6000\times10^8m^3$天然气规模储量。

中国石化华东石油局自1995年进入松辽盆地南部进行油气勘查，经过十余年的拼搏与努力，取得了丰富的断陷层系石油地质资料，深化了断陷层系油气地质特征的认识，发现并提交了3000余万吨石油地质储量、$500\times10^8m^3$天然气探明地质储量，开发建设了具有百万吨油气当量的腰英台油田和松南气田，使之成为中国石化在东北地区重要的油气生产基地。撰写此书，谨以记载广大华东石油人在1995~2008年这十余年创业岁月中获得的丰富地质认识和丰硕的勘探开发成果。在此要感谢张枝焕、李仲东、李相方、樊太亮、刘建等，他们对松辽盆地南部长岭断陷深入而富有成效的研究及其独具匠心的研究成果，为该书的编著提供了重要的参考。特别感谢刘光鼎院士对本书进行的写作指导并亲自作序。本书第一、第二章由沈阿平编著，第三、第四章由俞凯编著，第十二章由秦学成、朱宏绶、唐人选编著，刘伟负责第五章至第十一章编著并统编全书，俞凯主持编纂提纲技术思路，并统揽定稿。由于水平有限，书中谬误敬请批评指正。

目　录

第一章　国内外火山岩气藏勘探开发现状

同沉积岩油气藏一样，火山岩油气藏也广泛分布于地球上的主要含油气盆地中，各个含火山岩盆地良好的火山岩油气成藏条件，已逐渐成为油气资源勘探开发的重要新领域。早在20世纪50年代前后，国内外在勘探浅层其他油藏时就有火山岩油气藏被发现，但并未引起重视和进行系统研究；80年代后期，随着美国、印度尼西亚、日本、墨西哥、委内瑞拉等国相继发现火成岩油气藏，我国也开始关注在火山岩中寻找油气藏。进入21世纪，我国先后在准噶尔、三塘湖、松辽、海塔、二连、渤海湾等盆地发现了火山岩油气田，特别是松辽盆地白垩系火山岩庆深气田、长岭气田、松南气田和准噶尔盆地西北缘石炭系火山岩油藏、克拉美丽石炭系火山岩气田等，显示了我国火山岩油气勘探开发的巨大潜力。

第一节　国外火山岩气藏勘探开发现状及实例

自19世纪末20世纪初，古巴、日本、阿根廷、美国等国家均先后发现火山岩油气藏以来，在世界范围内已发现300多个与火山岩有关的油气藏或油气显示，其中有探明储量的火山岩油气藏近200个，国外火山岩油气勘探研究和认识大致可概括、划分为三个阶段。通过对目前全球已发现的火山岩油气藏岩性、岩相统计分析认为，在所有的火山岩岩相和岩石类型中都可以形成储层，只是不同地区、不同层位以及同一层段不同位置发育程度有所差异。

国外研究火山岩油藏较为深入的国家是日本，日本把新生代火山岩作为潜在的油气储层，先后发现了南长岗–片贝、吉井–东柏崎等气田。

一、国外火山岩气藏勘探开发现状

随着能源需求的日益增长，石油与天然气的勘探、开发领域也在不断地扩展，以往的碳酸盐岩和碎屑岩型常规油气田的资源已难满足工业发展和人民生活的需要，火山岩油气藏的勘探和开发正在逐步成为未来油气产量和储量的新增点。早在19世纪末20世纪初，已在世界20多个国家300多个盆地或区块中勘探发现火山岩油气藏，其中不乏大规模的、具有工业开采价值的火山岩油气藏。日本对火山岩油气竭尽全力进行勘探开发，从50年代中期到80年代已陆续发现了见附、片贝、吉井–东柏崎、妙法寺、南长冈、富士川等几十个中、小型火山岩油气藏；以及前苏联的外喀尔巴阡气藏，美国的利顿泉油气藏、雅斯特油气藏、丹比凯亚油气藏，独联体的萨姆戈里–帕塔尔祖利油气藏，巴西的卡姆普利斯油气藏、雷契鲁油气藏，加纳的博森泰气藏，印度尼西亚的贾蒂巴朗油气藏，古巴的南科里斯塔列斯油气藏、古那包油气藏，墨西哥的富贝罗油气藏，阿根廷的图平加托油气藏、帕姆帕–帕拉乌卡油气藏等；并相继进行了采油和开发。国外火山岩油气藏多为偶然发现或局部勘探，尚未作为主要领域进行全面勘探和深入研究，目前全球火山岩油气藏探明油气储量仅占总探明油气储量的1%左右。

1. 勘探发展阶段

研究表明，自1887年在美国加利福尼亚州的圣华金盆地首次发现火山岩油气藏以来，目前在世界范围内已发现300多个与火山岩有关的油气藏或油气显示，其中有探明储量的火山岩油气藏共169个。国外火山岩油气勘探研究和认识大致可概括、划分为3个阶段：

早期阶段(20世纪50年代前)：大多数火山岩油气藏都是在勘探浅层其他油藏时偶然发现的，认为其不会有任何经济价值，因此未进行评价研究和关注。

第二阶段(20世纪50年代初至60年代末)：人们开始认识到火山岩中聚集油气并非偶然现象，也开始给予一定重视，并在局部地区有目的地进行了针对性勘探。1953年，委内瑞拉发现了拉帕斯油田，其单井最高产量达到1828m^3/d，这是世界上第一个有目的地勘探并获得成功的火山岩油田，这一发现标志着对火山岩油藏的认识上升到一个新的水平，但并未进行深入研究。直到20世纪70年代以后，随着一些火山岩油气田的不断发现，人们开始对火山岩油气藏的地质和开发特征进行较详细的研究。

第三阶段(20世纪70年代以来)：世界范围内广泛开展了火山岩油气藏勘探。在美国、墨西哥、古巴、委内瑞拉、阿根廷、前苏联、日本、印度尼西亚、越南等国家发现了多个火山岩油气藏(田)，其中较为著名的是美国亚利桑那州的比聂郝–比肯亚火山岩油气藏、格鲁吉亚的萨姆戈里–帕塔尔祖里凝灰岩油藏、阿塞拜疆的穆拉德哈雷安山岩及玄武岩油藏、印度尼西亚的贾蒂巴朗玄武岩油藏、日本的吉井–东柏崎流纹岩油气藏、越南南部浅海区的花岗岩白虎油气藏等。

2. 勘探研究程度

火山岩气藏的研究方法和勘探技术主要包括地球物理方法(地震信息识别、大地电磁测量、高精度重磁力勘探、时间域建场测深、频率域连续电磁剖面、地球物理测井)，火山岩年代学研究方法，火山岩岩相学、岩石学和岩石化学研究方法，火山岩储集层及成岩作用研究方法，以及对火山岩成藏条件及成藏机制研究和火山岩油气藏类型研究等。由于火成岩油气藏具有分布广但规模较小、初始产量高但递减快、储集类型和成藏条件复杂等特点，而且相对于碳酸盐岩和砂岩油气藏，火山岩油气藏的系统研究方法相对缺乏，勘探开发技术尚不够完善。

3. 油气藏区域分布

国外火山岩油气藏储集层时代新，从已发现的火山岩储集层时代统计，在新近系、古近系、白垩系发现的火山岩油气藏数量多，在侏罗系及以前地层中发现的火山岩油气藏较少；勘探深度一般从几百米到2000m左右，3000m以深较少。

环太平洋地区是火山岩油气藏分布的主要地区，从北美的美国、墨西哥、古巴到南美的委内瑞拉、巴西、阿根廷，再到亚洲的中国、日本、印度尼西亚，总体呈环带状展布；其次是中亚地区，目前在格鲁吉亚、阿塞拜疆、乌克兰、俄罗斯、罗马尼亚、匈牙利等国家发现了火山岩油气藏；非洲大陆周缘也发现了一些火山岩油气藏，如北非的埃及、利比亚、摩洛哥及中非的安哥拉，均已发现火山岩油气藏。

火山岩油气藏形成的构造背景以大陆边缘盆地为主，也有陆内裂谷盆地。如北美、南美、非洲发现的火山岩油气藏，主要分布在大陆边缘盆地环境。

4. 火山岩油气藏规模

国外火山岩油气藏规模一般较小（表1-1-1），与世界上占主导地位的砂岩油气藏和碳酸盐岩油气藏相比，前者近60%，后者近40%，而火山岩油气藏占不到1%。从国外代表性火山岩油气田产量统计看，石油日产量最高者为古巴North Cuba盆地的Cristales油田，天然气日产量最高者为日本Niigata盆地的Yoshii-Kashiwazaki气田(表1-1-2)。

表1-1-1 全球火山岩大油气田储量统计(据邹才能，2008)

国家	油气田名称	盆地	流体性质	储量		储集层岩性
				气/10^8m^3	油/10^4t	
澳大利亚	Scott Reef	Browse	油，气	3877	1795	溢流玄武岩
印度尼西亚	Jatibarang	NW Java	油，气	764	16400	玄武岩，凝灰岩
纳米比亚	Kudu	Orange	气	849		玄武岩
巴西	Urucu area	Solimoes	油，气	330	1685	辉绿岩岩床
刚果	Lake Kivu		气	498		
美国	Rich land	Monroe U plift	气	399		凝灰岩
阿尔及利亚	Ben Khalala	Triassic/Oued Mya	油		>3400	玄武岩
阿尔及利亚	Haoud Berkaoui	Triassic/Oued Mya	油		>3400	玄武岩
俄罗斯	Yaraktin	Markover Angara Arch	油		2877	玄武岩，辉绿岩
格鲁吉亚	Samgori		油		>2260	凝灰岩
意大利	Ragusa	Ibleo	油		2192	辉长岩岩床

表1-1-2 全球火山岩油气田产量统计(据邹才能，2008)

国家	油气田名称	盆地	流体性质	产量		储集层岩性
				油/(t·d^{-1})	气/($10^4m^3·d^{-1}$)	
古巴	Cristales	North Cuba	油	3425		玄武质凝灰岩
巴西	Igarape Cuia	Amazonas	油	68~3425		辉绿岩
越南	15-2-RD IX	Cuu Long	油	1370		蚀变花岗岩
阿根廷	YPF Palmar Largo	Nuroeste	油，气	550	3.4	气孔玄武岩
格鲁吉亚	Samgori		油	411		凝灰岩
美国	West Rozel	North Basin	油	296		玄武岩，集块岩
委内瑞拉	Totumo	Maraeaibo	油	288		火山岩
阿根廷	Vega Grande	Neuquen	油，气	224	1.1	裂缝安山岩
新西兰	Kora	Taranaki	油	160		安山凝灰岩
日本	Yoshii-Kashiwazaki	Niigata	气		49.5	流纹岩
巴西	Barra Bonita	Parana	气		19.98	溢流玄武岩，辉绿岩
澳大利亚	Scotia	Bower Surat	气		17.8	碎裂安山岩

二、国外火山岩气藏气区地质特征及实例

国外火山岩油气藏形成的构造背景以大陆边缘盆地为主，也有陆内裂谷盆地。气藏岩石类型以中基性玄武岩、安山岩为主，火山岩储集层的储集空间以原生或次生型孔隙为主，普遍发育的各种成因裂缝对改善储集层起到了决定性作用。日本对火山岩油气藏的研究较为深入，从20世纪初期就开始火山岩油气勘探开发，发现了吉井—东柏崎等火山岩油气田。

1. 国外火山岩气藏气区地质特征

1）岩石类型

通过对目前全球已发现的火山岩油气藏岩性、岩相统计分析认为，火山岩油气藏储集层岩石类型以中基性玄武岩、安山岩为主，其中玄武岩储集层占所有火山岩储集层的32%，安山岩占17%；其它火山岩岩相和岩石类型相对较少(表1-1-3)，受古地貌和火山机构及后期构造改造的影响，不同地区、不同层位以及同一层段不同位置发育程度有差异。

表1-1-3　国内外已发现火山岩油气储层岩性分布统计表(据姜洪福，2009)

岩石类型	百分比例/%	岩石类型	百分比例/%
玄武岩	32	蛇纹岩	8
安山岩	17	金伯利岩	2
流纹岩	14	花岗岩	6
正长岩/粗面岩	7	火山碎屑岩	12
橄榄岩	2		

在阿塞拜疆、格鲁吉亚陆续发现基性和中性火山熔岩中的油气藏较多。如，阿塞拜疆穆拉德汉雷油气田产于白垩系的蚀变基性(玄武岩和玄武玢岩)和中性(安山岩和安山玢岩)火山岩及其风化壳中，储层为次生蚀变裂缝，埋深2900~4900m，单井日产油12~64m^3；格鲁吉亚的萨姆戈里油田，流纹岩多次喷发，热液蚀变作用使原生孔隙改造并形成次生孔隙，裂缝发育，埋深2500~2800m，日产油150~350m^3；古巴的克里斯塔列斯油气藏也产于破碎的基性和中性火山岩及其风化壳中；美国亚利桑那州的丹比凯亚油田，主要储集岩为正长岩、粗面岩，埋深850~1350m，单井日产油可达103m^3；在日本，酸性火山岩中的油气藏较多，新泻盆地吉井—东柏椅气田、南长岗—片贝气田和见附油田产层位于新近系的“绿色凝灰岩”的流纹岩中，单井日产气(20~50)×10^{4}m^3(表1-1-4)。

2）火山岩结构类型

许多研究者通过对千岛—堪察加岛孤火山岩类储集层进行了仔细研究，他们把火山岩按其碎屑大小和储集物性(有效孔隙度和渗透率)划分为四大类：砾屑结构岩类、砂屑结构岩类、粉砂结构岩类和致密块状—泥岩结构岩类。其中砾屑结构岩类的有效孔隙度和渗透率值最高，砂屑结构岩类次之，粉砂结构岩类较差，致密块状—泥岩结构岩类为非储集岩。克卢博夫主要根据不同粒径岩石类型、储集物性和储集空间类型，综合归纳提出了表1-1-5所示的千岛—堪察加岛弧晚白垩纪—新近纪火山岩储集层级别。

3）火山岩的储集空间类型

火山岩储集层的储集空间以原生或次生型孔隙为主，普遍发育的各种成因裂缝对改善储集层起到了决定性作用。原生储集空间包括岩浆喷发与冷却过程中由岩浆挥发的气体和下伏岩石的蒸汽流所造成的气孔和空洞，岩浆冷却与结晶、凝缩过程中所形成的裂缝和屑间、晶间孔隙。岩浆冷却凝缩自生碎裂裂缝，最大可达4mm以上。次生储集空间类型指火山岩经受火山期后的热液蚀变、地下水的溶蚀和构造应力作用所形成的储集空间，主要包括各种次生矿物的孔隙、溶蚀孔洞和构造裂缝。次生储集空间往往追踪叠加于原生储集空间，大大改善了火山岩储集层的物性，在风化侵蚀带和构造破碎带更加发育完善。火山碎屑岩中大量发育有原生粒间孔隙，再经溶蚀作用下，可成为有效的渗流通道和储集空间。

表 1-1-4 国外主要火山岩油气藏简表(据张子枢，1994)

国家	油气藏名称	发现时间	层位	岩石类型	深度/m	厚度/m	孔隙度/%	渗透率/ $10^{-3}\mu m^2$	单井日产/ m^3	油气藏面积/ km^2
日本	见附	1958	新近系	斜长流纹角砾岩、英安熔岩	1515~1695	100	20~25	10~42	10	2
	富士川	1964	新近系	安山集块岩	2180~2370	57	15~18		89000(气)	2
	吉井—东柏崎	1968	新近系	斜长流纹熔岩、凝灰角砾岩	2310~2720	111	9~32	150	500000(气)	28
	片贝	1960	新近系	安山集块岩	750~1200	139	17~25	1	500000(气)	2
	南长岗	1978	新近系	流纹角砾岩			10~20	1~20	200000(气)	
古巴	哈其包尼科	1954	白垩系	凝灰岩	330~390				100~120	
	南科里斯塔列斯	1966	白垩系	凝灰岩	800~1100	100			80	0.25
	古那包	1968	白垩系	火山角砾岩	800~950	150			150~700	0.4
印尼	贾蒂巴朗	1969	古近系	安山岩、凝灰角砾岩	2000	15~60	6~10	受裂缝控制	35	30
美国	利顿泉(德克萨斯州)	1925	白垩系	蛇纹岩	330~420	平均4.5			1~685	5.6
	雅斯特(德克萨斯州)	1928	白垩系	蛇纹岩	400~500				1~274	0.35
	丹比凯亚(亚利桑那州)	1969	第三系	正长岩、粗面岩	850~1350	18~49	5~17	0.01~25	103	6.0
	特拉普泉(内华达州)	1976	第三系	凝灰岩	2000					8.0
阿根廷	赛罗—阿基特兰		白垩—第三系	安山岩、安山角砾岩	120~600	75			10	
	图平加托		白垩—第三系	凝灰岩	2100		20		89	
	帕姆帕—帕拉乌卡		三叠系	流纹岩、安山岩	1450		3~11	<1	100	
格鲁吉亚	萨姆戈里—帕塔尔祖利	1974	第三系	凝灰岩	2500~2750		0.14~14	0.01~0.1	150~350	
阿塞拜疆	穆拉德汉雷	1971	白垩—第三系	凝灰角砾岩、安山岩	2950~4900	100	平均20.2	1~2.3	12~64	
乌克兰	外喀尔巴阡	1982	新近系	流纹—英安凝灰岩	1580	300~500	6~13	0.01~3		
加纳	博森泰	1982	第四系	落块角砾岩	500	125	15~21			15

表 1-1-5　千岛—堪察加岛弧火山岩储集层级别(据伊培荣，1998)

储集层级别	岩石类型	储集物性		储集空间类型
		ϕ/%	$k/10^{-3}\mu m^2$	
高孔隙度和高渗透率储集层	凝灰质砂岩、细砾岩、砾岩、酸—中性凝灰砾岩、砂屑凝灰岩	20~30	10~1000	孔隙型、孔隙—孔洞型
中孔隙度和中渗透率储集层	凝灰质砂岩、凝灰角砾岩、角砾岩化熔岩、中—基性砂屑、粉屑岩—砂屑凝灰岩	15~20	0.5~10.0	孔隙—裂缝型、孔洞—裂缝型
低孔隙度和低渗透率储集层	粉砂屑凝灰岩、凝灰质粉砂岩	5~15	0.1~0.5	裂缝—孔隙型、裂缝—孔洞型

2. 气田实例

国外火山岩油藏研究较为深入的国家是日本，他们把新生代火山岩作为潜在的油气储层。日本20世纪初期就开始在火山岩中采油，但从1958年起，火山岩分布区才成为重点的勘探开发对象，之后陆续发现了一系列火山岩油气藏。1968年发现的吉井—东柏崎气田，预计可采储量超过$150\times10^8m^3$，是目前天然气日产量最高的气田。另外南长岗—德贝气田、见附气田、片贝气田、妙法寺气田等都是火山岩油气田。

日本的火山岩油气藏大都集中在东北方向日本海沿岸的新近系沉积盆地中，这个沉积盆地长700km，宽80km，沉积物最厚达10000m，通常称为上津地槽。上津地槽的基底一般为古生代的轻质变质岩和花岗岩组成，花岗岩可能是在晚中生代时期侵入。中新世初期，伴随着地壳下沉爆发了强烈的火山活动，沉积了大量的火山质沉积物，岩性主要为安山岩和流纹岩。中新世中期也就是七谷期和西黑泽期又发生海底火山爆发，沉积了大量流纹质火山碎屑岩和玄武岩，火山碎屑岩。这些火山岩由于略显蚀变而显绿色，故在日本又称为“绿色凝灰岩”，它们中的有些成为了良好的储层。

日本的火山岩储层类型多，岩性较复杂，一般可以分为三类：熔岩类、火山碎屑岩类、火山碎屑—沉积混合型岩石类。熔岩类主要有玄武岩、安山岩、英安岩、流纹岩等；火山碎屑岩主要包括集块岩、火山角砾岩、凝灰岩、熔结火山碎屑岩等；火山碎屑岩—沉积混合型岩石类是指火山碎屑经过搬运与沉积的岩石。在日本，酸性火山岩中的气藏较多，如吉井—东柏琦气田、南长岗气田，新近系的“绿色凝灰岩”包括玄武岩、流纹岩和安山岩及碎屑；片贝气田为集块岩；见附气田为英安岩、英安岩灰—角砾岩。

日本的火山岩油气藏有着较好的储集层，火山岩储集层孔隙度受埋深影响不大，由于火山岩骨架较其他岩石坚硬，抗压实能力强，在埋深过程中，受机械压实作用影响较小，因此火山岩孔隙度比其他岩石更容易保存下来。以吉井—东柏崎气田为例，其火山岩储层的有效厚度为5~57m，孔隙度7%~32%，渗透率$(5\sim150)\times10^{-3}\mu m^2$，孔隙与裂缝之间有着很好的连通性，这种良好的储渗条件使该气田的储量及产量居日本陆上气田之首。但其储层物性的非均质性很强，这种绿色凝灰岩气层产能的高低主要与次生孔隙及裂缝的发育有关，在致密的凝灰岩中储渗性能差，产能低。并且整个气藏的形态不规则，不均匀。

1）吉井—东柏崎气田

该火山岩气田位于日本柏崎市东北10km处，属于新潟盆地西山—中央油区，是一狭长的背斜圈闭的绿色凝灰岩气田(图1-1-1)。绿色凝灰岩是以绿色为主的火山岩系的总称，包括玄武岩、流纹岩和安山岩及其碎屑。这种岩石有原生的裂隙，即熔岩爆发时的气孔及熔岩冷却产生的裂隙；还有次生的裂隙，如构造裂隙及溶蚀作用形成的孔隙。时代属中新世中期的七谷期。储层有效厚度 5~57m，孔隙度 7 %~32 %，渗透率$(5\sim150)\times10^{-3}\ \mu m^2$。这种良好的储渗条件使该气田的储量及产量居日本陆上油气田之冠。其西北高点为帝国石油公司的东柏崎气田，东南高点为石油资源开发公司的吉井气田。该背斜长 16km，宽 3km，含气面积 27.8km^2，原始可采储量天然气 $218\times10^8\ m^3$、原油 $225\times10^4\ t$，已累计产气超过 $88\times10^8 m^3$，产油 $173\times10^4 t$。

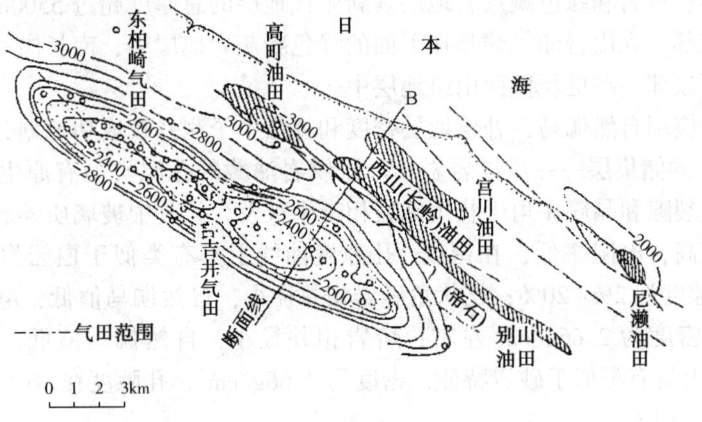

图 1-1-1　吉井—东柏崎气田构造图(据张子枢，1994)

1966 年钻该气田 1 号井时，打到东翼背斜陡带未获气，尔后在西侧钻了 2 号井，于井深 2969m 处进入绿色凝灰岩层中时有气显示，并且发现地表构造缓，地下构造陡，是在凝灰岩锥体上披覆的背斜(图 1-1-2)。由于这个背斜从七谷期到西山期长期处于构造高部位，成为捕集油气的良好场所。油源岩是七谷层的泥岩，有机碳的含量 1%~1.5%，以 I 型干酪根为主。七谷层在西山初期埋深 2000m 以上，地温达到 100℃左右，先生成油运聚在背斜圈闭的火山岩体内，后继续沉降，地温达到 130℃以上，原始油藏的原油热解，形成气及凝析油，气油比为 4000~5000。

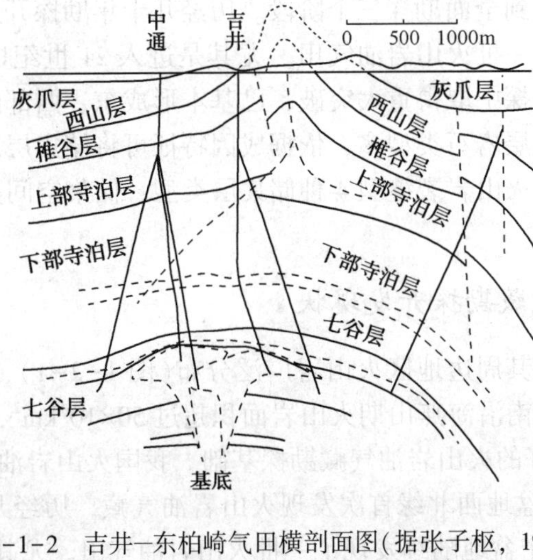

图 1-1-2　吉井—东柏崎气田横剖面图(据张子枢，1994)

绿色凝灰岩气层的产能高主要与次生孔隙及裂隙的发育有关，而在致密的凝灰岩层中储渗性差，产能低。整个气藏的形态不规则、不均匀，含气面积也不大，但含气高度达300m(气水界面为-2700m)属强水驱的气藏，气井压力高、压降小。

2）南长岗一片贝气田

鉴于国内许多人早已对此作了较为详细的论述，所以在这里只简单介绍下其基本地质轮廓。该气田发现于1960年，它位于新泻中部长岗以南，地层层序从上至下为第四纪鱼沼层群和灰爪地层、西山组地层，上新世椎谷地层、上部寺泊地层，下部寺泊地层，中新世七谷地层的深海相黑色页岩和绿色凝灰岩地层。新生代地层的总厚度超过5500m，而钻探并没有穿透新生界的底部。火山岩油气藏是在下面的绿色凝灰岩地层中，南长岗一片贝气田产生于背斜构造的下面顶部，在更新世西山组地层中。

该气田综合应用自然伽马、补偿地层密度和补偿中子测井较成功地划分了中新世七谷层“绿色凝灰岩”中的储集层——流纹岩岩相。流纹岩油藏的孔隙类型有原生及次生的裂隙型和晶簇型，原生裂隙和晶簇在角砾状角砾岩相带中很发育。其中玻璃质碎屑岩相表现为井径大，自然伽马值高，电阻率低，在密度−孔隙度曲线上具有类似于白云岩的特征，密度为2.72g/cm^3，孔隙度为2%~20%；枕状角砾岩相井径小，自然伽马值低，电阻率高，孔隙度为10%~25%，密度为2.66g/cm^{3}左右；熔岩相井径小，自然伽马值低，电阻率高，在密度−孔隙度曲线上具有类似于砂岩特征，密度为2.66g/cm^3，孔隙度在10%左右。

3）由利原油气田

由利原油气田位于秋田西北部鸟海山北山脚下的火山岩中，油利原油气田发现于1976年。根据由利原西面和钻井资料，证实海底玄武岩与粗玄岩岩层约1600m厚。火山岩油气藏是在海底玄武岩中，油利原背斜构造形成于女川、船川和天德寺地层的沉积物中。

第二节　国内火山岩气藏勘探开发现状及实例

国内火山岩油气藏勘探研究较晚，自20世纪50年代在西部准噶尔盆地西北缘发现克拉玛依油田石炭系火山岩油藏以来，从勘探的理念、基础理论、勘探实践和勘探技术大致可划分为偶然发现、局部勘探到全面勘探三个阶段。历经几十年勘探开发，已在准噶尔和渤海湾等十多个盆地陆续发现了一批火山岩油气田。尤其是进入21世纪以来，我国相继在松辽盆地、准噶尔盆地火山岩勘探中取得重大突破，已基本形成东、西部两大火山岩油气区。

我国盆地火山岩储集层岩石类型多，依据成因特征可将储集层划分为火山熔岩型、火山碎屑岩型、火山溶蚀型和火山岩裂缝型4种储集层类型，储集空间为原生孔隙、次生孔隙和裂缝。

一、国内火山岩气藏勘探开发现状

我国沉积盆地内部及其周边地区火山岩广泛分布(图1-2-1)，中国东部燕山期发育的火山岩体分布规模大，东南沿海燕山期火山岩面积超过50×10^{4}km^2，大兴安岭火山岩带面积超过100×10^{4}km^2，有较好的火山岩油气藏勘探基础。我国火山岩油气藏的勘探开发比较晚，20世纪50年代在准噶尔盆地西北缘首次发现火山岩油气藏，历经几十年勘探开发，至今已在准噶尔和渤海湾等13个盆地陆续发现了一批火山岩油气田。尤其是2000年以来，相继在渤海湾盆地、松辽盆地、二连盆地、准噶尔盆地等火山岩油气勘探中取得了重大突破，新增探明天然气地质储量 $4730\times10^8m^3$、石油地质储量 2.16×10^8t；浙闽粤东部中生代火山岩分布区及东海陆架盆地中的长江凹陷、海礁凸起、钱塘凹陷和瓯江凹陷等中、新生代火山岩发育区也成为寻找油气的新领域；目前我国已形成东、西部两大火山岩油气区，全国火山岩探明油气当量已超过 7.3×10^8t。同时，初步形成了火山岩分布与储集层预测、火山岩油气藏评价等配套技术。

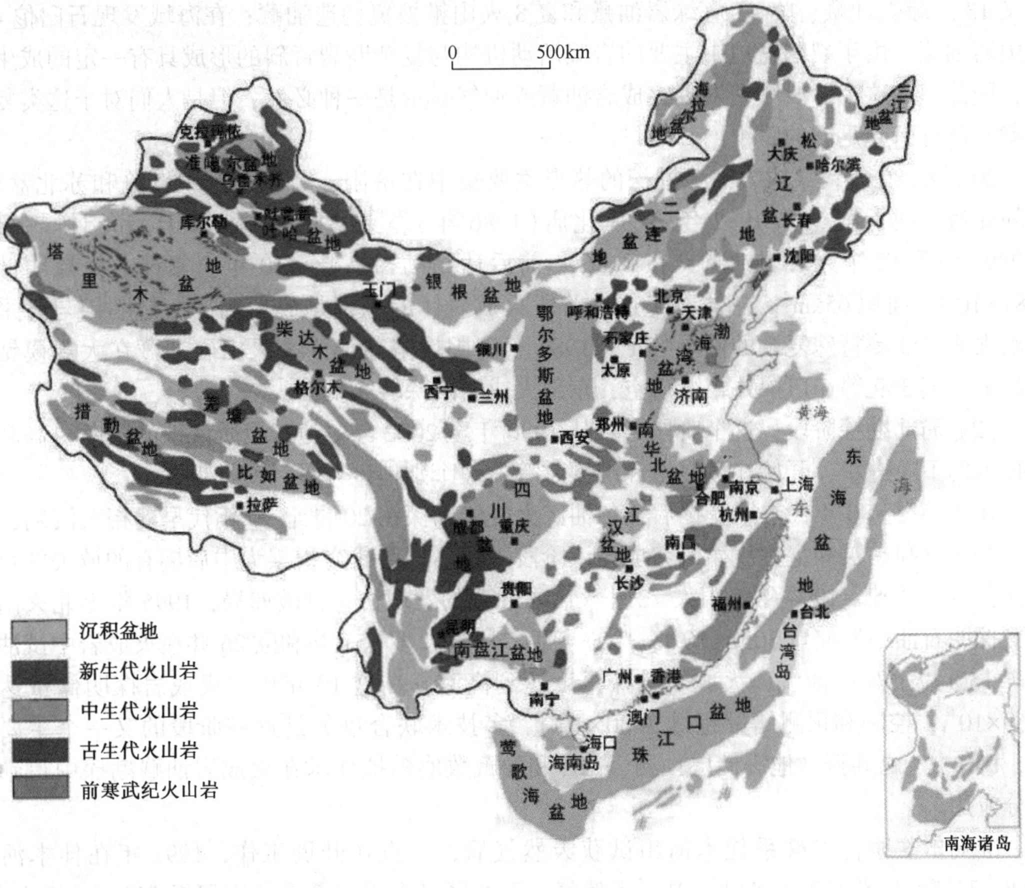

图 1-2-1　中国含油气盆地火山岩分布图(据邹才能，2008)

1. 我国火山岩油气勘探阶段及特点

我国已发现的火山岩油气藏中，东部主要分布于中生界、新生界的大陆裂谷盆地，以中酸性火山岩的岩性油气藏为主，多个火山岩体控制的油气藏可叠合连片大面积分布；西部主要分布于古生界的碰撞后裂谷、岛弧环境，以中基性火山岩风化壳地层型为主。

国内火山岩油气藏勘探研究较晚，但也取得了不俗的成绩。从勘探的理念、基础理论、勘探实践和勘探技术，大致可划分为 3 个阶段：

(1) 偶然发现阶段，这个阶段大致从 1957~1990 年。主要是在西部准噶尔盆地西北缘和东部渤海湾盆地辽河、济阳等坳陷。

20 世纪 50 年代在准噶尔盆地西北缘克拉玛依油田发现石炭系火山岩油藏，该油藏东西长 11km，南北宽 13km，面积约 $32km^2$，油藏中部埋深平均为 910m。1984 年在克拉玛依油田五八区发现二叠系佳木河组火山岩气藏，发现井561井于1984年7月在佳木河组2438~2449m试气，获日产气0.202×10^{4}m^3。

东部这个阶段的油气勘探对象主要为新生界碎屑岩及前新生界潜山内幕油藏，火成岩油层或油藏的发现只是勘探过程中的偶然事件。1965年辽河坳陷首次发现辽2井火成岩油气藏，在1970~1972年期间，辽河油区相继在东部凹陷于楼、黄金带、大平房等6个构造中发现火山岩油层，获工业油流井及显示井达到24口；1972~1980年，济阳坳陷先后偶然钻遇义13辉绿岩油藏、临41辉绿岩油藏和夏8火山锥披覆构造油藏；在海域发现石臼坨428火山岩油藏。由于裂陷盆地中主要的岩浆活动机构与复杂断裂背斜的形成具有一定的成生关系，因此，在这个阶段频繁发现火成岩油藏或油气显示是一种必然，但是人们对于这类复杂油藏并没有引起足够的重视。

20世纪80年代火成岩油藏勘探的热点主要集中在济阳、黄骅、冀中坳陷和苏北盆地。其间先后发现了滨335(1982年)、风化店(1986年)、义北脉岩(1986年)和闵桥辉绿岩(1989年)等12个火成岩油藏，在1986年前后达到勘探高峰。10年内累计上报探明储量1781×10^{4}t，面积65km^2。总体看来这个阶段火成岩体的识别是成功的，但是勘探与开采暴露出火成岩油藏特殊复杂的储层特征。1989年济阳坳陷新滨348火山岩油藏在大规模钻探过程中，滨349等5口探井相继落空，东部火成岩勘探转入低潮。

(2) 局部勘探阶段，这个阶段大致从1990年至2002年。随着地质认识的不断提高和勘探技术的不断进步，开始在渤海湾和准噶尔等盆地个别地区开展针对性勘探。

在20世纪80年代末期受挫后，各油区火成岩勘探在20世纪90年代早期相对沉闷，火成岩油藏有利储层和富集规律研究成为该阶段主题。这些研究积累为中后期有的放矢的目标勘探奠定了基础。1994年济阳大72井火山岩油藏的发现首先打破僵局，1995年枣北火山岩油藏探明石油地质储量1050×10^{4}t，1997年商741井、罗151井和欧26井在火成岩中试油获日产150t以上高产油流，火成岩勘探再度达到高潮。在这10年中，火成岩探明储量达到6960×10^{4}t，控制和预测储量超过3000×10^{4}t。多技术联合攻关是这一阶段的又一个主要特点，FMI、核磁共振、地震储层预测、ARI和油藏数值模拟技术在火成岩油藏勘探中得到了充分应用。

准噶尔盆地在二叠系佳木河组试获天然气后，一直在开展工作，1992年在佳木河组2388~2413m试获日产6.514×10^{4}m^{3}天然气。五八区已上报二叠系佳木河组561井、581井、克82井和克84井区块探明含气面积18.29km^2，地质储量145.15×10^{8}m^3，可采储量111.4×10^{8}m^3。

在松辽盆地1995年5月完钻的升深2井，在2900m深层的营城组火山岩，采用MFE测试，以30mm挡板求产，自然产能326972m^3/d，获高产工业气流，从而发现了升平气田营城组气藏，提交天然气地质储量31.45×10^{8}m^3，含气面积8.5km^2。

(3) 全面勘探阶段，自2002年后基本上进入了全面勘探阶段。火成岩伴生油藏的发现与火成岩勘探近乎同步，但是提出以火成岩油藏为主导的成藏组合立体勘探是在欧利沱子火山岩伴生低位扇体油层发现之后。2000年前后，关于火山沉积层序、变质热液对侵入岩围岩的碳酸盐浸染、火山岩水解碳酸盐岩分布、火成岩对烃源岩有机质构成和成烃演化影响以及火山沉积环境复式油气聚集规律和成藏组合的研究，逐渐揭示出火成岩与不同体系域砂岩储层的空间共生组合关系。

进入21世纪以来，火山岩油气藏的勘探领域不断扩展，在松辽、渤海湾、准噶尔等盆地全面开展了火山岩油气藏的勘探部署，取得了重大进展和突破。相继在松辽盆地深层、渤海湾盆地黄骅坳陷、辽河盆地东部凹陷、准噶尔盆地、三塘湖盆地石炭系—二叠系发现了一批规模油气藏，尤其是以松辽盆地北部徐深1井获得重大突破为标志，松辽盆地南部长深1井、腰深1井的突破，从而发现建成了庆深、长岭、松南等大型火山岩气田，全面推进了火山岩油气藏的勘探，使其成为一个重要的勘探领域。

在松辽盆地北部，大庆油田在徐家围子部署的徐深1井于2001年6月26日开钻，2002年5月7日完钻，2004年12月23日一次投产成功。使得大庆油田深层天然气进入全面开发时期。庆深气田主要由徐家围子断陷、常家围子—古龙断陷、莺山—双城断陷和林甸断陷等勘探区块构成，距大庆市区140km。目前，庆深气田已探明储量超过$3000\times10^8m^3$，年产气量已超过$13\times10^8m^3$。

在松辽盆地南部，中国石油天然气集团公司吉林油田2005年在松辽盆地南部长岭断陷所属探区部署了第一口天然气风险探井——长深1井，探索火山岩体含气情况。同年9月25日，长深1井中途裸眼测试获日产天然气$46\times10^4m^3$，无阻流量$150\times10^4m^3$，经测定含气面积$64km^2$。长深1井是吉林油田发现的第一口高产气井，也是松辽盆地南部发现的第一个高产大型整装气藏，标志着深层天然气勘探获得历史性重大突破。目前，长岭气田已提交天然气三级地质储量超$2000\times10^8m^3$，探明天然气储量超过$700\times10^8m^3$，该气田具有储量丰度高、中低孔、低渗的特点。目前气田已进入全面开发阶段，年产气量已超过$10\times10^8m^3$。

同样在松辽盆地南部，中国石油化工股份公司华东分公司2006年2月在所属探区断陷层腰英台构造带部署了第一口天然气风险探井——腰深1井。同年6月，腰深1井采用MFE工具对营城组火山岩气藏3540.7~3749.0m井段，进行中途测试，试获天然气无阻流量$30\times10^4m^3/d$，其后在构造低部位先后部署了腰深101井、腰深102井均获得天然气突破，发现了松南气田。松南气田腰深营城组气藏探明含气面积$16.83km^2$；探明储量$433.60\times10^8m^3$，可采储量$260.16\times10^8m^3$。松南气田2009年11月建成投产，形成年产能$10\times10^8m^3$。

在西部准噶尔盆地，2004年4月，随着陆东—五彩湾地区滴西10井在石炭系获得高产气流，从而发现了陆东地区石炭系火山岩气藏，经过几年勘探建成储量超过$1000\times10^8m^3$的克拉美丽大型气田，于2008年年底投产，年产能超过$10\times10^8m^3$，成为新疆油田公司天然气生产的主力气田。在与准噶尔盆地一山之隔的三塘湖盆地，在牛东地区发现了自生自储式的大型火山岩油藏，单井产量较高，已成为该区增储上产的现实领域。目前，已在三塘湖盆地石炭系发现4个油藏，分别为牛东油藏、牛圈湖油藏、石板墩T5井区块石炭系卡拉岗组油藏以及牛东、马中石炭系哈尔加乌组油藏，这些油藏主要集中分布在条湖—马朗生油凹陷及其周缘，形成了牛圈湖和南缘两大油气富集带。

而在东部的渤海湾盆地，冀东油田古近系火山岩中获得重大油气新发现。

2. 松辽长岭断陷火山岩油气勘探开发历程

松南长岭地区地质调查工作始于1959年，油气勘探始于20世纪80年代之后，大致可划分为五个阶段。

第一阶段：1980~1995年，普查勘探阶段

完成了1∶200000重力、航磁测量，地震测网密度8km×8km或8km×4km、6次叠加模拟二维地震资料，针对上部坳陷钻探了一批石油探井。

第二阶段：1996~2000年，区带评价阶段

1996年华东石油地质局根据地矿部的部署，进入松南开展油气普查勘探。通过选区评价研究，选定长岭断陷作为主攻目标，分析认为长岭断陷层系具有天然气"封存箱"成藏的有利条件，长岭坳陷层系则具有石油"二次运移"成藏的有利条件。

在这期间完成了二维地震测网密度2km×4km至1km×2km，初步查清了断陷层系区域构造格局、油气生储盖条件，并在长岭断陷深层达尔罕构造DB11井营城组火成岩发现良好天然气显示，测试获日产6000~20000方低产气流，提交达尔罕构造营城组气藏天然气预测储量289.63×10^8m^3。在双龙构造带泉头组及登娄库组获得工业气流，提交天然气控制储量21.24×10^8m^3。与此同时吉林油田在断陷盆地盆缘双坨子构造发现了泉头组小型次生气藏。

第三阶段：2001~2005年，目标评价阶段

华东分公司在长岭地区腰英台至达尔罕区带完成了420km^{2}三维地震，在坳陷层发现了整装连片的大中型油气田——腰英台油田，提交三级储量7246×10^4t油当量；计算长岭断陷层油气资源量9400×10^8m^3，在断陷层落实和评价出达字井断凸带、达尔罕断凸带、苏公坨断阶带为3个最有利远景区带，评价认为在生烃断槽边缘落实的达尔罕构造带、达尔罕北构造带、后佟岭构造带、腰北构造带、前进构造带、苏公坨构造带、流水构造带、龙凤山构造带、八十二构造带、北正镇构造带10个大型鼻状隆起、地层超覆尖灭、火成岩体三位一体复合型有利构造。其圈闭总资源量为2509.95×10^8m^3，是长岭断陷层最有利的大中型目标勘探区带，并初步形成了断陷层深层目标勘探评价体系。

第四阶段：2005~2006年，勘探突破及开发准备阶段

华东分公司通过对达尔罕构造带的进一步论证，部署了腰深1井，经东北新区项目管理部实施于2006年6月于营城组火山岩气藏试获天然气无阻流量30×10^8m^3/d，单井控制的动态储量10.55×10^8m^3。

在腰英台深层勘探取得突破的同时，向腰深1井南、北部构造低部位各甩开部署了腰深101井、腰深102井两口井，主要目的是探索松南气田的天然气分布规律。其中部署在腰深1井南部1.88km的腰深101井，下部火山岩3824.0~3827.5m井段经测试为致密气层；上部火山岩3745.5~3764.6m井段射孔后常规测试，采用6.9mm油嘴获得日产12.93×10^4m^{3}的工业气流，无阻流量34.0×10^4m^3/d；登娄库组水力加砂压裂测试结果：5mm油嘴日产气3.41×10^4m^3。部署在腰深1井北部2.45km的腰深102井，第一测试层下部火山岩3813.0~3815.0m井段，日产水3.48m^3；第二测试层上部火山岩3773.5~3792.0m井段射孔后常规测试，采用5mm油嘴获得日产1.88×10^4m^{3}的工业气流；第三测试层上部火山岩3707.0~3726.0m井段射孔后常规测试，日产气2727m^3，水力加砂压裂后测试，6mm油嘴气产量7.47×10^4m^3/d，油压23.2MPa，套压23MPa。

加快落实勘探的结果，提交松南气田三级天然气地质储量537.21×10^8m^3，可采储量311.96×10^8m^3；其中探明营城组火山岩天然气地质储量433.6×10^8m^3，可采储量260.16×10^8m^3，叠合含气面积16.83km^2；控制登娄库组天然气地质储量103.61×10^8m^3，可采储量51.8×10^8m^3，叠合含气面积13.92km^2。

在松南气田勘探取得突破的同时，开发工作及时介入，在气藏描述的基础上，在腰深1井区块部署完成1口开发评价井(腰平1井)，测试获无阻流量195×10^4m^3。

第五阶段：2008 年以后，产能建设开发阶段

2008 年内实施了 2 口井，进一步弄清松南气田储层展布规律和裂缝发育情况、复算储量，评价气藏产能、天然能量，优化井网密度和布井方式，为整体开发奠定基础。

先后投入试采 4 口天然气井(腰平 3、腰平 9 井、腰平 10 井和腰平 11 井)，到 2010 年 8 月，松南气田有 6 口井(水平井 4 口，探井 2 口)的合理日产气量在$(253\sim299.4)\times10^4m^3$之间，以年生产 330 天计算，由此可获得该气田合理的年产气量为$(8.3\sim9.8)\times10^8m^3$，产能建设初步完成。

截止 2012 年 7 月，松南气田共完成部署井 14 口。其中，勘探井 5 口、水平开发井 9 口，已投产井 10 口，正常生产井 9 口，平均单井日产气 $17.81\times10^4m^3$，累产气 $12.9475\times10^8m^3$。

3. 我国火山岩油气勘探特点

与国外火山岩油气藏勘探现状相比，我国的火山岩油气藏勘探主要有以下 3 个特点：

(1) 现已把火山岩作为重要的新领域进行全面油气勘探。20 世纪 80 至 90 年代，中国相继在准噶尔、渤海湾、苏北等盆地发现了一些火山岩油气藏，如准噶尔盆地西北缘克拉玛依玄武岩油气藏、内蒙古二连盆地的阿北安山岩油气藏、渤海湾盆地黄骅坳陷风化店中生界安山岩油气藏和枣北沙三段玄武岩油气藏、济阳坳陷的商 741 辉绿岩油气藏等。进入 21 世纪以来，中国加强了火山岩油气藏的勘探，勘探领域不断扩展，又相继在渤海湾盆地辽河东部凹陷、松辽盆地深层、准噶尔盆地、三塘湖盆地石炭系—二叠系发现了一批规模油气藏，尤其是以松辽盆地北部徐深 1 井获得重大突破为标志，全面带动了火山岩油气藏的大规模勘探，使其成为一个重要的勘探领域。

(2) 不同时代、不同类型盆地各类火山岩均可形成火山岩油气藏。中国已发现的火山岩油气藏，东部主要发育在中、新生界，岩石类型以中酸性火山岩为主；西部主要发育在古生界，岩石类型以中基性火山岩为主，但所有类型火山岩都有可能形成油气藏。火山岩油气藏主要发育在大陆裂谷盆地环境，如渤海湾、松辽等盆地，但在前陆盆地、岛弧型海陆过渡相盆地中也普遍发育，如准噶尔盆地西北缘和陆东—三塘湖地区。在油气藏类型和规模上，东部以岩性型为主，可叠合连片分布，形成大面积分布的大型油气田，如松辽深层徐家围子的徐深气田；西部以地层型为主，可形成大型整装油气田，如准噶尔盆地克拉美丽大气田、西北缘大油田等。火山岩油气藏的分布均与沉积盆地有密切联系。

(3)"十五"以来，火山岩地震储集层预测、大型压裂等勘探开发配套技术不断完善，初步形成了针对火山岩油气藏的技术系列，即火山岩油气储集层预测四步法：①火山岩区域预测，以高精度重磁电与三维地震为主；②火山岩目标识别；③火山岩储集层预测；④火山岩流体预测。

二、国内火山岩气藏气区地质特征及实例

中国陆上含油气盆地火山以中心式喷发为主，火山岩储层岩石类型多，东部含油气盆地中生代火山岩以酸性为主，新生代火山岩以中基性为主；西部盆地火山岩以中基性为主。盆地火山岩储集层岩石类型多，熔岩主要有玄武岩、安山岩、英安岩、流纹岩、粗面岩等；火山碎屑岩主要包括集块岩、火山角砾岩、凝灰岩、熔结火山碎屑岩等。

(一) 国内火山岩气藏气区地质特征

1. 国内主要含油气盆地火山岩岩性、岩相特征

松辽盆地火石岭组火山以裂隙喷发为主，厚度相对较均匀，喷溢相发育；营城组火山主

要为中心式喷发，火山岩沿区域大断裂呈串珠状分布，横向厚度变化较大，喷溢相发育。火山岩岩石类型主要有流纹岩、安山岩、英安岩、玄武岩、玄武安山岩、粗安岩、流纹质角砾凝灰岩、流纹质火山角砾岩、英安质火山角砾岩、玄武安山质火山角砾岩、安山质晶屑凝灰岩、沉火山角砾岩，其中中酸性火山岩占样品总数的86%，基性火山岩占14%，主要属于碱性和钙碱性系列。

渤海湾盆地火山岩以中心式喷发成因为主，喷溢相发育。火山岩主要为玄武岩、安山岩、粗面岩。如辽河盆地中生代火山岩以安山岩为主，古近纪火山岩以玄武岩和粗面岩为主。冀中坳陷侏罗系为暗紫红色、灰色安山岩为主夹凝灰岩，顶部为玄武岩、安山质角砾岩、火山碎屑砂岩；白垩系下部为杂色火山角砾岩，上部为灰色凝灰质砂砾岩、砂岩、安山质角砾岩。东营凹陷广泛发育有基性火山岩、潜火山岩及火山碎屑岩，主要岩石类型为橄榄玄武岩、玄武岩、玄武玢岩、凝灰岩和火山角砾岩等。黄骅坳陷风化店地区火山岩主要为碱流岩、英安流纹岩、流纹岩和流纹英安岩。南堡凹陷主要为基性火山碎屑岩、中性火山碎屑岩和玄武岩。高邮凹陷为灰黑、灰绿、灰紫色玄武岩。

塔里木盆地二叠系火山岩熔岩类包括玄武岩和英安岩，以英安岩为主，占火山岩总厚度的80.3%，其次为角砾英安岩和少量角砾玄武岩、角砾状凝灰质英安岩、角砾状凝灰质玄武岩、凝灰质角砾岩及火山碎屑角砾岩、晶屑玻屑凝灰岩、晶屑岩屑凝灰岩和晶屑凝灰岩、沉凝灰岩、沉火山角砾岩、凝灰质泥质粉砂岩，少量含砾凝灰质泥岩、含砾凝灰质粉砂岩。

新疆北部石炭纪火山以裂隙—中心式喷发为主，发育中钾中基性火山岩。准噶尔盆地陆东—五彩湾地区主要有玄武岩、安山岩、英安岩、流纹岩、火山角砾岩、凝灰岩等；西北缘地区石炭系岩性主要为安山岩、玄武岩、安山玄武岩、火山角砾岩、凝灰角砾岩、熔结角砾岩、凝灰岩、集块岩等。三塘湖盆地二叠系火山岩主要有玄武岩、安山岩、英安岩、流纹岩、凝灰岩、火山角砾岩等。

2. 国内盆地火山岩储集层特征

国内火山岩储集层依据其成因特征可以划分为熔岩型储集层、火山碎屑岩型储集层、溶蚀型储集层、裂缝型储集层4类(表1-2-1)，各种类型在产出部位、展布形态、孔隙类型和孔渗性特点等方面存在明显差异。如中国西部准噶尔盆地西北缘火山岩不同岩性经后期风化淋滤，发育孔隙和微裂缝，形成溶蚀型好储集层。

表1-2-1　火山岩储集层形成作用与类型(据邹才能，2008)

控制作用	储集空间	储集层类型	分布与产状	储集层分类
火山作用	原生型孔	火山熔岩 潜火山岩 火山碎屑岩	喷溢相，层状 浅成侵入相，筒状 爆发相，堆状、环状	熔岩型储集层 火山碎屑岩型储集层
成岩作用	次生型孔	风化壳岩溶 埋藏岩溶 蚀变	内幕储集层，厚度可达300m 酸性流体溶蚀，深度不限 岩床，岩株，蚀变带	溶蚀型储集层
构造作用	裂缝	裂缝	构造高部位，断裂带	裂缝型储集层

储集空间按成因可将火山岩储集层的储集空间分为原生孔隙(气孔、粒间孔、晶间孔)、

次生孔隙(溶孔、溶洞)和裂缝(冷凝收缩缝、炸裂缝、构造拱张裂缝、剪切缝、风化裂缝)三大类(表1-2-2、图1-2-2)。

表1-2-2 火山岩储集层储集空间类型及特征(据邹才能，2008)

储集空间类型		对应岩石类型	成因	特点	含油气性
原生孔隙	气孔	安山岩、玄武岩、角砾岩、角砾熔岩	成岩过程中气体膨胀溢出	多分布在岩流层顶底，大小不一，形状各异	与缝、洞相连者含油气性较好
	粒(砾)间孔	火山角砾岩、集块岩、火山沉积岩	碎屑颗粒间经成岩压实后残余孔隙	火山碎屑岩中多见	含油气性好
	晶间孔及晶内孔	玄武岩、安山岩、自碎屑角砾熔岩	造岩矿物格架	多分布在岩流层中部，空隙较小	大多不含油
	冷凝收缩孔	玄武岩	熔浆在冷凝过程中发生体积收缩形成	无一定方向，形状常常不规则	与气孔连通时充填油气
次生孔隙	脱玻化孔	球粒流纹岩	玻璃质经脱玻化后形成	微孔隙，但连通性较好	是较好的储气空间
	长石溶蚀孔	各类岩石	长石溶蚀常常沿解理缝发育	孔隙形态不规则	是主要储集空间之一
	火山灰溶孔	凝灰岩、熔结凝灰岩、火山角砾岩	火山灰溶蚀	孔隙虽小，但数量多，连通性好	能形成好的储集层
	碳酸盐溶孔	各类岩石	方解石、菱铁矿溶解	孔隙较大	含油气性好
	溶洞	玄武岩、安山岩、角砾熔岩、角砾岩	风化、淋滤、溶蚀	沿裂缝、自碎碎屑岩带及构造高部位发育	含油气性好
裂缝	炸裂缝	自碎角砾化熔岩、潜火山岩	自碎或隐蔽爆破	有复原性	含油气性较好
	收缩缝	玄武岩、安山岩、自碎角砾熔岩	岩浆冷却收缩，冷凝过程中底部岩浆上涌破坏上部熔岩	柱状节理，呈张开型，面状裂开，但少错动	含油气性一般较好
	构造缝	各类岩石	构造应力作用	近断层处发育，较平直，多为高角度裂缝	与构造发生作用时间有关
	风化裂缝	各类岩石	各种风化作用	与溶蚀孔缝洞和构造缝相连	有一定储集意义

原生孔隙为火山物质喷出地表形成的气孔及不完全被杏仁体充填的残余孔隙、晶间微孔、火山角砾间孔[图1-2-2(a)]。

次生孔隙主要是：球粒流纹岩脱玻化孔；长石(包斑晶、晶屑、微晶、脱玻化形成的长石)、火山灰、黏土物的溶蚀孔；气孔充填的碳酸盐杏仁体、裂缝充填的酸盐脉以及岩石碳酸盐化形成的碳酸盐矿物的溶蚀[图1-2-2(b)~图1-2-2(e)]。次生孔隙的形成主要是火山岩体遭受风化剥蚀、溶蚀的结果。

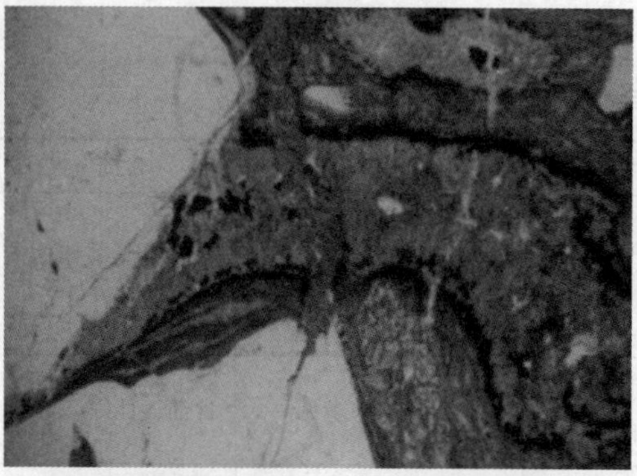

(a) 晶间微孔，长深1井，3574.6~3574.8m, ×50

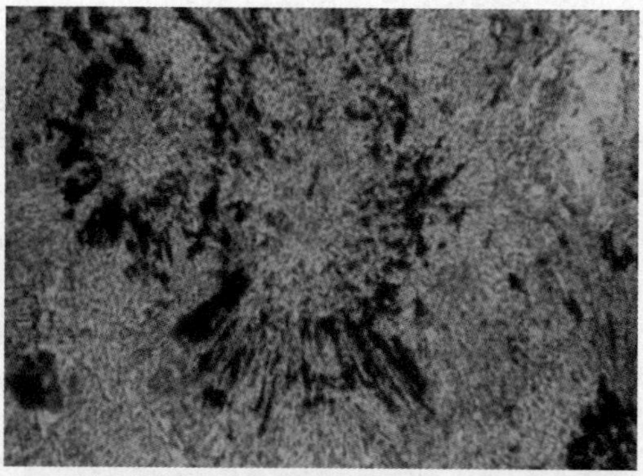

(b) 绿泥石半充填玄武岩气孔，滴西17井，4702.98m, ×50

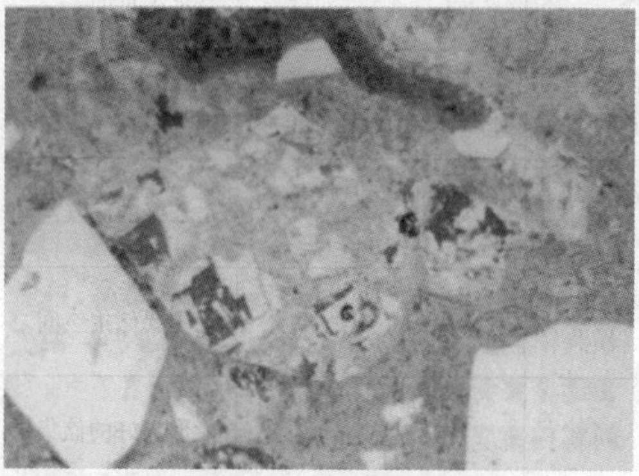

(c) 长石溶蚀孔，面孔率2%，徐深1井，3450.65m, ×50

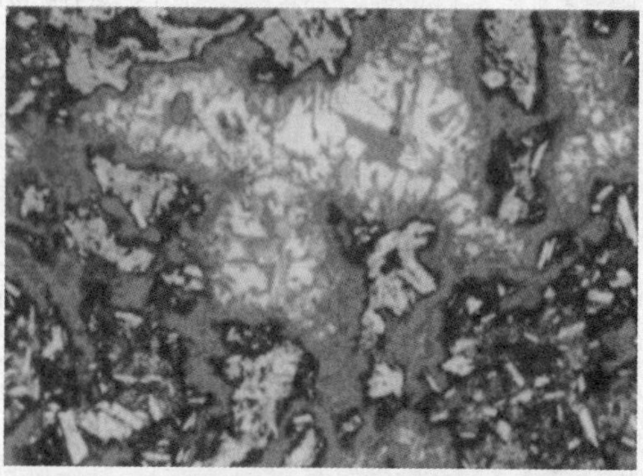

(d) 溶蚀孔，三塘湖盆地，马19井，1559.67~1559.82m, ×25

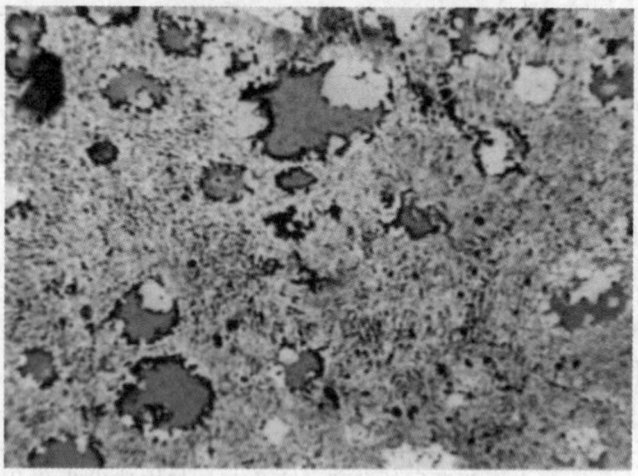

(e) 熔结凝灰岩蚀变带中的气孔，夏202井，4825.18m, ×25

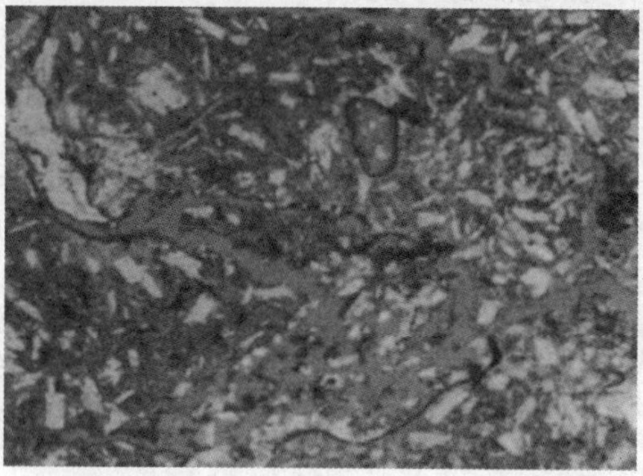

(f) 收缩缝，三塘湖盆地，马19井，1539.11~1539.37m, ×25

图 1-2-2　火山岩储集层储集空间类型(据邹才能，2008)

裂缝可以成为火山岩的主要渗流通道和部分储集空间[图 1-2-2(f)]，其成因在于：火山作用和成岩作用形成爆裂缝、收缩缝；构造应力作用使火山岩体发育变形、错动而形成构造裂缝。风化剥蚀、溶蚀作用和构造应力对火山岩体的剥蚀与破坏作用相辅相成，互相叠加，即使火山岩被上覆地层覆盖，大量水或有机酸溶液也会沿断层或裂缝渗流到火山岩体中，发生深部溶蚀作用，产生溶蚀孔和溶蚀缝。火山岩储集层的气孔和溶蚀孔一般含油较多，而构造裂隙和风化裂隙主要起连通气孔、溶蚀孔及其他储集空间的作用，在油气运移中主要起输导管的作用，其本身也可成为储油空间，但储油规模较小，各类储集空间一般不单独存在，而是以某种组合形式出现。孔、缝、洞交织在一起可构成有利的油气储集空间，且不同储集层段具有不同的储集空间组合。

中国含油气盆地古生界和中、新生界广泛发育火山岩储集层。如松辽盆地营城组、银根盆地苏红图组、二连盆地阿北油田兴安岭群、渤海湾盆地中新生界、江汉盆地中新生界、苏北盆地中新生界、新疆克拉玛依油田石炭系、陆东五彩湾石炭系及塔里木、三塘湖、四川盆地二叠系等火山岩储集层（表1-2-3）。

表1-2-3　中国含油气盆地火山岩储层特征（据邹才能，2008）

界	系	群、组、段	盆地、凹陷	岩　性	孔隙度/%	渗透率/$10^{-3}\mu m^2$
新生界	新近系	盐城群	高邮凹陷	灰黑、灰绿、灰紫色玄武岩	20	37
		馆陶组成	东营凹陷	橄榄玄武岩	25	80
			惠民凹陷	橄榄玄武岩	25	80
	古近系	三垛组	高邮凹陷	玄武岩	22	19
		沙一段	东营凹陷	玄武岩、安山玄武岩、火山角砾岩	25.5	7.4
		沙三段	惠民凹陷	橄榄玄武岩	10.1	13.2
			辽河东部凹陷	玄武岩、安山玄武岩	20.3~24.9	1~16
		沙四段	沾化凹陷	玄武岩、安山玄武岩、火山角砾岩	25.2	18.7
		新沟咀组	江陵凹陷	灰黑、灰绿、灰紫色玄武岩	18~22.6	3.7~8.4
		孔店组	淮北凹陷	玄武岩、凝灰岩	20.8	90
中生界	白垩系	营城组	松辽盆地	玄武岩、安山岩、英安岩、流纹岩、凝灰岩、火山角砾岩	1.9~10.8	0.01~0.87
		青山口组	齐家—古龙凹陷	中酸性火山角砾岩、凝灰岩	22.1	136
		苏红图组	银根盆地	玄武岩、安山岩、火山角砾岩、凝灰岩	17.9	111
	侏罗系	兴安岭群	二连盆地	玄武岩、安山岩	3.57~12.7	1~214
			海拉尔盆地	火山碎屑岩、流纹斑岩、粗面岩、凝灰岩、安山岩、安山玄武岩、玄武岩	13.68	6.6
古生界	古炭—二叠系	巴塔玛依内山组、风城组	准噶尔盆地	安山岩、玄武岩、凝灰岩、火山角砾岩	4.15~26.8	0.03~153
	二叠系		塔里木盆地	英安岩、玄武岩、火山角砾岩、凝灰岩	0.8~19.4	0.01~10.5
	二叠系		三塘湖盆地	安山岩、玄武岩	2.71~32.3	0.01~112
	二叠系		四川盆地	玄武岩	5.9~20	0.01~36

火山岩储集层孔隙度受埋藏深度影响不大，这是因为火山岩骨架较其他岩石坚硬，抗压实能力强，在埋藏过程中受机械压实作用影响小，使得火山岩的孔隙比其他岩石更容易保存下来，在同一深度下，碎屑岩孔隙度较火山岩孔隙度小，如准噶尔盆地石西油田石炭系火山岩在深度大于3800m时，火山岩孔隙度为8.46%~19.78%，平均为14.4%，而碎屑岩孔隙度平均约7.13%。

（二）气田实例

1. 庆深气田

庆深气田位于松辽盆地徐家围子断陷的中部，主要由兴城、升平、昌德和汪家屯 4 个区块组成(图 1-2-3)。庆深气田储层主要为营城组一段和三段的火山岩。火山岩储层埋藏深(2600~4800m)、温度高(110~170℃)、压力大(30~40MPa)，含二氧化碳。火山岩矿物成分、结构、构造复杂，岩性识别难；火山岩储集复杂，岩性、岩相变化较快，非均质性严重，储层物性差，气层连通性和渗透性差，流体分布复杂，自然产能低。

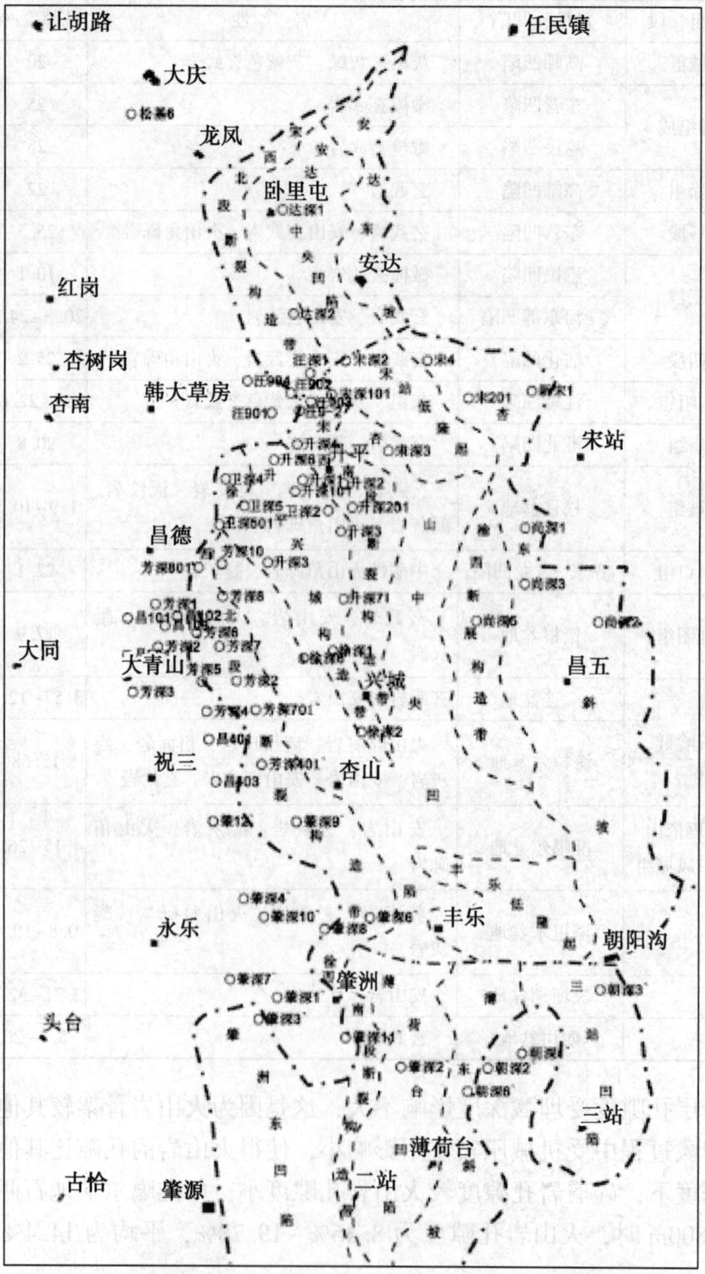

图 1-2-3　徐家围子断陷构造单元区划图(据门广田，2007)

1）岩性、岩相特征

徐家围子地区火山岩岩石类型有火山熔岩和火山碎屑岩两大类，由 3~4 个喷发期形成。有利储层主要岩性为流纹岩中的气孔流纹岩和发生脱玻化的球粒流纹岩、凝灰岩中溶蚀孔发育的熔结凝灰岩与晶屑凝灰岩。主产层岩性为球粒流纹岩、流纹质(晶屑)熔结(角砾)凝灰岩、集块岩等 11 种(表 1-2-4)。徐家围子地区火山岩岩相总体上分为五大类，进一步又可分为 15 种亚相。有利储层主要分布于 4 个亚相。一是喷溢相(占 30%)的上部亚相，岩性以气孔流纹岩为主，储集空间有原生气孔、杏仁体内孔、石泡空腔孔、斑晶和基质内溶孔、构造缝等，其中原生气孔占岩石体积最高达 20%以上。气孔一般呈条带状分布，沿流动方向定向拉长，向上部气孔变大、变密，通过构造缝沟通形成有效储集空间。储层孔隙度范围值 2.3%~24.2%，平均值 11.98%；渗透率范围值(0.005~52.7)$\times10^{-3}\mu m^2$，平均值 2.627$\times10^{-3}\mu m^2$。二是爆发相(占 50%)的热碎屑流亚相，发育于爆发相上部，岩性以含晶屑、浆屑、岩屑的熔结凝灰岩为主，储集空间有原生气孔、流纹理层间缝隙、角砾间孔、裂缝和各种次生孔隙。储层孔隙度范围值 0.6%~18.1%，平均值 6.62%；渗透率范围值(0.003~12.8)$\times10^{-3}\mu m^2$，平均值 0.559$\times10^{-3}\mu m^2$。三是爆发相空落亚相，位于爆发相下部，岩性为含火山弹和浮石块的集块岩、角砾岩和晶屑凝灰岩，以晶粒间孔隙和角砾间孔隙、溶蚀孔缝为主。储层孔隙度范围值 2.3% ~ 8.8%，平均值 5.2%；渗透率范围值(0.007~0.42)$\times10^{-3}\mu m^2$，平均值 0.082$\times10^{-3}\mu m^2$。四是火山通道相隐爆角砾岩亚相，位于火山口附近或次火山岩体顶部，不规则裂缝将岩石切割成“角砾状”，角砾间孔隙、构造缝和各种次生孔缝是主要储集空间。储层孔隙度范围值 5.07%~8.55%，平均值 6.24%；渗透率范围值(0.018~0.363)$\times10^{-3}\mu m^2$，平均值 0.087$\times10^{-3}\mu m^2$。

表 1-2-4　徐家围子地区火山岩储层主要岩性综合描述表(据舒萍，2007)

大类	亚类	岩性		储层岩心描述	岩心中所占比例/%
火山熔岩类	酸性熔岩类	流纹岩	球粒流纹岩 气孔流纹岩	一般呈灰白色、有时由于铁质渲染可呈浅灰紫色、具流纹构造、气孔带、杏仁、裂缝发育，存在较多石英	52
		(粗面)英安岩		浅灰绿色，致密坚硬，一般看不到石英	
	中性熔岩类	粗安岩		灰绿色，致密坚硬，杏仁构造	5
		粗面岩		浅灰绿色，致密坚硬	
	基性岩	玄武粗安岩		黑灰色，致密坚硬，无石英	
火山碎屑岩类	碎屑熔岩	流纹质(晶屑)熔结(角砾)凝灰岩		灰—灰白色、致密、坚硬、流状构造，可见流纹质塑变岩屑呈定向排列以及石英、长石晶屑	34
	火山碎屑岩亚类	流纹质(晶屑)凝灰岩		灰白色、致密、坚硬、晶屑为石英、长石	
		(流纹质)角砾凝灰岩		灰白色、浅灰绿色、岩石致密、坚硬、可见角砾及晶屑	
		火山角砾岩		灰色、灰绿色，致密坚硬，火山角砾大小不等，角砾间为石英、长石晶屑及火山灰充填	6
		集块岩		灰—绿灰色，致密坚硬，岩石主要由火山岩块和火山角砾组成	3

2）孔隙裂缝特征

庆深气田主要火山岩孔隙类型包括：气孔、气孔被充填后的残余孔、杏仁体内孔、流纹质玻璃脱玻化产生的微孔隙、长石溶蚀孔、火山灰溶蚀孔、碳酸盐溶蚀孔、石英晶屑溶蚀孔、砾内砾间孔等类型。其中气孔、流纹质玻璃脱玻化产生的微孔隙、长石溶蚀孔、火山灰溶蚀孔和砾内砾间孔等是主要的孔隙类型。裂缝是火山岩储层流体运移的主要通道，常切穿气孔，使多个气孔相互连通，成为良好的渗流通道；储层裂缝描述和统计分析表明，火山岩储层裂缝密度平均为3.4条/米，裂缝宽度平均为0.09mm，裂缝平均孔隙度为0.101%，产状主要为高角度裂缝，未被充填的开启缝为有效缝，占裂缝总量的68%。

3）储集空间类型

庆深气田火山岩的储集空间组合类型主要归为以下4种：①粒间孔+溶蚀孔+裂缝型，储集空间以粒间孔、溶蚀孔为主，微孔隙次之，宏观裂缝较发育，裂缝主要起连通作用，是最有利的储集空间组合类型，常见于流纹质角砾岩中；②溶蚀孔+微孔隙型，储集空间以较小溶蚀孔隙为主，微孔隙次之，见少量粒间孔缝，主要见于风化壳流纹质凝灰岩中，比与裂缝结合的孔隙类型差一些；③微孔隙+微裂缝型，储集空间以微孔隙为主，少量溶蚀孔及微裂缝，主要见于凝灰岩及少部分集块岩中，是较差的储集空间组合类型；④微孔隙，储集空间只以微孔为主，主要见于凝灰岩中，是最差的储集空间组合类型。曲延明（2007）根据大量的试油、试采及储层分析资料，确定庆深气田储层以Ⅱ类、Ⅲ类为主，Ⅱ类约占25%，Ⅲ类约占40%（表1-2-5），大部分气井需大型压裂改造，才能达到工业气流。

表1-2-5　火山岩储层分类评价表（据曲延明，2007）

储层分类	有效厚度/m	孔隙度/%	含气饱和度/%	渗透率/$10^{-3}\mu m^2$	平均孔喉半径/μm	岩石密度/(g/cm^3)	试气产能
Ⅰ	>50	>8	>60	>0.5	>0.3	<2.4	自然产量高产
Ⅱ	30~50	8~6	60~55	0.5~0.1	0.3~0.15	2.4~2.45	压后产量高产
Ⅲ	10~30	6~3	55~50	0.1~0.05	0.15~0.03	2.45~2.5	压后产量工业
Ⅳ	<10	3~2	50~40	0.05~0.03	<0.03	2.5~2.53	压后低产
Ⅴ	<10	<2	<40	<0.03	<0.03	<2.53	干层

庆深气田针对Ⅰ类火山岩储层设计的第一口升深平1水平井，水平段长度500m，钻遇储层490m，占水平段长度的98.0%，其中Ⅰ类储层372 m，占钻遇储层的75.9%，Ⅱ类储层97m，Ⅲ类储层21m。该井采用筛管完井。2007年6月采用7.94~14.3 mm油嘴测试求产，日产气在（22.1~55.5）$\times10^4m^3$之间，无阻流量高达165.9$\times10^4m^3/d$，是同区块同层位直井无阻流量的5倍。阶段开发试验结果表明应用水平井开发Ⅰ类火山岩储层是可行的，同时也预示水平井有望成为火山岩气藏开发的主体技术。

2. 克拉美丽气田

克拉美丽气田位于准噶尔盆地陆梁隆起东南部滴南凸起西端（图1-2-4），是中国石油新疆油田公司发现的第一个储量超过1000$\times10^8m^3$的大型火山岩气田，分为滴西10、滴西14、滴西17、滴西18井区共计4个气藏，目的层为石炭系巴山组火山岩，包括浅成侵入岩、熔岩和火山碎屑岩。气田顶面构造形态为南北两侧被断裂所切割、向西倾伏的大型鼻状构造。

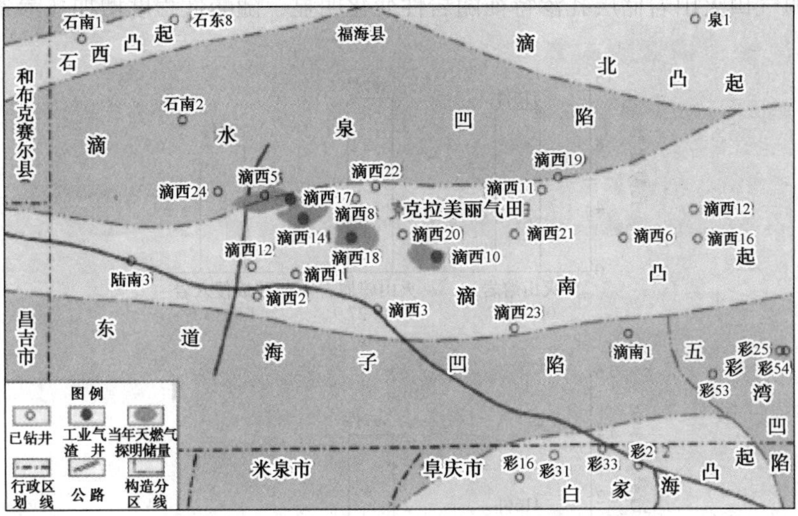

图 1-2-4 克拉美丽气田位置图(据凌立苏，2010)

1）岩性与岩相特征

准噶尔盆地东部陆东地区石炭系火山岩岩性较复杂，岩石类型较多。总体上以次火山岩类、火山碎屑岩类、火山碎屑沉积岩类为主，其次为火山熔岩类、沉积火山碎屑岩类，少量火山碎屑熔岩类。其中火山熔岩类又以基性玄武岩为主，其次为酸性流纹岩，少量安山岩，偶见碱性系列粗面岩。不同井区岩性特征不同。其中滴西 14 井区主力气层主要发育凝灰质角砾岩(16.8%)、流纹质凝灰岩(12.4%)；滴西 18 井区主力气层主要发育正长斑岩；滴西 17 井区以玄武岩为主(43%)；滴西 10 井区以熔结凝灰岩为主(40%)。

按照“成分+结构、构造+成因”的分类原则，克拉美丽气田石炭系火山岩岩石共分为 7 大类、28 小类（表 1-2-6）。

表 1-2-6 克拉美丽气田岩性分类表(据孙晓岗，2010)

成分	侵入岩		次火山岩	火山熔岩	火山碎屑岩	熔结火山碎屑岩	正常火山碎屑岩	火山—沉积碎屑岩类	
	深成岩	浅成岩						沉火山岩	火山碎屑沉积岩
酸性	花岗岩	斑状花岗岩	花岗斑岩	流纹岩	角砾熔岩	熔结集块岩	集块岩	沉集块岩	凝灰质巨(角)砾岩 凝灰质(角)砾岩
				英安岩	角砾熔岩	熔结角砾岩	火山角砾岩	沉火山角砾岩	凝灰质砂岩 凝灰质粉砂岩
				粗面英安岩	凝灰熔岩	熔结凝灰岩	凝灰岩	沉凝灰岩	凝灰质泥岩
中性	正长岩	正长斑岩	正长斑岩	粗面岩	与酸性火山岩相同				
	二长岩	二长斑岩	二长斑岩	粗安岩					
	闪长岩	闪长玢岩	闪长玢岩	安山岩 玄武安山岩					
基性	辉长岩	辉绿岩	辉绿玢岩	玄武岩	与酸性火山岩相同				

2）孔隙裂缝特征

克拉美丽气田火山岩储层孔渗特征随岩性变化明显，随酸性程度增加孔渗条件逐渐变差(图 1-2-5)。

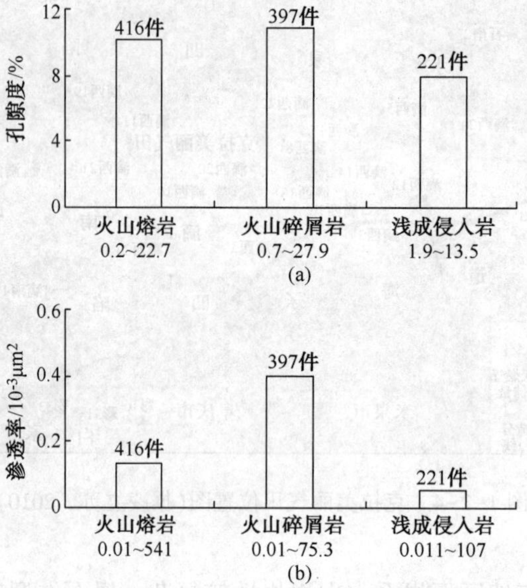

图 1-2-5　区内主要岩石类型平均孔渗特征柱状图(据林向洋，2011)

玄武岩与安山岩的孔隙度较平均，在 7%~15%之间变动，玄武岩的孔隙度稍大于安山岩，在滴西 18 井区玄武岩的孔隙度最大，达到 14. 348%，近于高孔隙度分级标准；而对于渗透率，在滴西 14 井区和滴西 17 井区，玄武岩的渗透率远远高于另外两个井区和安山岩的渗透率。

火山碎屑岩中凝灰岩的孔渗条件较差，平均渗透率甚至低于安山岩和玄武岩。火山角砾岩的孔渗条件最优，且渗透率较高，在滴西 14 井区和滴西 17 井区，渗透条件可达到中渗级别。这是由于火山角砾岩结构较松散，再经过后期的风化和构造运动的改善，孔渗条件良好。然而，凝灰岩往往致密程度较高，所形成的孔隙小且连通程度差，后期的充填作用又使得渗透情况更差。

浅成侵入岩中，总体孔隙度特征较为接近，并均较火山熔岩、火山碎屑岩低；渗透条件变化大，非均质特征突出。研究区孔渗条件辉绿岩最差，霏细斑岩最优，这是不同岩性形成环境的差异和后期的改造程度不一的表现。

3）储集空间类型

克拉美丽气田火山岩储集空间主要为孔隙和裂缝，分为原生和次生两大类(表 1-2-7)。原生孔隙主要包括原生气孔、残余气孔、晶间孔和晶内孔；次生孔隙包括斑晶溶蚀孔、基质溶蚀孔、填充物溶蚀孔和粒内溶蚀孔、晶间溶蚀孔等。原生裂缝主要包括冷凝收缩缝、收缩节理和砾间裂缝等；次生裂缝包括构造裂缝和风化裂缝 2 种。总体表现特征复杂，孔缝组合多样，因受喷发环境、构造及风化改造等影响存在分布不均一性。

综上所述，克拉美丽气田火山碎屑岩孔渗条件最优，火山熔岩次之，浅成侵入岩较差。依据火山岩储层分级标准，可将不同井区的火山岩储层分为：较高孔—中渗；较高孔—低渗；中孔—低渗以及中低孔—低渗四种类型(表 1-2-8)。

表 1-2-7 石炭系火山岩储集空间类型、组合形式表(据林向洋，2011)

储集空间类型			形成机理	对应岩性	代表井
原生	原生孔隙	原生气孔	岩浆中挥发成分在冷凝过程中逸出形成气孔	火山角砾岩、火山熔岩	滴西 10 井，滴 401 井
		残余气孔	次生矿物如绿泥石、沸石、方解石和泥质等在没有完全充填气孔的情况下所留下的孔隙	玄武岩、火山角砾岩	滴西 17 井，滴 403 井
		晶内孔、晶间孔	矿物颗粒之间的孔隙：辉石、斜长石等斑晶矿物多具解理的矿物，其本身就是晶内孔	火山熔岩、火山碎屑岩	滴西 10 井，滴西 38 井
	原生裂缝	冷凝收缩缝	岩浆冷凝，结晶过程中所形成的收缩微裂缝	火山角砾岩、流纹岩	滴西 10 井
次生	次生孔隙	基质溶蚀孔	火山岩基质中各类晶体矿物的溶蚀孔	火山熔岩	滴西 172 井
		斑晶溶蚀孔	斑晶受流体作用溶蚀产生的孔隙	安山岩、正长斑岩	滴 403 井、滴 183 井
		杏仁溶蚀孔	气孔中充填物经交代溶蚀形成的溶蚀孔	火山熔岩	滴西 171 井
		晶间溶蚀孔	各种晶体同受流体溶蚀形成的孔隙	火山碎屑岩	滴西 14 井
	次生裂缝	构造裂缝	火山岩受构造应力作用后产生的微裂缝	安山岩	滴 182 井
		风化裂缝	常与溶蚀孔、缝和构造裂缝交错相连，将岩石切割为大小不同的碎块	火山角砾岩、浅成侵入岩	滴 401 井、滴西 18 井
孔缝组合	构造缝—溶蚀缝—溶蚀孔		克拉美丽火山岩气田的最主要孔缝组合	火山熔岩、浅成侵入岩	滴西 10 井、滴西 18 井
	原生气孔—构造缝—溶蚀缝—溶蚀孔			玄武岩	滴西 17 井
	晶间孔—溶蚀孔		火山碎屑岩的主要孔缝组合	火山碎屑岩	滴西 14 井

表 1-2-8 石炭系火山岩孔渗类型表(据林向洋，2011)

孔渗组合类型	分类标准		对应岩性	代表井区
	孔隙度 ϕ/%	渗透率 $k/10^{-3}\ \mu m^2$		
较高孔—中渗	10~15	1~5	火山角砾岩	滴西 14、17 井区
较高孔—低渗	10~15	0.1~1.0	玄武岩、安山岩	滴西 14、17 井区
中孔—低渗	5~10	0.1~1.0	流纹岩、凝灰岩	滴西 10、18 井区
中低孔—低渗	1~5	<0.1	辉绿岩、正长斑岩	滴西 18 井区

第三节 火山岩气藏勘探开发前景展望

世界主要含油气盆地多数已进入高勘探程度期，火山岩类是盆地充填的重要组成部分，在盆地发育早期(或深层)，火山岩的比例明显增加，作为储层的勘探意义越来越大。随着适合火山岩油气藏勘探开发的理论方法和技术手段发展、提高，我国东部以松辽、二连、海拉尔、三江为代表的中生代盆地火山岩和以下辽河、渤海湾、苏北、江汉为代表的新生代盆地火山岩，将是未来油气勘探开发的重要领域。

一、世界火山岩油气资源勘探前景

火山岩油气藏广泛分布于地球上五大洲20多个国家300余个盆地或区块内，正在成为全球油气资源勘探开发的重要新领域。目前日本、阿根廷、印度尼西亚、澳大利亚、越南、新西兰、巴基斯坦、美国、墨西哥、巴西、委内瑞拉、古巴、俄罗斯、格陵兰、格鲁吉亚、阿塞拜疆、意大利、阿尔及利亚、加纳、纳米比亚、刚果等诸多国家已经勘探开发了一定规模的火山岩油气藏。从分布地域看，在环太平洋构造域分布的比例较高(图1-3-1)。

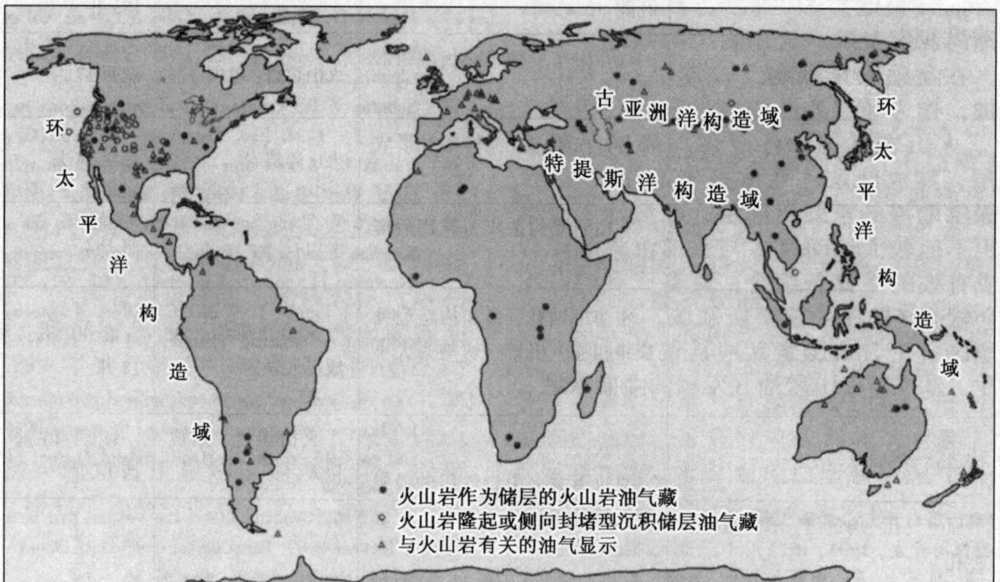

图1-3-1 全球火山岩油气显示及火山岩油气田分布图(据姜洪福，2009)

在世界范围内，相对于沉积储层而言，目前火山岩储层及其油气藏的研究还很薄弱。究其原因，主要有以下3点：①就全球范围讲，火山岩储层的油气意义(总体规模和数量)还远不及沉积岩，对其进行详细研究的产业原动力小；②火山岩具有岩性和岩相变化快储集空间和成藏系统复杂等特点研究起来难度更大；③含火山岩序列通常发育在盆地充填层序的下部，资料获取和勘探开发的技术难度大。

随着世界上越来越多的火山岩油气藏陆续被发现，人们逐渐认识到，火山岩作为油气的主要储集岩类之一，已成为油气勘探与开发不可忽视的领域。无论陆相环境，还是海相环境，都具备火山岩喷发条件，可形成一定规模的火山岩体。据统计，在沉积盆地中，火山岩可占到充填体积的1/4，一旦具备成藏条件，可形成大型、超大型油气田。

Schutter综合分析了全球范围内100多个国家已发现和开采的火成岩油气藏后认为，火成岩中可以蕴含具有重要商业价值的油气资源，火成岩及相关岩石中的烃源既可以是有机形成，也可以是无机来源。火成岩可以具备好的储集性能，并可形成其特有的圈闭结构。

从目前全球已发现的火山岩油气藏特征看，分布地层时代性和地域性均很强，地层时代主要为太古界、石炭系、二叠系、白垩系和古近系5套地层，地域上主要分布在环太平洋、地中海和中亚地区。这与特定时代构造活动、盆地断陷裂谷形成和火山作用密切相关。环太平洋构造域形成时代较新，火山活动频繁，火山岩分布面积广，岛弧及弧后裂谷发育，火山岩与沉积盆地具有良好的配置关系，地域广，是全球火山岩油气藏最富集的区域。晚古生代形成的古亚洲洋构造域在中亚地区分布面积广，后期为中新生代陆相含油气覆盖，形成叠合盆地，保存相对完好，具备新生古储的良好成藏条件，是全球今后火山岩油气藏第二个有利前景区。环地中海位于特提斯洋的西端，构造活动与裂谷形成及火山活动具有一致性，具备火山岩油气成藏背景，也是今后寻找火山岩油气藏的重要区域。

全球主要含油气盆地多数已进入高勘探程度期，总的趋势是逐渐向深层发展。火山岩类是盆地充填的重要组成部分，在盆地发育早期(或深层)，火山岩的比例明显增加，作为储层的勘探意义加大。相对常规沉积岩而言，火山岩具有物性受埋深影响小的优点，在盆地深层，其成储条件通常好于常规沉积岩，可以作为盆地深层勘探的重要目的层。在盆地发育早期，火山岩体积不但较大，而且多与快速沉降的烃源岩相共生，组成有效的生储盖组合，具备成藏的基本条件，是未来全球油气勘探的重要新领域。环太平洋、地中海和中亚地区各个含火山岩盆地具备良好的火山岩油气成藏条件，是今后火山岩油气发现的主要区域。

二、中国火山岩油气资源勘探前景

中国沉积盆地内火山岩分布广泛，近期勘探不断有新发现，勘探领域亦不断扩展，火山岩油气藏已逐渐成为中国重要的勘探目标和油气储量的增长点。中国沉积盆地内发育石炭系—二叠系、侏罗系—白垩系和古近系—新近系3套火山岩，火山岩主要形成于陆内裂谷和岛弧环境；火山岩以沿断裂的中心式、复合式喷发为主，主要形成层火山，爆发相和喷溢相较发育，火山岩体一般为中小型，成群成带大面积展布；有陆上和水下两种喷发环境，水下喷发—沉积组合最为有利。

中国东部发育了以松辽盆地为代表的中生代盆地群和以渤海湾盆地为代表的新生代盆地群。火山岩类在这些盆地深层广泛发育。西部准噶尔、三塘湖、塔里木和吐哈等盆地历经半个多世纪的勘探开发，先后发现了40余个火山岩油气藏。与中国东部盆地相比，西部晚古生代盆地是经历了中新生代改造的残余盆地，火山岩遍布盆内和盆缘。勘探结果证实，盆内和盆缘的火山岩都具有良好的成储和成藏条件，准噶尔盆地的西北缘、腹部和东部均有大规模火山岩油气发现。现有研究表明，西部火山岩油气勘探潜力可能更大。

统计资料表明，松辽盆地和渤海湾盆地的石油资源探明率不到50%，东部海域盆地资源探明率仅占15.5%。松辽盆地天然气资源探明率仅为10.5%，处于天然气勘探初期(赵文智，2007)。中国东部地处环太平洋构造域，中新生代火山岩十分发育，而火山岩又是断陷层序盆地充填的主体，占断陷厚度的50%以上，在大庆断陷层序中超过80%的油气赋存在火山岩中。说明断陷盆地中的火山岩具有分布广、层系多、厚度巨大和油气资源潜力大等特点。中国东部的火山岩勘探还处于起步阶段，火山岩油气藏的低探明率和难以估量的资源潜力显示出我国东部中新生代盆地火山岩油气藏具有巨大的勘探潜力和广阔的勘探开发前景。实践证明，火山岩油气藏已经成为我国油气勘探开发的重要的新领域。

根据第三轮全国油气资源评价结果，我国石油资源量 940×10^8t，天然气资源量 $38\times10^{12}m^3$。截至 2007 年，我国石油探明总量 263×10^8t，探明率 28%；天然气探明总量 $5.38\times10^{12}m^3$，探明率 14%，未探明资源可能有相当数量存在于火山岩中，因此盆地深层火山岩中具有巨大的资源潜力。在分析西部和东部主要含火山岩盆地潜力的基础上，结合第三轮全国油气资源评价结果，对未来 7 年中国陆上火山岩储量增长进行预测，绘制预测增长曲线(图 1-3-2)，可以看出，在今后几年内中国内地火山岩油气藏将进入快速发现和开发阶段。

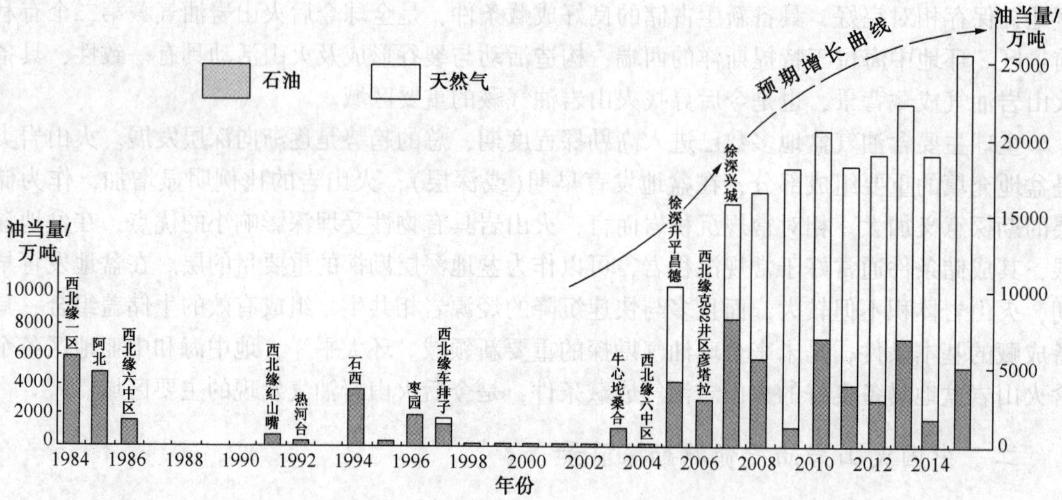

图 1-3-2　中国陆上火山岩储量增长变化趋势图(据姜洪福，2009)

准噶尔盆地、三塘湖盆地和塔里木盆地等中国西部含油气盆地晚古生代在古亚洲洋构造域背景下形成的岛弧火山岩规模大，分布面积广，大多后期经过抬升剥蚀改造，油气储集条件良好，后期中新生代盆地披覆之上，烃源岩丰富，具备良好的油气成藏条件，可形成大型、超大型油气藏。相比之下，我国东部中新生代裂谷盆地中火山岩更发育，其喷发规模、时空分布和油气资源蕴藏量均相当大。以松辽、二连、海拉尔、三江为代表的中生代盆地群和以下辽河、渤海湾、苏北、江汉为代表的新生代盆地群，构成了最完整的火山作用—沉积盆地—油气系统，是未来油气勘探开发的重要领域。

在不断丰富的勘探实践中，通过加强基础理论研究，并有效地指导勘探部署，火成岩油藏勘探仍大有可为：

(1) 发展火成岩地震预测技术。首先必须确定火成岩分布范围及空间展布，并结合测井和岩心观察，建立火成岩地震相模式，进而预测火山口及火成岩相分布特点，在上述基础上，对火成岩裂缝及有利储层进行预测。

(2) 发展火成岩层序分析技术，精细进行火成岩岩相分析和小层对比，搞清火成岩油层关系。火成岩勘探实践表明，不同的岩相带储集性能差异很大，而且火成岩非均质性强，搞清各层的对比关系，对进一步勘探开发火成岩有重要意义。

(3) 建立和完善火成岩油气藏地质建模技术。通过多学科综合研究建立和完善油藏地质模型尤其是裂缝性储层模型的研究，建立正确的、合理的、适合不同研究阶段的油藏模型，并在此基础上建立油藏数学模型，进行油藏数值模拟计算。

(4) 开展储层特征尤其是裂缝和岩性在三维空间的展布和预测技术研究。把对岩性和裂缝预测的研究作为突破口，尤其是有效储集裂缝在三维空间的展布，发展一套有效的岩性和裂缝预测技术。

与常规油气砂岩类、灰岩类油气藏勘探相比，对火山岩认识水平、研究深入程度还相差甚远，可以说勘探、开发研究等方面尚处于起步探索阶段，许多认识是宏观的、理论上的，技术上也尚未完善配套，勘探开发中存在的问题还很多。相信通过进一步的理论技术攻关，今后火成岩油气藏的研究一定会有更大的突破，勘探开发工作也一定会取得更多更大的成果。

第二章　长岭断陷地层层序与火山岩相

长岭地区断陷层系发育基本齐全。自上而下依次发育有第四系，新近系泰康组，白垩系明水组、四方台组、嫩江组、姚家组、青山口组、泉头组、登娄库组、营城组、沙河子组，侏罗系火石岭组。长岭断陷白垩纪经历了多次较大的构造运动，由于构造运动的差异性，使得地层沉积较复杂，通过建立地震层序，解决了地层层序的划分和对比。断陷火山岩主要以酸性喷出岩为主，常见的岩石类型是流纹岩，凝灰岩，隐爆角砾岩，英安岩。依据王璞珺等提出的“岩性–组构–成因”的火山岩相分类方案，将长岭断陷白垩纪火山岩划分为火山通道相、爆发相、喷溢相、侵出相和火山沉积岩相 5 个火山岩相与 15 个亚相。

第一节　地层序列与特征

由于受一级断裂的控制，早白亚世断陷彼此分离，沉积上自成体系。此外受二级断裂影响，断陷内部的次级凹陷发育，断隆相间的构造格局增大了断陷地层对比的难度。利用地震同相轴的等时性特征，采用地质–地震综合地层对比法，通过点(钻井)和面(地震剖面)结合，动态的划分与对比，划分地层层序。长岭凹陷晚侏罗系至第四系发育较齐全，最大厚度达 7000 余米。断陷地层包括晚侏罗统火石岭组，下白垩系沙河子组、营城组、登娄库组，埋藏深度一般在 2000~6000m，坳陷地层为下白垩统泉头组、上白垩统青山口组、姚家组、嫩江组、四方台组及明水组(表 2-1-1)。

1. 火石岭组

火石岭组在区内未见有钻井揭示，DB14 井钻达花岗岩、板岩基底，火石岭组在 DB14 井处缺失。根据区域地质研究，其岩性特征为：上部深灰色泥岩，下部灰黑色泥岩，局部火山岩、火山碎屑岩，与下伏地层为不整合接触。

2. 沙河子组

区域上的沙河子组以灰黑色泥岩为主，夹有大量火山岩喷发的沼泽相含煤地层建造。邻区钻井地层特征为：深灰色、灰黑色泥岩、泥质粉砂岩夹白色粉砂岩及少量煤线，产孢粉化石。

区内仅有 DB14 揭示了沙河子组地层，为灰色粉砂质泥岩、灰黑色泥岩夹灰色、灰白色粉砂岩、细砂岩，底部发育一套砂砾岩。地震解释表明其分布较广泛，与下伏地层呈不整合接触。

3. 营城组

营城组由火山喷发和湖盆水下陆源沉积两种作用同时形成，岩相变化大，具有典型的火山喷发–沉积岩相特征。电性特征表现为宽峰高电阻层。根据地震不整合反射、波组特征及岩性可将长岭断陷营城组划分为三段，自下而上为营一段、营二段、营三段。

长岭断陷 D2、腰深 1、DB11、DB14、SN101、SN108 等几口深井资料揭示该组为一套灰黑色泥岩与浅灰色砂岩、砂砾岩，夹英安岩、流纹岩、凝灰岩等火山岩。

表 2-1-1 松辽盆地南部长岭断陷中生代陆相盆地层序划分

地层 系	地层 统	地层 组	代号	地震波阻	地层年龄(Ma) 年龄	地层年龄(Ma) 时间	接触关系	构造运动
第四系			Q					
新近系			N	T_0^1			上超	
古近系			E	T_0^2			上部削截	喜山运动
白垩系	上统	明水组	K_2m	T_0^3				
		四方台组	K_2s		65	9		
		嫩江组	K_2n	T_1	74 83	9	上超	
		姚家组	K_2y	T_1^1			上超	燕山晚期运动
		青山口组	K_2qn	T_1^3 T_2	88.5	5.5	上超 上部削截	
	下统	泉头组	K_1q	T_3	90.4 97	1.9 6.6	底超 上超	
		登娄库组	K_1d	T_4	112	15		
		营城组	K_{1yc}	T_4^1	124	12	上超	
		沙河子组	K_{1sh}	T_4^2	131.8	7.8	上超	燕山中期运动
侏罗系		火石岭组	J_3h	T_5	135	3.2	上超	
基底								

层序划分 超层序	层序划分 体系域
Ⅷ	
Ⅶ	HST EST
Ⅵ	CST HST EST
Ⅴ	HST EST LST
Ⅳ	HST EST LST
Ⅲ	HST EST LST
Ⅱ	HST EST LST
Ⅰ	HST EST LST

沉积旋回(水退、水进)

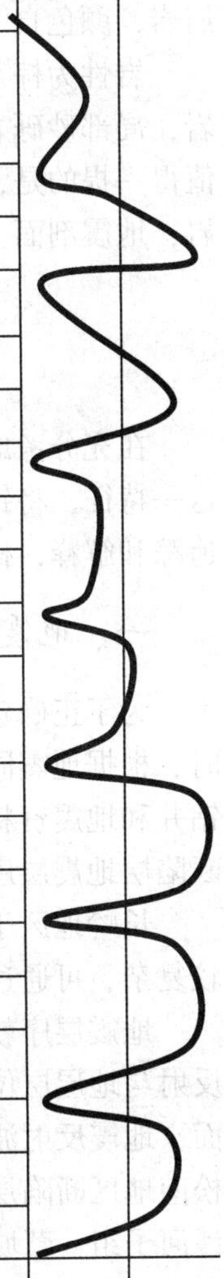

地震地质解释表明火山岩在区内分布较为广泛，与下伏地层呈不整合接触。

4. 登娄库组

登娄库组沉积在各断陷分割性较大，沉积具有较大的独立性。据松基 6 井揭示，登娄库组自下而上可分登一段(K_1d^1)、登二段(K_1d^2)、登三段(K_1d^3)、登四段(K_1d^4)。其中 K_1d^1 为砂砾岩段，K_1d^2 为暗色泥岩，K_1d^3 为块状砂岩段，K_1d^4 为过渡岩性段。以此为准，松南的发现多属于 K_1d^2 和 K_1d^3 段。

长岭断陷登娄库组根据波组及岩性划分为登一段，登二段、登三段。登娄库组一、二段：主要为一套浅棕灰色、白色砂砾岩、砂岩夹暗棕色、浅棕色泥岩与深灰色、灰黑色泥岩。与下伏地层呈不整合接触。登三段：浅灰白色粉砂岩、细砂岩、砂砾岩与暗棕色泥岩。

另外，通过钻井资料、地震波组横向上追踪，在 DB10 井附近 6~8km 范围内分布厚 400m 多米的灰黑色、紫红色玄武岩及灰绿色沉凝灰岩、火山角砾岩，说明长岭地区在登娄库期亦有火山喷发。

5. 泉头组

泉头组分布广泛，据松基 2 井剖面，将全组分为 4 段。该组主要为一套红色较粗砂砾碎屑岩，颜色自下而上由盆地边缘向内部由鲜变暗，以河流相沉积为主。

岩性为棕灰色、褐棕色、局部灰绿色泥岩与浅灰色、棕白色粉砂岩、细砂岩、中粗砂岩，局部砂砾岩呈不等厚互层。表明该地层从下向上均属于氧化环境下的碎屑岩沉积建造。值得一提的是，DB10 井泉头组中下部钻井发现灰色、灰黑色玄武岩、灰绿色沉火山角砾岩，地震剖面上也有强反射响应，说明长岭地区早白垩世泉头期亦有火山活动。

第二节　地层层位标定

在充分考虑岩石地层特征的同时，根据地震同相轴在其所代表的厚度规模上具等时意义这一特征，将钻井和地震资料相结合，通过合成地震记录标定和反标定以及地震相位的精细追踪和解释，标定断陷层地震层序。

一、地震层位标定

为了正确建立长岭地区的地层层序和进行地层划分对比，在充分考虑岩石地层特征的同时，根据地震同相轴在其所代表的厚度规模上具等时意义这一特征，利用合成地震记录，将钻井和地震资料相结合，通过合成记录标定和反标定以及地震相位的精细追踪和解释，标定断陷层地震层序。

长岭地区于白垩世经历了七次较大的构造运动，由于构造运动的差异性，使得地层沉积较复杂，可通过建立地震层序来解决地层层序的划分和对比问题。

地震层序就是在地震剖面上识别出来一套沉积层序，划分地震层序的实质就是建立地震反射与地层层位的对应关系，其划分的基本依据是地震反射界面代表等时面，地层不整合面、地震反射波组特征(上超、下超、顶超和削截)等均可作为地震层序划分的标志。据此，松南地区断陷层可划分出 4 个地震层序(Ⅰ、Ⅱ、Ⅲ、Ⅳ)，经钻井证实分别与火石岭组、沙河子组、营城组、登娄库组对应，它们之间以不整合面为界，4 个地震层序顶、底界面确定和追踪对比主要依据的反射界面 T_5、T_4^2、T_4^1、T_4。

对于长岭地区断陷层系来说，由于埋深较大，地震资料的质量也相对较差，加上早期构造运动形成的断裂极为发育，但仍可划分出 4 个地震层序(Ⅰ、Ⅱ、Ⅲ、Ⅳ)，其反射特征概述如下：

T_5：相当于晚侏罗统断陷盆地的基底面反射，反射波在地震剖面上表现为 1~3 个连续同相轴，部分地区波组特征不明显，T_5之下为无连续反射，说明 T_5为盆地的基底风化剥蚀面反射，现今埋深较浅的部位此特征更为明显，表现为能量弱，同相轴延伸短，见绕射现象(图 2-2-1)。在腰英台四连片三维地震剖面上 T_5波组较明显，但在二维地震区，由于地震信号采集时排列长度较短或营城组强反射的屏蔽作用，造成深层 T_5 波组反射不清晰，目前的解释方法是参照三维资料向二维区延伸追踪。在无三维地震的长发屯次凹二维地震剖面上无可信的反射标志，故解释结果有很大的随机性，仅供参考。长发屯次凹沙河子组和火石岭组的厚度加起来才相当于营城组的厚度，而在查干花次凹前者大约是后者的两倍半。

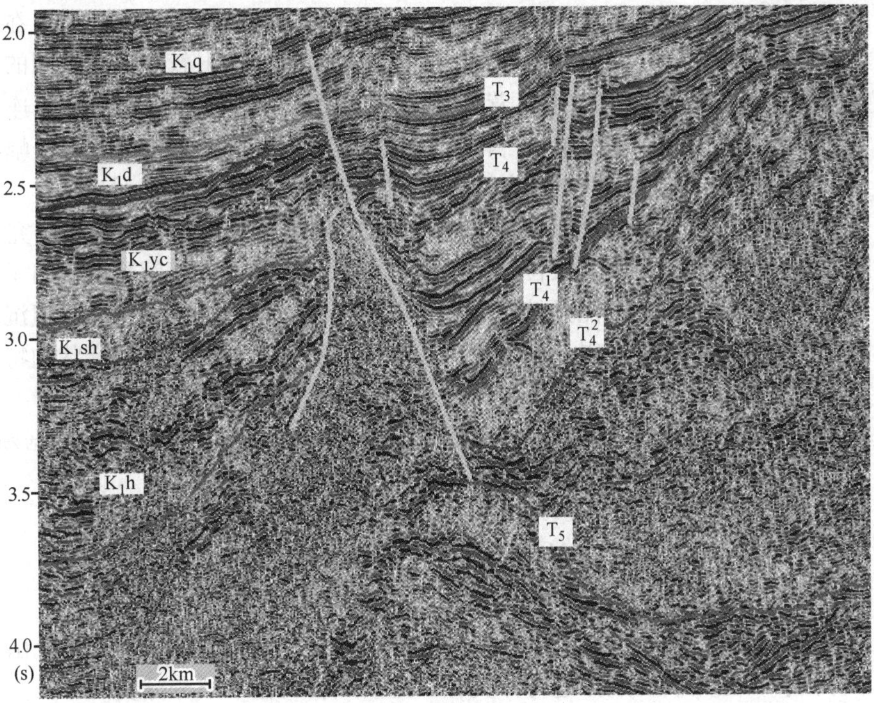

图 2-2-1 line598 地震剖面（显示 T_5，T_4^2，T_4^1，T_4，T_3 反射波特征）

T_4^2：相当于火石岭组顶面反射，由几个断续相位组成，连续性差，下伏主要为蚯蚓状、叠瓦状、乱岗状的疏密不均的反射带组成。T_4^2波能见到削截现象，为一不整合面。

T_4^1：相当于沙河子组顶面反射，能量较强，由 2～3 个断续波组组成，上覆弱反射带，之下为能量弱，频率较高的弱反射组成。

T_4：反射波为断陷晚期营城组顶界反射界面，该波组以强能量的三个相位组成，能连续追踪对比，其下伏为蚯蚓状、斜交状、叠瓦状等反射带，并普遍见到削蚀现象，不整合面特征明显，反射质量好。

T_3：相当于登娄库组顶部不整合，由两个时强时弱的相位组成，连续性较差。

二、营城组、沙河子组、火石岭组地层界限的划分

由于长岭断陷的二维测线排列长度有限，在先前解释的 T_5 之下表现为基底的空白反射。从新的四连片三维地震资料上，在原解释的 T_5 之下又发现两套具有沉积岩成层构造反射特征的地层，其反射面貌与徐家围子断陷的沙河子组和火石岭组很相像，加之在长岭断陷钻井未揭示到真正的沙河子组泥岩和火石岭组，故推测原来解释的 T_5 有误，三维地震深部的两套地层才应是真正的沙河子组和火石岭组。重新解释后的营城组实际为原来解释的营城组—火石岭组地层；营城组之下的一套弱振幅地层应为沙河子组；而火石岭组则为断陷基底和沙

河子组地层之间的一套厚度变化较大平行强振幅反射地层。

通过对 DB11、YS1、D2 井在三维地震剖面上进行钻井标定，大致确定了四连片工区内营城组顶面(T_4)的解释方案，T_4为登娄库三段(T_3^2)以下一到两个同相轴的一套较强反射界面，局部也可能由于火山岩顶面风化壳的存在，而相变为较弱的反射波。营城组内部分布范围较大的两个不整合面，此次分别解释为营城组一段(T_4^{02})和二段(T_4^{01})的顶面。在多数钻井未钻穿营城组地层的情况下，将 T_4以下强波组—连续性较差、反射较弱波组之间的界线解释为营城组底面(T_4^1)。不同地震剖面上，营城组内部反射波组特征存在变化，四连片工区的近南北向大断裂的上盘(即工区西部)，营城组在地震剖面上呈断续的丘形强振幅特征；而大断裂下盘，即工区东部基本上为连续的层状反射，局部层间有乱岗状弱反射。

沙河子组底界(T_4^2)的解释考虑了区域不整面及波组特征两个方面，前人研究认为沙河子组是本区烃源岩发育的一个重要层位，且以湖沼相沉积为主，在新解释的沙河子组上部普遍存在一套较弱反射的地层，可能是较厚的湖相泥岩沉积地层。另外，沙河子组沉积后有一次较强的区域挤压构造运动，使得该组地层产状近于直立。这种弱振幅和产状的特点在长岭断陷和徐家围子断陷都很明显。

通过重新解释后的火石岭组底界(T_5)较原来的深 1000~1500ms，主要依据断陷基底、不整合面、大断裂面等，火石岭组地层内部反射连续性较差。

第三节　火山岩岩石分类

火山岩的岩性复杂，不同地区、不同背景的分类方案差别较大。一般来讲火山岩的分类有两个基本方向：一是用矿物成分进行分类；一是按照岩石化学成分分类。

按石英、碱性长石、斜长石、副长石等标准矿物划分了如下 21 种岩性：碱性流纹岩、流纹岩、英安岩、石英碱长粗面岩、石英粗面岩、石英粗安岩、钙碱性安山岩、钙碱性玄武岩、碱长粗面岩、粗面岩、安粗岩、橄榄粗安岩、副长石碱长粗面岩、副长石粗面岩、含副长石安粗岩、碱性玄武岩、响岩、碱玄质响岩、响岩质碱玄岩、碱玄岩、响岩质副长石岩(吴利仁等，1982)；用 SiO_2、K_2O、Na_2O、Al_2O_3、Fe_2O_3、MgO、TiO_2等常量元素含量来确定火山岩类型的 TAS 图解在国内外被广泛应用(LeMaitre et al.，1989；林景仟等，1995)，是目前火山岩分类的基本依据，分为流纹岩、英安岩、安山岩、玄武安山岩、玄武岩、苦橄玄武岩、粗面岩(标准矿物石英<20%)。粗面英安岩(石英>20%)、粗面安山岩、玄武粗安岩、粗面玄武岩、响岩、碱玄质响岩、响岩质碱玄岩、碱玄岩(标准矿物橄榄石<20%)或碧玄岩(橄榄石>20%)、副长石岩 16 种。

另外按照其喷发方式，火山岩又可以分为火山熔岩和火山碎屑岩两种类型。而火山碎屑岩进一步分为火山集块岩、火山碎屑角砾岩(粒径>64mm)、火山角砾凝灰岩(粒径为 64~2mm)、粗火山灰凝灰岩(粒径为 2~1/16mm)、细火山灰凝灰岩(粒径为<1/16mm)或尘凝灰岩(LeMaitre et al. 1989)。

根据我国东部发育的大量中、新生代火山岩露头和地层特征，及前人研究成果，考虑影响火山岩储集性能的主要因素及岩相的划分依据，可以采用如下分类原则：

1. 按照岩石化学成分分类

火山岩分为基性岩类($SiO_2$45%~52%)，定为玄武质；中基性岩类($SiO_2$52%~57%)，定为安山玄武质；中性岩类(SiO_2 57%～63%)，定为玄武安山质；中酸性岩类(SiO_2 63%～69%)，定为英安质；酸性岩类(SiO_2>69%)，定为流纹质(图2-3-1)。

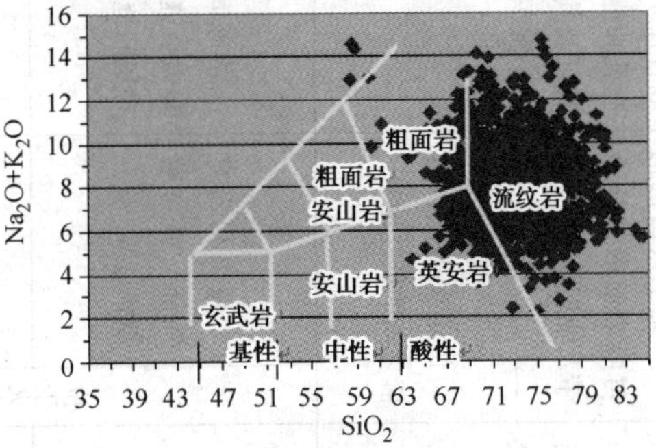

图2-3-1　腰深1井ECS TAS岩性分类图

2. 按火山岩的特征结构—矿物成分—结构成因分类

按火山岩的特征结构—矿物成分—结构成因分为：火山熔岩类(玄武岩、玄武安山岩、玄武粗安岩、安山岩、粗安岩、粗面岩、英安岩、流纹岩、黑耀岩、珍珠岩、松脂岩、浮岩)、火山碎屑熔岩类(玄武质熔结)碎屑(凝灰、角砾、集块)熔岩、安山质(熔结)碎屑(凝灰、角砾、集块)熔岩、英安质(熔结)碎屑(凝灰、角砾、集块)熔岩、流纹质(熔结)碎屑(凝灰、角砾、集块)熔岩、隐爆角砾岩、火山碎屑岩类(玄武质碎屑(凝灰、角砾、集块)岩、安山质碎屑(凝灰、角砾、集块)岩、流纹质碎屑(凝灰、角砾、集块)岩)、沉火山碎屑岩类。

该分类首先将岩浆的来源界定，是基性还是酸性(即玄武质还是流纹质)，其次是按喷发的方式分类，是火山碎屑还是熔浆(与岩相关联起来)，最后考虑其碎屑粒径的大小来综合确定岩石的类型。

第四节　火山岩相和火山岩相模式

火山口的岩相包括火山通道相、爆发相、喷溢相、侵出相和火山沉积岩相和15个亚相，不同亚相具有不同特征的火山岩岩石类型，根据王璞珺的火山岩相模式，综合地震岩相及钻井资料，确定长岭断陷火山岩的主要相序类型为爆发相→喷溢相/侵出相，火山通道相→喷溢相/侵出相和爆发相→火山通道相→侵出相/爆发相。

一、火山岩相的划分

关于火山岩相的划分，许多研究者提出多种划分方案。结合松辽盆地火山岩特点和油气勘探需要，这里主要依据王璞珺等提出的火山岩相的“岩性—组构—成因”分类方案(表2-4-1)。王璞珺等主要基于岩性和岩石组构等用岩心或岩屑可以观测和准确标识的基本地质属性，强调盆地火山岩相研究中的可操作性，注重岩相与储层物性的关系，将火山岩相分为5种相、15种亚相。分类中既遵循一般分类原则又考虑其实用性，目的是为盆地火山岩研究提供一个行之有效的分类方案，使研究者能够参照分类表中的岩相鉴定标志在剖面、岩心、岩屑和薄片尺度上识别出各种火山岩相和亚相。

表 2-4-1　盆地火山岩相分类、亚相特征和识别标志(据王璞珺等，2007 年，修改)

相	亚相	物质来源及形成机制	主要成岩方式	岩性组合	特征结构	特征构造	火山机构中位置及相序	储集空间特征类型
Ⅴ火山沉积相	V_3凝灰岩夹煤沉积	凝灰质火山碎屑和富植物泥炭在地势低洼处沉积	压实成岩、压实作用导致的胶结成岩	火山凝灰岩与煤层互层	火山/陆源碎屑结构	韵律层理、水平层理	位于距离火山穹隆较近的沼泽地带	碎屑颗粒间孔和各种原生、次生孔和缝，物性特征及其变化类似于沉积岩
	V_2再搬运火山碎屑沉积岩	火山碎屑物质经过水流作用改造		层状火山碎屑岩/凝灰岩	砾石有磨圆但不含外碎屑，火山碎屑结构	交错层理槽状层理粒序层理块状结构	多见于火山机构穹隆之间的低洼地带及晚期	
	V_1含外碎屑火山碎屑沉积岩	以火山碎屑为主并有其他陆源碎屑物质加入		含外来碎屑的火山凝灰(质砂砾)岩	砾石有磨圆并含外碎屑，火山/陆源碎屑结构		位于火山机构穹隆之间的低洼地带	
Ⅳ侵出相	$Ⅳ_3$外带亚相	熔浆前缘冷凝、变形并铲刮和包裹新生和先期岩块，内力积压流动	熔岩冷凝熔结新生和原岩块	具变形流纹结构的角砾熔岩	熔结角砾和熔结凝灰结构	变形流纹结构	位于火山通道顶部 侵出相岩穹外部，可与喷溢相过渡	角砾间孔缝，显微裂缝，流纹理层间缝隙
	$Ⅳ_2$中带亚相	高粘度熔浆受到内力挤压流动，停滞堆砌在火山口附近成岩穹	熔浆(遇水淬火)冷凝固结	块状珍珠岩和细晶流纹岩	玻璃质结构、珍珠结构、少斑结构、碎斑结构	块状、层状、透镜状和披覆状	侵出相岩穹中带	原生微裂隙、构造裂隙，晶洞
	$Ⅳ_1$内带亚相			枕状和球状珍珠岩	珍珠结构、斑状结构	裂纹、岩球、岩枕、穹状	侵出相岩穹核心	岩球间孔隙，穹内松散体，微裂缝，晶洞

续表

相	亚相	物质来源及形成机制	主要成岩方式	岩性组合	特征结构	特征构造	火山机构中位置及相序		储集空间特征类型
Ⅲ喷溢相	$Ⅲ_3$上部亚相	含晶出物和同生角砾的熔浆在后续喷出物推动和自身重力的作用下沿着地表流动	熔浆冷凝固结	气孔流纹岩	球粒结构、细晶结构	气孔、杏仁、石泡	形成于火山旋回中期	流动单元上部	气孔，石泡腔，杏仁内孔
	$Ⅲ_2$中部亚相			流纹结构流纹岩	细晶结构、板状结构	流纹结构，见气孔、杏仁		流动单元中部	流纹层理间缝，气孔、构造缝
	$Ⅲ_1$下部亚相			细晶流纹岩、含同生角砾的流纹岩	玻璃质、细晶结构，斑状结构，角砾结构	块状或断续的变形，流纹结构		流动单元下部	板状和楔状节理缝隙，构造裂缝
Ⅱ爆发相	$Ⅱ_3$热碎屑流亚相	含挥发分的灼热碎屑—浆屑混合物在后续喷出物推动和自身重力的共同作用下沿着地表流动	熔浆冷凝胶结为主，多有压实作用叠加	含玻屑、晶屑、浆屑、岩屑的熔结凝灰(熔)岩，熔浆胶结复成分砾岩	熔结凝灰结构，火山碎屑结构	块状、正、逆粒序，气孔、火山玻璃等拉长定向，基质支撑	形成于火山旋回早期	火山旋回早期多见，爆发相上部，与喷溢相过渡	颗粒间孔，气孔，每个冷却单元底部可能发育几十厘米松散层
	$Ⅱ_2$热基浪亚相	气射作用的气—液—固态多相浊流体系在重力作用下近地表呈悬移质快速搬运(最大时速达240km)	压实为主	含晶屑、玻屑、浆屑的凝灰岩	火山碎屑结构(以晶屑凝灰结构为主)	平行层理，交错层理，逆行沙波层理		爆发相中下部或与空落亚相互层，低凹处厚，向上变细变薄，与古地形成披覆状	有熔岩围限且后期压实影响小则为好储层(岩体内松散层)，晶粒间孔隙和角砾间孔缝为主，物性特征及其变化类似于沉积岩
	$Ⅱ_1$空落亚相	气射作用的固态和塑性喷出物(在风的影响下)作自由落体运动	压实为主	含火山弹和浮岩块的集块岩、角砾岩，晶屑凝灰岩	集块结构、角砾结构、凝灰结构	颗粒支撑正粒序层理，弹道状坠石		多在爆发相下部，向上变细变薄，也可成夹层	

续表

相	亚相	物质来源及形成机制	主要成岩方式	岩性组合	特征结构	特征构造	火山机构中位置及相序		储集空间特征类型
Ⅰ火山通道相	I_3隐爆角砾岩亚相	富含挥发分岩浆入侵破碎岩石带产生地下爆发作用，爆炸—充填作用同步进行	与角砾成分相同或不同的热液矿物或细碎屑物冷凝胶结	隐爆角砾岩(原岩或围岩可以是各种岩石)	隐爆角砾结构、自碎斑结构、碎裂结构	筒状、层状、脉状、枝杈转，裂缝充填状	位于火山机构下部	火山口附近或次火山岩体顶部或穿入围岩	角砾间孔，原生显微裂隙，但多被捕后期岩汁再充填
	I_2次火山岩亚相	同期或晚期的潜侵入作用	熔浆冷凝结晶	次火山岩玢岩和斑岩	斑状结构，不等粒全晶质结构	冷凝边构造，流面、流线，柱状、板状节理，捕虏体		火山机构下部几百至1500m与其他岩相和围岩呈交切状	柱状和板状节理的缝隙，接触带的裂隙
	I_1火山颈亚相	熔浆侵出停滞并充填在火山通道，火山口塌陷充填物	熔浆冷凝固结、熔浆熔结火山碎屑物，压实影响	熔岩，熔结角砾/凝灰熔岩及凝灰/角砾岩	斑状结构、熔结结构、角砾/凝灰结构	堆砌构造；环状或放射状节理，岩性分带		直径数百米、产状近于直立、穿切其他岩层	角砾间孔，基质遮蔽孔，环状和放射状裂隙

作为一个完整的火山喷发旋回，由下往上，相间的变化顺序依次为爆发相、喷溢相、侵出相，火山通道相一般位于整个火山机构的下部，但有时也侵入到其它相带(图 2-4-1)。相带的亚相出现机率不等，在特定的地区，某些亚相，甚至整个相会发生缺失现象。钻井中所见到的火山岩亚相，也因钻井在火山岩体上的位置不同而出现不同的组合。在横向上，一个完整的火山喷发旋回，由中心向外，相间的变化顺序依次为火山通道相、侵出相、喷溢相、爆发相和火山沉积相。同沉积岩沉积相一样，火山岩相和亚相之间的依存关系(相序)和变化规律(相律)是认识和刻画火山岩相的重要内容，更是建立火山岩相模型、约束地震资料解释和火山岩储层预测的基础。但由于火山岩原始喷发相和亚相的变化十分复杂，任何火山岩喷出地表后都经历过一定时间的剥蚀改造，盆地内部火山岩序列还经历了块断、掀斜、差异升降、局部剥蚀和再搬运沉积等改造作用。所以，现今盆地内部火山岩的相序和相律是更加复杂的。

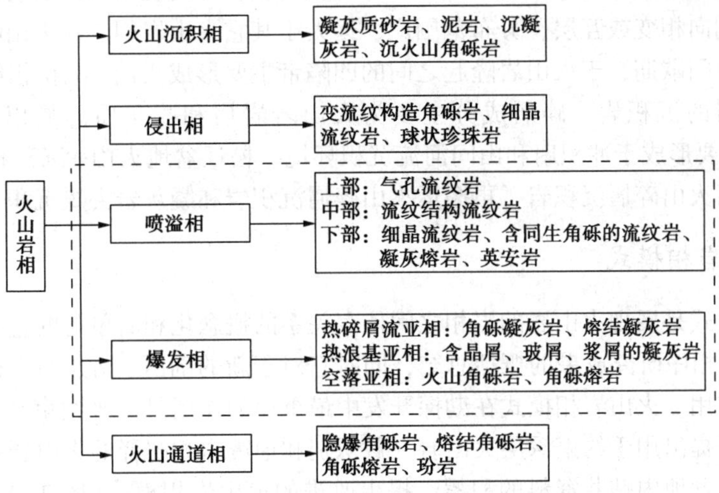

图 2-4-1　腰英台地区营城组火山岩相相序特征

1. 火山通道相

火山通道指从岩浆房到火山口顶部的整个岩浆导运系统。火山通道相位于整个火山机构的下部，是岩浆向上运移到达地表过程中滞流和回填在火山管道中的火山岩类组合。火山通道相可以划分为火山颈亚相、次火山岩亚相和隐爆角砾岩亚相。它们可形成于火山旋回的整个过程中，但保留下来的主要是后期活动产物。其可分为 3 个亚相：火山颈亚相、次火山岩亚相、隐爆角砾岩亚相。

2. 爆发相

爆发相形成于火山作用的早期和后期，是分布最广的火山岩相，也是构造类型繁多、易于与正常沉积岩混淆的火山岩类。可分为 3 个亚相：空落亚相、热基浪亚相、热碎屑流亚相。主要岩性以火山角砾熔岩、火山凝结块、晶屑熔结凝灰岩为主。形成地质条件以近火山口相、火山口相、火山通道相，被熔岩或熔结凝灰岩覆盖，各火山体分布的范围较小。

3. 喷溢相

喷溢相形成于火山喷发旋回的中期，是含晶出物和同生角砾的熔浆在后续喷出物推动和自身重力的共同作用下，在沿着地表流动过程中，熔浆逐渐冷凝、固结而形成。喷溢相在酸性、中性、基性火山岩中均可见到，一般可分为下部亚相、中部亚相、上部亚相。主要岩性以熔岩为主，包括流纹岩、气孔流纹岩、角砾化熔岩和凝灰岩。形成地质条件以熔岩流形式出现，中基性熔岩流形成大面积的岩被，受古地貌控制，横向厚度变化巨大，近火山口处出现角砾熔岩。

4. 侵出相

侵出相主要见于酸性岩中，形成于火山喷发旋回的晚期。由于火山口—火山湖体系已经形成，当高粘度岩浆受内力挤压流出地表时，遇水淬火或在大气中快速冷却便在火山口附近形成侵出相(玻璃质)火山岩体。我国东部中生代酸性岩发育区的珍珠岩、黑耀岩和松脂岩类都属于侵出相火山岩。侵出相岩体外形以穹隆状为主，岩穹高几十米至数百米，直径几百米到数千米，可划分为内带亚相、中带亚相和外带亚相。

5. 火山沉积岩相

火山沉积岩相是经常与火山岩共生的一种沉积岩相，可出现在火山活动的各个时期，与其它火山岩相侧向相变或互层，分布范围广，远大于其它火山岩相。在火山喷发过程中、尤其在火山活动的间歇期，于火山岩隆起之间的凹陷带主要形成火山—沉积相组合。其岩性主要是含火山碎屑的沉积岩。碎屑成分主要为火山岩岩屑和凝灰质碎屑以及晶屑、玻屑。火山—沉积相主要形成于冲积扇和山间河流沉积环境。松辽盆地火山—沉积相可细分为 3 个亚相：含外碎屑火山碎屑沉积岩、再搬运火山碎屑沉积岩和凝灰岩夹煤沉积。

二、火山岩相模式

火山岩相模式是展现火山岩的岩相之间依存关系的概念化和简单化的直观模型，它是已知剖面/ 钻井的相序研究成果的概括总结，同时它对于新的剖面/ 钻井的岩相观察和预测又应当具有指导作用。火山岩相模式在勘探开发中最重要的作用是用来约束和指导地震—岩相解释。王璞珺等提出用于约束深层火山岩气藏识别和地震岩相解释的火山岩相模式，后经多年实际应用加上盆地内钻井资料的积累，提出改进的火山岩相模式(图 2-4-2)。由于营城组剖面以流纹岩为主，目前钻井所揭示的火山岩也以酸性岩占绝对多数，所以据此总结的岩相模式可能更适合于酸性喷发岩。一次酸性火山喷发旋回主要以爆发相开始，但在火山口附近也可以直接为火山通道相或侵出相。

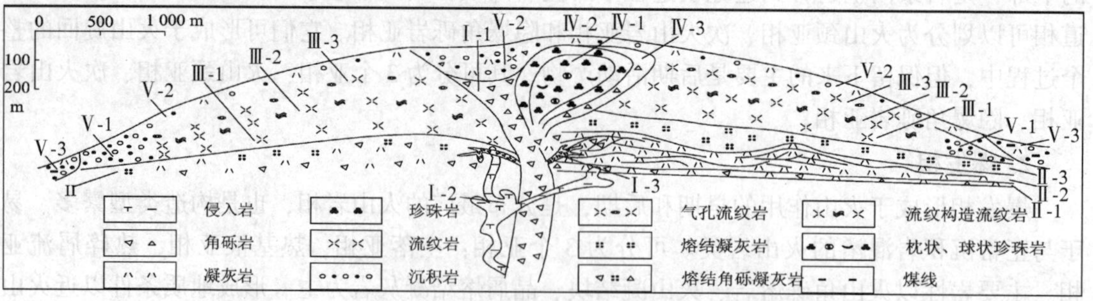

图 2-4-2 松辽盆地酸性火山岩相模式(据王璞珺等，2006 年)

Ⅰ. 火山通道相：Ⅰ-1—隐爆角砾熔岩相，Ⅰ-2—次火山岩亚相，Ⅰ-3—火山颈亚相；
Ⅱ. 爆发相：Ⅱ-1—空落亚相，Ⅱ-2—热基浪亚相，Ⅱ-3—热碎屑流亚相；
Ⅲ. 喷溢相：Ⅲ-1—下部亚相，Ⅲ-2—中部亚相，Ⅲ-3—上部亚相；
Ⅳ. 侵出相：Ⅳ-1—内带亚相，Ⅳ-2—中带亚相，Ⅳ-3—外带亚相；
Ⅴ. 火山沉积相：Ⅴ-1—含外碎屑火山沉积岩亚相，
Ⅴ-2—再搬运火山碎屑沉积岩亚相，Ⅴ-3—凝灰岩夹煤沉积酸性岩类总是以爆发相或火山通道相作为一个喷发旋回的开始，而中基性岩类(玄武岩—安山岩)多以喷溢相作为一个喷发旋回的开始。可能的解释是，本区酸性岩多为浅源壳熔(15~25km 中地壳)，一次喷发量大并且喷发能量大，加之酸性岩浆较为粘稠，因此造成先爆发后喷溢的相序。而中基性岩浆来源较深(>60km 的软流圈)，岩浆流到地表时能量已经减弱，加之中基性岩浆黏度较小，因此造成多以溢流形式开始(Wang et al.，2006)。

根据长岭断陷营城组火山岩的岩石学特征，结合前人在整个松辽盆地火山岩相的研究成果，划分出火山岩的主要相序类型为：①爆发相→喷溢相/侵出相(出现概率 50%左右)；②火山通道相→喷溢相/侵出相；③爆发相→火山通道相→侵出相/ 爆发相。

第三章 长岭断陷火山岩气区构造特征及演化

松辽盆地南部长岭断陷火山岩气区构造及演化特征与与松辽盆地及中生代大地构造背景的发展、演化过程密切相关。受欧亚古陆与环太平洋构造域演化的动力控制，三叠纪以来松辽盆地经历了热隆张裂、裂陷、坳陷和萎缩褶皱四个发展演化阶段，断陷盆地作为一个完整盆地的发展演化阶段，裂谷作为断陷盆地发育的早期阶段是断陷盆地演化的基础，坳陷盆地作为断陷盆地演化的晚期阶段是断陷盆地的演化结果，萎缩褶皱使松辽盆地整体抬升大面积遭受剥蚀，坳陷和萎缩褶皱阶段导致松辽盆地构造反转定型。区域构造控制了断陷的结构、构造形态及构造样式，可进一步划分为4个二级构造单元，12个三级构造单元。

第一节 区域构造特征

一、区域构造背景

松辽盆地地处欧亚古陆与环太平洋构造域的叠合部位，是中生代以来主要由燕山运动形成的大型断坳型内陆盆地。华里西运动使该区形成若干近东西向的褶皱和断层。三叠纪整体上隆，长期遭到剥蚀。燕山运动形成北东向断裂及分散的侏罗纪断陷盆地。早白垩世中期开始区域性下沉，出现统一的“古松辽盆地”。白垩纪末，基底抬升，湖盆萎缩。在长期发育过程中，几经兴衰，表现出明显的多旋回性，其构造特点具有明显的继承性。前人将三叠纪以来的盆地演化总结为四个阶段，即隆起阶段、断陷阶段、坳陷阶段和抬升阶段或热隆张裂阶段、裂陷阶段、坳陷阶段和萎缩褶皱阶段(杨继良，1983)。

松辽盆地发育 NNE-NE 向、NNW-NW 向、近 EW 向和近 SN 向四组基底断裂，以 NNE-NE和 NW 向断层分布最广，规模相对最大，对松辽盆地形成和演化起到控制作用，使区域成为一个非均质体。

根据盆地边界断裂和基底形态，可将松辽盆地划分为6个一级构造单元，分别为西部斜坡区、北部倾没区、中央坳陷区、东北隆起区、东南隆起区和西南隆起带(图1-2-1)。每个一级构造单元内的构造有其独特性，东部隆起区出露地层一般较老，局部构造多呈 NE 向或 NEE 向排列，且多窄长，地层倾角较大，断裂发育。中央坳陷区构造多呈 NNE 向，似箱状，具有面积大、幅度高的特点。西部斜坡区构造恰恰相反，幅度小、面积小、排列不规则，为定向性较差的鼻状构造和穹隆状构造。松辽盆地为断坳双层结构，坳陷层系之下，共发育有30多个断陷，受边界断裂控制，断陷延伸方向多为 NNE 向和 NW 向。断陷沿嫩江断裂带、孙吴—双辽断裂带和哈尔滨—四平断裂带发育，构成三个 NNE 向断陷带，被基岩凸起隔开。

长岭凹陷位于松辽盆地白垩纪中央坳陷南部的乾安—长岭地区，是在古生界变质基底上发育起来的断、坳叠置的晚中生代碎屑岩盆地，基底岩性主要为上古生界石炭系、二叠系中酸性侵入岩(以花岗岩为主，闪长岩次之)和浅变质岩(以板岩、千枚岩、变质砂岩为主，少量为片麻岩、石英或绢云母片岩)，在此之上发育有断陷层系、坳陷层系两大成藏体系，面积大约7240km²。构造单元上属于松辽盆地南部中央凹陷区的二级构造单元，其东接华字井阶地，南与西南隆起区毗邻，西为西部斜坡区，呈三面隆起向北延伸的“U”型凹陷(图3-1-1)。

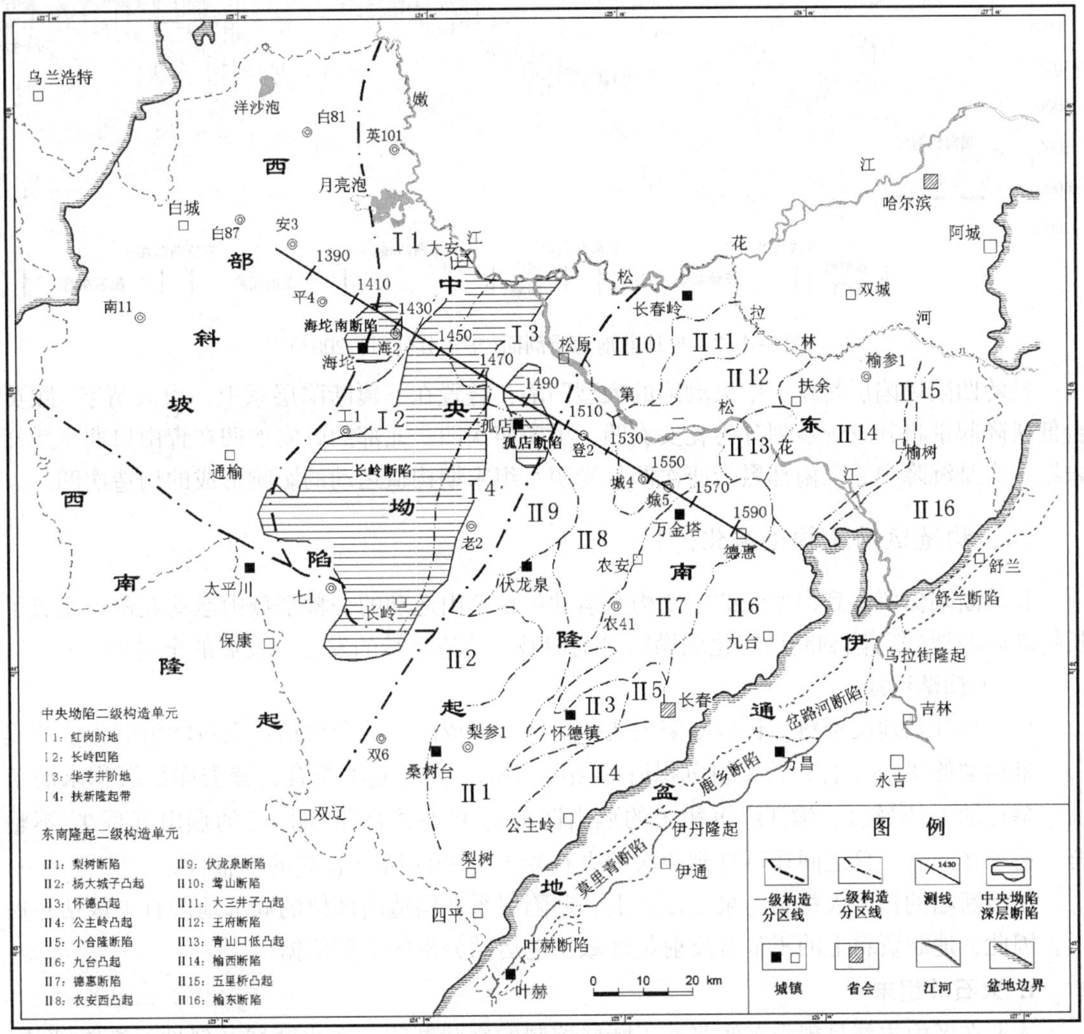

图3-1-1 松辽盆地南部构造单元划分图(华东分公司, 2007)

长岭断陷系指上侏罗统—下白垩统断陷构造层，位于松辽盆地中部断陷带，是松辽盆地深层断陷层系中规模较大的断陷。如同松辽盆地南部其它断陷一样，在断陷的形成与演化方面有相似性。地幔受热上隆引起上地幔及地壳张裂并形成裂谷，断陷的演化历史实际就是地壳裂陷发展的历史。就松辽盆地南部而言，断陷早期的断裂活动在沉积建造上控制了侏罗系、白垩系登娄库组的分布。长岭断陷延伸方向为北北东向和北西向，次一级构造单元的断凹、低凸相间排列特征明显(图3-1-2)，断陷层最大埋深9000m以上。断凹带内断陷层系地层发育较全，厚度较大，最厚可达4500m，最薄也有近1000m。断凸带的断陷层的地层发育不全，登娄库、沙河子组和火石岭组等地层都有不同程度的缺失，并发育较厚的火山岩。

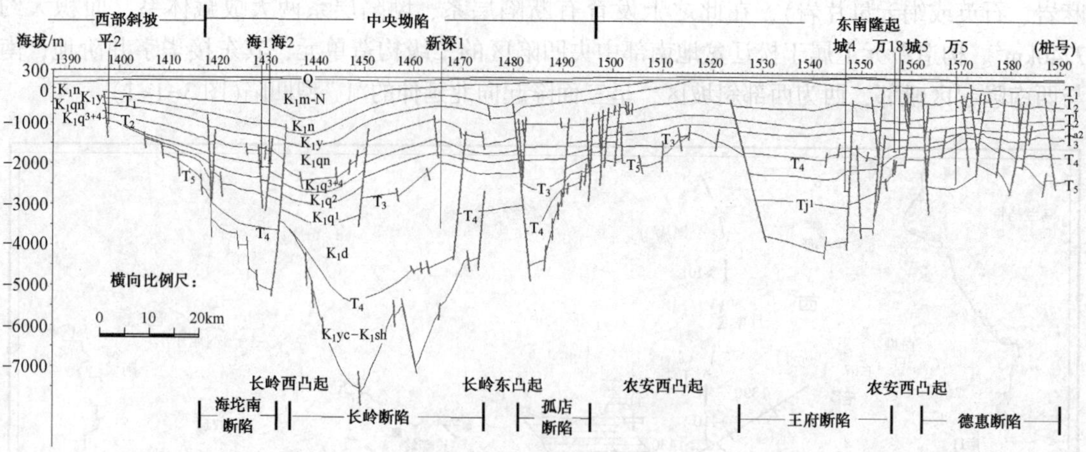

图 3-1-2　松辽盆地地质剖面(华东分公司，2007)

长岭凹陷坳陷层是位于中央坳陷的大型凹陷，叠置在下覆断陷层系上，由大情字—腰英台低伏隆起带将其进一步划分为乾安次凹、黑帝庙次凹。北部的乾安次凹在青山口期至嫩江末期一直是沉降中心，南部黑帝庙次凹是受明水组末期构造运动的影响形成的构造次凹。

二、构造运动及构造演化阶段

长岭断陷侏罗纪到白垩纪的主要构造运动包括燕山运动的一幕至燕山运动五幕，完成了长岭断陷的裂(断)陷到断坳转化到坳陷再到褶皱、构造反转的发生、发展的全过程。

(一) 构造运动

根据钻井及地震资料，长岭断陷主要构造运动造成的不整合包括：火石岭组沉积前的燕山一幕运动的 T_5不整合，营城组沉积后的燕山二幕运动的 T_4不整合，登娄库组沉积末的燕山三幕运动 T_3不整合，嫩江组沉积末的燕山四幕的 T_0^3不整合和"明末"的燕山五幕 T_0^1 不整合，另外在一、二幕之间还可见到两次即火石岭末 T_4^2和沙河子末 T_4^1的不整合。

长岭断陷的钻井大都钻遇泉二段以上，断陷层系在构造高部位的局部地段有少量钻井揭示，因此，地震资料上的不整合反射是区域构造运动分析的主要依据。

1. 火石岭组末

该期在区内主要呈现受东倾张性正断层控制的箕状断陷，在主断层及斜坡至断隆部位，伴有中基性和酸性火山喷发，从而形成了火石岭组的火山岩沉积建造。在长岭断凹西侧，由于受印支期褶皱基底上发育的 NWW 向张性断层的影响，控盆断裂迁就早期正断层而发育。在与 SN 走向主断裂交汇处，火山活动可能更为强烈，发育较厚的火山岩。嗣后，随着正断层断距进一步加大，沙河子组和营城组朝更外侧的斜坡区叠置超覆沉积。尽管在地质背景与地层对比上火石岭期末和沙河子期末各有一次抬升，但上述总体箕状断陷格局未有多大改变，断陷至今仍呈西和南西断、东和北东超的特点。

2. 营城期末

早白垩世营城期末，区内控盆断层除基本停止活动外，并伴有一次较强的构造运动，早期沉积的断陷层发生褶皱，长岭断凹西南部保康—钱家店一带褶皱变形幅度大，显示抬升相对强烈，而长岭地区相对抬升幅度小，地层只发生轻微褶皱，并部分遭受剥蚀，在断阶及断凸带，如苏公坨—十家户、大情字井—双龙和华字井—双坨子一带，营城组、沙河子组遭受了不同程度的剥蚀。同时，由于差异压实作用，处于泥质岩发育地段形成负向构造，而在砂质岩发育区、基底突起的高部位，或两者结合部位则形成正向构造。这期改造奠定了长岭断陷的基本构造形式。

3. 登娄库期末

“登末”构造运动为断陷期末挤压抬升运动，特别是区内东、西部抬升幅度大，登娄库组遭剥蚀严重甚至缺失，往往造成泉头组上超于登娄库组乃至基底之上。长岭断陷与“登末”构造运动有关的局部构造发育，如大情字井、黑帝庙、窗户、查花干等较大规模的构造，都是油气成藏的有利构造。

4. 嫩江末期

“嫩末”构造运动是一场对松南盆地油气成藏具有重要的控制作用的挤压褶皱运动，其构造特征为断陷期控盆正断裂此时反转而呈逆冲断裂，并伴有低幅度宽缓褶皱。该期运动在长岭地区反转作用较弱，只是在控制断陷的主断裂附近，表皮(嫩江组)地层有受压挠曲现象，而坳陷整体变形较弱，坳陷中心的大安、乾安、大情字井一带呈现一开阔向斜，向斜中心保留有嫩五段地层，向外嫩江组有不同程度剥蚀，但大都保存有三—四段地层。

5. 明水末期构造运动

“明末”构造运动是松南盆地内最强的一次挤压抬升运动。特别东部和南部抬升幅度大，地层剥蚀严重，区内则为该期构造的向斜部位，明水组保存相对较好。两侧大都剥蚀至四方台组。新近系大安组以不整合覆盖在经过变形的四方台组、明水组或者更老地层之上。长岭地区受“嫩末”构造运动的影响松辽盆地南部长岭断陷油气地质与勘探目标研究较小，而明末构造对区内油气成藏作用影响大，主要表现在：①该期不仅是坳陷层中局部构造的主要形成期，而且也是早期形成的局部构造的主要定型期；②形成了乾安—黑帝庙反转背斜带，这一反转背斜带是典型的凹中隆，叠置于生油凹陷之上，是很好的聚油构造带；③造成了长岭凹陷南部的抬升，使勘探目的层变浅，利于勘探。

（二）构造演化阶段

断陷的形成及其演化历史与地幔隆起密切相关，地幔受热上隆引起上地幔及地壳张裂并形成裂谷，断陷的演化历史实际上就是地壳裂陷发展的历史。随地幔上隆作用的衰退，断裂活动也相应减弱，最后趋于停止。长岭断陷早期的断裂活动在沉积建造上控制了侏罗系、白垩系登娄库组的分布，并形成了断陷带与断隆带相间排列的基本格架，这种构造格架对后期断陷盆地的演化起着严格的控制作用。盆地进入坳陷期以后，由于地幔大规模的冷却作用，具有强烈分割性的断陷盆地被更大范围内的坳陷盆地所代替(图 3-1-3)。

1. 断陷期构造演化

长岭地区上侏罗统火石岭组—下白垩统登娄库组沉积时期，主要为受近东西向拉张应力场控制下的断陷沉积期，长岭断陷可进一步分为长岭断凹、乾安断凹、查干花断凹及大情字井—双龙断凸等构造单元(图 3-1-4)。晚侏罗世至早白垩世中期，沿基底断裂发生北西西向为主的同生扭张断裂，堆积了以火山岩建造为主的火石岭组，随后断裂持续由弱增强，控制了沙子河组和营城组沉积。从早白垩世中期至营城组末期，长岭地区控盆断层基本停止活动，随后发生构造变形，早期沉积的断层抬升、褶皱并被断层切割。

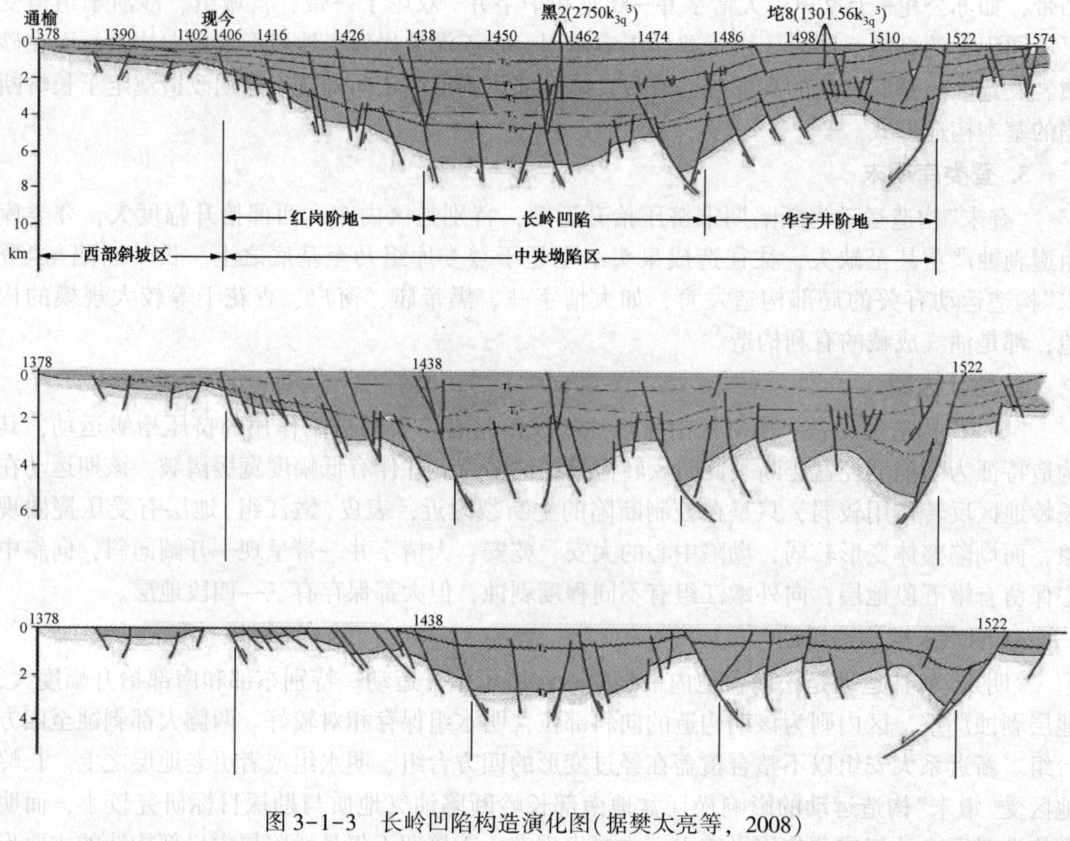

图 3-1-3　长岭凹陷构造演化图(据樊太亮等，2008)

1）裂(断)陷发育期

侏罗纪末期由于松辽地区莫霍面的拱起及地幔物质的热对流作用，区域性上升隆起基本结束，取而代之的是大规模的断块式差异沉降，盆地中央孙吴—双辽壳断裂活跃，中央断块隆起上升，两侧形成开张裂陷，形成NNE向凹隆相间的松辽大陆裂谷盆地。在松辽盆地南部形成一系列相互分割的半地堑、地堑式断陷盆地，并发育形成了该地区最重要的断陷层含煤烃源岩系。该阶段早期与NE、NNE向断裂活动相关的火山活动还伴随较强的火山喷溢。

长岭断陷初始形成时期，华兴镇—前太平山断裂、炳字井—王福断裂、右字井—十八号断裂、边字井—蒙古屯断裂、吐尔金—孙家窝堡断裂等基底断裂发育，形成由低角度正断层和高角度正断层控制的断陷，断陷具有很明显的不对称性，断层延伸远，断距较大。由于低角度断层的活动控制断陷内沉积充填，沉积中心和沉降中心靠近控陷断裂一侧，地层厚度大，地层总体上向低角度断层一侧倾斜。该时期为火石岭组地层发育早期，由于断陷内次级同向正断层和反向正断层的发育，导致断陷早期发育的地层具有分割性明显，地形起伏大，物源距离近，供应充足的超补偿特征，而且沉积过程中伴随着控陷断裂的强烈活动，岩浆向断陷边界上涌，形成了大规模的火山岩，火山间歇期粗碎屑沉积物由断陷边缘向中心快速充填，形成冲积扇。沉积地层呈近南北条带状分布，东西向较窄。火石岭组沉积末期，长岭断陷大范围内隆升剥蚀，形成区域性不整合面。

2）裂(断)陷发展期

早白垩世沙河子期为长岭裂(断)陷发展时期，在华兴镇—前太平山断裂、炳字井—王福断裂、右字井—十八号断裂、边字井—蒙古屯断裂、吐尔金—孙家窝堡基底断裂的进一步强烈活动之下，长岭断陷表现为整体快速沉降，断陷进一步扩张，断陷沉积范围扩大，形成大型地堑式沉积盆地，沉积了继火石岭组之后又一套碎屑岩夹火山岩地层（沙河子组）。沙河子组与下部火石岭组相比，具有分布范围明显扩大，火山岩比例明显减少，碎屑岩比例增大，碎屑岩沉积中泥岩比例增多的特征，此时断陷活动曾出现了短暂的构造稳定时期。之后，随着边界断裂不断沉降，湖泊范围开始扩大，从而形成了湖泊相泥岩沉积逐渐增多的特点，此时断陷沉积范围达到最大时期。沙河子组沉积末期，长岭断陷再次大范围隆升剥蚀，进入裂（断）陷萎缩期，形成区域性不整合面。

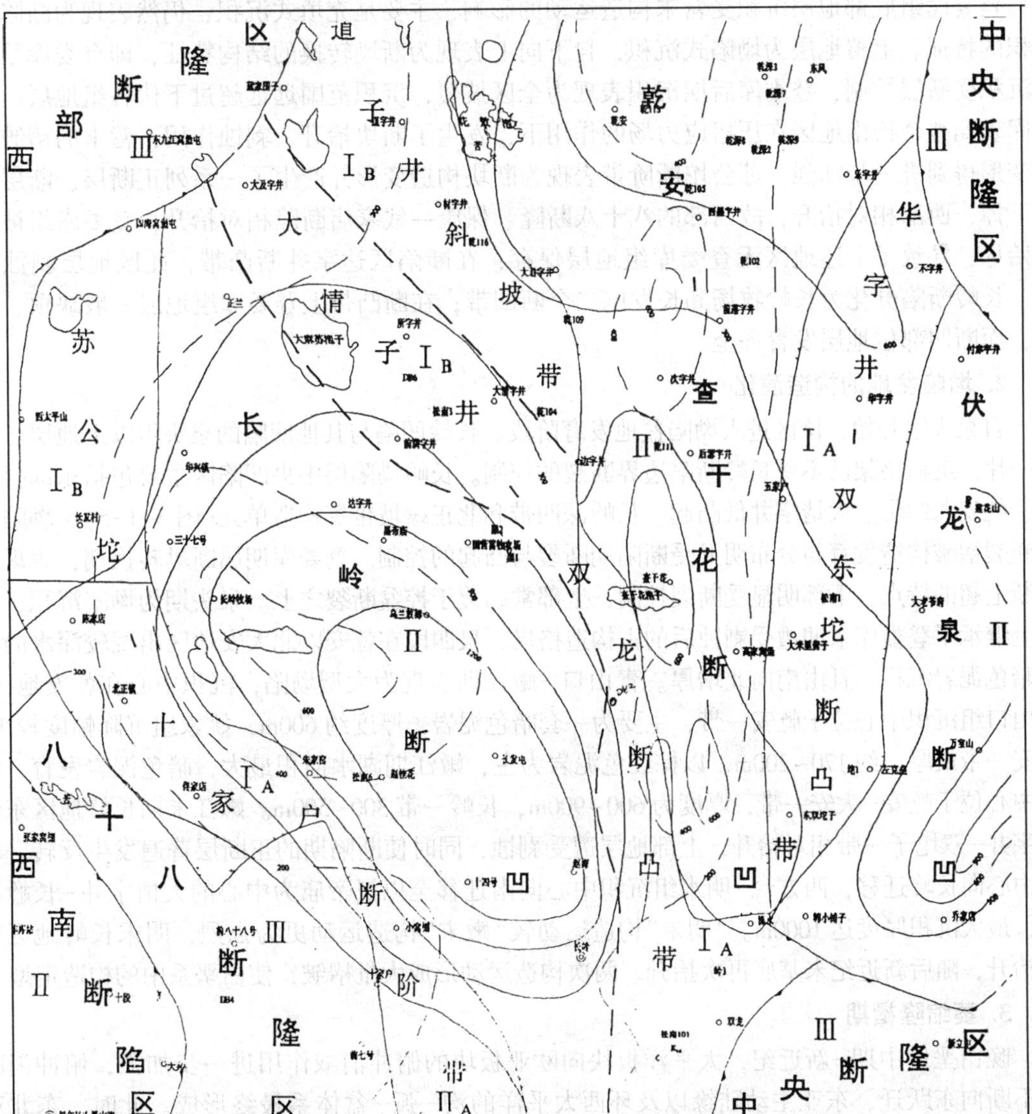

图 3-1-4　松辽盆地南部断陷层构造分区图（华东分公司，2007）

3）裂（断）陷萎缩期

营城组沉积初期，在北北东—北东向、北西向、北东东向展布的基底断裂及其派生出许多的三级、四级断裂的共同作用下，长岭地区快速沉降，营城组发育初期伴随着强烈的火山喷发作用，长岭断陷再次发育裂陷，形成了广泛分布的火山喷发岩，在基底断裂的控制下，靠近断裂一侧和北北东—北东向基底断裂和北西向、北东东向基底断裂的结合部位火山喷发作用强烈，发育了巨厚的火山岩和火山碎屑岩。营城末期松南地区发生区域性构造变形，早期沉积的断陷层抬升、褶皱被断层切割。西南部保康—钱家店一带褶皱变形，抬升强烈，断陷层不同程度地遭受剥蚀，如苏公坨断阶带、达尔罕断凸带和华字井低凸带的营城组不同程度的遭受剥蚀。至此，中央凹陷区三个次级断陷、两个断凸、一个断阶的北北东向条带状分布的断陷盆地格局基本定型。

登娄库组底部地层沉积受营末构造运动的影响，主要是充填式沉积，仍然表现为断陷式沉积的特征。上覆地层为坳陷式沉积，自下向上表现为断坳转换的结构特征，即登娄库早期的沉积受断层控制，登娄库后期沉积表现为全区披覆，沉积范围远远超过下伏各组地层。登娄库末期整个松南地区在压扭应力场的作用下，发生了断块抬升、剥蚀作用，营末的褶皱作用变形得到进一步加强。苏公坨断阶带表现为断块构造变形并产生了一系列正断层，断层东部下掉，西部相对抬升，故西部的八十八断隆、保康—钱家店断陷相对抬升，登娄库组被剥蚀殆尽，导致了上述地区无登娄库组地层保存；在断陷区达字井断凸带，此区地层剥蚀严重，长岭断陷分化为长岭牧场和长发屯二个断凹带；在断凸带上登娄库组地层一般缺顶、缺底，而断凹部位地层发育齐全。

2. 坳陷盆地的构造演化

自泉头组开始，该区进入坳陷盆地发育阶段。长岭凹陷与其他凹陷的泉头组以上地层已连成一片，沉积格架已不受长岭断陷边界断裂的控制。长岭坳陷层中央凹陷区主要包括东部斜坡带、乾安深凹带、大情字井低凸起、长岭深凹带和北正缓坡带等构造单元(图 3-1-5)。坳陷期的断裂褶皱构造发育与分布明显受断陷期断裂与凸起的控制。登娄库期属断坳转换期，表现为下断上超的特点，下部明显受断裂控制，上部常超覆于控盆断裂之上。泉头期为坳陷沉积，基本上继承了登娄库末期遭受剥蚀后的古构造格局，泉四段在乾安以北大安地区出现较深水的湖相暗色泥岩沉积，且由南向北增厚。青山口—嫩江期表现为大型坳陷，沉积中心在乾安地区。青山口组沉积中心位于乾安一带，主要为一套暗色泥岩，厚度约 600m，姚家组沉降幅度较小，大安一带最厚，约 170~200m，以棕红色泥岩为主，嫩江期湖水面积最大，暗色泥岩发育，沉积中心位于乾安—大安一带，厚度为 600~900m，长岭一带 300~500m。嫩江末期长岭地区东侧华字井—双坨子一带相对抬升，上部地层遭受剥蚀，同时使断陷期的正断层普遍发生反转，坳陷中心向长岭迁移，四方台—明水组沉积中心向南迁移至以黑帝庙为中心的大情字井—长岭一带，最大沉积厚度达 1000m。“明末”构造运动较“嫩末”构造运动更为强烈，明末长岭地区整体抬升，随后新近纪末基底再次抬升。两次构造运动形成大批褶皱，使白垩系中的构造定型。

3. 萎缩隆褶期

晚白垩世中期—新近纪，太平洋板块向欧亚板块的俯冲消减作用进一步加强，俯冲消减带不断向东跃迁，东亚主动陆缘以及环西太平洋的沟—弧—盆体系最终形成。此时，东北亚区域盆地被全面抬升进入萎缩阶段。晚期受印度板块与欧亚板块碰撞造山作用的远程影响，东北亚盆地发生构造反转，湖盆最终消亡，松辽盆地的东部因褶皱作用被抬升，沉降速度变得缓慢，嫩三、四、五期、四方台期和明水期的沉积中心向西迁移到齐家—古龙和长岭凹陷的西部，沉积范围比坳陷期缩小，在东南隆起区该阶段地层全部缺失。

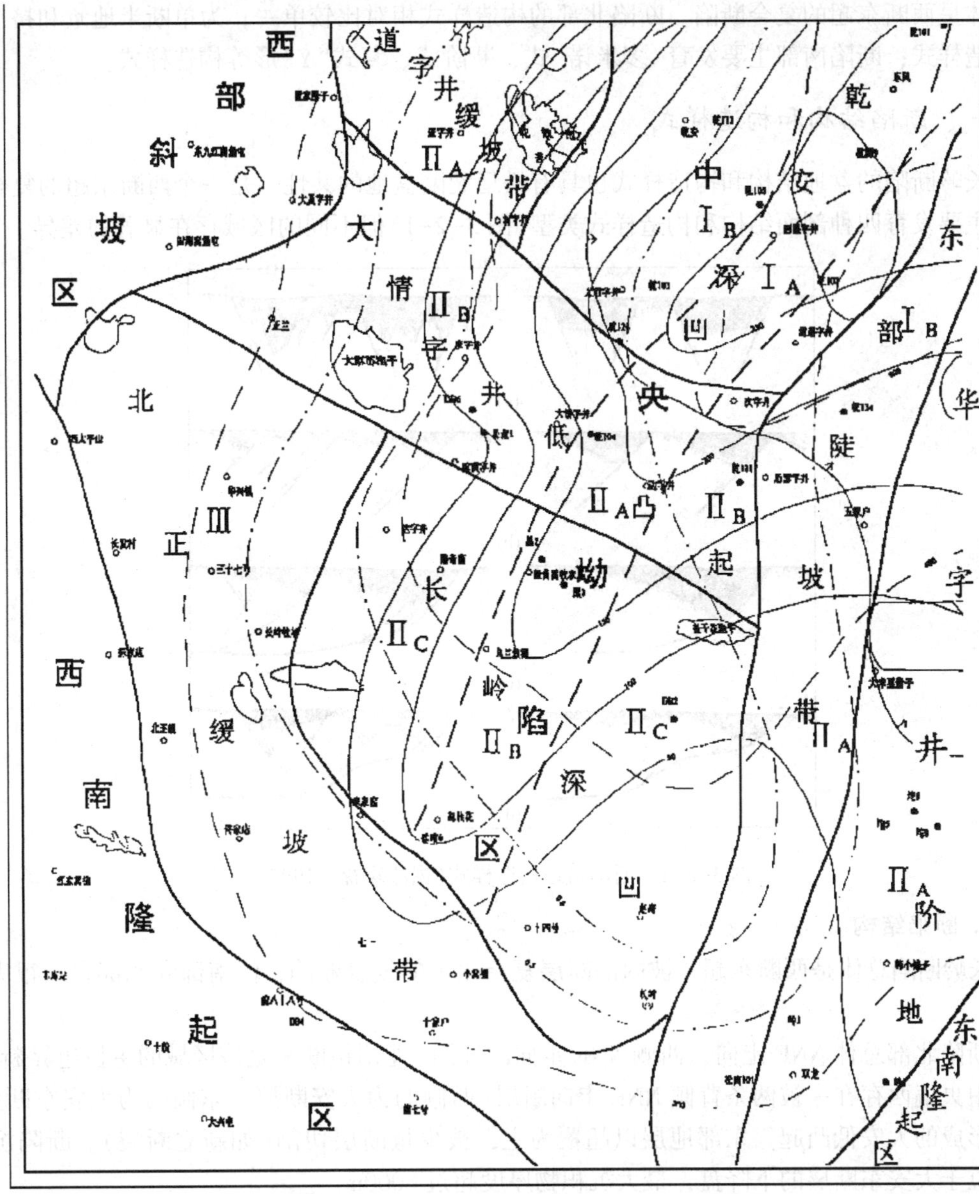

图 3-1-5 松辽盆地南部坳陷层构造分区图(华东分公司，2007)

这个阶段被称为构造反转阶段，与前一阶段的构造运动存在着明显的差别，变成被动的升降，以升为主。在经过古~新近纪内发生的构造运动之后，基底被再次抬升。盆地的抬升阶段是盆地发育过程中的一个重要阶段，形成了很多的构造，对形成油气藏起到很大的作用。

松南长岭凹陷上述断、坳叠置的构造特征，坳陷层、断陷层的发育规模及其演化，奠定了该区具备形成大中型油气田的基本条件。

第二节 长岭断陷构造特征

从断陷结构、构造形态特征、构造样式特征及分布等阐述长岭断陷的构造特征。长岭断陷总体呈西断东超的复合断陷。断陷北部的构造样式相对比较单一，为单断半地堑和挤压反转构造样式；断陷南部主要发育“多米诺”式、断阶式、复式“Y”形等构造样式。

一、断陷结构和构造样式

长岭断陷的盆地结构和构造样式也具有松辽裂陷盆地的共性，是一个西断东超的复合断陷，主要发育四种剖面结构和构造样式类型(图 3-2-1)但不同的区域存在显著的差异。

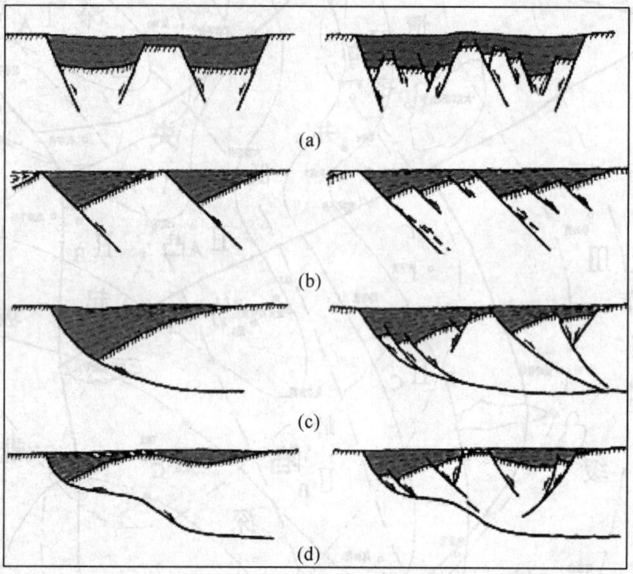

图 3-2-1　断陷盆地构造样式(据漆家福，1997)

1. 断陷结构

长岭断陷总体是西断东超、被内部断层复杂化了的复合断陷，但南部和北部存在很大的差异。

断陷北部总体 NNE 走向，西侧 NNE 走向的红岗—龙沼镇断裂是该区域的主控边界断层，断陷中央偏西存在一被两条背倾 NNE 走向断层(西倾的为大安断层，东倾的为大安东断层)控制形成的大安低凸起。东部地层以超覆为主，被少量断层切割(如新立断裂)。断陷沉降中心位于大安东断层的下降盘，最大沉积物厚度超过 8000m。

断陷南部总体 NW 走向，长岭断陷在这一区域并不是由单一方向断层控制的，而是受两个方向的断层控制：其中 NNE 向的主控断层是苏公坨断裂和龙沼镇断裂，它们位于断陷的西部，是断陷西部的主控断层；NW 向的主控断层是位于断陷西南侧的龙凤山断裂和位于断陷中部偏北的孤店—伏龙泉断裂。这样，长岭断陷的南部区域在 NWW 方向的测线上总体表现为西断东超的特征，而在 NNE 方向的测线上则表现为被断层(主要是乾安断裂，达尔罕断裂和查干花西断裂)复杂化了的双断地堑。

2. 构造样式及分布

与断陷结构一样，构造样式特征在断陷的南部和北部也存在显著的差异。

断陷北部的构造样式相对比较单一。构造样式主要表现为被断垒(大安低凸起)复杂化了的单断半地堑，其中红岗—龙沼镇断裂是主控边界断裂。另外还发育挤压构造样式(包括反转构造样式)(图 3-2-2)。其中挤压构造样式主要表现为嫩江组以上地层的宽缓褶皱(主要为向斜),并表现为隆起区所在区域地层的大量剥蚀(背斜褶皱区)。反转构造主要出现在大安断裂和孤店断裂所在的区域,孤店断裂和大安断裂在裂陷盆地发育阶段表现为正断层,白垩纪末期由于受近东西方向的区域性挤压,上述两条断层产生反转,由正断层转变为逆冲断层,断层附近的上盘地层产生显著的挤压反转褶皱。相对断陷北部而言,南部的构造样式则相对比较复杂。在 NWW 向的剖面上,主要“多米诺”式、断阶式、复式“Y”形等构造样式(图 3-2-3、图 3-2-4),总体表现为复式“多米诺”半地堑构造样式。其中断陷西部边界断层附近主要发育断阶式构造样式,表现为与苏公坨断裂、龙沼镇断裂“多米诺”式构造样式平行发育的断层在陡坡其它同倾向的次级断层的发育,是陡坡带的主要构造样式类型。“多米诺”式构造样式广泛分布,包括苏公坨断裂、龙凤山断裂、达尔罕断裂、达尔罕断裂和乾安断裂等主干断裂和次级断层构成“多米诺”式断块构造。复式“Y”形等构造样式主要在断陷中部发育,是以主控断层为主干发育起来的。在 NNE 方向的剖面是,除了发育断阶式断块构造(龙凤山断裂陡坡带)、“多米诺”式断块构造和复式“Y”形构造样式外,还发育双侧滚动背斜构造样式(图 3-2-5)。查干花背斜构造带是该滚动背斜的主体。因此,在剖面上总体表现为双断不对称地堑构造样式。

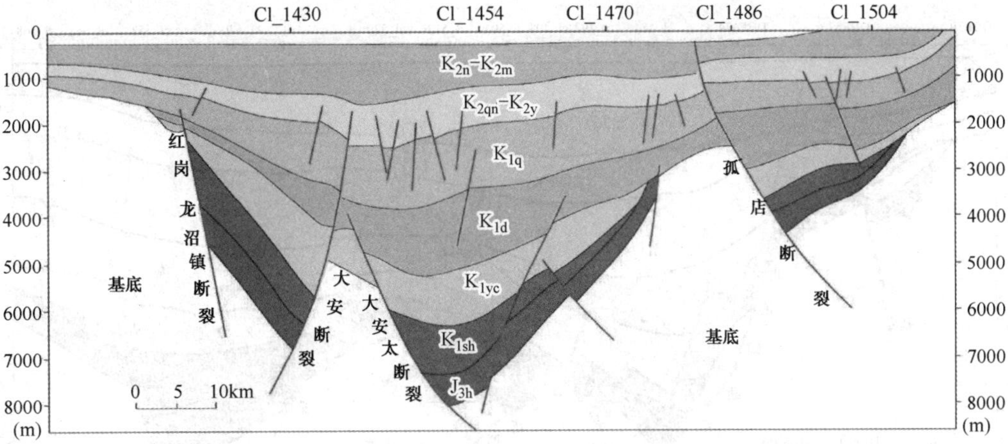

图 3-2-2 长岭断陷北部构造样式(Cl 561 线)(据张枝焕等,2008)

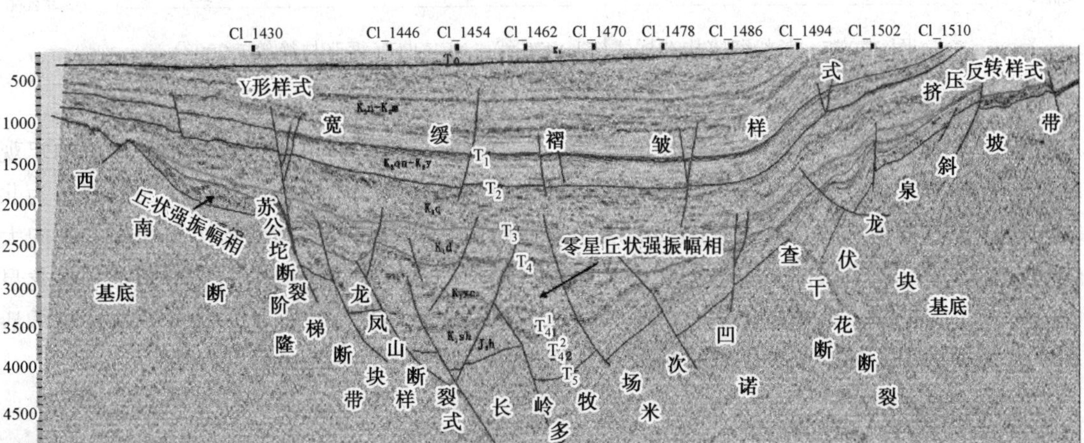

图 3-2-3 长岭断陷南部构造样式(Cl 484 线,NWW 向)(据张枝焕等,2008)

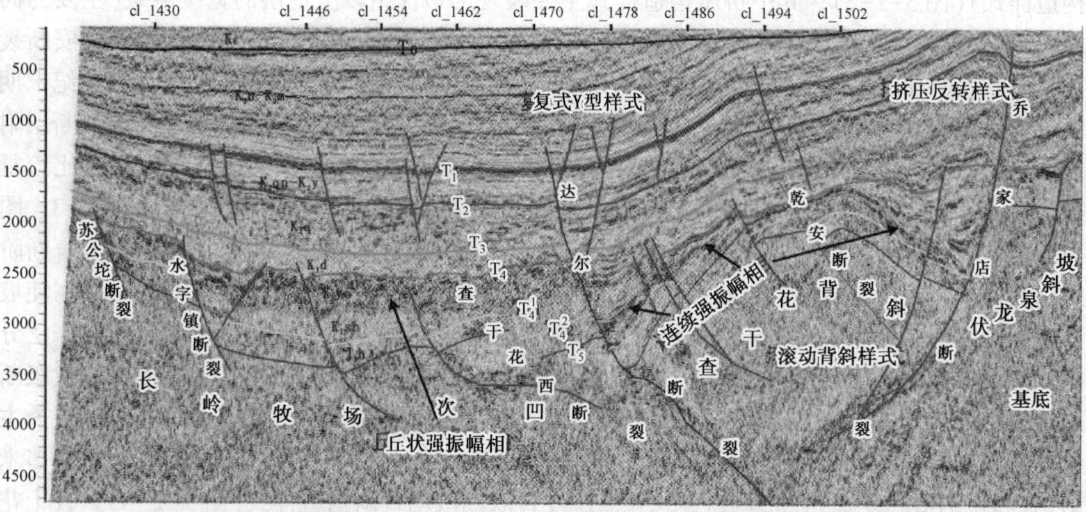

图 3-2-4　长岭断陷南部构造样式（Cl 504 线，NWW 向）（据张枝焕等，2008）

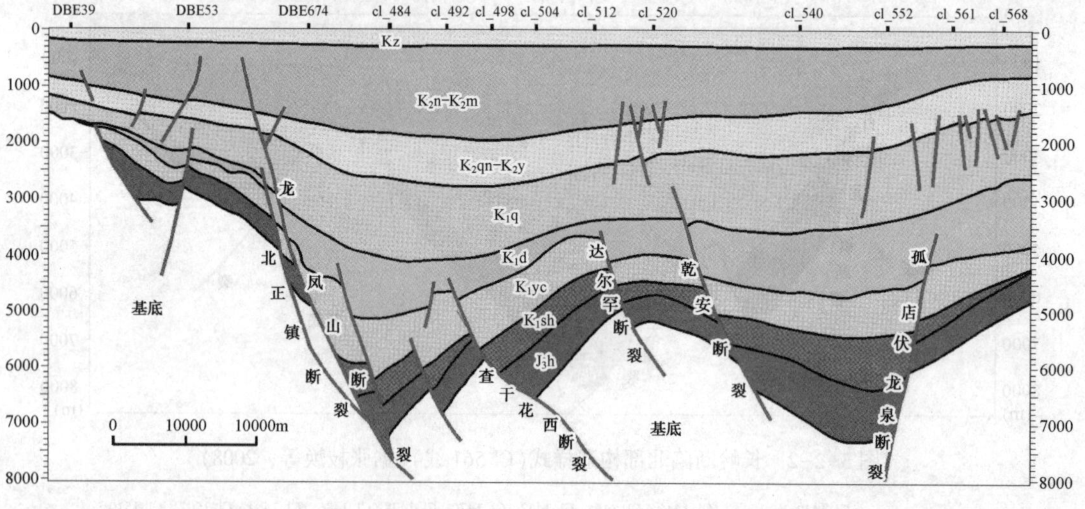

图 3-2-5　长岭断陷构造样式（Cl 1470 线，NEE 向）（据张枝焕等，2008）

3. 基底埋深分布

由于基底和盖层沉积物之间密度的差异，重力异常资料往往可以很好地反映盆地的宏观结构。长岭地区主要存在红岗、长岭牧场、查干花和伏龙泉四个次凹。红岗次凹的展布为北北东向，长岭牧场次凹和伏龙泉次凹的展布为北西向。次凹的分布与盆地边界断层的走向大体吻合，表明这四个次凹主要是受控红岗—龙沼镇—大安断裂、龙凤山断裂、孤店—伏龙泉断裂等断裂的控制。营城组末期，裂陷作用渐渐转变为坳陷作用，但由于边界断层的继承活动，使得裂陷中心的坳陷大于其它地方，从而沉积了比较厚的一套地层。

二、构造形态特征

长岭断陷不同反射层构造的共性特征是断层分布，构造线走向及构造带的分布具有相似性；差异性表现自下而上，断裂数量总体减少，随着断坳转化，构造形态也由复杂趋向简单。

1. 火石岭组底界反射层构造特征

火石岭组底界的形态比较复杂，总体是被北北东向和北西向断裂切割而形成的断块群组成。以孤店—伏龙泉断裂及其延伸线为界，长岭断陷南北两侧的构造形态存在很大的差异。北部地区的断裂走向主要为北北东向，构造线走向也主要是北北东向，最大深度位于大安东断裂下降盘，超过8000m。大安东断裂以东主体表现为一斜坡；大安断裂和红岗—龙沼镇断裂夹持的区域形成一基底向东缓倾的断槽；红岗—龙沼镇断裂以西为隆起区。大安断裂和大安东断裂夹持在断陷中央偏西一侧形成一垒块，构成大安低凸起。

与断陷北部地区相比，南部区域的构造形态要复杂得多。构造线走向以北西向和北北西向为主，少量的北东向和近东西向。总体由两个北西延伸的次凹(长岭牧场次凹和伏龙泉次凹)和一向北西倾伏的大型断背斜(查干花背斜带和老英台构造带)组成。其中最大深度位于苏公坨断裂和龙凤山断裂共同的下降盘，最大深度也接近8000m。区内主控断裂走向主要是北西向和北北西向。另外本区的西南陡坡带由龙凤山断裂、北正镇断裂为主体，加上分支断裂构成西南断阶带；西侧由龙沼镇断裂、苏公坨断裂和水字镇断裂为主体，加上其它的次级断层，构成西侧断阶带。

2. 沙河子组底界反射层构造特征

沙河子组底界的构造形态特征与火石岭组的十分相似，从断层分布，构造线走向，沉降中心分布以及构造带的分布都表现出很大的相似性。但也存在一定的区别。其中的区别表现为：①大安断裂下降盘由一个沉降中心转化为两个沉降中心，分别位于大安东断层的两头；②查干花—老英台倾伏背斜的形态特征更加显著；③伏龙泉次凹的沉降中心并不显著。

3. 营城组底界反射层构造特征

营城组底界的构造形态特征与火石岭组和沙河子组的也比较相似，特别是与沙河子组的很相似，从断层分布，构造线走向，沉降中心分布以及构造带的分布都表现出很大的相似性，广泛发育岩浆底辟构造和火山喷发形成的断鼻构造及大型断鼻、地层超覆尖灭、火山岩体三位一体的复合型构造。表现为：①断裂数量总体有所减少，如断陷北部的斜坡带，断裂的数量有所减少，西南断阶带断裂的数量明显减少；②查干花—老英台倾伏背斜的形态特征进一步显著。

4. 登娄库组底界反射层构造特征

与营城组相比，登娄库组底界构造形态特征发生了较大变化，表现为：①断裂数量大幅度减少，有些主控断裂和主干断裂没有切割该反射层，如苏公坨断裂只有少量断裂切割该反射层，大安断层也没有明显地断开该反射界面，数量有所减少；而次级断裂的数量大幅度下降；②沉降中心的轮廓更加清晰；③查干花—老英台背斜的幅度有所减小。④构造线走向，断裂展布特征、沉降中心分布等基本保持不变。

第三节　构造单元及特征

长岭断陷是松辽盆地南部中央坳陷区的一个次级断陷。根据主控断裂的分布及其性质、构造形态和变形特征以及地层厚度的分布和变化特征等，将长岭断陷划分为4个二级构造单元，12个三级构造单元。乾安次凹是长岭断陷最主要的烃源岩分布区，查干花背斜带是长岭断陷最为有利的勘探区带。

长岭断陷是东西两侧分别受伏龙泉大断裂和苏公坨大断裂控制下的一个中央坳陷区的次级断陷。由于受到八十八断凸及西侧控盆断裂的影响，断陷层系总体呈结构不对称地堑型，并向西南倾斜。断陷层系的断层一般规模大、延伸远、切割深，但向上延伸一般不超过T_3面(除后期复活断层外)，控盆断层走向以北西和近南北为主，次一级断层的走向主要为北东向和北西向。

根据主控断裂的分布及其性质、构造形态和变形特征以及地层厚度的分布和变化特征等，将长岭断陷可进一步划分为4个二级构造单元，12个三级构造单元：①中央凹陷带：大安—红岗次凹，乾安次凹，长岭牧场次凹、查干花次凹和伏龙泉次凹，大安低凸，老英台—达尔罕断凸，让字镇南低凸；②西南断隆带；③东部斜坡带：长山断坡，伏龙泉斜坡和东岭构造带；④孤店断隆带(图3-3-1)。

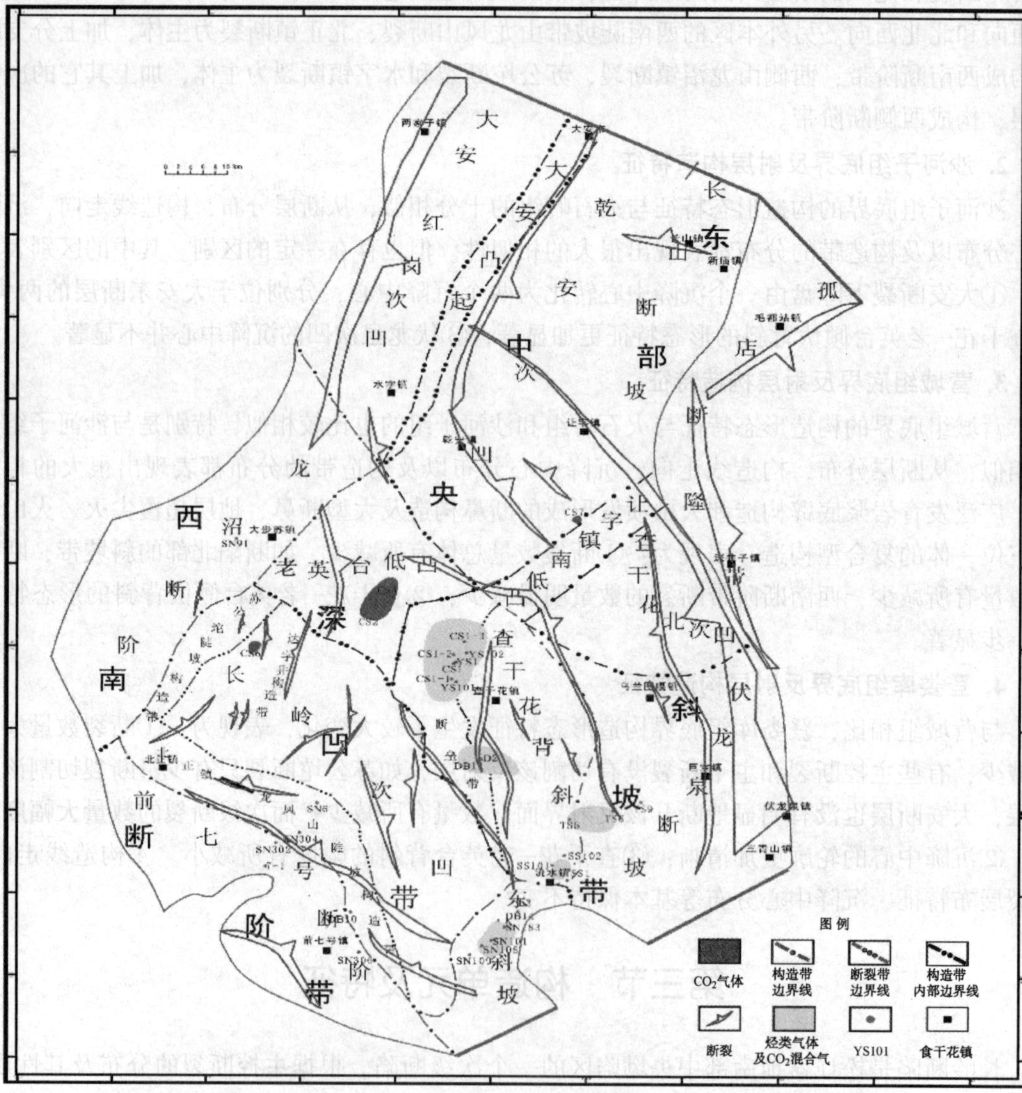

图3-3-1　长岭断陷构造单元分区图(据张枝焕等，2008)

1. 中央凹陷带

中央凹陷带是长岭断陷的主体组成部分，位于长岭断陷的中央地带，由大体相连的5个次凹(大安—红岗次凹，乾安次凹，长岭牧场次凹、查干花次凹和伏龙泉次凹)和3个低凸起(大安低凸起，老英台—达尔罕断凸，让字镇南低凸)组成，是长岭断陷在裂陷阶段的主体沉积场所，也是烃源岩的主要分布区。

大安—红岗次凹和乾安次凹位于断陷的北部，北东走向，它们被一垒块(大安低凸起)分隔。大安—红岗次凹是由红岗—龙沼镇断裂和大安断裂联合控制形成的、基底向东缓倾的断槽，西边界是红岗—龙沼镇断裂，东边界是大安断裂，北部与乾安断陷相连，向南部过渡到西南断阶带。

乾安次凹是由大安东断裂控制而形成的，西边界为大安东断裂，东部逐渐过渡到东部斜坡(它们之间没有明确的边界)，南部隔老英台低凸与长岭牧场次凹相望，北部与乾安断陷相连，是长岭断陷沉降幅度和沉积物厚度最大的次凹，也是长岭断陷最主要的烃源岩分布区。

长岭牧场次凹和伏龙泉次凹位于断陷的南部区域，总体北西走向。长岭牧场次凹是由苏公坨断裂和龙凤山断裂联合控制形成的负向沉积构造单元，南以龙凤山断裂为界，西以苏公坨断裂为界，向东逐渐过渡到东部斜坡，北隔老英台低凸和查干花背斜与乾安次凹和伏龙泉次凹相望。其中北西走向的龙凤山断裂对长岭牧场次凹起主要的控制作用，导致长岭牧场次凹总体为北西走向。它有两个沉积沉降中心，分别位于次凹低西北部和东南部，中间存在一北北东向的低梁分隔。

伏龙泉次凹位于长岭断陷南部区域的东北侧，由两部份组成。主体部分位于西北部，北边界是孤店—伏龙泉断裂，西隔十分平缓的让字镇低凸与乾安次凹相望，南隔查干花背斜与长岭牧场次凹相望，向东沿孤店—伏龙泉断裂南段边界附近逐渐过渡到次凹部分。该部分是由乔家店断裂控制的、相对独力的小型断凹。伏龙泉次凹主体是由北西走向的孤店—伏龙泉断裂控制而形成，造成伏龙泉次凹也主要是北西走向。

查干花次凹规模很小，是长岭断陷规模最小的次凹。查干花次凹是受达尔罕断裂控制形成的小型箕状断槽，次凹内火山岩十分发育，成为深层天然气勘探十分有利的区域。

分隔乾安次凹和长岭牧场次凹的是老英台—达尔罕断凸。该断凸实际上是一受龙凤山断裂和孤店—伏龙泉断裂控制的滚动背斜，同时由于龙沼镇断裂的活动，该滚动背斜向西倾伏，从而成为低凸起。分隔伏龙泉次凹和乾安次凹的让字镇南低凸幅度很小。

上述几个次凹中，乾安次凹面积最大，累计沉积物厚度也相对最大；长岭牧场次凹面积和累计沉积物厚度均其次，营城组的厚度则相对最大；大安—红岗次凹再次；查干花次凹的面积和沉积物厚度均最小。

2. 西南断阶带

西南断隆带位于长岭牧场次凹的南侧，长岭牧场次凹和老英台低凸的西侧。该区域大部分地区坳陷层直接覆盖在基底之上，局部区域存在少量的裂陷系地层，并有少量的断层发育。

3. 东部斜坡带

东部斜坡带位于长岭断陷的东部，主体是一被断裂复杂化了的、向东翘倾的斜坡。其中中北段由于孤店—伏龙泉断裂的发育，造成在这一段落斜坡不发育，由伏龙泉次凹直接变化到孤店断隆带。这样，东部斜坡带被孤店断隆的南段分隔为两块。北块是长山断坡，南块则由伏龙泉斜坡、东岭构造带和查干花断背斜构成。

长山断坡位于长岭断陷的北部区域，向西逐渐过渡到乾安次凹，向东渐变过渡到孤店断隆。是一被少量断裂切割的斜坡，构造变形总体比较简单。

伏龙泉斜坡位于长岭断陷的最东侧，西与查干花背斜相连，北侧和东侧与伏龙泉次凹相接，向南过渡到东岭构造带和长岭牧场次凹，向西与查干花次凹相接。

从构造地质学的角度，伏龙泉斜坡、查干花次凹和老英台—达尔罕断凸是一被断裂复杂化了的、向西倾伏的滚动断背斜(这里称之为“查干花背斜带”)，查干花背斜带是受龙凤山断裂和孤店—伏龙泉断裂活动控制形成的双侧滚动背斜，在背斜的形成过程中，同时受龙沼镇断裂和苏公坨断裂活动的影响，导致该滚动背斜向西倾伏。由于①该断背斜与长岭断陷的三个次凹都相连，并内有次凹发育，而且是油气运移的指向区；②切割该背斜的达尔罕断裂、查干花西断裂和乾安断裂都是控制火山活动的断裂，区内火山岩广泛分布，储层条件优越；③断裂切割背斜后，容易形成断鼻圈闭，另外也能形成火山岩岩性圈闭；④由于该背斜的向东翘倾，该背斜的东部区域目的层段埋深并不是很大，有利于钻探。从上面的分析可以看出，查干花背斜的油气成藏条件十分优越，是长岭断陷最为有利的勘探区带。

由于乔家店断裂的发育，在乔家店断裂控制的区域形成一很小型的次凹(伏龙泉次凹的次要部分)，导致伏龙泉斜坡主体向南翘倾。

东岭构造带位于长岭断陷的东南角，西与长岭牧场次凹相连，北与伏龙泉斜坡相接。

4. 孤店断隆带

从盆地构造的角度，孤店断隆是与长岭断陷同级的构造单元。但由于它位于长岭断陷探区内，故与长岭断陷其它构造单元一起加以讨论。

孤店断隆位于长岭断陷的东北侧，东以孤店断裂和松原断裂为界，西南以孤店—伏龙泉断裂为界，东北以新立断裂为界。孤店断隆两侧的断裂都有一定程度的反转，其中孤店断裂的反转最为强烈。

第四章　长岭断陷断裂与火山岩展布

断裂活动性质和期次决定了火山活动的规模、模式和旋回。长岭断陷控制火山岩活动和分布的主要断裂为控陷断裂和控带断裂，长岭断陷从裂陷—断坳转化过程中。共发育六次规模不等的构造(断裂)运动及与之伴生的六次火山喷发旋回控制了长岭断陷火山岩的分布。

第一节　长岭断陷断裂体系

长岭断陷基底断裂是在古生代板块或地块(体)演化过程中形成的缝合带或逆掩推覆断裂系统的基础上，经过多次挤压、走滑、伸展等不同方式的构造活动改造形成的，主要断裂多为长期活动的继承性断裂，构造性质极为复杂。在时间上，近东西向和近南北向断裂形成最早，形成于晚古生代至中生代早期，具有双重或多重继承性，与基底早期左行走滑剪切或逆掩推覆、后期伸展拆离作用有关，部分可能是继承古生代板块(或地体)缝合线发育起来的。北西向断裂略晚于北东向基底断裂，形成于左行剪切作用和伸展拆离过程中，多为走滑性质，为协调断层或传递断层。在空间上，北北东向和北东向基底断裂浅部较陡，深部平缓，多表现为犁式断层或板状断层；北西向断裂较陡，多为走滑性质的传递断层；北北东、北东向断裂常被北西向断层错开，两者呈“X”形交叉。这些断裂切割盆地呈东西分带、南北分块的棋盘格状构造格局。

一、断裂系统

长岭断陷深层广泛发育深大断裂，深大断裂沟通深部烃源岩与浅部储层的联系，每条断层在不同时期、不同层位甚至同一断层、不同时期、不同层位的规模不同，控制着沉积分布和构造的形成。

1. 断裂系统的组系和方位

长岭断陷主要有北北东向和北西向两个组系的断裂，与基底的主要断裂走向一致，表明这些断裂与基底的先存断裂有密切关联，很大程度上受到基底断层活动影响。除北北东向和北西向的断裂外，还有少量近南北向和近东西向的断裂。

地震剖面上显示，长岭断陷断裂活动明显分为两期，早期断裂是断陷期的产物，表现为断层两盘地层发育有明显差异，断层下降盘一侧营城组和登娄库组地层发育较全，厚度较大；断层上升盘一侧，营城组和登娄库组地层沉积减弱，甚至有缺失；而晚期断裂则对地层的沉积分布无控制作用。

根据其断开层位分析，早期断裂主要活动于营城组和登娄库组沉积期，大多在登娄库组沉积末期结束活动，但由于后期构造运动的影响，部分断层又重新开始活动，表现出继承性特征。

从断裂的空间展布形式来看，两期断裂有较大差异，早期断裂大多以“单断式展布”，断层在剖面上以阶梯状节节下降，断面倾角较缓，多表现为铲式特征，具有明显的同生性，断裂密度较小。晚期断裂多表现为“断堑式”，断层在剖面上以组合式断堑为特征，断面较陡，断裂密度大。

2. 断裂系统的分级

根据断层的断距的大小，延伸的长短及对沉积的控制作用，可将长岭断陷的断裂划成三个等级：一级为控陷断裂(断陷边界主控断裂)；二级为控带断裂(构造带的控制性断裂或/主干断裂)；三级断层主要是指一些规模较小的断层，对沉积、构造均起不到控制作用只起调节作用，这类断层数量较多。

控陷断裂：红岗—龙沼镇断裂、苏公坨断裂、龙凤山断裂、北正镇断裂和孤店—伏龙泉断裂。二维工区内不属于长岭断陷外的一级断裂有：松原断裂和孤店断裂。一级断裂规模往往很大，往往作为断陷的主要边界断层，对区域的沉积和火山岩分布起控制作用。

控带断裂：大安断裂、大安东断裂、乾安断裂、水字镇断裂、达尔罕断裂、查干花西断裂、新立断裂和乔家店断裂等。二级断裂规模往往也很大，对构造带的形成和演化起重要的控制作用，对沉积和火山岩的分布也起重要的控制作用。

三维区断裂系统：由于大区域地震测线的密度很小，很难反映小型断层的分布特征，而三维地震资料则正好可以弥补这方面的不足。根据“不协调伸展”理论，小型断层对确定区域伸展方向有重要意义。长岭断陷三维地震资料主要集中在达尔罕断裂带地区，区域内主要断层为查干花断层，其走向近 SN 方向，并横穿三维工区。在三维工区内，按断层的规模和断层的分布特征，将断层分为三个带，即查干花主断裂带、查干花次一断裂带和查干花次二断裂带，在查干花次一断裂带和查干花次二断裂带中间存在一变换断层带—腰深 4 井变换断层带。查干花的次级断裂带的断层主要为南北走向，它们是在区域伸展构造作用和在查干花断层控制和影响下形成的，断层走向是区域伸展方向和查干花断层延伸方向的综合反映。

二、主控断裂

控陷断裂对断陷的形态、次级构造带的形成和分布、沉积充填都有明显的控制作用；控带断裂的分布和活动取决于：①区域构造作用的方式、方向、大小及其演化；②基底先存断层及其活动情况；③盆地沉积动力学性质的变化。因此，对主控断裂性质、分布特征、活动和演化的认识，对于裂陷盆地形成、演化和油气生成与分布研究都有重要意义。

（一）控陷断裂

1. 红岗—龙沼镇断裂

红岗—龙沼镇断裂是断陷北部区域的西部主控边界断裂。红岗—龙沼镇断裂为北北东走向，向北越过长岭断陷继续向北延伸，向南延伸情况在不同反射层上表现出明显的差异：在 T_5和 $T_4{}^2$反射层上，红岗—龙沼镇断裂和苏公坨断裂连在一起，构成一条断裂(称之为红岗—龙沼镇—苏公坨断裂)，在 $T_4{}^1$和 T_4反射层上到 Cl _ 512 测线附近尖灭，在长岭断陷区内断裂的长度约 70km。在长岭断陷区内断裂平均走向为 N25°E 左右。断面形态以平板式为主，是长岭断陷北部地区在裂陷阶段的主控边界断裂(图 4-1-1)。

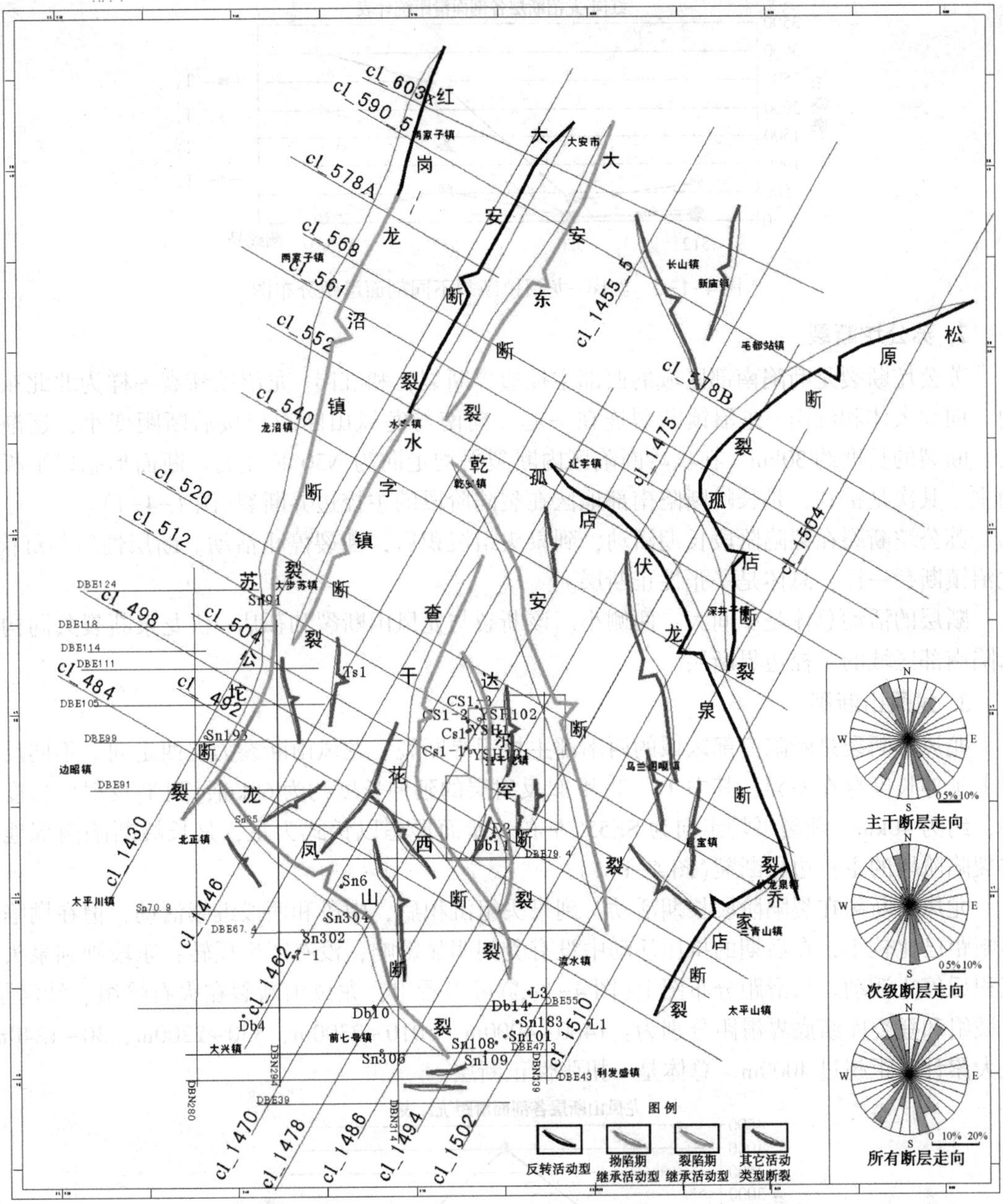

图 4-1-1 长岭断陷营城组顶面断裂系统分布图(据张枝焕等，2008)

红岗—龙沼镇断裂在裂陷阶段长期活动，到泉头组沉积后，断裂停止活动。从滑距分布图上(图 4-1-2)可以看出，红岗—龙沼镇断裂在火石岭组、沙河子、营城组和登娄库组底界滑距分别为：360～3030m，60～2010m，60～360m，60～54m，最大累计滑距超过 3000m，断裂活动强度从北向南不断减小，直至到 Cl _ 512 测线附近尖灭。总体是一张性正断层，在火石岭组—沙河子组期间存在少量的走滑位移分量。

从断层的活动强度由北向南减小的特征分析，红岗—龙沼镇断裂对沉积的控制作用从北向南不断减小，对火山岩的控制作用也应该存在这一趋势。

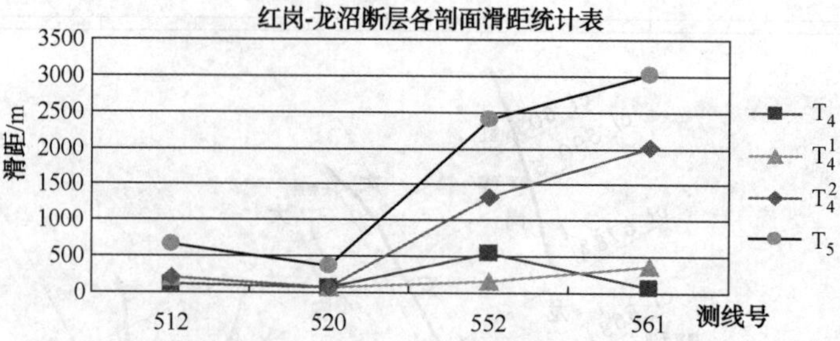

图 4-1-2　红岗—龙沼镇断裂不同剖面滑距分布图

2. 苏公坨断裂

苏公坨断裂是断陷南部区域的西部主控边界断裂，和红岗—龙沼镇断裂一样为北北东走向。向北大体和红岗—龙沼镇断裂连在一起，向南与龙凤山断裂相接后断距变小，逐渐消失。断裂的长度约 30km。在长岭断陷区内断裂平均走向为 N30°E 左右。断面形态以平板式为主，其次是铲式，是长岭断陷南部地区在裂陷阶段的主控边界断裂(图 1-4-1)。

苏公坨断裂在裂陷阶段长期活动，到泉头组沉积后，断裂停止活动。断层性质与红岗—龙沼镇断裂一样，总体是一张性正断层。

断层的活动总体是中间大，两侧小。该断裂与龙凤山断裂和孤店—伏龙泉断裂共同构成断陷南部区域的主控边界断层。

3. 龙凤山断裂

龙凤山断裂是断陷南部区域的西南部主控边界断裂。龙凤山断裂为北西走向。不同反射层上延伸长度存在差异，其中 T_5、T_4^2和 T_4^1反射层的延伸长度约为 60km，到 T_4反射层长度变小，约为 40km。断裂平均走向为 SE55°左右。断面形态以铲式为主，是长岭断陷南部地区在裂陷阶段的主控边界断裂(图 4-1-1)。

龙凤山断裂在裂陷阶段长期活动。到泉头组沉积后，中段和西段继续活动，但在坳陷期的断距已比较小，在后期的挤压活动中没有受到明显影响，没有产生反转；东段则到泉头组沉积后停止活动。从滑距分布图上(图 4-1-3)可以看出，龙凤山断裂在火石岭组、沙河子、营城组和登娄库组底界滑距分别为：1460~4000m，1010~2300m，830~2200m，30~1240m，最大累计滑距超过 4000m。总体是一扭张性正断层。

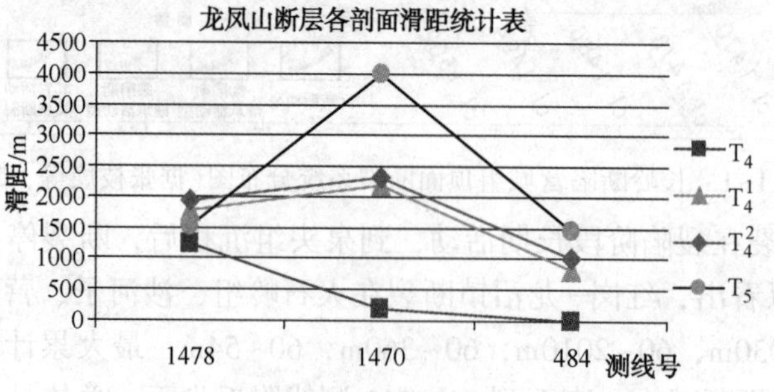

图 4-1-3　龙凤山断裂不同剖面滑距分布图

由于龙凤山断层的铲式形态，在断裂活动过程中，产生强烈的滚动，是查干花背斜带形成的主控断层之一(与孤店—伏龙泉断裂联合控制查干花背斜带的形成)。从区域构造上分析，龙凤山断裂是在大型基底先存断裂基础上发育起来的，推测该断层是切穿整个岩石圈的断裂，直接能与软流圈沟通，容易成为火山通道。从火山岩的分布特征分析，龙凤山断裂对火山岩的厚度分布起强烈的控制作用，估计是长岭断陷内对火山作用起最重要控制作用的断裂之一。从龙凤山断裂的活动强度在平面上的变化特征分析，中段和西段对火山岩的控制作用相对更为强烈，向南对火山岩的控制作用也应逐渐减小。

4. 孤店—伏龙泉断裂

孤店—伏龙泉断裂是长岭断陷南部区域的东北部主控边界断裂。孤店—伏龙泉断裂为北西走向。长岭断陷区内延伸长度超过 80km。断裂平均走向为 SE50°左右。断面形态以铲式为主，有的地段是平板式，是长岭断陷北部地区在裂陷阶段的主控边界断裂（图 4-1-1）。

孤店—伏龙泉断裂在裂陷阶段长期活动。到泉头组沉积后，大部分继续活动，但在坳陷期的断距已比较小，在后期的挤压活动中没有受到明显影响，没有产生明显的反转。从滑距分布图上（图 4-1-4）可以看出，孤店—伏龙泉断裂在火石岭组、沙河子、营城组和登娄库组底界滑距分别为：1400~4600m，730~3690m，250~2300m，280~1000m，最大累计滑距超过 4600m。总体是一扭张性正断层，但不同的段落存在一定的差异：西北段走滑位移的分量相对较大，向东走滑位移的分量减小。

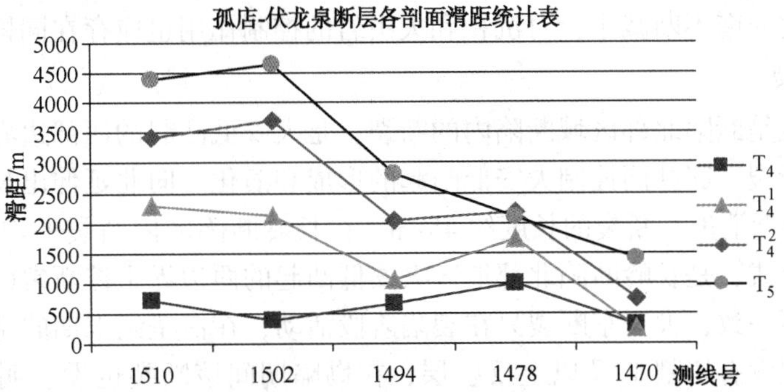

图 4-1-4 孤店—伏龙泉断裂不同剖面滑距分布图

与龙凤山断裂一样，由于断裂的铲式形态，在断裂活动过程中，产生显著的滚动，与达尔罕断裂一起联合控制查干花背斜带的形成。从区域构造上分析，孤店—伏龙泉断裂也应该是在大型基底先存断裂基础上发育起来的，推测该断层也是切穿整个岩石圈的断裂，直接能与软流圈沟通，容易成为火山通道。对长岭断陷内的火山活动起重要的控制作用。

（二）控带断裂

1. 大安断裂

大安断裂是断陷北部区域断陷内的断裂，是大安低凸起的西部边界主控断裂，和红岗—龙沼镇断裂一样为北北东走向。向北延伸出长岭断陷，向南到 Cl _ 552 测线附近消失。断裂的长度约 40km。在长岭断陷区内断裂平均走向为 N33°E 左右。断面形态为铲式，是长岭断陷南部地区大安低凸起的西边界主控断裂（图 4-1-1）。

大安断裂除了在裂陷阶段长期活动外，在白垩纪末期的挤压构造作用中发生反转，T_3及以上反射层都有逆冲位移，而在坳陷期间，该断裂没有明显活动。从滑距分布图上（图 4-1-5）可以看出，大安断裂在火石岭组、沙河子、营城组和登娄库组底界滑距分别为：

2450m、1740m、930m、120m，最大累计滑距超过 2500m，断裂活动强度由北向南逐渐变小。该断裂在裂陷期间主体是一张性正断层，白垩纪末期后压性逆断层。

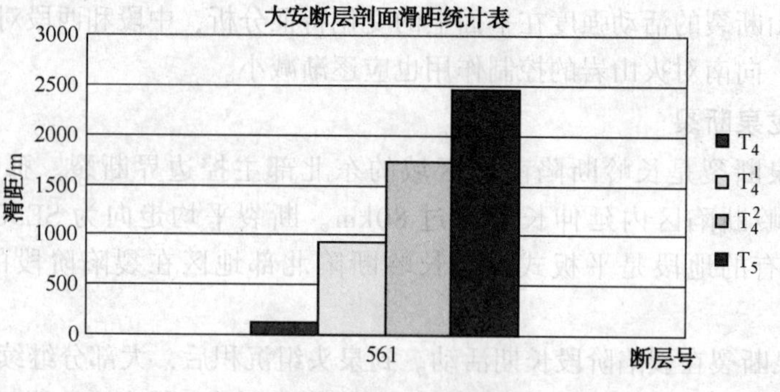

图 4-1-5　大安断裂不同剖面滑距分布图

断层的活动在长岭断陷区域内强度从北向南不断减小，到 Cl _ 552 测线附近消失。该断层的消失与孤店—伏龙泉断裂的存在有关，孤店—伏龙泉断裂的西北段具有变换断层的性质。

该断层的活动强度很大，是断陷内部的一条重要控制性断裂。由于断层的活动强度在长岭断陷区域内从北向南不断减小，对沉积和火山岩的控制作用也应存在同样的趋势。

2. 大安东断裂

大安东断裂也是断陷北部区域断陷内的断裂，是大安低凸起的西部边界主控断裂，北北东走向，和大安断裂一起共同控制大安低凸起的形成和演化。向北延伸出长岭断陷，向南也到 Cl _ 552 测线附近消失。断裂的长度约 45km。在长岭断陷区内断裂平均走向为 N29°E 左右。断面形态为铲式，是长岭断陷北部地区大安低凸起的西边界主控断裂(图 4-1-1)。

与大安断裂不一致，大安东断裂只在裂陷阶段活动，在白垩纪末期的挤压构造作用中没有发生反转，断裂没有切割 T_3及以上反射层，在坳陷期间该断裂也没有明显活动。从滑距分布图上(图 4-1-6)可以看出，大安东断裂在火石岭组、沙河子、营城组和登娄库组底界滑距分别为：3350m、2370m、530m、560m，最大累计滑距超过 3350m，断裂活动强度由北向南逐渐变小。该断裂在裂陷期间主体是一张性正断层，伴有少量走滑位移。裂陷期后基本停止活动。

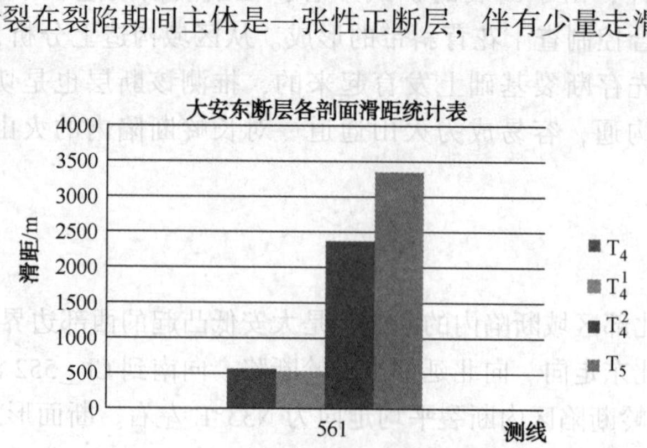

图 4-1-6　大安东断裂不同剖面滑距分布图

断层的活动在长岭断陷区域内强度从北向南不断减小，到 Cl _ 552 测线附近消失。同样，大安东断层的消失也与该孤店—伏龙泉断裂的存在有关，孤店—伏龙泉断裂的西北段具有变换断层的性质，起传递位移和变换构造性质的作用。

该断层的活动强度很大，断陷内部的一条重要控制性断裂。受该断裂强烈活动的影响，乾安次凹中新生界沉积物的最大厚度超过8000m。该断裂活动强度在长岭断陷区域内从北向南不断减小，对沉积和火山岩的控制作用也应存在同样的趋势。

3. 查干花西断裂

查干花西断裂是长岭断陷南部区域内的断裂，是查干花断背斜带的主干断裂，北西走向，和达尔罕断裂、乾安断裂一起切割查干花背斜带，使查干花背斜带成为复杂的断背斜。断裂向西北延进入乾安次凹后消失，向东南到Cl _ 498测线附近消失。断裂的长度约60km左右，从T_5反射层到T_4反射层断层的长度不断减小。断裂平均走向为165°左右。断面形态为铲式，是长岭断陷南部地区断陷内的主干断层之一(图4-1-1)。

查干花西断裂只在裂陷阶段活动，在白垩纪末期的挤压构造作用中没有发生反转，断裂也没有切割T_3及以上反射层，在坳陷期间该断裂也没有明显活动。从滑距分布图上(图4-1-7)可以看出，达尔罕断裂在火石岭组、沙河子、营城组和登娄库组底界滑距分别为：210～1910m，280～1180m，250～790m，110～320m，最大累计滑距近2000m，断裂活动强度中间大，两侧小。该断裂在裂陷期间主体是一扭张性正断层，裂陷期后停止活动。

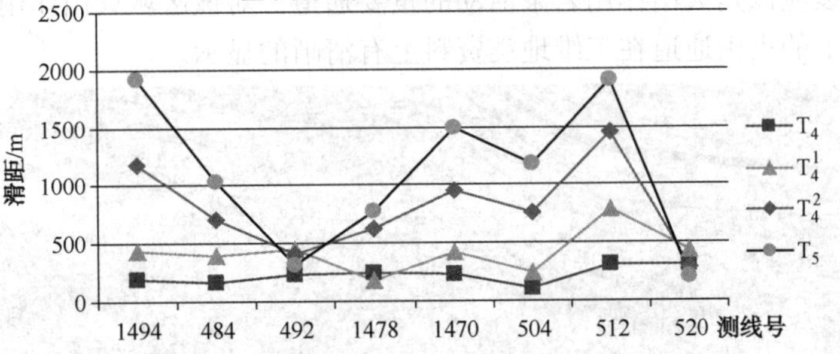

图4-1-7 查干花西断裂不同剖面滑距分布图

断层的活动强度是中间大，两侧小，由于延伸方向和区域伸展方向存在一定的夹角，该断裂在活动过程中应表现为扭张的性质，即除了在地震剖面上表现出的正断层位移外，还应存在一定的走滑位移。

该断层的活动强度很大，是断陷内部的一条重要控制性断裂。从地震资料反射特征来看，该断裂深部向下存在断面波，说明该断裂切割岩石圈的深度较大，是在基底先存断裂基础上发育起来的。该断裂对沉积的控制作用虽然不是特别大，但应该是火山作用岩浆活动的重要通道，对该区域火山活动有一定的控制作用。

4. 达尔罕断裂

达尔罕断裂是长岭断陷南部区域内的断裂，也是查干花断背斜带的主干断裂。该断裂发育在查干花背斜带的中部，北北西走向。断裂的长度约30km，从T_5反射层到T_4反射层断层的长度不断减小。断裂平均走向为165°左右。断面形态为铲式，是长岭断陷南部地区断陷内的主干断层之一(图4-1-1)。

达尔罕断裂只在裂陷阶段活动，在白垩纪末期的挤压构造作用中也没有发生反转，坳陷期间也没有明显活动。从滑距分布图上(图4-1-8)可以看出，达尔罕断裂在火石岭组、沙河子、营城组和登娄库组底界滑距分别为：460~1580m，260~1430m，390~970m，30~780m，最大累计滑距超过1600m，断裂活动强度中间大，两侧小。该断裂在裂陷期间主体是一张性正断层，裂陷期后停止活动。

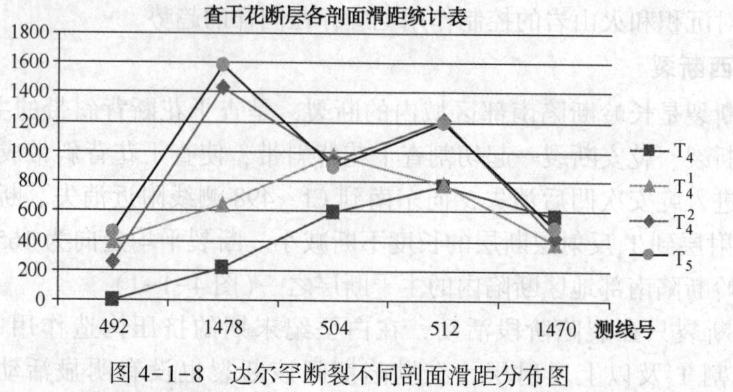

图 4-1-8　达尔罕断裂不同剖面滑距分布图

断层的活动强度是中间大，两侧小，由于延伸方向和区域伸展方向存在一定的夹角，该断裂在活动过程中应表现为扭张的性质。

该断层的活动强度比较大，也是断陷内部的一条重要控制性断裂。从地震资料反射特征来看，该断裂深部也存在一向下延伸很深的断面波(图 4-1-9)，说明切割岩石圈的深度也很大，表明该断裂应该是火山作用岩浆活动的重要通道，对该区域火山作用起重要的控制作用。达尔罕断裂上的火山通道在三维地震资料上有清晰的显示。

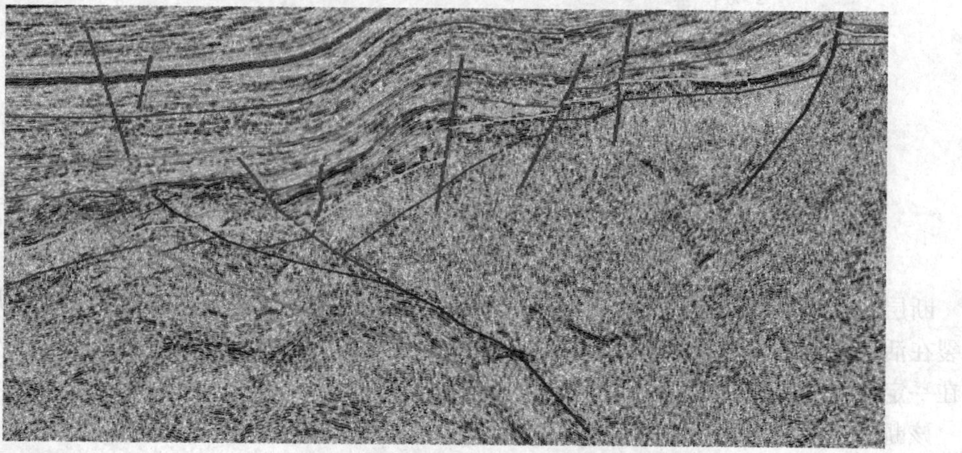

图 4-1-9　达尔罕断裂向下存在切割很深的断面波

5. 乾安断裂

乾安断裂是长岭断陷南部区域内的断裂，也是查干花断背斜带的主干断裂。该断裂发育在查干花背斜带的中东部，北北西走向，断裂平均走向为153°左右。断裂的长度约70km左右，从T_5反射层到T_4反射层断层的长度不断减小。断面形态为铲式，是长岭断陷南部地区断陷内的主干断层之一(图 4-1-1)。

乾安断裂也只在裂陷阶段活动。从滑距分布图上(图 4-1-10)可以看出，乾安断裂在火石岭组、沙河子、营城组和登娄库组底界滑距分别为：470~2800m，260~2250m，110~1250m，170~770m，最大累计滑距超过2800m，断裂活动强度中间大，两侧小。

该断裂在裂陷期间主体是一扭张性正断层，裂陷期后停止活动，断裂扭张性质是由于断裂延伸方向和区域伸展方向存在一定的夹角造成的。该断层的活动强度很大，也是断陷内部的一条重要控制性断裂。对沉积起重要的控制作用，对该区域火山活动也应起重要的控制作用。

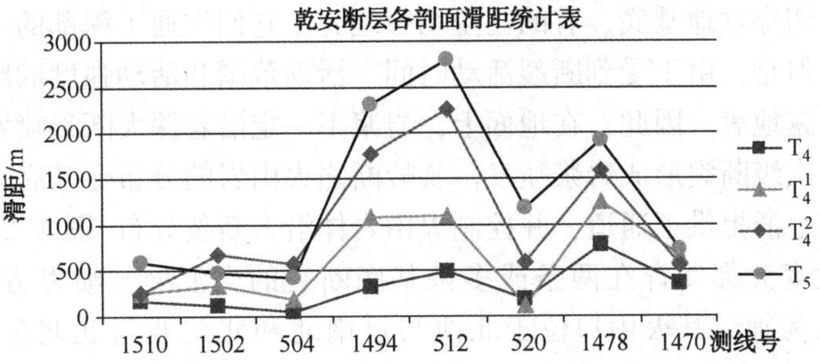

图 4-1-10　乾安断裂不同剖面滑距分布图

综合断陷层和坳陷层各层位的构造断裂特征，在纵向上各反射层之间发育程度存在差异，在平面上同一反射层的不同构造单元也存在差异。纵向上这种差异性表现出断裂发育程度由深层到浅层为发育—较发育—欠发育的变化规律，其反映了盆地构造运动作用的旋回性，同时也反映了在盆地不同的演化阶段，构造运动对断层的改造程度亦不相同。如深部断裂主要记录了侏罗系裂陷期的断裂伸展地质发展历史；中层的反射层断层记录了泉头组和青山口组坳陷期沉积时存在的弱伸展、拉分走滑地质发展历史；浅层断裂记录了盆地由坳陷向褶皱转化过渡的挤压反转地质发展历史。平面上表现为每次构造运动对盆地各构造单元改造的不均衡性。在南北向上，北部断裂带发育深层断层，而南部断裂带发育浅层断层，东西向上，东部深层断裂发育，西部浅层断裂发育，反映出从东往西改造作用由强到弱的变化趋势。断裂的方向性、各反射构造层的构造带展布和断裂的发育程度均能体现出盆地东西分带、南北分块、上下分层的基本构造特征。浅层断裂发育程度受深部断裂制约，深层断裂的延伸与基底起伏形态决定了浅层断裂的分布规律。

第二节　断裂活动对火山岩分布的控制

松辽盆地的裂陷作用是与地幔活动有关的板块走滑、拉张运动的结果。当异常的地幔上拱时，导致上地壳破裂，因而形成火山喷发。断陷内火山岩的出现，主要受断裂运动形成的深断裂控制。

彭玉鲸等(2000 年)通过对松辽盆地南部中生代火山活动的时序、空间分布、物质成分、构造样式等多方面的变化特征的综合研究认为，其所反映的动力学机制，系日本列岛周边法拉隆板块、伊泽纳吉板块、库拉板块对古亚州板块，分别在不同的时序(230～185Ma，175～120Ma，110～70Ma)里，以“走滑—斜俯冲—俯冲”的作用方式，导致大陆岩石圈深部地质运动的旋回性过程。火石岭组和营城组两期大的火山活动旋回受控于这一动力学背景，主要是走滑、拉张作用的结果。

长岭断陷火山岩十分发育，类型多样，有基性的玄武岩(深灰色微晶玄武岩、斑状玄武岩、杏仁状玄武岩、气孔玄武岩等)、中性的安山岩和酸性的流纹岩和英安岩，还有火山角砾岩和凝灰岩，另外还有辉绿岩等次火山岩和侵入岩。

一、断裂与火山岩分布的关系

（一）深大断裂为岩浆上涌提供通道

深大断裂一般切穿盆地基底，有的甚至切穿地壳，它们沟通了深部的岩浆源，为岩浆的上涌提供了通道。但是，由于受到断裂活动时间、活动范围和活动强度的影响，深大断裂不一定切穿沉积层出露地表。因此，在地面上，岩浆不一定沿着深大断裂喷发，往往是通过与深大断裂相联系的次级断裂形成岩浆喷发。长岭断陷火山岩的分布受基底断裂控制，这些断裂长期活动为岩浆上涌提供了通道，并控制火山岩体沿大断裂分布(图 4-2-1)。

一般火山口发育大都发育在两条或多条基底断裂的交汇处，喷发方式为中心式喷发为主，裂隙式喷发为辅。其火山口位于北西与近南北和北北西与北北东两组基底断裂相交处。

通过地震反射特征、构造特征和演化分析结果表明，长岭断陷西侧的红岗—龙沼镇断裂和苏公坨断裂、南侧的龙凤山断裂、断陷南区中部的达尔罕断裂和查干花西断裂、断陷南区东北侧的孤店—伏龙泉断裂和断陷北区的大安东断裂等切割岩石圈的深度很大，都可以作为岩浆运移的通道。特别是北北东走向的苏公坨断裂和北西走向的龙凤山断裂交汇处，应该存在岩浆运移的重要通道。营城组的火山岩在平面分布比较有规律，东部沿达尔罕断裂分布，西部沿苏公坨一带分布，南部火山岩分布带明显受南部“西南断阶带”控盆深大断裂的控制，北部明显受大安东断裂的控制。

腰英台构造带的东部及西部分别发育两条重要基底断层：

西部基底断裂：位于腰英台构造带西部，由南向北，由北北西转向北北东，该断层延伸长度大于 22km，最大水平断距 4.5km，垂直断距 800m，走向 SN，倾向 E，断开层位为 T_5、T_{4-2}反射层，剖面上可见清晰的断面反射波，是基底断裂典型代表(图 4-2-1)。该断层形成时间早，控制了早侏罗系地层的沉积，剖面上表现为西低东高，西陡东缓，隆凹相间的箕状断陷，该断层西侧缺失火石岭组地层。

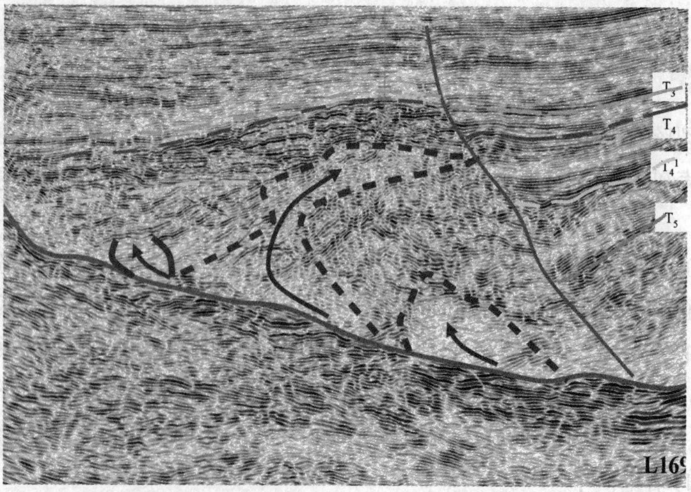

图 4-2-1　腰英台构造带东西深大断裂与岩浆活动示意图

东部基底断裂：位于工区中部，展布方向为北北东向，该断层在本区延伸长度大于18.7km，最大水平断距1.3km，垂直断距950m，倾向SEE，断穿T_2-T_5反射层，是早期形成后期持续活动的同生断层，规模较大，控制了本区的构造格局，由于它的遮挡作用，在上升盘形成面积和规模较大的长深气田构造(图4-2-2)。

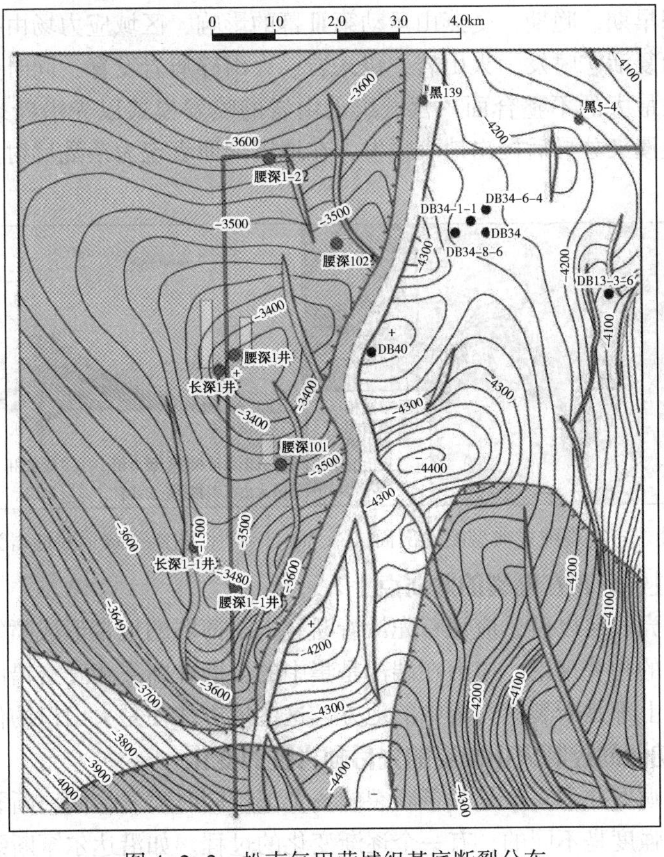

图4-2-2 松南气田营城组基底断裂分布

上述两条断陷期形成的基底断裂，为岩浆上涌提供了通道，特别是东部基底断裂是火山熔岩的主要通道，两条基底断裂不仅为岩浆上涌提供了直接通道，而且提供了间接通道，岩浆上涌通道在地震剖面上表现为白色的条带，与断层伴生。本区火山岩多为岩浆先沿断裂上涌，再侵入基岩，在基岩中发生浸染分异后，侵出地表喷发。

(二)断裂活动性质决定火山喷发的规模和喷发模式

断裂是挤压性质的，如逆断层，两盘紧紧地挤压在一起，难以形成岩浆喷发，而正断层是开启性的，尤其是在其进一步受拉张作用张开时，岩浆容易通过断裂上涌，形成火山喷发。喷发岩发育规模决定于断面裂隙的发育程度，构造运动剧烈，断层裂隙发育，喷发岩发育规模相对较大，否则喷发岩发育规模较小。

一般来讲酸性火山岩为主的火山体，以层状火山、熔岩穹隆火山机构为主；中基性岩类为主，发育盾形火山机构，以大面积溢流相为主。按照火山体所处的构造背景和岩浆性质又分为裂隙式和中心式喷发。裂隙式喷发形成的火山岩地震响应特征：外型为楔形，中强振幅、低视频，横向递变，内部为断续反射，平行有斜交结构；裂隙式喷发火山岩，由多次火山喷发叠加形成。中心式喷发的火山岩地震响应特征：外型为丘形，强振幅、低视频，横向递变，断续反射，内部为空白杂乱反射，常见火山锥(图 4-2-3、图 4-2-4)。

根据长岭断陷构造发育史表明，盆地发育早期(晚侏罗世开始)，古太平洋板块以低角度快速向北西西方向俯冲，挤压作用强烈，引起大面积隆起和火山活动。长岭断陷在火山作用和局部沉积作用下，在古生代基底上大面积发育了一套以火山岩为主的火石岭组沉积地层。在营城组沉积早期、晚期，受燕山运动第Ⅲ幕的影响，区域应力场由拉张转为挤压，断裂发育，伴随火山复活、喷发，火山岩、侵入岩、火山碎屑岩发育，同时整个地层抬升，遭受剥蚀，形成全区最大的不整合面。营城组火山岩的喷发模式以先沿断裂上涌，再侵入基岩，在基岩中发生浸染分异后侵出地表喷发，在地震剖面表现为杂乱反射。岩浆通道以裂隙为主。

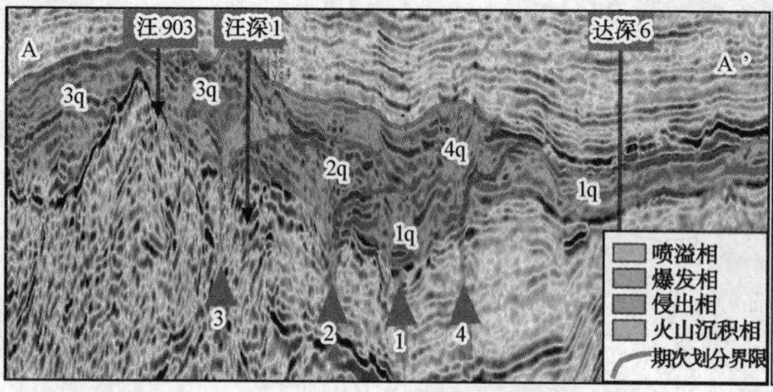

图 4-2-3 酸性岩多期裂隙式典型喷发剖面

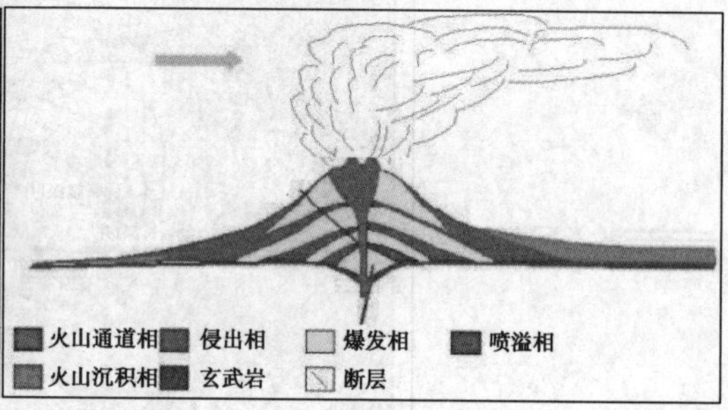

图 4-2-4 酸性岩为多期喷发

(三) 火山口往往分布在断裂的薄弱点上

岩浆上升至地壳浅层以后，应该首先沿着断裂上最薄弱的地带形成喷发。根据岩石断裂力学和构造地质学的相关理论，应力在端部是集中的，即在断裂相互交错的地方、断裂转折点、断裂的两端点上都是断裂应力集中的地方。这些地方往往是火山口的位置所在。

(四) 断裂活动时间控制火山喷发的先后和岩性的变化

岩浆沿着断裂喷发并不完全是一条断裂的各个部位同时喷发，同一断裂往往在不同位置的活动时期、活动强度是不同的，有一个逐渐变化的过程。如沿达尔罕断裂带从北向南火山岩的喷发强度、岩性、厚度随着位置的不同都有一定的区别。

综合上述已有的资料并结合前人的成果，长岭断陷火成岩分布主要沿断陷盆地边缘分布，其次出现在分割断陷盆地的断凸或断阶上，再次环火山岩体或沿火山岩体、沿断裂带或平行断裂带分布。在东部达尔罕断凸上，主要分布与构造带走向近于一致，中部南端隆起上，主要为北北东向分布。西部苏公坨断阶上也有火山岩的存在。这些特征说明构造运动和后期改造是控制火成岩分布的主要因素。

二、火山作用旋回与构造运动期次的关系

长岭断陷有两个裂陷期和登娄库组期间的断坳过渡期，构造演化阶段制约火山旋回。每个旋回(或亚旋回)还有多次的火山喷发作用。从现代活火山的研究表明，活火山的喷发周期一般为数百年到数万年。这样，在一个旋回中，往往有很多次的火山喷发，导致不同期的火山岩相互叠置，形成十分复杂的结构。

1. 火山旋回

根据钻井及野外露头剖面，以及火山岩同位素年龄资料分析表明，前人将徐家围子及其

周围地区深层火山活动划分为五次规模不等的火山喷发旋回：侏罗系蚀变火山岩组火山旋回(第一旋回)，上侏罗统火石岭组火山旋回(第二旋回)，下白垩统沙河子组火山旋回(第三旋回)、营城组火山旋回(第四旋回)、泉头组火山旋回(第五旋回)。其中火石岭期和营城期为盆地内主要的两期火山喷发活动。长岭断陷的地震反射特征、不整合及火山岩旋回特征与徐家围子断陷类似，除有以上五期火山岩喷发旋回外，在登娄库组还多出一套火山岩喷发旋回。

(1) 侏罗系蚀变火山岩火山旋回(第一旋回)：蚀变火山岩段下部以中基性火山岩、火山碎屑岩为主，上部以酸性火山岩或酸性火山碎屑岩为主。与松辽盆地其它地区中侏罗统的大庆群层位相当。火山岩 K-Ar 同位素年龄为 155.4~177.2Ma。

根据重磁电异常所反映出的基底岩性信息，长岭断陷西缘、北缘、东北缘及乾安南—大老爷府一带表现为磁力正、负异常变化比较杂乱，重力正、负异常相间展布区或异常较为凌乱。这些异常区被解释为浅变质火山碎屑岩基底，长岭断陷三维地震资料上也反映基底内部也有一些强的成层反射，可能为浅变质的火山岩所形成，它们与松辽盆地北部徐家围子断陷的中侏罗统蚀变火成岩火山旋回可能属于同一时代。

(2) 上侏罗统火石岭组火山旋回(第二旋回)：火山喷发活动强烈，沿深大断裂呈裂隙式喷发。岩性主要为基性、中基性、中性和中酸性火山熔岩、火山碎屑岩，与其间的碎屑岩呈互层。火山岩的 K-Ar 同位素年龄为 143.2~160.0Ma。根据重磁力场和电场的各种参数异常进行的三维建模反演计算结果，长岭断陷火石岭组火山岩主要分布在三个火山岩系：孤店火山岩系主火山口以西部分地区，火山岩顶面埋深在 5500~7000m 之间，总体呈现东浅西深，火山口外围火山岩厚度在 900~1500m 之间，总体呈现东厚西薄，面积 $500km^2$；黑帝庙火山岩系主火山口以南部分地区，火山岩顶面埋深在 3000~6000m 之间，总体呈现西浅东深，火山口外围火山岩厚度在 300~1500m 之间，总体呈现北厚南薄，面积 $600km^2$；查干花火山岩系主火山口以北部分地区，火山岩顶面埋深在 6000~8500m 之间，总体呈现西南、北部浅中西部深，火山口外围火山岩厚度在 500~3000m 之间，总体呈现南厚北薄，面积 $700km^2$。

(3) 下白垩统沙河子组火山旋回(第三旋回)：相对不发育，岩性主要为灰白色、灰黑色砾岩、砂岩与灰黑色泥岩的不等厚互层，局部见少量中酸性和酸性火山岩。火山岩 K-Ar 同位素年龄为 130.0~144.0Ma。

(4) 营城组火山旋回(第四旋回)：营城期火山喷发规模较大，分布面积较广，延续时间较长，火山喷发非常频繁，由多个喷发喷溢韵律组成。火山岩的 K-Ar 同位素年龄为 114.3~130.0Ma。

早中期喷发(营一段—营二段)以中基性火山岩系为主(厚层灰色、深灰色玄武岩、灰色安山岩，夹薄灰黑色辉绿岩、棕色安山质凝灰岩)，往往与薄层流纹岩构成中基性—酸性火山喷发旋回。该期火山岩仅在长岭断陷局部发育，主要发育在三个区块：①大布苏镇东南方向 DB8 井、DB12 井周围 4~6km，面积约 $48km^2$；②DB11 井附近呈带状分布、东西宽约 10km、南北长约 15km 的范围；③SN302 西南方向、一个面积约 $20km^2$ 的区域(图 4-2-5)。

晚期喷发(营三段)主要为中性和酸性火山喷发岩(英安岩、流纹岩、流纹质英安岩、凝灰岩不等厚互层)。营三段火山岩分布最为广泛，基本上沿断裂带分布，主要分布在西北断阶陡坡带、西南断阶陡坡带、北部缓坡带、达尔罕断凸带、双龙断凸带。YSH1 井、D2 井、

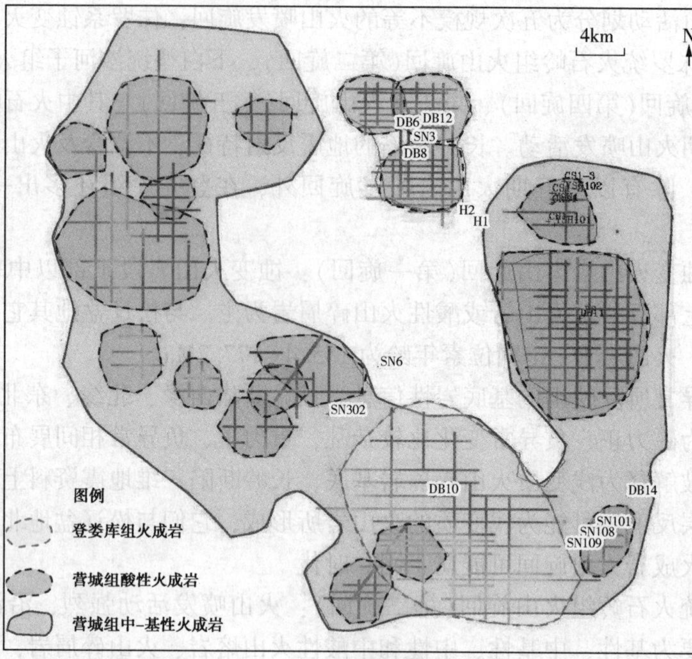

图 4-2-5　长岭断陷二维地震工区登娄库组—营城组火山岩分布图(华东分公司，2007)

DB11 井揭示营一段的火山岩岩性主要为英安岩、流纹岩、流纹质英安岩、凝灰岩不等厚互层，DB114 井、SN101 井和 N108 井仅见薄层紫红色角砾熔岩、熔结角砾岩及薄层流纹质凝灰岩。

在长春市九台东观察到的营城组火山岩剖面以酸性火山岩为主，可能相当于营城组三段。

(5) 登娄库组火山旋回(第五旋回)：长岭断陷登娄库组火山岩仅在长岭断陷局部发育，从地震和钻井揭示上看，主要分布在 DB10 井 6~8km 的范围，面积约 $150m^2$。DB10 井录井显示登娄库火山岩岩性以基性为主，紫红色、灰黑色玄武岩夹薄层灰绿色沉凝灰岩。

(6) 泉头组火山旋回(第六旋回)：仅在 DB10 井 2235~2375m 发现火山角砾岩与凝灰岩互层。区域所测火山岩 K-Ar 同位素年龄为 92. 1~112. 1Ma。

2. 火山岩层序

有人把以上火山岩喷发旋回所对应的地层单元又称为火山岩层序(赵澄林等，1999)，并将火山岩层序进一步划分出亚层序和微层序。层序是由一个或多个喷发喷溢—沉积旋回叠置而成的岩石组合。每一个单独的喷发—沉积旋回称为一个亚层序。由于外界条件和岩浆本身的性质，由一次岩浆喷发而形成的不同火山岩岩石类型(不同的成分、结构、构造等)组合称为微层序。

按照此分类，长岭断陷共有六个火山岩层序，分别是侏罗系蚀变火山岩层序，上侏罗统火石岭组基性—中性火山岩与沉积岩层序，下白垩统沙河子组中酸性—酸性火山岩与泥岩层序，下白垩统营城组中基性—酸性和中性—酸性火山岩与砂泥岩层序，下白垩统登娄库组基性火山岩与砂泥岩层序，下白垩统泉头组火山碎屑岩与砂泥岩层序。

将每个喷出—沉积旋回称为亚层序。从喷发岩—沉积岩是一个火山岩亚层序，沉积期代表熔浆活动间歇期，沉积岩的厚度反映了火山活动间歇期时间的长短。而在火山口相和近火山口相带很难发现沉积岩层，取而代之的是由多个喷发岩的亚层序叠置在一起形成的巨厚火山喷发岩体，或由多个喷发岩与凝灰岩构成的亚层序叠置体。火山喷发作用有强有弱，强烈的时候，熔岩流可到达很远处；弱的时候，熔岩类分布范围较小，熔岩流达不到处则形成颗粒细小的火山碎屑岩(如凝灰岩)、沉积火山碎屑岩(如沉凝灰岩)。离火山口相更远处形成正常的沉积物(岩)。在长岭断陷中生界火山岩岩心观察及综合录井剖面中，可以发现许多个亚层序。

一个亚层序内部可进一步划分出微层序，在火山熔融体内部，由于熔浆的成分、结构和构造不同，可形成多个微层序。完整的熔岩微层序一般自下而上为：下部气孔、杏仁状熔岩带；中部致密块状熔岩带；上部气孔、杏仁状熔岩带；顶部岩流自碎角砾状熔岩带。到目前为止，微层序只能在露头和较长的取心资料上识别。由于长岭凹陷地区缺少较长岩心与测井曲线的相互标定，所以在测井曲线上暂时还难以识别火山熔岩的微层序。在这里微层序的概念与斯伦贝谢公司所讲的一个溢流相或爆发相的单元相吻合，微层序的上、下部与溢流相的上、下部对应，为含气孔的熔岩，中部即为致密层，这种微层序单元只有通过成像测井识别。

火山岩岩相是指火山岩形成条件及其在该条件下所形成的火山岩岩性特征的总和。根据火山岩形成条件、火山作用机理、产出状态和形态等因素，将火山岩岩相划分为火山通道相、沉火山岩相、侵出相、喷溢相、爆发相和爆发沉积相。以地质研究为基础的火成相及有关变质相分析是火成岩储层评价技术的基础。

第五章　断陷层系烃源及热演化特征

长岭断陷断陷层系广泛发育侏罗系火石岭组、白垩系沙河子组、营城组和登娄库组四套烃源岩，沙河子组和营城组的暗色泥岩是主力烃源岩。受断陷构造格局控制和强烈的火山活动影响，不同构造带、不同次凹烃源岩的沉积环境、烃源岩厚度、有机质类型及热演化程度均有差异。沙河子组烃源岩有机质热演化程度很高，镜质体反射率一般都达到 2.1 以上，已经处于过成熟阶段，主要以生气为主。营城组烃源岩在泉头组沉积中期进入生烃门限，在姚家组沉积末期进入生气门限，嫩江组沉积中期进入大量生气的过成熟阶段，并持续至古近系早期。烃源岩的发育与热演化为长岭断陷营城组火山岩气藏提供了丰富的气源。

第一节　烃源岩特征

烃源岩是在还原环境下沉积的富含有机质的暗色岩石，我国陆相盆地沉积环境一般为低能的半深湖—深湖相环境和前三角洲相环境。松辽盆地是一个大型的淡水内陆盆地，在断陷沉积演化过程中，发育了沙河子期、营城期、登娄库期等多期烃源岩。

一、烃源岩分布特征

松辽盆地中、新生代盆地发展可分为 4 个阶段，即晚侏罗世裂陷期、早白垩世(登娄库组)裂陷—坳陷过渡期、泉头—嫩江组的坳陷期和晚白垩世及新生代萎缩褶皱期。盆地具有双重结构，以登娄库组为界，上下成烃环境差异明显。盆地断裂发育，对油气生、运、聚均起到控制作用。盆地构造活动频繁，在侏罗系和白垩系发现若干次沉积间断与构造活动。盆内岩浆活动强烈而频繁，全盆地平均地温梯度为 3.7℃/100m，最高达 4.2℃/100m。高地温场决定了断陷烃源岩成熟度提高，热演化速度加快，储层成岩作用加强等。在断陷演化过程中，发育了火石岭组、沙河子组、营城组，登娄库组等侏罗系和白垩系两套烃源岩。不同断陷烃源岩的分布及其有机质丰度、类型变化较大，主要受断陷的盆地样式和沉积环境控制，烃源岩的富集程度主要受断陷规模、断陷持续时间、最大裂陷期裂陷强度的控制。

长岭断陷是一个复式断陷，断陷面积 5000km^2，是松辽盆地南部诸多断陷中断陷面积最大的。断陷持续时间从侏罗纪火石岭组—白垩纪登娄库组，火石岭组—营城组最大沉降幅度达 3500m，沙河子组—营城组最大沉积厚度 2500m。长岭断陷深层暗色泥岩主要分布在晚侏罗系的火石岭组以及早白垩系的沙河子组、营城组和登娄库组。以沙河子组、营城组的暗色泥岩为主，暗色泥岩最大厚度 1210m。

长岭断陷烃源岩主要是陆相的泥岩、碳质泥岩和煤三种类型。具有分布面积大，沉积厚度大，充填序列完整的特点。

(一) 火石岭组烃源岩

晚侏罗世火石岭组是松辽盆地最早一期沉积。长岭地区 SN101 井、SN109 井和 SN108

井均钻遇该套地层，但未揭穿。SN101 井揭示火石岭组上部为一套深灰色泥岩、灰黑色泥岩，有机碳含量为 0.16%~0.31%，为浅湖相沉积；下部为一套火山喷发岩相玄武岩、流纹岩夹灰黑色泥岩，为半深湖—深湖相沉积，具有一定的生烃能力。

据地震资料分析，长岭地区西南部北正镇—前十八号—十家户地带，广泛发育火石岭组三角洲相沉积，西北部四海窝堡屯同样发育有火石岭组三角洲相沉积，西部长发屯—陈家店地带及东南部西牛炮子新立屯地带发育火石岭组浅湖相沉积；最有利的半深湖—深湖相的生油相带发育在所字井—长岭牧场小窝棚—砂立营子、万宝山—乔家店地区和查干花西太平庄一带。仅在乌兰敖都—长岭—朱家窑地区以及乔家居地区保存较为完整，其中前马洪地区厚度最大，为 180m(图 5-1-1、表 5-1-1)。

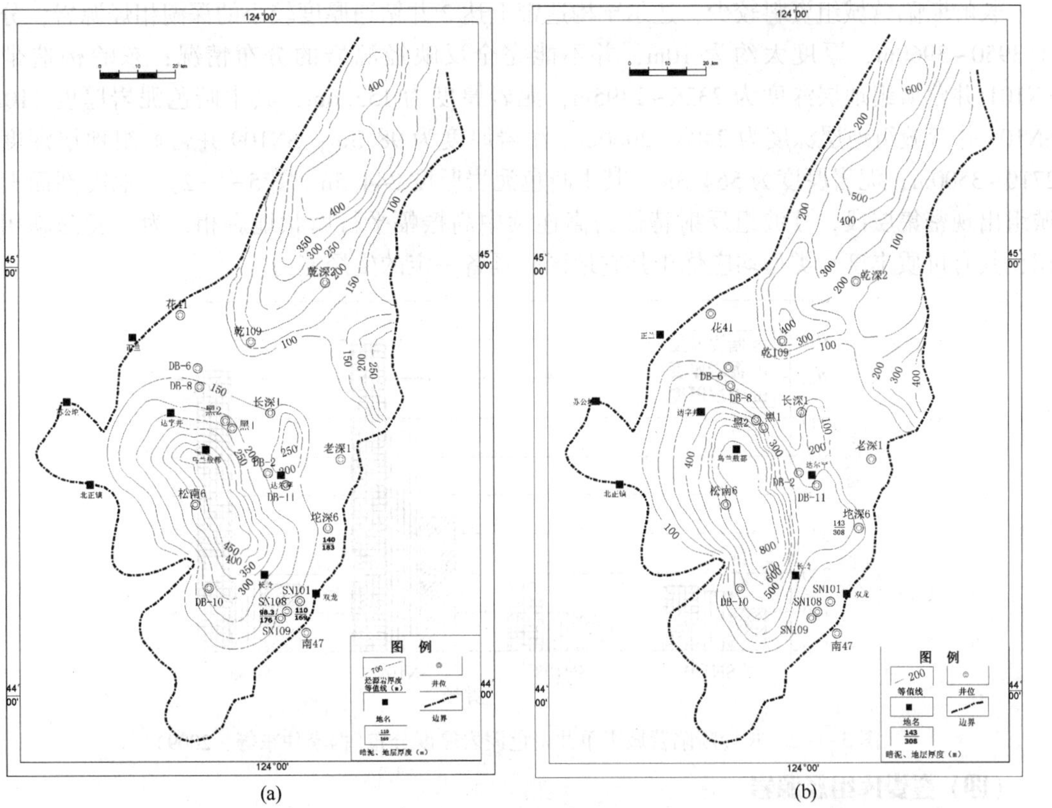

图 5-1-1　松辽盆地南部长岭断陷 K_1yc(a)与 K_1sh(b)烃源岩厚度图(黄志龙等，2005)

表 5-1-1　长岭断陷东岭构造和双坨子构造钻遇暗色泥岩情况表(据李仲东等，2009)

地　层	井　号	暗泥厚度/m	泥岩厚度/m	地层厚度/m	暗地比/%
营城组	SN101	110	153.6	169	65.1
	SN108	98.3	98.3	176	55.9
	SN109	344.5	564.3	790	43.6
	坨深 6	175	183	724	19.3
沙河子组	坨深 6	143	143	308	46.4
火石岭组	SN101	47	209		22.5

（二）沙河子组烃源岩

长岭断陷目前尚无钻井揭露沙河子组，其在地震波组上呈现低连续、低振幅的弱反射地震相，未见强反射界面，推测其为一套深湖相灰黑色泥岩。十屋断陷边缘的SN17井揭露沙河子组为一套深湖相灰黑色泥岩。位于伏龙泉断陷沉降中心附近的SN2井未揭穿，而处于边缘的坨深6井钻遇沙河子组暗色泥岩143m，占地层厚度的46.4%。这套暗色泥岩的有机质丰度较高，为一套有利的生油岩。据地震剖面追踪对比，沙河子组剥蚀较为严重，其残留地层在姑苏井—长岭、查干花、万宝山地区，其中前马洪地区残留厚度最大，为1200多米(图5-1-1)。

（三）营城组烃源岩

长岭断陷营城组资料较少，达尔罕构造带上达2井钻遇厚度较小的深湖相烃源岩，分布于3950~3960m，厚度大约为10m，并不能完全反映烃源岩的分布情况；东岭构造带上SN101井营城组地层深度为2326~2495m，泥岩厚度为153.6m，其中暗色泥岩厚度110m；SN108井营城组地层深度为2484~2660m，泥岩厚度为98.3m；SN109井营城组地层深度为2710~3500m，泥岩厚度为564.3m，其中暗色泥岩厚度344.5m(图5-1-2)。地震剖面上营城组出现密集层段，其波组反射特征为高连续中高振幅平行席状地震相，为一套深湖相沉积，其有机质丰度、类型均应优于其它地区，具备一定的生烃能力。

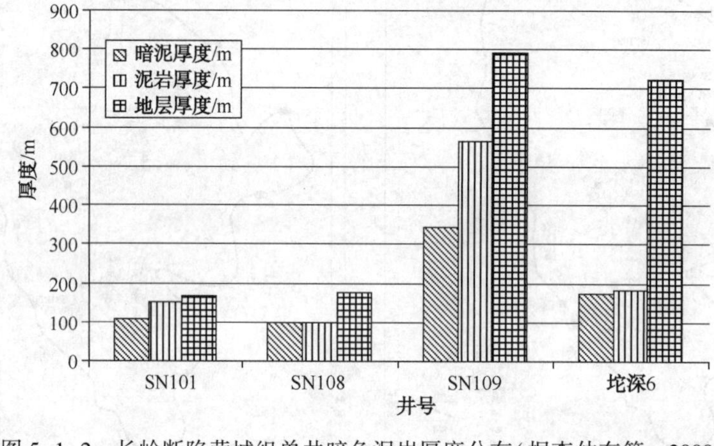

图5-1-2　长岭断陷营城组单井暗色泥岩厚度分布(据李仲东等，2009)

（四）登娄库组烃源岩

长岭断陷登娄库组泥岩主要集中在北部，厚度在50~300m之间；南部也有分布，但分布相对局限，贡献有限；登娄库组是一套潜在的重要烃源岩，但是目前仍没有确凿的证据表明有来源于登娄库组烃源岩的油气。目前能完整揭示登娄库组的探井有新深1、坨深1和坨深6井等，但这些井都没有处于沉积中心的有利位置，难以反映该组烃源岩的生烃潜力，但可以推测断陷中心的烃源岩应好于边缘相带。而在东岭构造的SN101、SN109、SN108井及达尔罕构造DB11井钻遇的登娄库组主要是一套砂砾岩夹泥岩的沉积建造。从层序地层和地震相分析，登娄库组从下至上可进一步划分出低水位体系域、湖盆扩张体系域和高水位体系域。登娄库组沉积早期，为低水位体系域沉积，主要分布在三十七号—张烧锅—前进—郎家窝堡地区，其沉积中心位于张烧锅地区，最大沉积厚度可达1600m。根据地震资料分析，沉积中心张烧锅地区为深湖相沉积，是有利的生油岩区；其它地区为滨浅湖沉积。

登娄库组中期湖盆扩张体系域基本继承了低水位体系域的沉积格局，水域扩大，基本覆盖整个长岭地区，沉积沉降中心为乾安—长岭牧场一带，最大沉积厚度在张烧锅、郎家窝堡、乾安地区，厚度分别为800m、600m、600m左右，乾安—张烧锅地区为半深湖—深湖相，为有利生油岩相带区。

高水位体系域基本继承湖盆扩张体系域的沉积格局，沉积中心在乾安—长岭牧场一带。登末运动导致其遭受严重剥蚀，残留地层主要分布在乾安(1600m)、长岭牧场(1200m)、朗家窝堡—长岭地区(800m)。乾安—长岭牧场—赵海地区为半深湖—深湖相沉积，为有利生油岩相带。东岭构造带上SN101井、SN108井、SN109井分别揭示了登娄库组暗色泥岩的发育与分布特征(图5-1-3)。

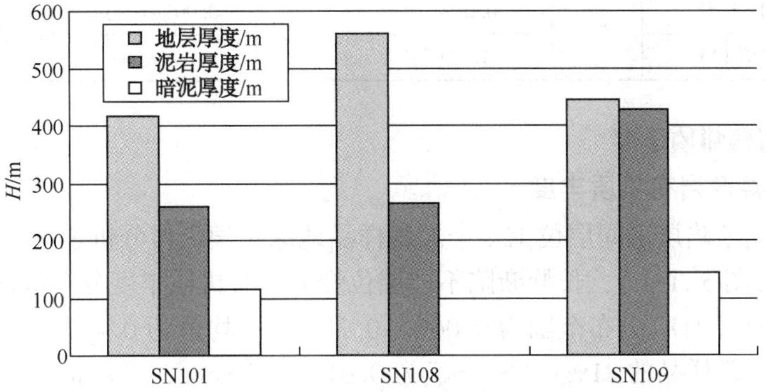

图5-1-3 长岭断陷东岭构造登楼库组暗色泥岩厚度对比图(据李仲东等，2009)

二、烃源岩有机质丰度和类型

烃源岩是在还原环境下沉积的富含有机质的能够生烃排烃的暗色岩石，松辽盆地南部断陷层系，烃源岩沉积环境一般为低能的半深湖—深湖相环境和前三角洲相环境。在断陷盆地演化过程中，发育多期烃源岩，但就区域性分布而言，长岭地区断陷型烃源岩主要分布在登娄库组、营城组—火石岭组。根据黄第藩等(1996)提出的我国陆相地层有机质丰度评价标准(表5-1-2)，对长岭断陷不同层位主要烃源岩的有机质丰度进行评价。评价烃源岩有机质丰度的一个重要指标是有机碳含量(TOC)、岩石热解生烃潜力(Pg，S_1+S_2)、氯仿沥青“A”等。

表5-1-2 陆相烃源岩有机质丰度评价标准表

烃源岩级别	好烃源岩	中等烃源岩	差烃源岩	非烃源岩
有机碳/%	>1.0	1.0~0.6	0.6~0.4	<0.4
沥青A/%	>0.1	0.1~0.05	0.05~0.01	<0.01
总烃/ppm	>500	500~200	200~100	<100
S_1+S_2/(mg/g)	>6.0	6.0~2.0	2.0~1.0	<1.0

从长岭断陷生油岩有机质丰度评价结果(表5-1-3，图5-1-4)可以看出，长岭断陷不同层段的有机质丰度呈现出不同的特征。

表 5-1-3　长岭断陷烃源岩有机质丰度分布特征(据张枝焕，2008)

层位	TOC/%		S_1+S_2/(mg/g)		A/%		丰度评价
	分布特征	级别	分布特征	级别	分布特征	级别	
K_1d	0.06~0.78	非	0.01~0.35	差	0.002~0.123	较差	差
	0.29(30)		0.097(19)		0.019(16)		
K_1yc	0.05~2.79	较好	0.04~3.84	较差	0.007~0.176	较好	较好
	1.18(81)		1.16(70)		0.062(62)		
K_1sh	0.28~11.18	好	0.06~11.5	较差	0.001~0.538	好	好
	2.38(42)		1.024(45)		0.180(17)		
J_3h	0.1~1.41	较差	0.08~3.4	较差	0.003~0.014	差	较差
	0.59(12)		1.92(7)		0.008(6)		

(一) 烃源岩有机质丰度

1. 不同层位烃源岩有机质丰度

根据长岭断陷断陷层不同层位 124 个泥岩样品地球化学资料分析表明(表 5-1-3，图 5-1-4，图 5-1-5，图 5-1-6)，长岭断陷不同层位烃源岩有机质丰度分布特征如下：

登娄库组烃源岩 TOC 分布范围为 0.06%~0.75%，平均值为 0.47%，TOC 大于 0.5%的样品有 7 个，占全部样品的 21%；"S_1+S_2"为 0.01~0.35mg/g，平均值为 0.097mg/g；氯仿沥青"A"分布范围为 0.002%~0.123%，平均值为 0.019%。综合评价为差烃源岩。

营城组 TOC 分布范围 0.05%~2.79%，平均值 1.18%，TOC 大于 0.5%的样品有 52 个，占全部样品的 71%；"S_1+S_2"0.04~3.84mg/g，平均值 1.16mg/g；氯仿沥青"A"分布范围 0.007%~0.176%，平均值 0.062%。综合评价为较好烃源岩。

沙河子组烃源岩 TOC 分布范围为 0.28%~11.18%，平均值为 2.38%，TOC 大于 0.5%的样品有 41 个，占全部样品的 87%；"S_1+S_2"为 0.06~11.5mg/g，平均值为 1.024mg/g；氯仿沥青"A"分布范围为 0.001%~0.538%，平均值为 0.18%。综合评价为好烃源岩。

火石岭组烃源岩 TOC 分布范围为 0.10%~0.41%，平均值为 0.59%，TOC 大于 0.5%的样品有 5 个，占全部样品的 42%；"S_1+S_2"为 0.08~3.4mg/g，平均值为 1.92mg/g；氯仿沥青"A"分布范围为 0.003%~0.014%，平均值为 0.008%；综合评价为较差烃源岩。

总的来说，不同层位烃源岩有机质丰度分布差别比较明显。从图 5-1-4 可以看出，长岭断陷不同层位 TOC 差别较大，沙河子组和营城组 TOC 较高，其最大值均超过了 1.0%；登娄库组和火石岭组 TOC 较低。长岭断陷烃源岩"S_1+S_2"都很低，其原因可能是烃源岩演化程度都较高，烃源岩内可溶有机质大部分已裂解，残留有机质很少的缘故。根据烃源岩有机质丰度评价标准，长岭断陷不同层段烃源岩表现为：沙河子组和营城组是长岭断陷的主力烃源岩，其中营城组是较好烃源岩，沙河子组为好烃源岩；而登娄库组为差烃源岩，几乎不具备成烃条件；火石岭组为较差烃源岩。

2. 不同构造带烃源岩有机质丰度

1) 腰英台构造带

腰英台构造带登娄库组烃源岩有机质丰度的各项指标都较差，综合评价为差烃源岩；营

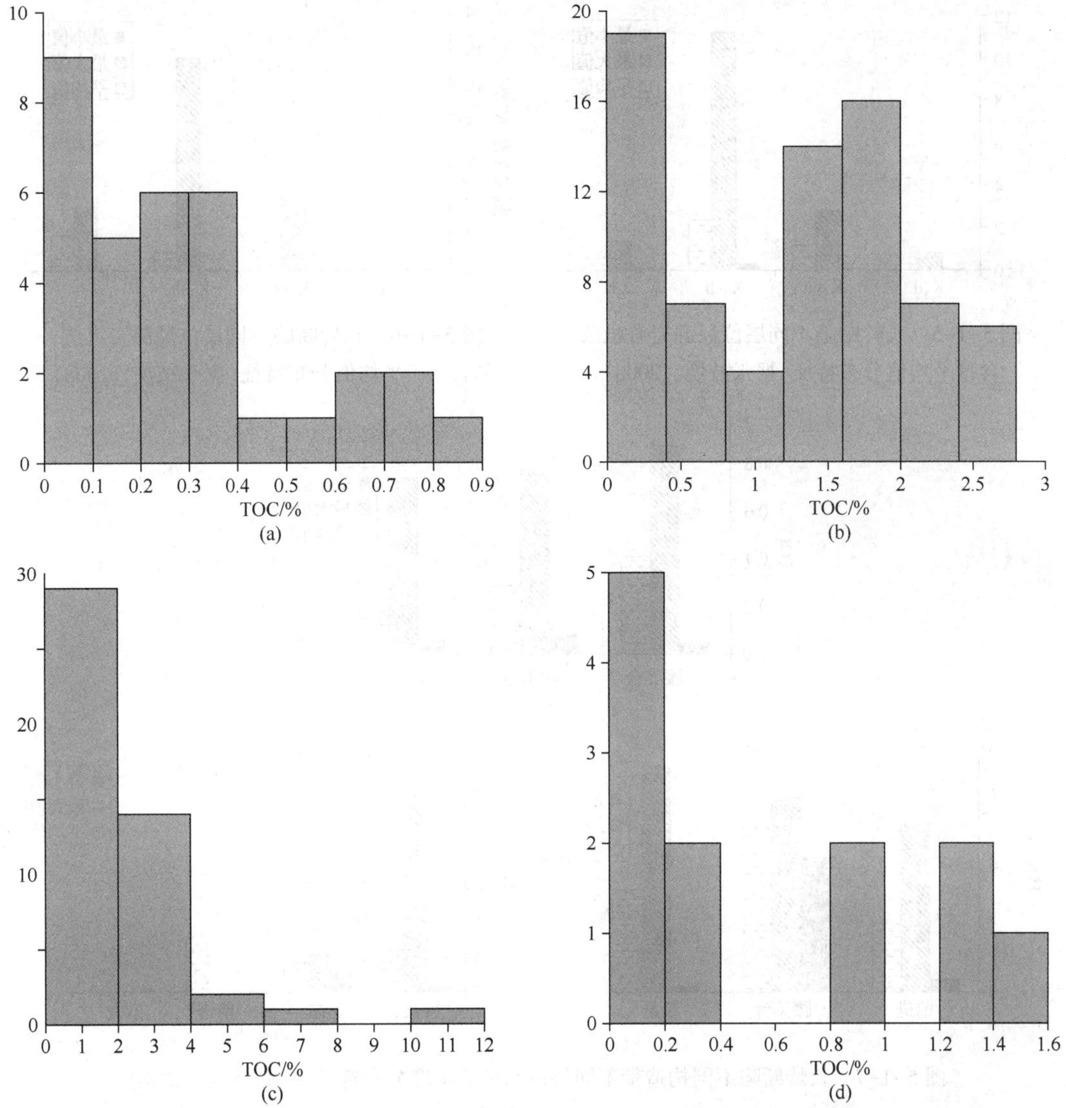

图 5-1-4 不同层位烃源岩残留总有机碳含量(TOC)直方图

(a) K_1d；(b) K_1yc；(c) K_1sh；(d) J_3h(据张枝焕，2008)

城组烃源岩有机质丰度较高，综合评价为较好的烃源岩(图 5-1-7)。在腰英台构造南部的达尔罕构造带分布较好的营城组烃源岩和好的沙河子组烃源岩。从位于腰英台构造南部腰深2 井的单井地球化学剖面看(图 5-1-8)，4200m 以上的登娄库组和营城组烃源岩有机质丰度较低，TOC 均值为 0.28%，最大值不到 0.5%；登娄库组烃源岩氢指数不足 10mg/g，最高热解峰温(Tmax)较高，接近 400℃。沙河子组烃源岩中有机质丰度明显增大，TOC 的均值达到了 2.0%，最大值为 2.16%；氯仿沥青“A”的均值也达到了 5.0mg/g；氢指数均值为 400mg/g，“S_1+S_2”均值也达到了 4.0mg/g。综合评价，长岭断陷中部腰英台构造浅层登娄库组无论是有机质丰度还是有机质类型都较差，而沙河子组这一套灰黑色粉砂质泥岩无论是有机质丰度还是有机质类型都比较好，是较好的烃源岩(表 5-1-4、图 5-1-7)。

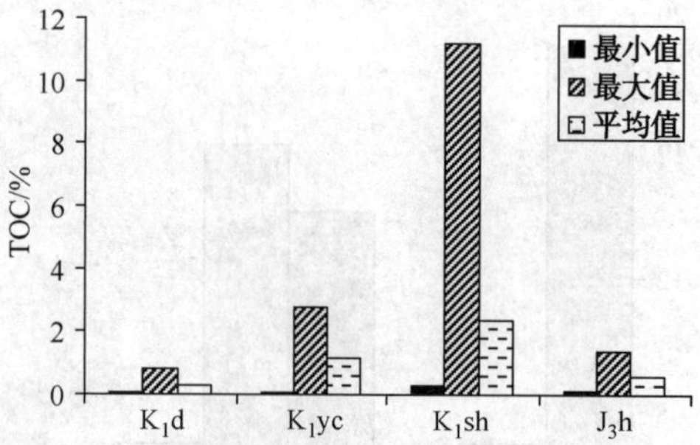

图 5-1-5　长岭断陷不同层位烃源岩有机碳含量平均值分布特征(据张枝焕，2008)

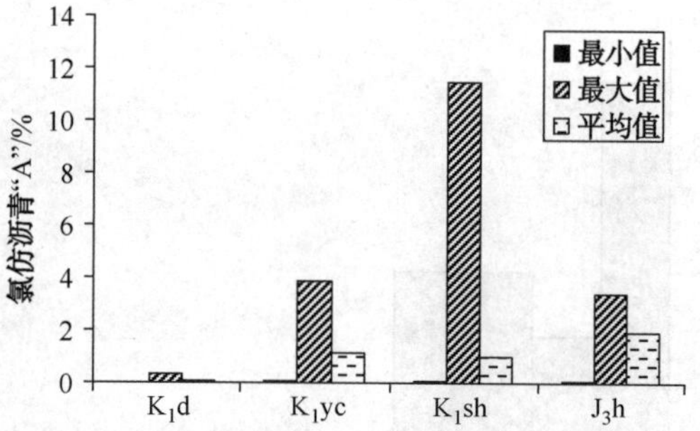

图 5-1-6　长岭断陷不同层位烃源岩氯仿沥青"A"平均值分布特征(据张枝焕，2008)

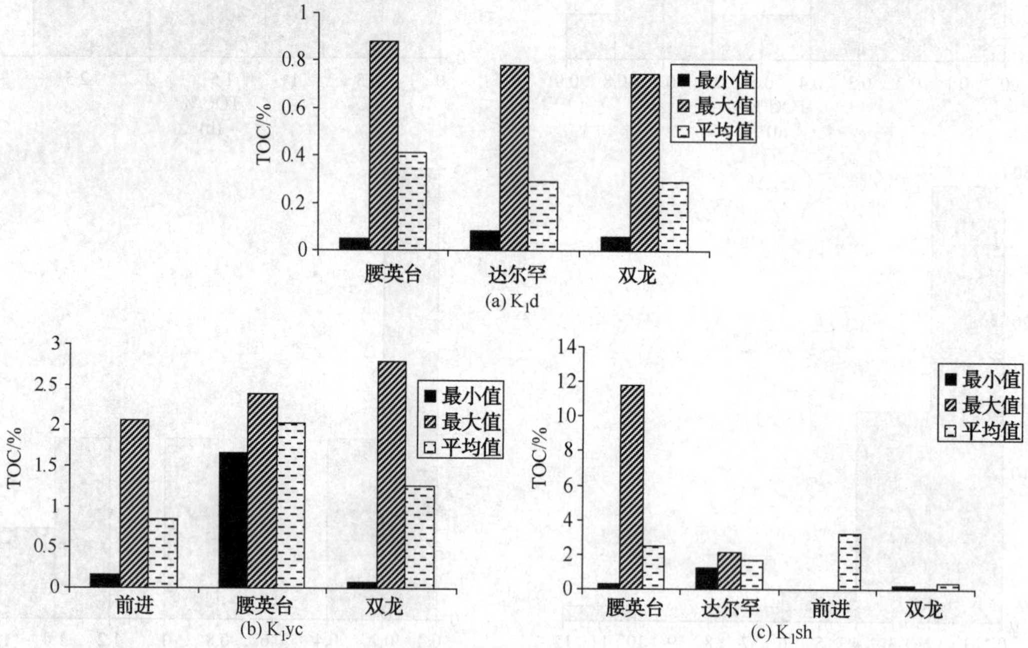

图 5-1-7　长岭断陷不同构造带不同层位有机质丰度分布特征(据张枝焕，2008)

表 5-1-4　长岭断陷不同构造带烃源岩有机质丰度评价(据张枝焕，2008)

构造带	层位	TOC/%		S_1+S_2/(mg/g)		A/%		评价
		分布特征	级别	分布特征	级别	分布特征	级别	
腰英台构造	K_1d	0.05~0.88 0.41(3)	差	0.04~0.28 0.16(3)	差	0.02~0.57 0.26(3)	较差	差
	K_1sh	0.28~11.78 2.51(34)	好	0.06~0.74 0.19(34)	差	0.001~0.006 0.003(5)	差	较好
达尔罕构造	K_1d	0.08~0.78 0.29(14)	非	0.03~0.35 0.10(7)	较差			
	K_1yc	0.16~2.07 0.84(13)	较好	0.05~1.08 0.29(13)	差	0.010~0.063 0.032(3)	较差	较好

续表

构造带	层位	TOC/%		S_1+S_2/(mg/g)		A/%		评价
		分布特征	级别	分布特征	级别	分布特征	级别	
达尔罕构造	K_1sh	1.27~2.16 1.66(7)	好	1.3~11.5 5.51(7)	好	0.178~0.538 0.334(9)	好	好
前进构造	K_1yc	1.67~2.39 2.03(2)	好	0.78~1.44 1.11(2)	较差	0.029 0.029(1)	较好	较好
	K_1sh	3.26 3.26(1)	好	0.64 0.64(1)	差	0.008 0.008(1)	差	较好
双龙构造	K_1d	0.06~0.75 0.28(16)	非	0.01~0.18 0.07(8)	差	0.004~0.123 0.016(13)	较差	差
	K_1yc	0.08~2.79 1.26(58)	较好	0.04~3.84 1.39(54)	较差	0.007~0.176 0.064(56)	好	较好
	K_1sh	0.23~0.50 0.40(5)	较差	0.12~0.22 0.17(3)	差	0.008~0.026 0.017(2)	较差	较差
	J_3h	0.1~1.42 0.59(12)	较差	0.08~3.4 1.92(7)	较差	0.003~0.014 0.008(6)	差	较差

2）长岭断陷东岭(双龙)构造带

长岭断陷东岭(双龙)构造带登娄库组烃源岩有机质丰度的各项指标也都较差，综合评价为差烃源岩；营城组烃源岩有机质丰度较高，综合评价为较好的烃源岩；沙河子组和火石岭组都为较差烃源岩。从SS2井地化剖面可以看出(图5-1-9)，登娄库组烃源岩TOC均值均小于0.5%；氯仿沥青"A"一般小于0.03%；"S_1+S_2"也较低，均值小于0.2mg/g；氢指数均值小于50 mg/g；有机质的成熟度偏低，R_0的均值为0.4%，还未进入生油门限，最高热解峰温其均值已经达到了476℃。营城组烃源岩有机质丰度略高于登娄库组，但仍然很低，其中氯仿沥青"A"的均值为0.018%，TOC均值为0.085%，氢指数未超过200mg/g；营城组的有机质成熟度值与登娄库组没有明显差别，最高热解峰温的均值为484℃，无论有机质丰度还是有机质类型都较差。火石岭组有机碳含量分布范围为0.10%~0.31%，平均值为0.18%；氯仿沥青"A"分布范围为0.003%~0.014%，平均值为0.009%；总烃含量分布范围为0.003%~0.007%，平均值为0.005%。从SN101井地化剖面来看(图5-1-10)，营城组烃源岩有机质丰度分布不均匀，中部(约2230m

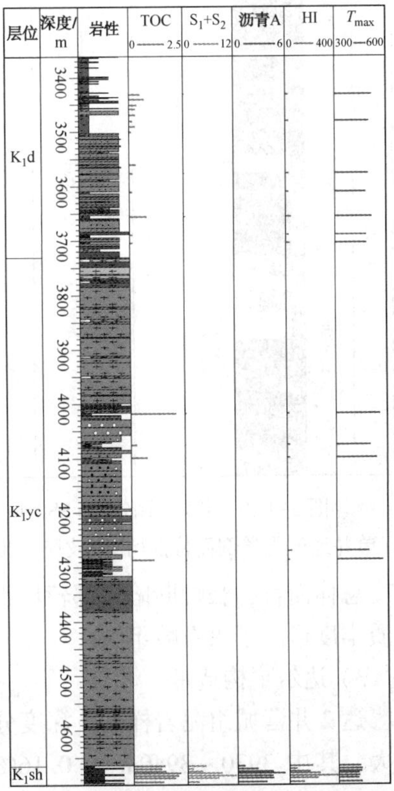

图5-1-8 长岭断陷中部腰深2井单井地球化学剖面特征(据张枝焕，2008)

处)有机质丰度较高，TOC 接近于 1.0%，氯仿沥青“A”最大值为 0.02%；下部样品较少，根据少量样品分析，TOC 在 0.7%左右，氯仿沥青“A”为 0.01%。火石岭组泥岩中有机质丰度更低，TOC 均值为 0.25%，氯仿沥青“A”均值为 0.01%。从 SN187 井的单井地化剖面来看，由于所采样品较少，有机质丰度指标主要显示在深层的火石岭组，其深度约为 2671m，TOC 的均值为 1.19%，“S_1+S_2”均值为 2.41mg/g，不过镜质体反射率(R_0)的均值已经达到了 1.55%，已进入高成熟阶段。其最高热解峰温(T_{max})的均值为 461℃。

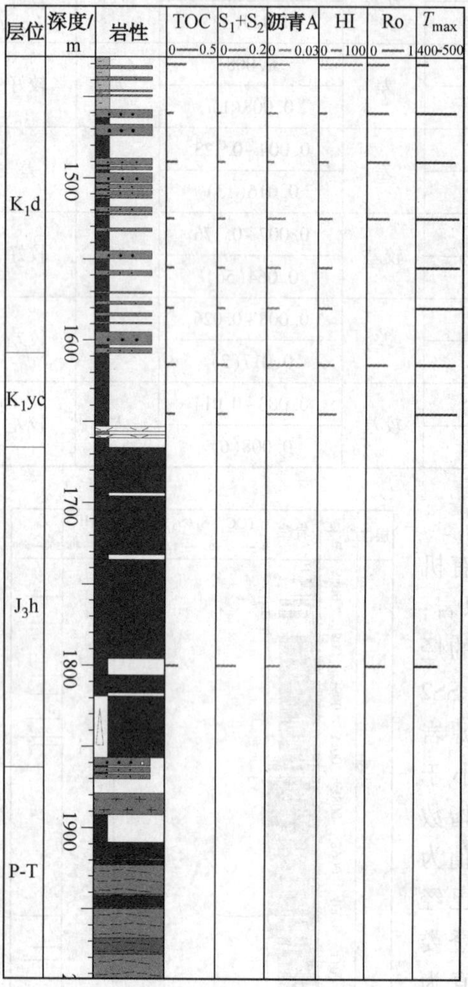

图 5-1-9 长岭断陷南部 SS2 井单井地球化学剖面特征(据张枝焕，2008)

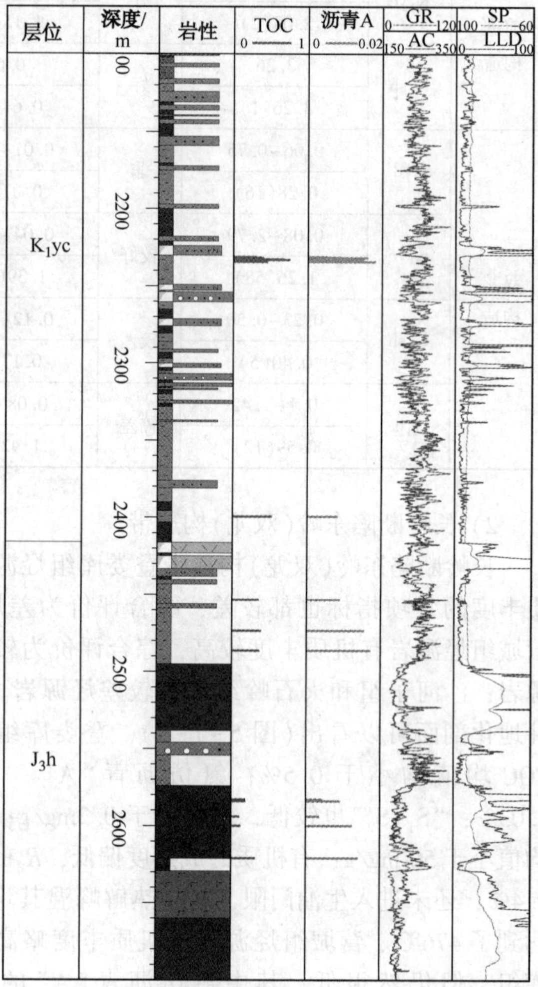

图 5-1-10 长岭断陷南部 SN101 井地球化学剖面图(据张枝焕，2008)

总体而言，长岭断陷南部营城组和火石岭组烃源岩中有机质丰度偏低，营城组烃源岩有机质丰度略高于火石岭组。

3）达尔罕构造带

达 2 井营城组泥岩样品，深度分别为 3930~3940m 与 3950~3960m，有机碳 TOC(%)变化大，其中 3930~3940m 为 0.16%~0.37%，有机质丰度低，3950~3960m 为 0.51%~1.62%，有机质丰度高，氯仿沥青“A”较低，“S_1+S_2”在 3930~3940m 为 0.26~1.08mg/g，3950~3960m 为 0.30~0.49mg/g，有机质类型从Ⅱ$_2$-Ⅲ型，从族组成上看，饱和烃的百分含

量较高，而芳烃、非烃以及沥青质含量不高，由于样品少，不能确定真实情况，因此，总体上评价营城组泥岩为较差—中等好烃源岩。

总之，从有机质丰度和类型数据与其他断陷不同地层的沉积环境、沉积相比较分析认为，长岭断陷沙河子组和营城组有机质类型为II_2～Ⅲ型，无论是有机质丰度还是有机质类型或者是烃源岩的平面分布等，营城组和沙河子组烃源岩均优于登娄库组烃源岩(图 5-1-11、图 5-1-12)。

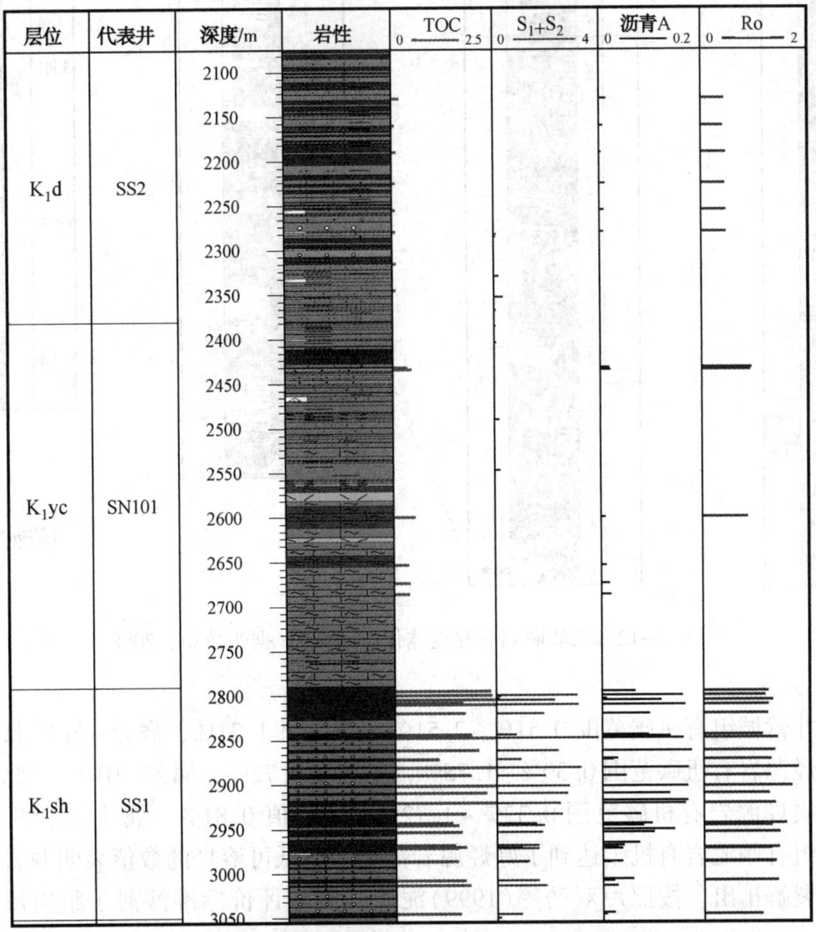

图 5-1-11 长岭断陷烃源岩有机地球化学综合剖面图(据张枝焕，2008)

4）与徐家围子地区烃源岩对比

松辽盆地北部徐家围子断陷徐南凹陷登娄库组的有机碳平均值为 0.342%，徐北凹陷为 0.473%；营城组在徐南凹陷的有机碳平均值、氯仿沥青“A”平均值和生烃潜力平均值分别为 0.34%、0.1181%、0.0633mg/g，在徐北凹陷有机碳平均值、氯仿沥青“A”平均值和生烃潜力平均值分别为 1.44%、0.6097%、0.3107mg/g；火石岭组在徐南凹陷的有机碳平均值和生烃潜力平均值为 0.92%和 0.093 mg/g，在徐北凹陷有机碳平均值、氯仿沥青“A”平均值和生烃潜力平均值分别为 2.74%、0.0156%、0.3186mg/g；徐南凹陷目前尚未钻遇沙河子组烃源岩，纵向看，登娄库组几乎不具备成烃条件，主力烃源岩是沙河子组和火石岭组，营城组二段主要在宋深 1 井、2 井、3 井区具有较好的成烃条件，成烃母质类型以陆源Ⅲ型为主，

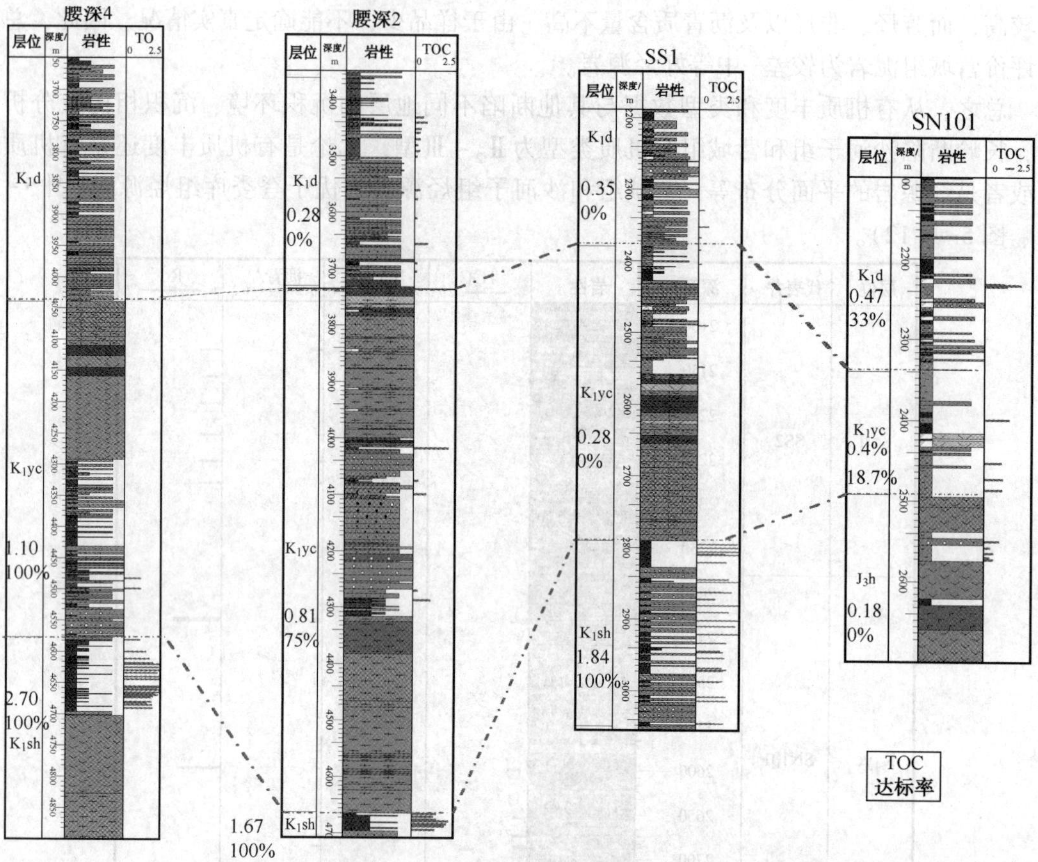

图 5-1-12　长岭断陷联井地球化学剖面图(据张枝焕，2008)

部分为Ⅱ型。

徐深1井营城组有机碳范围0.51%~2.51%，平均值1.21%，属差—好烃源岩范畴，沙河子组泥质烃源岩有机碳范围0.39%~1.78%，平均值0.72%，属差—中等，部分好烃源岩；火石岭组泥质烃源岩有机碳范围0.32%~1.72%，平均值0.81%，属中等烃源岩。沙河子组、火石岭组有些泥岩有机碳达到了好烃源岩范畴，但低可溶烃的数值表明源岩内的液态烃大部分已经裂解排出，按照卢双舫等(1999)泥质气源岩评价标准沙河子组应属较好—好气源岩。

沙河子组煤岩有机碳一般为10%~20%左右，在16块样品中只有少部分有机碳值超过40%，故采用陆相烃源岩煤系高碳泥岩(TOC<40%)有机质丰度评价标准评价。沙河子组煤系烃源岩16块煤屑样品有机碳范围4.08%~63.02%，平均值29.57%；4块的煤屑样品氯仿沥青“A”的范围0.069%~0.210%，平均值0.126%；岩石热解分析了16块煤屑样品的生烃潜量，范围1.43~12.95mg/g，平均值4.97mg/g；16块煤屑样品的氢指数范围5~72mg/g，平均值12.0mg/g；4块岩屑样品有机质转化率范围0.001~0.007，平均值0.004。综合以上各项参数，参考煤屑样品分析数据，沙河子组属中—最好煤系烃源岩范畴。

火石岭组煤岩有机碳一般为10%~20%左右，与沙河子组相近。5块煤岩样品的有机碳范围4.97%~28.76%，平均值11.56%；31块煤屑样品有机碳范围7.20%~63.76%，平均值24.84%；4块样品氯仿沥青“A”范围0.019%~0.1478%，平均值0.068%；7块煤屑样品氯仿沥青"A"范围 0.043%~0.107%，平均值 0.072%；4 块煤岩样品的 S_1+S_2 范围 0.37~2.28mg/g，平均值 1.02mg/g；30 块煤屑样品的"S_1+S_2"范围 1.53~7.46mg/g，平均值 2.51mg/g；4 块煤岩样品氢指数范围 6~7mg/g，平均值 6.5mg/g；30 块煤屑样品氢指数范围 4~29mg/g，平均值 11mg/g；7 块煤屑样品的总烃范围 376~887ppm，平均值 587ppm；4 块煤岩样品的有机质转化率(A/C)范围 0.004~0.006，平均值 0.005；4 块煤屑样品 A/C 范围 0.001~0.009，平均值 0.005；综合以上各项参数以煤岩评价为主，参考煤屑样品，火石岭组煤系地层属中—最好煤系烃源岩范围(图 5-1-13)。因此，总体上长岭地区的烃源岩与徐家围子具有很好的相似性，区别在于长岭断陷主力烃源岩是沙河子组和营城组；而徐家围子主力烃源岩为火石岭组与沙河子组，层位比长岭断陷要老，此外，徐家围子沙河子组不仅是较好—好的气源岩，同时也是中等—好的煤系烃源岩。

（二）烃源岩有机质类型

根据热解实验数据中的 T_{max}、HI 的分布特征把有机质分为Ⅰ型、Ⅱ型和Ⅲ型三类，其中Ⅱ型又可以再分成两个亚类。从图 5-1-14 中可以看出，长岭断陷烃源岩有机质类型较差，主要以Ⅲ型为主。其中，登娄库和营城组以Ⅲ型为主，但也有部分是Ⅱ型的，其中Ⅱ型有机质主要是$Ⅱ_2$型的；而沙河子组的有机质类型则较为多样，Ⅱ型和Ⅲ型干酪根都有分布。

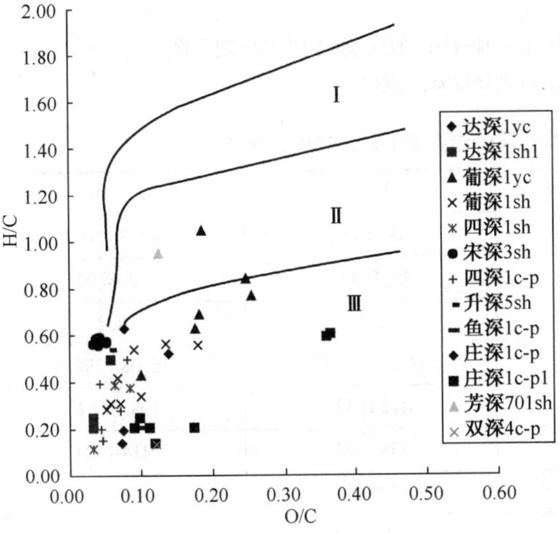

图 5-1-13　徐家围子断陷烃源岩干酪根 H/C 与 O/C 关系图(林壬子等，2005)

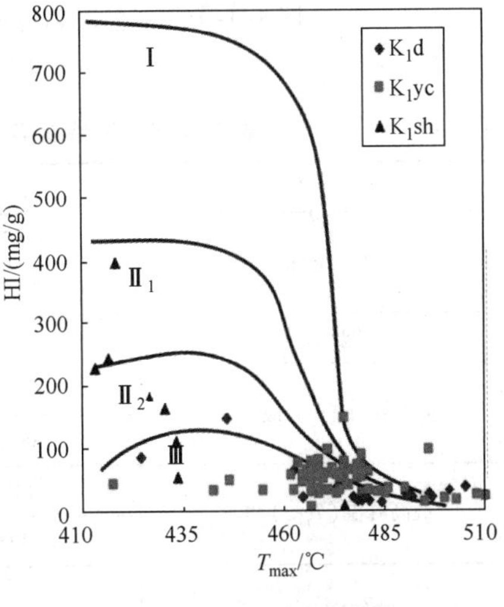

图 5-1-14　长岭断陷断陷层烃源岩热解参数类型划分图(据张枝焕，2008)

根据长岭断陷地区腰深 2 井、松南 187 井、双深 1 井、双深 2 井等六口重点井的干酪根元素分析结果表明(图 5-1-15)：长岭断陷沙河子组干酪根类型以Ⅲ型干酪根为主；侏罗系火石岭组干酪根的类型也为Ⅲ型干酪根。总的来讲，长岭断陷层烃源岩干酪根类型主要以Ⅲ型为主，还有少量的$Ⅱ_2$型干酪根，缺少Ⅰ型干酪根。

长岭断陷烃源岩的 HI 值都较小，大部分样品 HI 都小于 200mg/g，这也是因为烃源岩成熟度很高，有机质中的富氢组分都已转化为烃排出，残留的氢很少。因而长岭断陷各层位烃源岩有机质类型都以Ⅲ型为主，同时也有少量Ⅱ型有机质，这与显微组分划分的类型一致。

从表 5-1-5 中可以看出，K_1d 各项指标的分布区间和范围均较低，表明有机质类型以

Ⅲ型为主，其次还有部分样品显示其为Ⅱ型有机质。而 K_1yc 和 K_1sh 组有机质类型的指标，如 HI、T_{max}、降解率(D%)分布均较分散，结合各项指标的评价标准分析可知，K_1yc 和 K_1sh 组有机质类型以Ⅲ型为主；而 K_1yc 组也还有部分样品显示为Ⅱ型有机质。

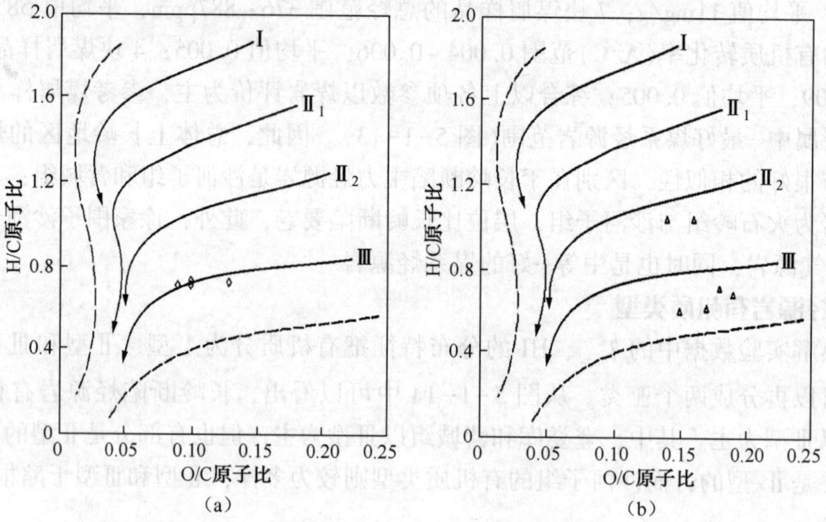

图 5-1-15 长岭断陷地区干酪根 H/C 原子比-H/C 原子比类型划分图

(a) J_3h；(b) K_1sh(据张枝焕，2008)

表 5-1-5 长岭断陷有机质类型评价参数表(据张枝焕，2008)

参数	K_1d	K_1yc	K_1sh
饱和烃/%	34.69~42.34	18~69.3	18.7~50.4
	37.73(6)	45.4(42)	39.6(9)
饱/芳	2.59	3.5	4.2
氢指数(HI)/(mg/g)	16.67~88.89	33.33~81.93	56.08~398.8
	35.21(6)	61.52(33)	198.56(7)
最高峰温(T_{max})/℃	425~496	358~486	414~434
	478(6)	470(33)	425(7)
降解率/D%	1.38~7.84	3.24~11.85	8.52~46.65
	3.73(6)	8.03(33)	25.2(7)
有机质类型	Ⅲ	$Ⅱ_2$、Ⅲ	$Ⅱ_2$、Ⅲ

氯仿沥青“A”的族组成特征取决于生油母质类型和演化程度，含有不同类型生油母质的烃源岩的氯仿沥青“A”的族组成不同，一般来说，饱和烃和芳香烃百分含量越高，原油和烃源岩母质类型越好。K_1yc 和 K_1sh 的饱和烃含量高，且饱/芳也比较高，单项指标评价为Ⅲ型，但也有部分样品显示为Ⅱ型有机质。而 K_1d 组的饱和烃含量低，饱/芳只有 2.59，故单项指标评价为Ⅲ型有机质。

第二节　生烃与热演化史

松辽盆地长岭断陷在断陷—坳陷—萎缩的构选演化过程中，其发生和发展控制了烃源岩的生成和热演化历史，烃源岩埋藏生烃史模拟表明断陷期和坳陷期是长岭断陷晚侏罗纪—早白垩纪烃源岩重要的热演化和生排烃阶段，嫩江构造运动使松辽盆地整体抬升，构造反转，油气热演化速度减缓，现今断陷层各烃源层均已进入过成熟到生排气阶段，

一、生烃史

松辽盆地南部的大地热流值随时间呈指数递减，断陷初期的初始热流值为 2.4HFU，初始地温梯度达到 7.0℃/m，现今热流值为 1.54HFU，现今地温梯度为 2.5~3.5℃/m，有利于有机质生烃和演化。

（一）嫩江组生烃史

长岭断陷部分嫩江组烃源岩埋深超过 1800m，是松辽盆地嫩江组埋深最大、热演化程度最高的地区，SN1、SN3 井嫩一段具有高转化率，高饱/芳比特征，未出现奇偶优势，OEP 值为 0.93~1.13，镜煤反射率 R_0 为 0.49%~0.77%，热解峰温 T_{max} 值为 436~460℃，表明嫩一段烃源岩有机质部份已经进入成熟阶段早期，即低成熟阶段到成熟阶段。

（二）青山口组生烃史

长岭断陷青山口组烃源岩具有高转化率、高饱/芳比，Pr/*n*C17、Ph/*n*C18 多数小于 1，$\Sigma nC21^-/\Sigma nC21^+$较高，烃源岩有机质均进入了生油门限。生物化合参数也表明烃源未达高—过成熟阶段。R_0值在 0.55%~0.88%之间，热解峰温 T_{max} 值在 440~445℃之间，说明烃源岩均已进入生油门限，进入成熟阶段。根据镜质体反射率资料分析，烃源岩未成熟阶段埋藏深度小于 1200m($R_0 \leqslant 0.5\%$)，低成熟阶段埋藏深度为 1200~1800m(R_0=0.5%~0.7%)，成熟阶段埋藏深度为 1800~2500m(R_0=0.7%~1.2%)，高成熟阶段埋藏深度为 2500~2850m(R_0=1.2%~2.0%)，过成熟阶段埋藏深度为大于 2850m(R_0>2.0%)。

长岭断陷不同凹陷油气演化阶段有所差别。青一段中部埋深为 900~2500m，进入生油门限，围绕黑帝庙凹陷大部分区域埋深较大进入成熟阶段，部分地区进入高成熟阶段；青二、三段中部埋深在 700~2100m，围绕黑帝庙凹陷的主体部分处于生油高峰期，最大深度不超过 2300m，不存在高—过成熟的烃源岩分布区。大情字井构造 K_2qn 处于成熟阶段，达尔罕构造处于成熟—高成熟阶段；乾安地区青山口组埋藏深度相对较小，成熟度不高，在抬升之前，也未进入生烃高峰。

（三）登娄库组生烃史

长岭断陷东岭(双龙)构造带登娄库组顶界埋深一般为 3600~4800m，在 DB8 井、DB2 井、SN6 井一带烃源岩热演化程度最高，现今处于过成熟阶段，其他区域现今处于高成熟阶段。断陷边部 SN1 —坨 1 — SN101 井一带，为明末强烈抬升地区，登娄库组顶界埋藏较浅，为 2000~2800m。受明末运动强烈抬升影响，其热演化历程有别于凹陷中部，登娄库组顶界在青山口中期进入生油门限，明水中期开始进入生气门限，明末运动导致地层抬升，油气热演化速度减慢，新生代时盆地再次沉降，热演化进程得以继续，现阶段登娄库组上部地层处于高成熟，下部地层进入过成熟阶段，至今仍处于生气阶段。

（四）营城组—火石岭组生烃史

据前人研究，营城组—火石岭组顶界埋深4500～5600m，暗色泥岩厚度为100～1300余米，明水末期本区大部分区域热演化过程已达高成熟—过成熟阶段，为大量生气时期。地层埋深最大的前马洪地区，营城组顶界在泉头组沉积中期进入生油门限，姚家组沉积末期进入生气门限开始生气，嫩江组沉积中期进入过成熟阶段大量生气持续至古近纪早期生气结束。SN1井—坨1井—SN101井一带，因明末抬升运动影响，营城组顶界埋深较浅为2300～3100m，营城组顶界在泉头组沉积末期进入生油门限，嫩江组沉积末进入生气门限，古近纪早期进入高成熟阶段，因明末运动地层抬升，热演化进程减慢。新近纪盆地再次沉降，现今处于过成熟阶段。

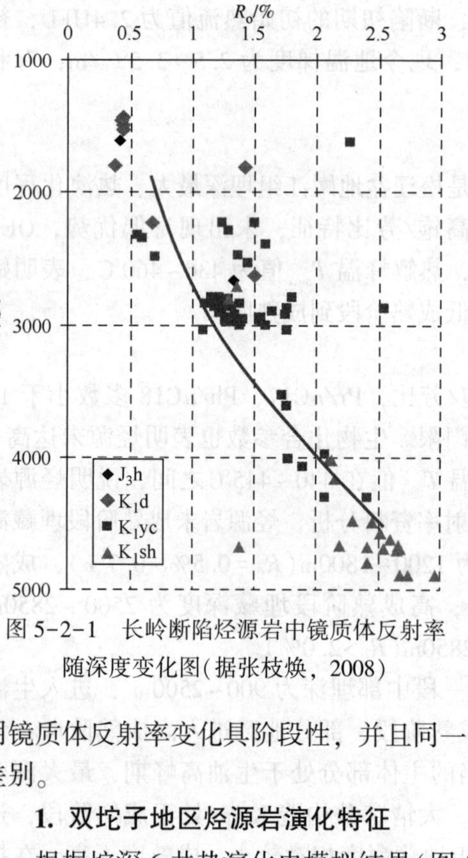

图5-2-1　长岭断陷烃源岩中镜质体反射率随深度变化图（据张枝焕，2008）

二、烃源岩热演化特征

（一）烃源岩镜质组反射率（R_o）演化特征

长岭断陷烃源岩镜质体反射率（R_0）与地层埋深的关系见图5-2-1，随埋深的增加而增大，且呈连续性变化，其值从0.38%增加到2.96%。在长岭断陷不同构造带，R_0随地层埋深增加而增大的速率存在一定的差别。从图5-2-1可以看出，长岭断陷烃源岩在1500m时R_0值较低，基本上都小于0.5%，未进入生油门限；随着埋深的增加，1800m时开始进入生油门限；3000m时，开始进入高成熟阶段了，在2800m左右进入生烃高峰。根据现有样品分析，登娄库组烃源岩一般未进入生烃门限，营城组烃源岩已进入生烃门限，部分样品进入成熟阶段，而沙河子组的R_0均值为1.55%，已进入过成熟阶段。从图5-2-1还可以看到，在1600～5000m之间，R_o值变化明显，说明镜质体反射率变化具阶段性，并且同一凹陷不同构造带的烃源岩热演化过程存在一定的差别。

1. 双坨子地区烃源岩演化特征

根据坨深6井热演化史模拟结果（图5-2-2），在持续的沉降作用以及较高的古地温场作用下，长岭断陷双坨子地区沙河子组烃源岩在沙河子组沉积末即已部分进入生油窗，至登娄库组沉积末连同营城组烃源岩全面进入成熟门限，泉头组沉积末期，主力烃源岩沙河子组全面进入过成熟阶段，而相对处于浅层的登娄库组烃源岩此时进入生油窗。自青山口组—姚家组沉积末开始，营城组以下的烃源岩全部进入高成熟阶段（R_0>1.3%）。

此后，东南隆起区沉降微弱，埋藏史变化不明显，有机质热演化程度没有太大变化。现今该地区只有登娄库组部分烃源岩处于生油窗内，有一定的生油潜力，其余下部烃源岩都在高—过成熟成气窗口内，最大模拟R_0值达2.6%以上。

2. 腰英台地区烃源岩演化特征

腰深1井位于长岭凹陷长发屯次凹东北部的腰英台构造，该井钻至营城组火山岩，钻井

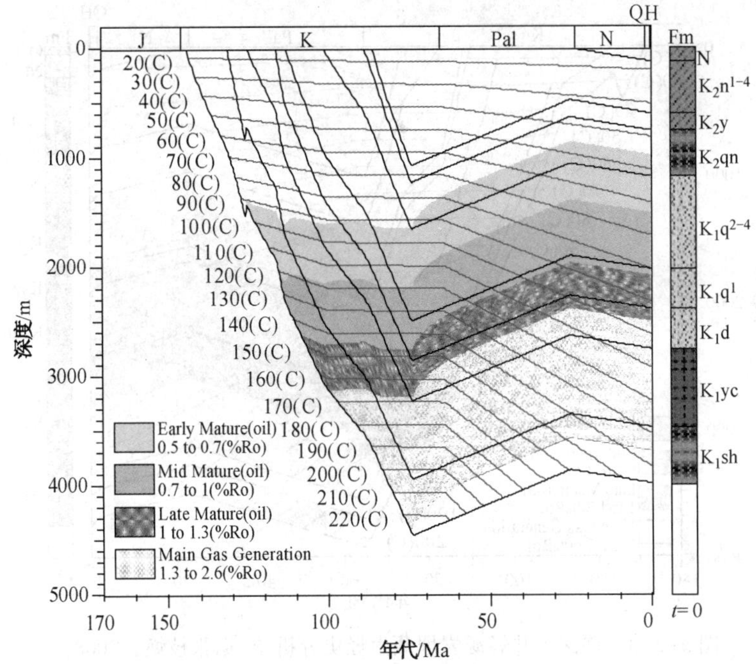

图 5-2-2　坨深 6 井烃源岩埋藏生烃史分析图(据张枝焕，2008)

揭示岩性主要以流纹岩和流纹质熔结晶屑、岩屑凝灰岩为主。根据地震资料解释，其下方仍然发育有数百米火山岩，整个井区的火山岩体发育于深层古隆起之上，岩体西部是由基底深断裂控制的断陷中心，其内发育大量断陷期烃源岩。地层埋藏史分析表明(图 5-2-3)，由于受燕山Ⅲ幕的影响，营城期该区进入构造反转期，火山活动强烈，火山溢流相和火山爆发相在垂向上相互叠置，交替出现。营城末期最大沉积厚度曾达 770 余米，沉积速率达到 240m/Ma，之后被剥蚀 420m。登娄库期开始该区逐渐进入断坳转换阶段，并与其它独立断陷相连成片后成为全区的沉降中心之一。从泉头组三段一直到嫩江组末期为坳陷期，沉降时间漫长，地层发育齐全，物源比较充足，地层厚度大于其他地区。四方台组末期至明水组早期是全区性的快速沉降期，明水组末期全区第三次进入构造反转期，但是与其它地区的隆升剥蚀不同的是，在这次构造活动的初期腰深 1 井区表现为挤压沉降特征，明水组依然沉积了约 830m，后期进入隆起抬升阶段，剥蚀厚度约 230m。新近纪—第四纪该区再次进入稳定而缓慢的沉降阶段，沉积了大约厚 200m 的河流相沉积物。

火石岭组烃源岩早在登娄库组沉积中末期(约 118Ma)进入生烃门限，至嫩江组沉积早期(约 80Ma)全面进入大规模生烃阶段，达到生烃高峰，主要生、排烃阶段为泉头组末期—嫩江组早期(80~105Ma)；沙河子组烃源岩也是在泉头组沉积早中期(约 112Ma)进入生烃门限，至嫩江组沉积中后期(约 75Ma)达到生烃高峰，主要生排烃期为姚家组—嫩江组沉积中后期(75~90Ma)；在大约埋深 1500m 时，即在营城组末期，腰深 1 井的营城组烃源岩的 R_0 为 0.5%，进入低成熟阶段，开始生烃。埋深 2200m 左右，登娄库组沉积早期营城组烃源岩进入有机质成熟阶段，生成大量烃类，在埋深 2700m 左右的青山口组一段初期，营城组烃源岩进入高成熟阶段，有机质生成的产物以轻烃和湿气为主。埋藏 3100m 左右的青一段末期，营城组烃源岩进入过成熟阶段，以生气为主。

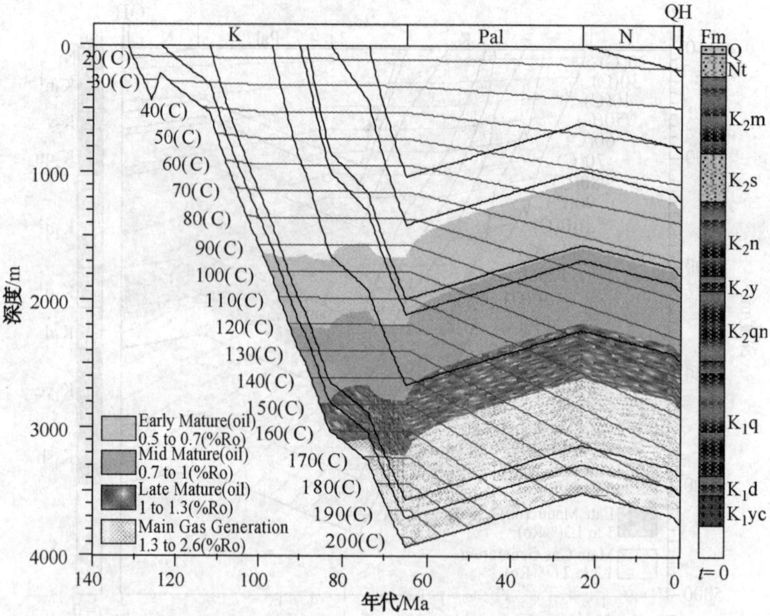

图 5-2-3　腰深 1 井烃源岩埋藏生烃史分析图(据张枝焕，2008)

3. 东岭(双龙)构造烃源岩热演化史分析

东岭构造大部分地区缺失沙河子组，SN109 井为构造的低部位，存在沙河子组烃源岩。根据 SN109 井烃源岩埋藏史(图 5-2-4)沙河子组烃源岩在埋深 1600m 左右的营城组沉积末期开始进入低成熟阶段，随后烃源岩抬升，生烃终止。登娄库期开始地壳重新下沉接受沉积，大约在 2000m 左右的泉头组沉积中期沙河子组底部烃源岩进入成熟阶段，埋深到 2500m 时的青一段中期，沙河子组烃源岩全部进入成熟阶段。2500m 后沙河子组烃源岩进入高成熟阶段，生成大量轻质液态烃和湿气。埋深达 3000m 后沙河子组烃源岩进入有机质的过成熟阶段，有机质生成的产物以气态烃为主。

营城组烃源岩在埋深 1500m 时进入有机质的低成熟阶段，在 2000m 左右进入成熟阶段，从埋藏史图可以看出，营城组进入成熟阶段后，基本上就没有再继续下沉，其烃源岩没有经历高成熟演化阶段。营城组镜质体反射率值的分布范围为 0.41%~1.76%。32 个样品的热解最高温度(T_{max},℃)的分布范围为 358~508℃。可见营城组泥岩从生油窗–成熟均有分布。该构造带镜质体反射率随深度增大可分为两个阶段，在 3000m 左右存在一个台阶，下部镜质体反射率明显变大，反映了不同的热演化事件，该界限也正好是营城组与火石岭组的分界。登娄库组有机质热演化处于成熟阶段。

DB14 井位于双龙构造西南部，完钻井深 2284m，完钻层位为上侏罗统火石岭组。从地层埋藏史(图 5-2-5)可以看出，DB14 井地层发育齐全，主要烃源岩沙河子组在埋深 1500m 的泉头组沉积期开始进入生烃门限，开始生烃。大约在 2200m 嫩江组沉积时期，沙河子组烃源岩进入成熟阶段，在四方台时期(深度大约为 2500m)，沙河子组烃源岩埋藏深度达到最大，深度约 2400m 左右。此后地层抬升遭受剥蚀。DB14 井沙河子组烃源岩有机质正处于成熟阶段，尚未进入高成熟阶段。总的看来，DB14 井沙河子组烃源岩成熟度不高，还没有进入有机质演化的高成熟阶段。

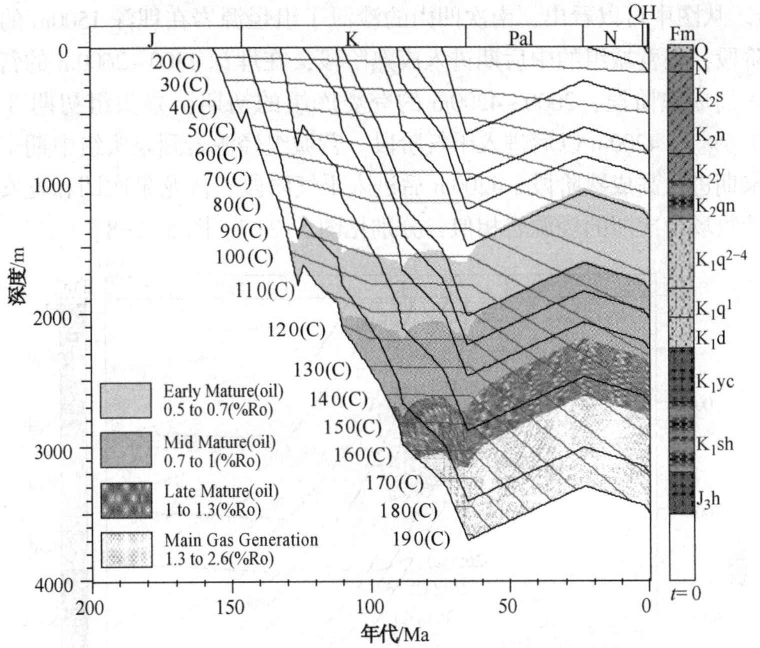

图 5-2-4 SN109 井烃源岩埋藏生烃史分析图(据张枝焕，2008)

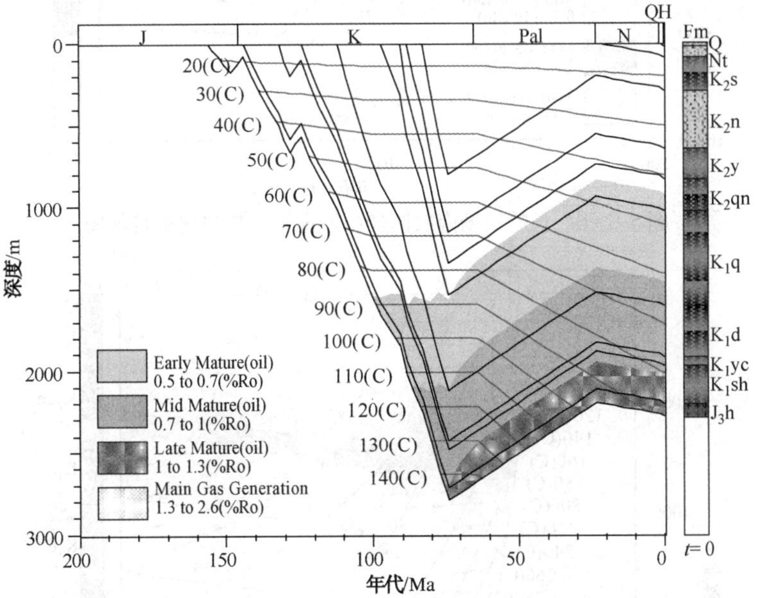

图 5-2-5 DB14 井烃源岩埋藏生烃史分析图(据张枝焕，2008)

4. 次凹中心虚拟点热演化史分析

长岭断陷有三个次凹，即乾安次凹、长岭牧场南次凹和伏龙泉次凹。这三个次凹长期沉降接受沉积，具有明显的继承性，次凹内深层烃源岩经历了持续热演化过程，生烃过程具有连续性，因此烃源岩生成的烃类较为集中，有利于烃类的运移和聚集成藏。

南部 XN-3 点位于长岭牧场南次凹中部的 Cl-484 测线上，该虚拟井点 J_3h 的底深为 8050m，厚度为 1550m，沙河子组底深为 5200m，厚度为 1300m，营城组底深为 4000m，厚度为 1200m。其特点是烃源岩埋藏深、厚度大，持续沉降。该虚拟点的热演化史分析见图 5-2-6(据张枝焕，2008）。从图中可以看出，南次凹内的沙河子组烃源岩在埋深 1500m 的营城组初期开始进入低成熟阶段，在营城组的中后期进入成熟阶段，在埋深 2300～2600m 的营城组末期至登娄库组初期进入高成熟阶段，2600～4200m 的登娄库组的初期至泉头组初期进入过成熟阶段（R_0 为 1.3%～2.6%），4200m 以后进入干气阶段。营城组烃源岩到泉头组中期全面进入成熟阶段，至泉头组末期进入高成熟阶段。4200m 后进入干气阶段。伏龙泉次凹和乾安次凹的烃源岩演化特征与长岭牧场南次凹的烃源岩相似，分别见图 5-2-7、图 5-2-8。

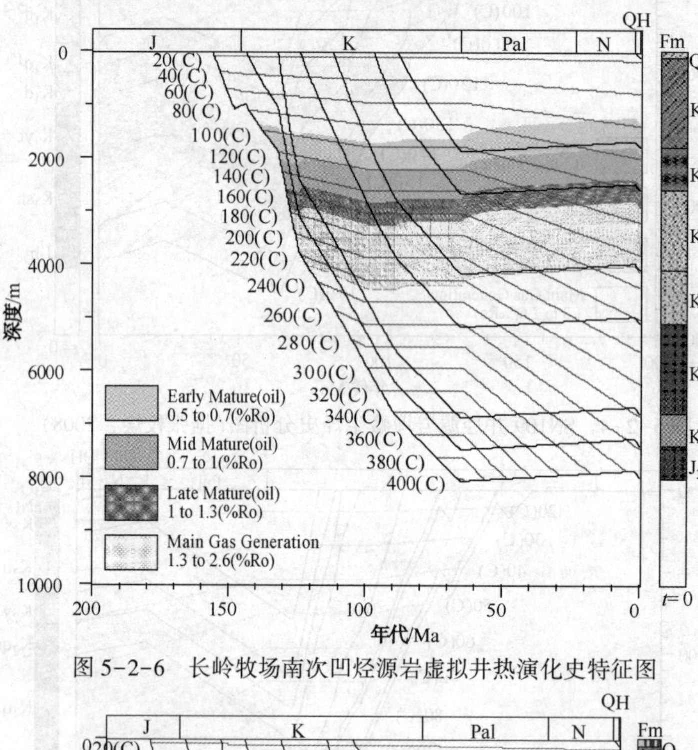

图 5-2-6　长岭牧场南次凹烃源岩虚拟井热演化史特征图

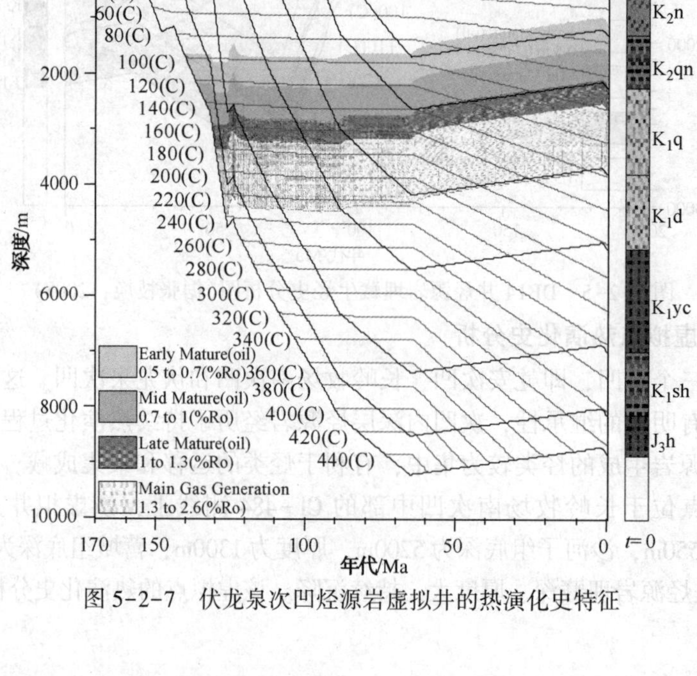

图 5-2-7　伏龙泉次凹烃源岩虚拟井的热演化史特征

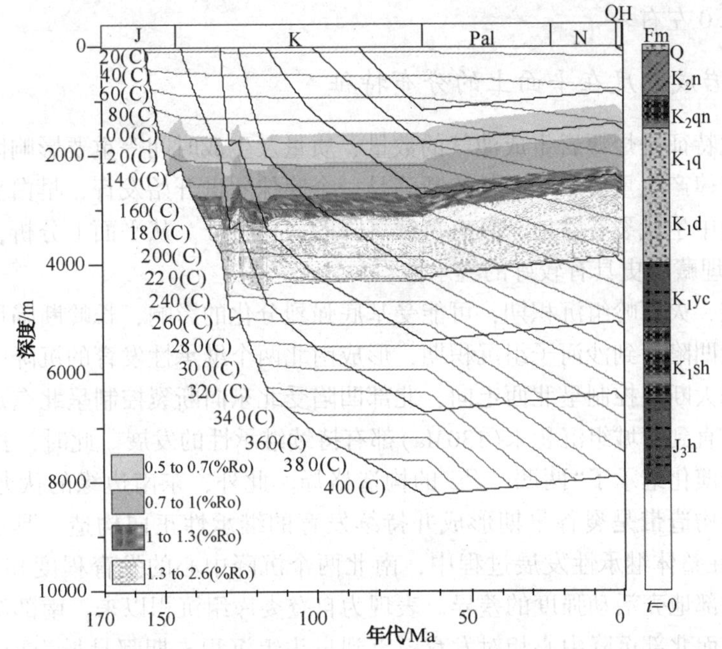

图 5-2-8　乾安次凹(虚拟—北 561 点)烃源岩虚拟井的热演化史特征

综上所述，长岭断陷深层烃源岩沙河子组烃源岩有机质热演化程度很高，镜质体反射率一般都达到 2.1 以上，已经处于过成熟阶段；营城组烃源岩热演化程度较高，已处于高成熟—过成熟阶段；主要以生气为主。

(二) 烃源岩中可溶有机质的演化特征

1. 有机质转化率(氯仿沥青“A”/TOC)

有机质转化率(氯仿沥青“A”/TOC)随深度变化趋势见图 5-2-9。长岭断陷不同层位烃源岩有机质转化率在不同的深度变化是不同的。登娄库组烃源岩有机质转化率在 1400m 左右开始增大，2400m 左右达到最大值，随后逐渐降低；营城组烃源岩有机质转化率在 1500m 左右开始增大，1600m 左右达到最大值，随后逐渐降低；沙河子组烃源岩有机质转化率主要出现在 4650m 左右，最大值也主要集中在 4650m 左右，该层转化率最大，并且异常值也主要集中在 4650m 左右；火石岭组烃源岩有机质转化率在 1800m 左右开始增大，2650m 左右达到最大值，随后逐渐降低。

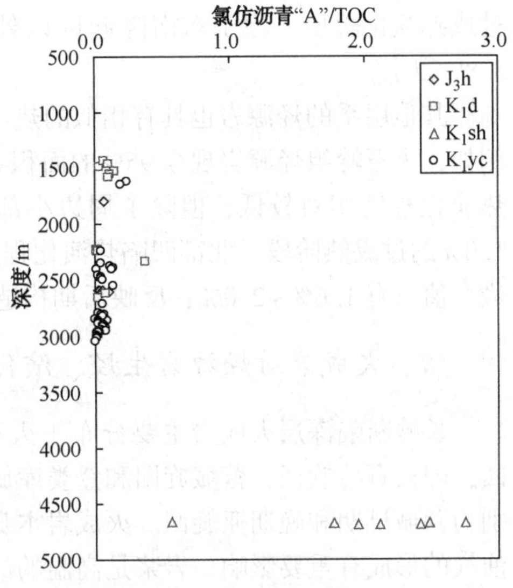

图 5-2-9　烃转化率随深度变化曲线
(据张枝焕，2008)

2. 可溶有机质组分演化特征

根据部分烃源岩样品可溶有机质组成特征分析，登娄库组在埋深 2200m 时，OEP 已经接近 1.0；营城组在埋深为 1927m 时，OEP 值接近 1.0；火石岭组与登娄库组和营城组不同，在埋深为 2 487m 时，OEP 值达到最大值 1.16，随后一直变小。而 CPI 值的分布则较为集中，其分布范围为 0.96~1.29，均值为 1.14，几乎全部分布在1.0左右。

三、烃源岩成熟度在平面上的分布特征

盆地热演化特征是烃源岩生成油气的数量、质量及生成时间等重要影响因素，对油气藏的形成和分布规律产生重要影响。长岭断陷是一个晚侏罗世开始发育、早白垩世泉头期沉积以来逐渐萎缩的中生代裂谷盆地，具有持续沉降的演化特征。从平面上分析，长岭断陷的构造格局和沉降—埋藏历史具有较好的继承性。

据前人研究，火石岭组沉积期，可能受基底强烈分化的影响，长岭断陷形成多个沿北东方向展布的次级凹陷。到沙河子组沉积期，形成南北两个继承性发育的沉降中心，其中南部凹陷受北西向深大断裂控制呈北西走向，北部凹陷受北东向断裂控制呈北东走向。南北两个沉降、沉积中心直到营城组沉积末(130Ma)都有持续继承性的发展。此时，长岭构造初步形成，之后的构造演化继承了“两凹一凸”的构造格局。此外，东南边缘的伏龙泉凹陷开始发育。因此，长岭构造带是裂谷早期形成并持续发育的继承性正向构造，具有优越的“凹间隆”成藏条件。在整体继承性发展过程中，南北两个沉降中心的发育程度和持续时间不同，反映了断陷内深部地壳活动强度的差异。表现为自登娄库组沉积以来，南部沉降中心的沉降幅度逐渐萎缩，而北部沉降中心相对发育，直到泉头组沉积末期都是最为重要的沉降中心。青山口组沉积以来，盆地整体进入坳陷阶段，沉降沉积中心相对统一并向北部迁移。

模拟结果表明，由于裂谷期地温梯度较高，地层厚度较大，沙河子组烃源岩在沙河子组沉积末期(136.4Ma)即达到生烃成熟门限(R_0>0.6%)；营城组沉积末期(130Ma)，南北两个凹陷的主体大面积成熟，至登娄库组沉积末期主体进入过成熟阶段。现今沙河子组全部处于过成熟演化阶段，除了东南隆起区以外，模拟 R_0 值都在1.3%以上，北部凹陷中心可达3.8%以上。

其他层系的烃源岩也具有相似的热演化历史，并与构造格局的继承性有较好的相关性。例如，火石岭组烃源岩现今95%的面积 R_0 值均在3.0%以上，最大达3.6%。浅层登娄库组热演化程度相对较低，但除了周边小部分 R_0 还处在成熟门限外，凹陷中心也都处于 R_0>1.0%的过成熟阶段，北部凹陷热演化程度最高，中心地带 R_0 值达2.4%以上，而南部凹陷最大值只有1.6%~2.0%，反映后期构造沉降对热演化程度的控制作用。

四、火成岩对烃源岩生烃、演化的影响

长岭断陷深层火成岩主要分布于火石岭组、营城组和登娄库组，可划分为3个喷发旋回，即火石岭旋回、营城旋回和登娄库旋回，营城期的火山喷发旋回又分为两个亚旋回，分别为营城早期和晚期亚旋回。火成岩本身不具备生油能力，但形成火成岩的岩浆作用过程对油气的形成有重要影响。岩浆是高温的硅酸盐熔融体，可以带来巨大的热能，当其侵入富含有机质的沉积围岩之后，导致区内地温升高。依据经典的干酪根生油理论，油气主要由干酪根在古地温升高的过程中，经热成熟作用转化而成，故岩浆喷发或侵入时带来的巨大热能有助于干酪根转化，直接促使油气的生成。

火成岩对油气形成影响重大，双深1井断陷层砂泥岩统计显示(表5-2-1)，暗色泥岩厚度占整个地层厚度的29.1%，其中黑色泥岩占18%。暗色泥岩上部被爆发相的凝灰岩和溢流相的流纹岩所覆盖。从双深1井单井地球化学剖面可以看出，该井营城组下部发育一套

优质的烃源岩，TOC 最大值为 2.79%，最小值为 1.03%，平均值为 1.79%；氯仿沥青“A”最大值为 0.176%，最小值为 0.007%，平均值为 0.081%；S1+S2 最大值为 3.84mg 烃/g 岩石，最小值为 0.14 mg 烃/g 岩石，平均值为 1.80 mg 烃/g 岩石；R_0 变化范围为 1.10%~1.76%，平均值为 1.32%，处于高成熟阶段，综合评价营城组下段应为优质烃源岩，如果有良好的储层，可以形成很好的自生自储气藏。

表 5-2-1 双深 1 井断陷层砂泥岩统计(据张枝焕，2008)

层位	暗色泥岩厚度/m	非暗色泥岩厚度/m	黑色泥岩厚度/m	泥岩总厚/m	占地层总厚含量/%	砂岩厚/m	火成岩厚/m	变质岩厚/m	储层总厚/m	占地层总厚含量/%
登娄库组	16	99	0	115	37.8	189	0	0	189	62.2
营城组	195	17	121	212	31.6	294	164	0	458	68.4
基底	0	0	0	0	0	0	0	300	300	100.0

从双深 1 井地球化学剖面(图 5-2-10)可以看出，营城早期火成岩喷发亚旋回在长岭断陷的沉积规模要比营城晚期亚旋回大得多，持续的时间要更长，造成了营城组下部泥岩的有机质丰度和成熟度都比上部占优势。营城组上段尽管受营城组沉积晚期火山岩亚旋回的影响，但成熟度明显低于下部，R_0 为 0.70%。这表明有机质丰度固然受晚期沉积相变化的影响，但与下段泥岩相比，影响程度明显降低，这显然与第二次火山喷发旋回在该区的沉降规模小，持续时间短有关。

通过营城组上下两段泥岩的地化特征对比说明，营城期的两次亚旋回火山喷发对于有机质的成熟度和泥岩的保存有积极作用。早期的泥岩沉积后，由于快速的火山喷发，爆发相的凝灰岩和溢流相的流纹岩迅速堆积在下部的泥岩之上，热流作用加快了有机质的成熟，同时形成封闭的还原环境，极大地促进了有机质的生烃作用。而晚期沉积的泥岩，尽管有第二期火山喷发，但该期喷发持续时间较短，沉积厚度小，保存和热流条件都比一期喷发差很多，造成的结果是上段泥岩的生烃潜力远远比下段差。再往营城组的顶部，可以看到褐色泥岩发育，有机质丰度和成熟度都更低，这也进一步说明了火成岩喷发的规模和持续时间对该区泥岩的生烃起着主要作用。

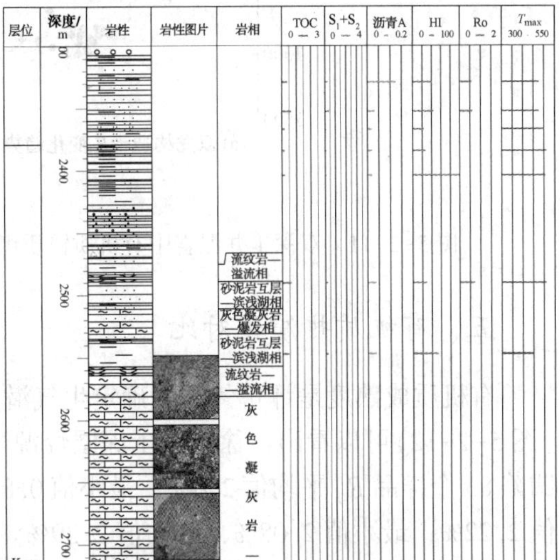

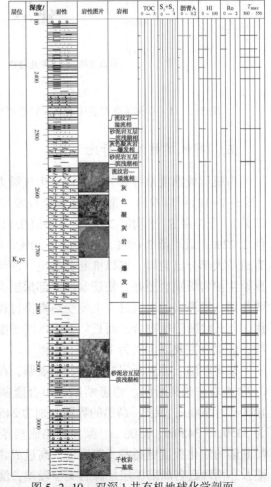

图 5-2-10 双深 1 井有机地球化学剖面
(据张枝焕，2008)

图 5-2-11 为东岭(双龙)构造带和双深 1 井 R_0 随深度变化趋势图，从镜质体反射率随深度的变化规律也可以反映上述观点，通常在镜质体反射率带上，R_0 是随着地层深度增加呈线形变化，即受古地温梯度控制，然而在双深 1 井的镜质体反射率带以内，由于受火成岩喷发影响，R_0 位于 1.0%~1.75%之间，双深 1 井的 R_0 恒定带范围大致为 250m，正好位于基底千枚岩和上覆凝灰岩之间，而按照双龙构造带 R_0 正常变化趋势图，双深 1 井营城组泥岩的 R_0 值在这个恒定带达不到 1.0，而实际情况正好与此相反，印证了前述观点。

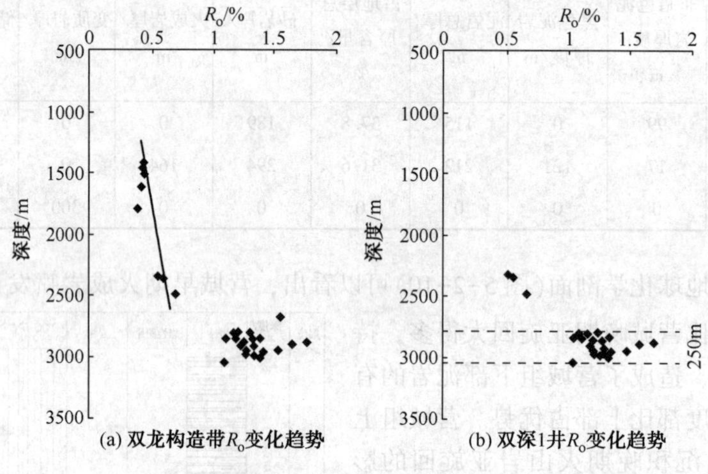

图 5-2-11　双深 1 井泥岩中有机质镜质组反射率(R_0)与埋深变化趋势(据张枝焕，2008)

五、有机质热演化对比

有机质成熟度是评价气源岩确定生气潜力的重要指标，从镜质体反射率与深度的关系图(图 5-2-12)可以看出：徐家围子深层烃源岩有机质镜煤反射率 R_0 值几乎均大于 1%，徐北凹陷 83 个样品 R_0 平均值 2.0%，最小值 0.81%，最大值 3.56%；徐南凹陷 6 个样品 Ro 平均值 2.22%，最小值 2.08%，最大值 2.39%。可见，深层烃源岩演化程度高，烃源岩内可溶有机质大部分已裂解。可以推断营城组、沙河子组和火石岭组地层已经生成过大量的烃类，原始生油岩级别会更好。松辽盆地北部深层火山喷发形成的三次热事件对有机质的演化起主要作用，烃源岩的生气过程主要受热事件过程控制，埋藏过程对高成熟气聚集起主要控制作用，与长岭断陷很吻合，而长岭断陷沙河子组与火石岭组成熟度更高，达到过成熟凝析气阶段，烃源岩主要以生气为主。

梨树断陷、德惠断陷的演化特征表明，在深度达到 500~600m 时，R_o 值已达到 0.6%~0.7%左右。梨树断陷、德惠断陷、小合隆断陷三个断陷低熟—成熟的界限分别为 1550m、1600m、1900m，成熟—高熟的界限分别为 2450 m、2650 m、2700 m，高熟—过熟的界限分别为 3350m、3450m、3500 m。梨树断陷成熟界限较浅，这与其顶部地层剥蚀量大有关，而长岭断陷的演化程度更高些，普遍进入高过成熟阶段。总体上，长岭断陷、梨树断陷、德惠断陷及东南隆起各断陷深层烃源岩类型较差，演化程度高—过成熟为主。

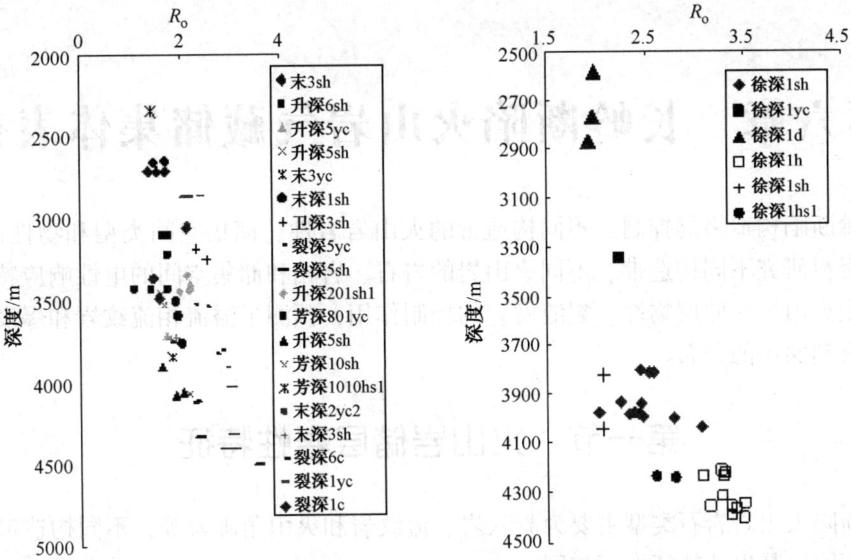

图 5-2-12　徐家围子烃源岩镜质体反射率 R_0 与深度关系(据刘伟，2002)

第六章　长岭断陷火山岩气藏储集体表征

受长岭断陷构造格局控制，不同构造带的火山岩岩性、储集空间类型和物性都不相同，应用测井资料研究不同构造带、不同火山岩的岩石、岩相和储集空间的电性响应特性，描述了不同类型火山岩对储层物性、裂缝发育的控制作用，预测了溢流相流纹岩和爆发相凝灰岩等火山岩有利储层的分布。

第一节　火山岩储层岩性特征

长岭断陷火山岩岩石类型主要为凝灰岩、流纹岩和火山角砾岩等，不同构造带的火山岩岩石类型不同，其岩性特征也不相同。

一、营城组主要火山岩类型

营城组火成岩储层是长岭断陷最重要的天然气储层。通过岩屑、岩心(含井壁取芯)描述和薄片鉴定成果，确定长岭断陷营城组火山岩储层岩性主要有灰白、紫红、灰紫、灰绿、紫灰、绿灰、灰色的晶屑熔结凝灰岩(图 6-1-1)、角砾化熔岩、气孔流纹岩及少孔和致密流纹岩(图 6-1-2)。此外，还有少量的凝灰岩、火山角砾岩、火山集块岩和安山岩等，孔洞分布较均匀，孔径多为 0.5cm，面孔率可达 10%~20%，裂隙较发育，由裂缝沟通孔洞，可作为较好的储集空间。

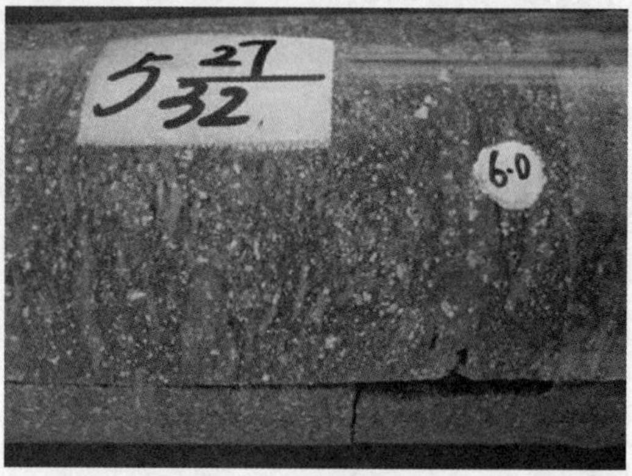

图 6-1-1　灰色熔结凝灰岩(腰深 101，3711.44m)

图 6-1-2　棕色流纹岩(腰深 101，3762.12m)

1. 流纹岩

流纹岩是长岭断陷常见的火山岩岩石类型，也是腰英台地区营城组火山岩储层的主要岩石类型，为酸性火山熔岩，其 SiO_2 含量大于 69%。岩石一般呈褐灰、棕色、浅灰、棕灰色[图 6-1-3(a)、(b)]，斑状结构[图 6-1-3(c)、(g)、(h)]，斑晶为钾长石，斑晶大约 0.50~4.0mm，含量约 8%~20%，见高岭土化，碳酸盐化；基质为霏细结构、球粒结构[图 6-1-3(e)、(f)]、玻璃质结构、微晶结构(可见针柱状、短柱状钾长石微晶杂乱排列)，球粒间交代充填沥青质、自生石英及白云石，充填顺序为自生石英—白云石—沥青质，自生石英含量约6%，白云石约1%，沥青质约6%；有的基质为珍珠结构，但不明显，由长英质矿物组成，基质见碳酸盐化[图6-1-3(d)]；孔缝较发育，主要为钾长石斑晶溶孔和基质溶孔，孔径0.02~0.30mm，且连通性较好，局部裂缝发育，主要为直立缝和网状缝[图6-1-3(i)、(j)]，部分孔缝相连，面孔率为3%~8%。

(a) 腰深101井营城组灰白色流纹岩，见网状缝
(深度：3838.38~3838.60m)

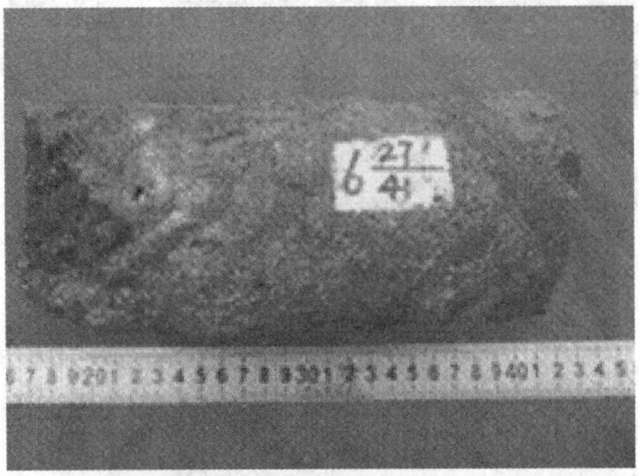

(b) 腰深101井营城组褐灰色流纹岩，气孔发育
(深度：3759.27~3759.47m)

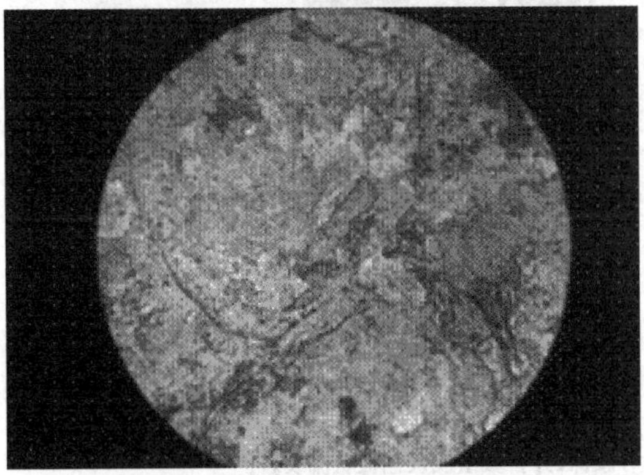

(c) 腰深101井营城组流纹岩斑状结构，斑晶为钾长石
(深度：3756.68m)

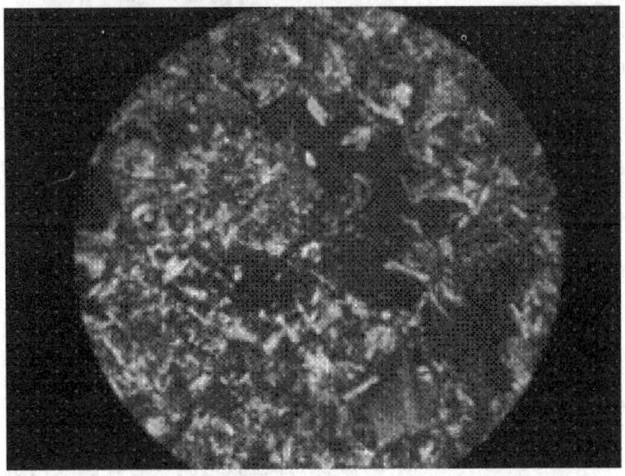

(d) 腰深101井营城组流纹岩，基质呈霏细结构、微晶结构、霏细结构
(深度：3756.68m)

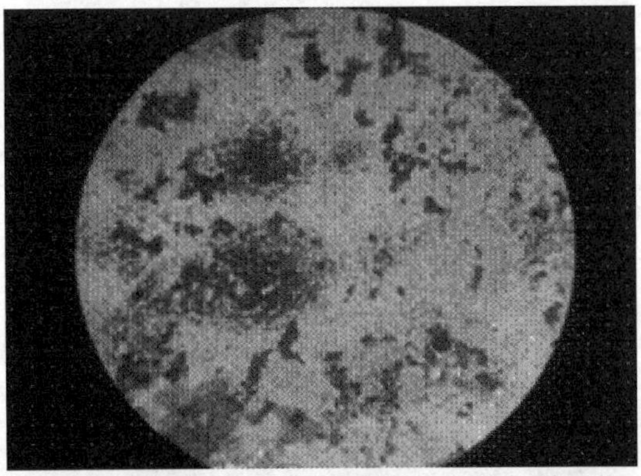

(e) 腰深101井营城组流纹岩，球粒结构，球粒呈圆粒状等，见褐铁矿、菱铁矿
(深度：3851m)

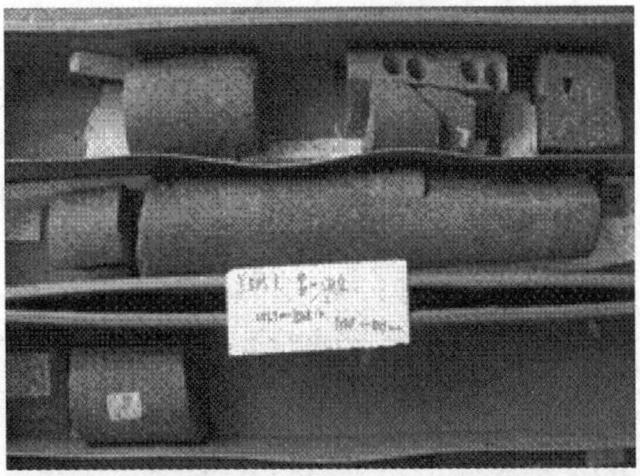

(f) 腰深1井营城组浅灰色斑状流纹岩，斑晶为暗色石英和白色长石，基质为灰白色玻璃质，具流纹构造、垂直节理
(深度：3568.10~3569.20m)

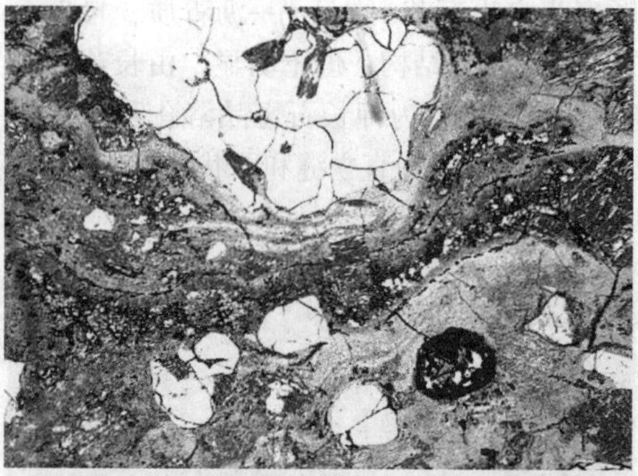

(g) 腰深1井营城组浅灰色板状流纹岩，基质为隐晶质，具流纹构造(2.5 × 10)
(深度：3568.10m)

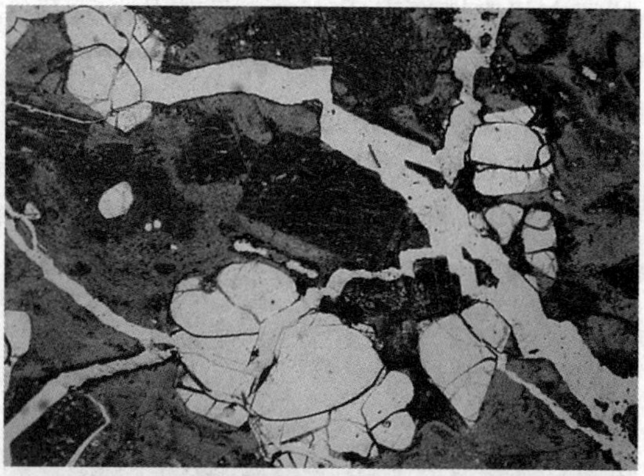

(h) 腰深1井营城组浅灰色板状流纹岩，基质为隐晶质，见硅质石英脉(2.5 × 10)
(深度：3569.20m)

(i) 腰深1井营城组流纹岩，流纹构造溶孔、裂缝发育

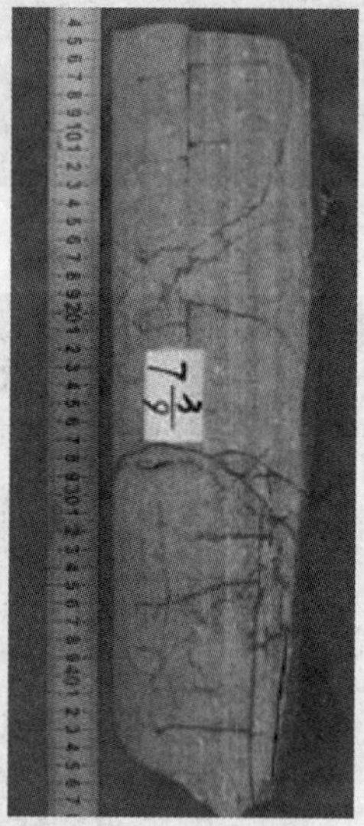

(j) 腰深1井营城组浅灰色板状流纹岩，溶孔、裂缝发育

图 6-1-3　长岭断陷腰英台地区不同特征类型流纹岩

2. 凝灰岩

凝灰岩是常见的火山岩类型。广义的凝灰岩是火山物质喷出地表，火山碎屑颗粒较细的(<2. 0mm)(可以随风漂移，可距离火山口较远)下落地表的火山灰所堆积固结成岩的产物，主要以中酸性岩为主。长岭断陷营城组可细分为晶屑玻屑凝灰岩、熔结凝灰岩、角砾凝灰岩、流纹质凝灰岩、流纹质(熔结)凝灰熔岩、凝灰熔岩等。

1）凝灰熔岩

颜色以灰白色、浅灰色为主，晶屑以石英、长石及少量暗色矿物组成，含量 10%～30%(图 6-1-4)。凝灰结构，块状构造。产于距离火山口较远地带。

2）晶屑玻屑凝灰岩

颜色以灰白色为主，凝灰结构，块状构造。晶屑玻屑含量小于 10%，晶屑以石英、长石及少量暗色矿物组成(图 6-1-5)。玻屑含量 3%～10%，玻璃质。凝灰质胶结，块状构造，气孔发育，晶屑可达 4mm，岩石坚硬，厚层—巨厚层状。产于距离火山口较远地带。

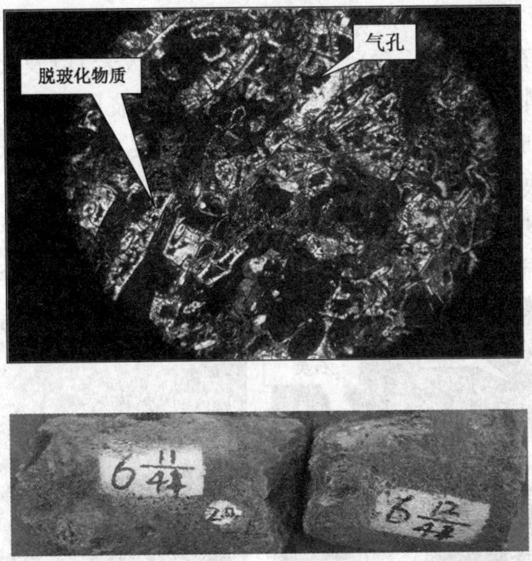

图 6-1-4　腰深 101 井凝灰熔岩岩石薄片显微照片和岩心照片(深度：3756. 87m)

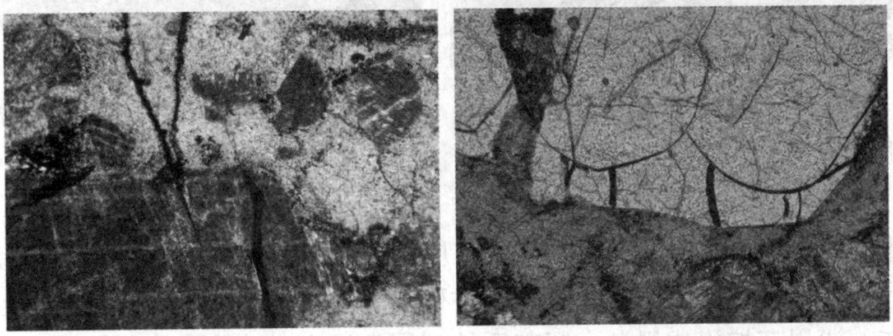

图 6-1-5　腰深 1 井营城组(3568. 20m)碎裂晶屑凝灰岩显微照片

3）熔结凝灰岩

晶屑、玻屑含量小于 10%，晶屑以钾长石晶屑和少量石英晶屑，偶见弯曲长条状塑变岩屑。碎屑物大小 1. 0~2. 5mm，分选好。钾长石晶屑常被方解石交代。石英晶屑熔蚀呈浑圆状，均具刚性裂纹。塑变岩屑次生变化显著。玻屑含量 3%~10%，玻璃质，灰—深灰色，熔岩结构，块状构造，胶结物为熔岩胶结，为隐晶长英质，岩石致密坚硬(图 6-1-6、图 6-1-7)。

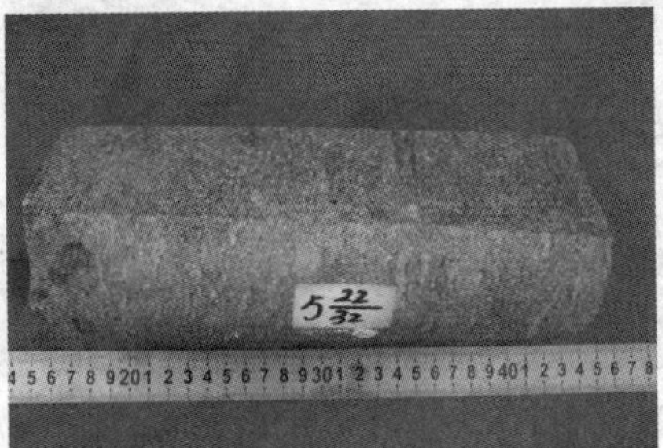

图 6-1-6　腰深 101 井灰色熔结凝灰岩（深度：3709. 2~3709. 4 m）

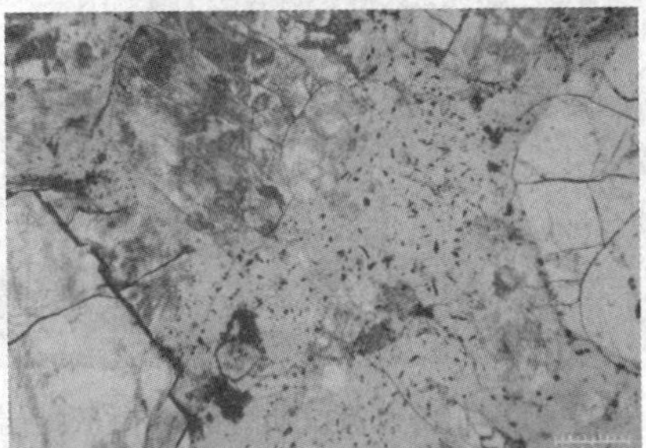

图 6-1-7　腰深 102 井灰色熔结凝灰岩［4 倍(-)］(深度：3652m)

4）流纹质凝灰岩

火山碎屑物质含量在50%～90%，SiO_2含量一般大于63%，碎屑物质主要由粒径<2.0mm的玻屑、晶屑（石英和透长石）和岩屑（主要为流纹岩）以及火山尘组成，胶结物为极细火山尘或水化学沉积物质，具有火山凝灰结构。晶屑玻屑含量小于10%，晶屑以石英、长石及少量暗色矿物组成。玻屑含量3%～10%，玻璃质，灰—深灰色，流纹条带（黑白相间）清晰，流纹结构，块状构造，熔岩质胶结，在显微镜下常见到具有明显尖棱角状、弓状、管形、楔形等玻屑以及棱角状或裂纹发育的晶屑（图6-1-8、图6-1-9）。一般碎屑物的分选很差，层理不明显。常产于距离火山口较近地带，岩石致密坚硬。

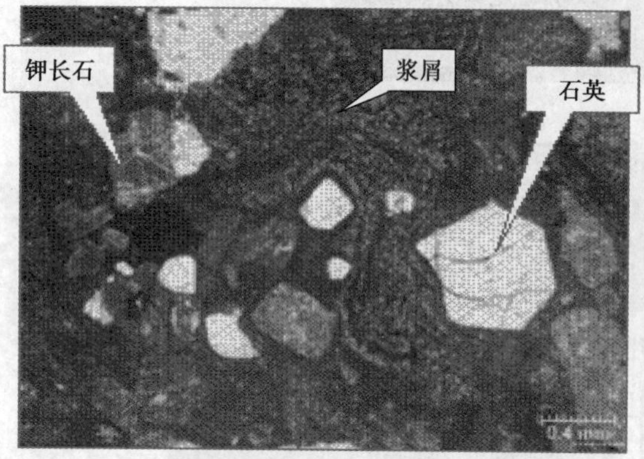

图6-1-8　腰深101井流纹质（熔结）凝灰熔岩［4倍（-）］（深度：3729～3730m）

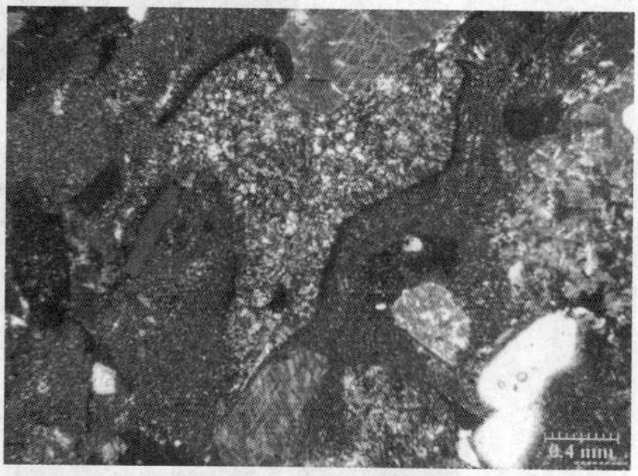

图6-1-9　腰深102井流纹质（熔结）凝灰熔岩［4倍（+）］（深度：3720m）

5）流纹质（熔结）凝灰熔岩

SiO_2含量通常大于69%。特征组分是流纹质塑性玻屑和塑性岩屑，此外含有玻屑、透长石、石英等晶屑，以及少量火山尘和其他刚性碎屑，主要碎屑粒径<2mm。塑性岩屑的颜色多变，可呈灰、浅褐至棕褐或黑色，凝灰质的玻屑常发生脱玻化或冷却结晶。有时塑性岩屑的边部形成栉状边或霏细质，而内部出现球粒，甚至出现由石英、长石微晶组成的镶嵌结构，这种双重结构是塑性岩屑的典型标志（图6-1-10、图6-1-11）。

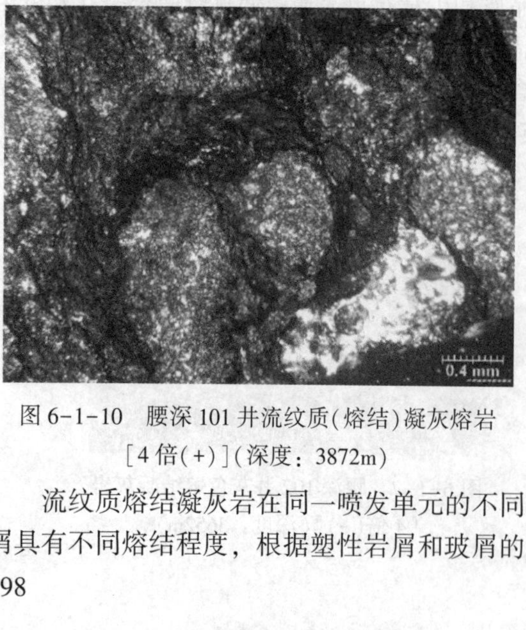

图6-1-10　腰深101井流纹质（熔结）凝灰熔岩［4倍（+）］（深度：3872m）

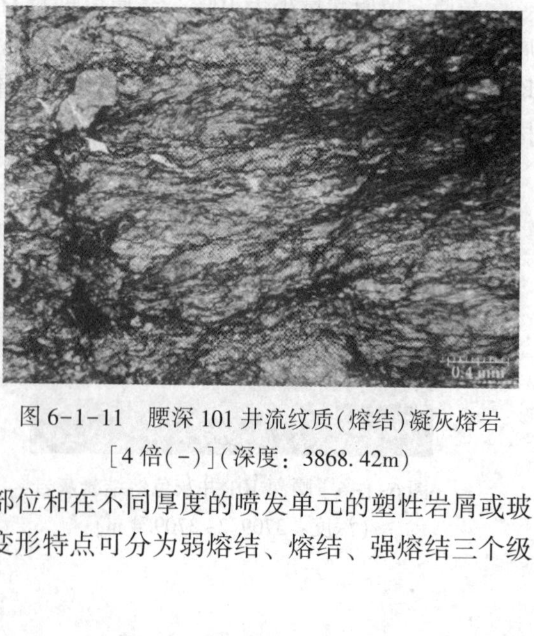

图6-1-11　腰深101井流纹质（熔结）凝灰熔岩［4倍（-）］（深度：3868.42m）

流纹质熔结凝灰岩在同一喷发单元的不同部位和在不同厚度的喷发单元的塑性岩屑或玻屑具有不同熔结程度，根据塑性岩屑和玻屑的变形特点可分为弱熔结、熔结、强熔结三个级别：①弱熔结凝灰熔岩，即塑性玻屑微变形，部分棱角开始圆化，部分仍保留弧面棱角状，略有压扁拉长现象，塑性岩屑少见，岩石流动构造不明显，常产于中度变形熔结凝灰岩的上部、下部，与之呈过渡关系；②熔结凝灰熔岩，塑性玻屑仍可恢复弧面棱角状形态，塑性岩屑发育，受刚性碎屑挤压，在其边缘，尤其是受挤压的一边，出现明显的变形定向，因此具有明显的流状构造(假流纹构造)排列，常呈巨厚堆积，剖面上位于喷发单元的中上部；③强熔结凝灰熔岩，塑变玻屑含量较多，变形强度呈扁平状，仅在刚性碎屑(一般为晶屑)的撑开部位偶见弱变形的玻屑，塑变碎屑多为直接接触，流纹构造(假流纹构造)十分明显，一般位于喷发单元的中下部。一般来讲，近火山口处和喷发单元下部的熔结程度要强于远离火山口和喷发单元的上部。流纹质熔结凝灰熔岩是火山碎屑熔岩中最常见的岩石类型，成岩方式为冷凝固结成岩。

6）角砾凝灰岩

为深灰色，晶屑以石英、长石及少量暗色矿物组成，含量10%~30%。凝灰结构，块状构造，角砾分选差，产状多样，棱角状、次棱角状、长条状等，成分复杂(图6-1-12、图6-1-13)，含量可达20%。

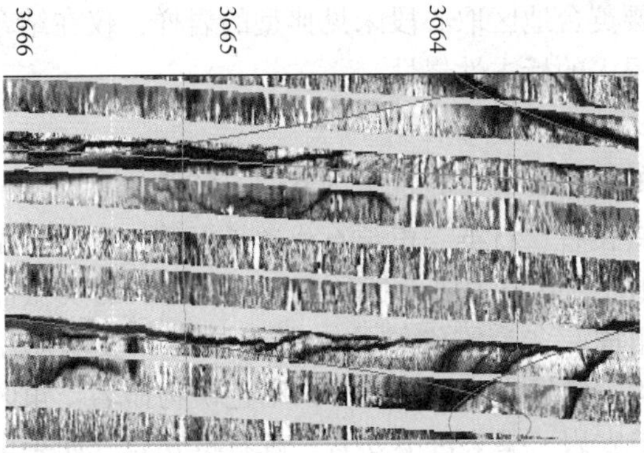

图6-1-12　腰深101井角砾凝灰岩
(深度：3664~3666m)

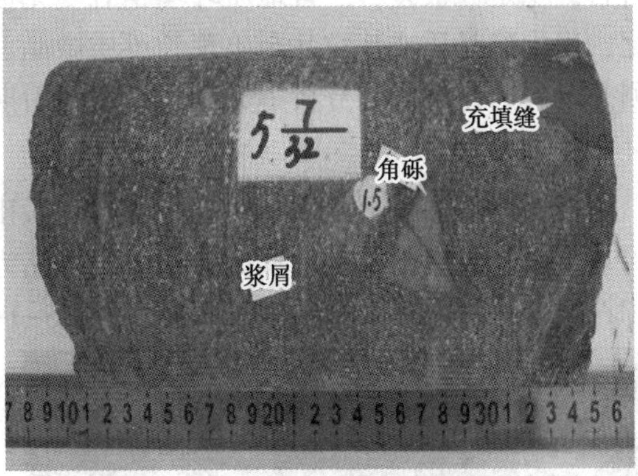

图6-1-13　腰深101井角砾凝灰岩
(深度：3705.9~3706.2m)

3. 隐爆角砾岩

隐爆角砾岩是熔浆喷出地表以前，由于岩浆运动过程中挥发分大量聚集，在地下爆破释放，后被熔浆胶结的角砾岩。熔浆角砾成分与胶结物熔岩成分差别很小，在新鲜面上熔岩角砾不易识别。岩石整体也酷似熔岩。风化面上或流动构造大角度交切时可以识别出隐爆角砾岩。成岩方式属于冷凝固结成岩。根据角砾和胶结物熔浆成分可进一步划分为英安质隐爆角砾岩、流纹质隐爆角砾岩等(图6-1-14、图6-1-15)。

4. 角砾化熔岩

母岩多为流纹岩，经风化剥蚀或地层水淋滤形成大小不等的角砾，仍具有母岩流纹岩结构和构造特征。虽然风化溶蚀的孔洞多被火山灰或水携物质充填，但仍然具有较好的储集物性条件。

5. 珍珠岩

珍珠岩是一种火山喷发物经急剧冷却而成的玻璃质岩，颜色多变，可呈灰白、浅灰、浅灰绿、红褐色等，多呈油脂光泽。最为典型的特征是具有同心状(球状、椭球状、多面体

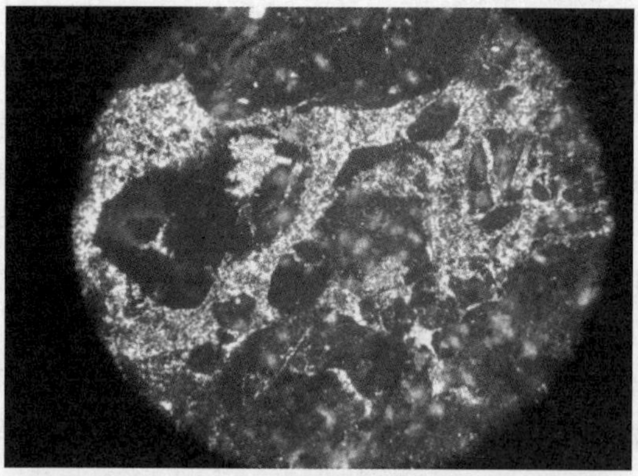

图 6-1-14　腰深 101 井营城组英安质隐爆角砾岩
［4 倍(+)］(深度：3705m)

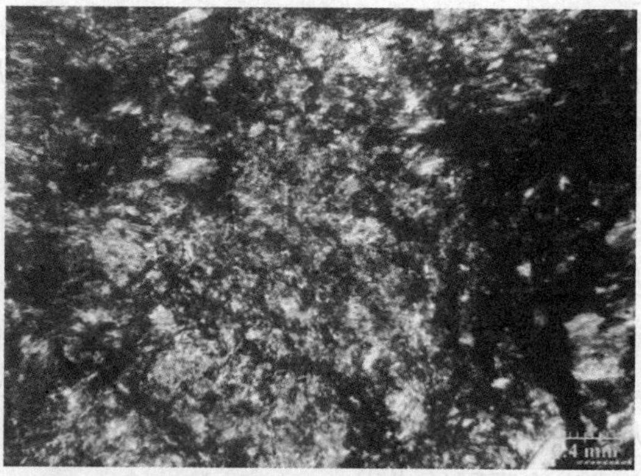

图 6-1-15　腰深 101 井营城组流纹质隐爆角砾岩
［4 倍(-)］(深度：3866.03m)

状）—涡卷状裂纹构造—珍珠构造，有的含有石英和透长石斑晶，有的发育由微晶或雏晶等排列而成的流纹构造。珍珠岩含水量在 6%以下，SiO_2 含量通常大于 69%。珍珠岩属玻璃质岩石，稳定性极差，一旦地质环境稍有变化极易发生蚀变，发生不同程度的脱玻化和膨润土化，出现隐晶质或球粒甚至出现长英质微晶。腰英台地区取心段未见典型的岩样，仅在结合测井解释和化学成分分析中见到，是岩浆后期侵入的标志性岩性。

6. 英安英

英安岩相当于花岗闪长岩和英云闪长岩中的熔岩，SiO_2的含量为 63%~69%。颜色多呈深灰色，半晶质结构，常见斑状结构，斑晶为斜长石、石英、正长石或透长石等，有时可见辉石或暗化边的黑云母或角闪石斑晶(图 6-1-16)。基质主要由拉长石、透长石和石英微晶组成，多为霏细结构、交织结构和玻璃质结构，常发育流纹构造。以暗色矿物命名：角闪英安岩、黑云母英安岩、辉石英安岩，如果斑晶只有斜长石和石英时，岩石可称为斜长英安岩。

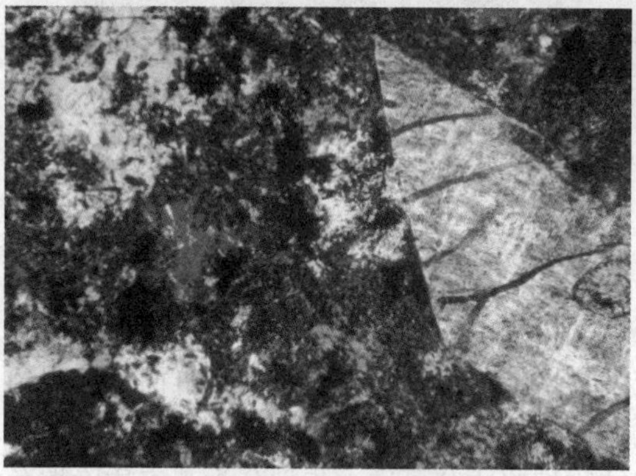

图 6-1-16　腰深 1 井营城组灰色英安岩，
条纹长石斑晶(深度：3630m)

7. 粗面岩

粗面岩其成分相当于正长岩的火山熔岩，化学成分特征是硅和碱偏高，SiO_2 含量为 60%~69%，以普通出现碱性长石斑晶为主要特点。岩石多呈灰黑色、风化后为褐灰色或肉红色，半晶质结构，常见斑状结构，斑晶多为自形晶透长石、正长石或中长石，有时出现辉石或暗化的角闪石、黑云母；基质以微晶透长石，常具典型的粗面结构或交织结构，有时出现球粒和少量玻璃质。粗面岩中常见块状、流纹构造或气孔、杏仁构造。依据暗色矿物可以进一步命名：角闪粗面岩、霓灰粗面岩、钠闪石粗面岩等。腰英台地区偶见。

二、不同构造带火山岩储层岩性特征

腰英台、达尔罕和双龙构造带的火山岩储层岩性特征并不完全相同。腰英台构造带营城组火成岩储集层岩性主要是凝灰岩、流纹质熔结凝灰岩、流纹质凝灰岩以及流纹岩；达尔罕构造带营城组火山岩储集层岩性主要为流纹岩、流纹质凝灰岩、熔结凝灰岩以及凝灰岩；双龙构造带营城组主要为流纹岩和凝灰岩。

1. 腰英台构造带

腰英台地区火成岩储集层岩性主要是凝灰岩、流纹质熔结凝灰岩、流纹质凝灰岩以及流纹岩。晶屑熔结凝灰岩较发育，晶屑熔结凝灰岩由岩屑、晶屑、玻屑、火山灰组成，为块状构造，凝灰结构、斑状结构、霏细结构以及熔结凝灰结构，分选为差—中等，局部偶见角砾，直径一般 5~10mm；晶屑为石英、长石，石英表面多具裂纹，部分被溶蚀呈浑圆状，少量呈棱角状；长石呈板状大小不等，玻屑呈梳状，被拉长呈定向分布与流面平行，具有假流纹构造；火山灰中含大量微粒状次生钠铁闪石并已全部蚀变为铁质；火山灰具重结晶，呈流线状。储集空间气孔和溶孔较发育，主要为中酸性凝灰质细碎屑部分中长石溶解形成微孔隙，其次长石晶屑溶解形成粒内孔隙(图 6-1-17)。

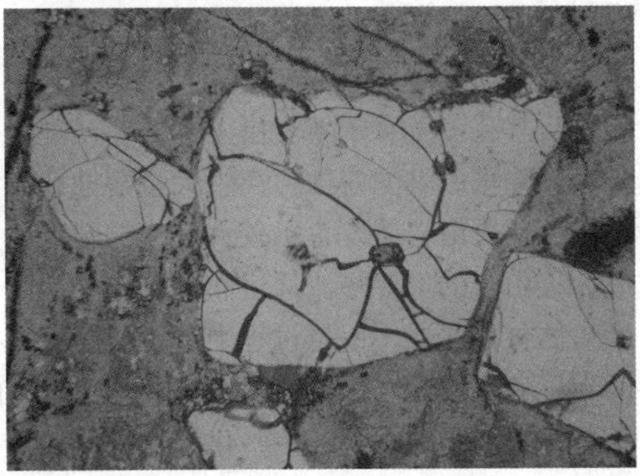

图 6-1-17　腰深 1 井营城组 3568.86 米晶屑裂纹、凝灰质中微孔隙(粉红色铸体)

2. 达尔罕构造带

营城组火山岩储集层岩性主要为流纹岩、流纹质凝灰岩、熔结凝灰岩以及凝灰岩，结构主要有斑状结构、霏细结构、微晶结构、凝灰结构，构造主要有块状构造、层状构造以及流动构造。斑晶为较小的石英和钾长石(图 6-1-18)。基质呈球粒结构或玻璃质结构。碎屑岩成分石英 20%~51%，长石(主要是斜长石)4%~36%，岩屑 7%~45%。主要为长石岩屑砂岩，次为岩屑长石砂岩和岩屑砂岩。岩石中偶见石英、白云石、菱铁矿、绢云母等其它矿物。

3. 双龙构造带

营城组火成岩储集层岩性主要为流纹岩和凝灰岩，结构为斑状结构、火山碎屑结构、粒状鳞片状变晶结构，构造为块状构造和千枚状构造(图 6-1-19)。火成岩成分中石英占 2%~95%，绢云母 3%~93%，长石 5%~72%，岩屑 7%~45%。局部含铁质、有机质斑块，偶见绿帘石、云母等。

图 6-1-18　腰南 1 井营城组 4704~4706m 流纹岩薄片显微照片

图 6-1-19　双深 1 井营城组 3064~3068m 凝灰岩显微特征

第二节 火山岩储集空间类型

火山岩储集空间的形成和演化可经过以下几个阶段：①原生储集孔隙形成阶段。火山物质喷溢至地表形成气孔、冷凝收缩缝和火山角砾间孔等。火山角砾间孔主要发育于火山爆发相带，气孔多发育于熔岩层上部。②浅埋阶段和/或抬升剥蚀阶段遭受的风化淋滤作用。由于大气降水的淋滤溶蚀，产生大量溶蚀孔、洞、缝。③遭受构造断裂阶段。构造应力作用的结果，使火山岩体发育了较大规模的断层，与断层伴生的是产生大量构造裂缝。构造裂缝可成为火山岩的主要渗流通道和部分储集空间。④深埋阶段各种酸性流体的溶蚀作用。这些酸性流体包括在油气侵位过程中有机质脱羧产生的大量有机酸溶液和由矿物间的相互作用产生的无机酸溶液。在这些流体的作用下，火山岩中的部分物质发生溶解，形成一些深部溶蚀孔、洞、缝，同时另外一些化学物质可能发生沉淀充填孔隙。⑤随着油气成熟，在断层或不整合面等输导层的作用下，油气运移到火山岩储层中去，从而进入油气成藏阶段。当然，各地区的火山岩由于其盆地构造演化史的不同，其储集空间的形成和演化不尽相同。

孔隙的形成与岩浆的化学组成及岩浆的物理化学性质有关，也和冷却成岩时的岩石物理化学环境有关。即孔隙的形成是物理作用及物理化学作用的结果。按成因将火山岩储集空间划分原生孔隙、次生孔隙和裂缝三种类型，进一步按成因、结构可划分为原生气孔、杏仁体内孔、角砾间孔、晶粒间孔、基质内微孔，斑晶溶蚀孔、基质内溶孔、构造裂缝和成岩缝等(图6-2-1、图6-2-2)。

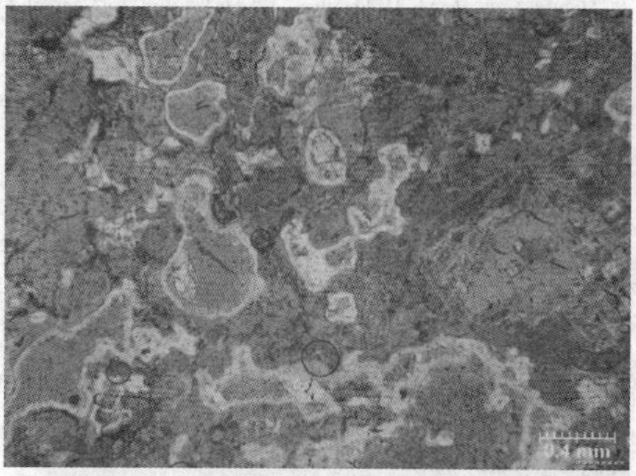

图6-2-1 腰深101井3758.70m
凝灰岩长石粒内溶孔

图6-2-2 腰深102井3714.53m
熔结凝灰岩-构造溶蚀缝

气孔：火山岩的原生孔隙，一般在流纹岩中较多见，沿流纹线理成层或成带发育；当没有溶蚀改造时一为孤立孔。其次在火山热碎屑流角砾凝灰岩中的浆屑中也有大量残留的气孔，这为它们形成有利储层提供了有利条件。

次生溶孔：火山岩中火山灰或其中的斑晶在后期成岩过程中发生溶蚀而成。一般发育在火山喷发旋回的顶部，尤其是有短暂淋滤或直接与风化面接触的层段。通常在溢流相流纹岩和火山热碎屑流角砾凝灰岩中容易发生溶蚀，尤其当它们处于有利淋滤带时。

晶间微孔：火山岩在冷凝或后期成岩过程中岩石结晶使体积收缩形成的微孔。它们可以作为气孔储集空间的有效补充，并为微裂缝沟通时提供更多的空间。

松南气田火山岩储集空间以基质孔隙和溶蚀孔洞为主，发育气孔、溶孔、砾间(内)孔、微孔、构造缝、微裂缝，其储集类型主要为裂缝—孔隙型和孔隙型，岩心及 FMI 成像测井图上可见大小不一溶洞分布于各类火山岩上，主要以中、小洞为多见，大洞少见。铸体薄片统计孔隙中气孔占 27%。次生粒间溶孔、溶蚀孔占 21%、29%，三类孔隙占储层总孔隙 88% 以上，少量裂缝孔(图 6-2-3)。各类孔隙一般不单独存在，而是以某种组合形式出现。孔隙的发育与储集岩岩石类型有着密切的关系，不同的岩石类型有着不同类型的孔隙储集空间组合(图 6-2-4)。

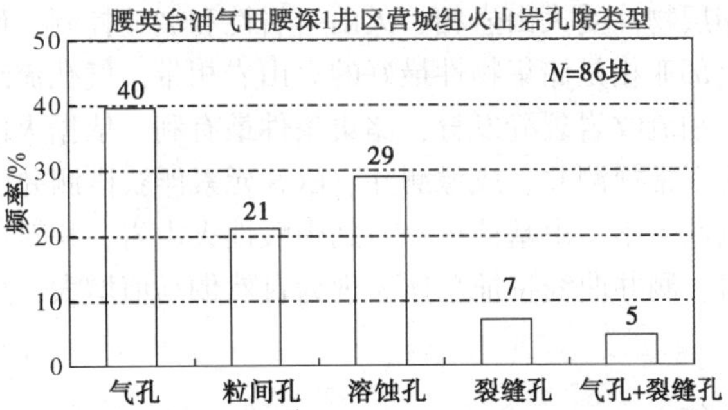

图 6-2-3　松南气田腰深 1 井区营城组火山岩孔隙类型

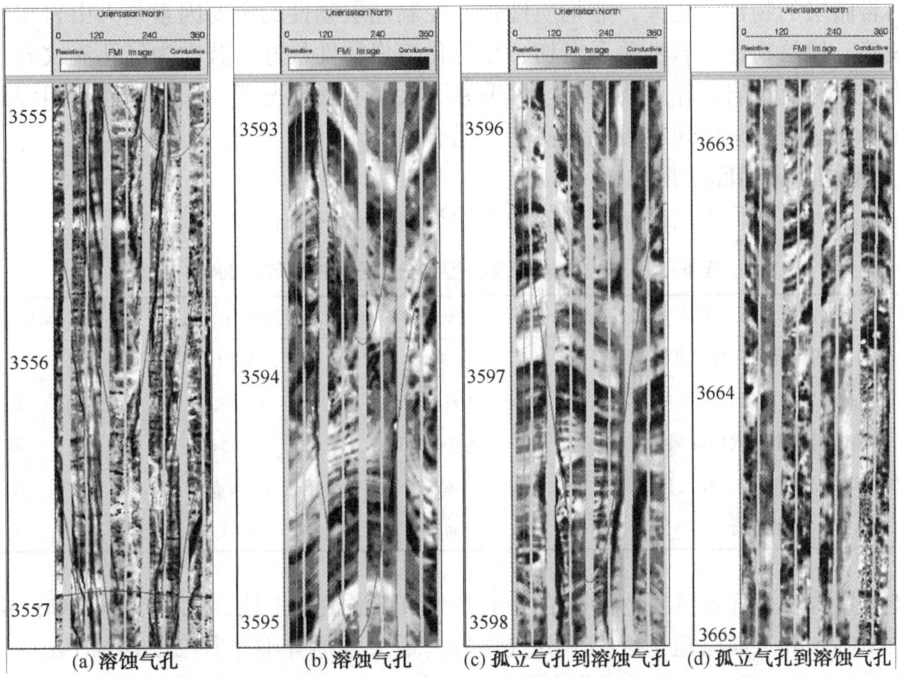

图 6-2-4　腰深 1 井气孔及溶蚀在 FMI 图像上的典型特征

不同的岩石类型，其储集空间类型与孔缝组合是不同的，分述如下：

(1) 气孔流纹岩：以气孔为主，其次为溶孔，主要发育构造缝和收缩缝。孔缝组合类型为气孔型和裂缝—气孔型。

(2) 少孔流纹岩：以基质溶蚀孔、晶间微孔为主，少量气孔及杏仁状气孔，发育构造缝、收缩缝和溶蚀缝。孔缝组合类型为裂缝—溶孔型。

（3）角砾化熔岩：以砾内孔及其溶孔为主，其次是砾间孔及其溶孔，主要发育砾间缝、构造缝、溶蚀缝、缝合缝。孔缝组合类型为裂缝—孔隙型和孔隙型。

（4）晶屑熔结凝灰岩：以基质微孔、基质溶孔、粒内溶孔为主，发育构造缝、溶蚀缝。孔缝组合类型为裂缝—孔隙型。

第三节　火山岩储层物性及电性特征

长岭断陷火山岩储层物性受火山岩相、火山岩岩性和裂缝控制。研究表明，爆发相中热碎屑流亚相和喷溢相上部亚相是储集物性最好的火山岩相带，气孔流纹岩、碎裂的溶蚀角砾岩、致密的熔结凝灰岩和流纹岩裂缝发育，储集条件最有利。依据火山岩矿物组合及其结构的电性响应特征，建立了常规测井、成像测井、ECS元素俘获谱测井、密度测井和核磁共振测井与火山岩岩石的电性关系，由基性火山岩到中酸性火山岩，相对应喷出岩为玄武岩、安山岩、英安岩、流纹岩，测井曲线特征总体表现为自然伽马值增大，声波时差增大和密度值降低的趋势。

一、储层物性特征

火山岩储层的物性变化大，非均质性强。控制储层物性的主要因素是火山岩相、火山岩岩性和裂缝。储层物性与岩性关系密切，角砾化熔岩物性最好，其次为气孔流纹岩，较差的是晶屑凝灰岩和流纹岩；储层物性与埋深关系不大，一般情况下，储层物性不因埋藏深度的增加而减小，这与岩浆快速冷凝抗压实能力强有关。

（一）不同构造带储层物性

按孔隙度大小可将火山岩储层划分为五种类型（表6-3-1）。

表6-3-1　火山岩储层类型划分（据张枝焕等，2008）

火山岩岩石类型	孔隙度/%	渗透率/$10^{-3}\mu m^2$	储层分类
自碎中—基性熔岩、高气孔熔岩	$\phi \geq 15$	$K \geq 10$	Ⅰ
碎裂次火山岩和脉岩，中气孔熔岩	$10 \leq \phi < 15$	$5 \leq \phi < 10$	Ⅱ
溶蚀熔岩，中粗火山碎屑岩	$5 \leq \phi < 10$	$1 \leq \phi < 5$	Ⅲ
含气孔熔岩，凝灰岩，高气孔熔岩	$3 \leq \phi < 5$	$0.1 \leq \phi < 1$	Ⅳ
致密熔岩	$\phi < 3$	$\phi < 0.1$	Ⅴ

Ⅰ类储集岩：是气藏重要的储集岩，主要分布于溢流相上段，孔隙度≥15%；排驱压力0.12~0.5MPa，孔喉属略粗歪度型，分选性好，最大连通孔喉半径2.26~6.19μm。此类储集岩为中—小孔隙，略粗喉道，储集潜能和渗滤能力中上等。

Ⅱ类储集岩：是气藏发育较广的有利储集岩，在营城组火山岩中较发育。孔隙度5%~15%；排驱压力0.95~9.63MPa，孔喉属略细歪度型，分选性较好，最大连通孔喉半径0.06~1.76μm；此类储集岩为小（中）孔隙，略细喉道，储集潜能和渗滤能力中等。

Ⅲ类、Ⅳ类储集岩：孔隙度3%~10%；孔喉属细歪度型，分选一般，排驱压力和中值压力较高，孔喉连通半径小，此类储集体孔喉均较细，储集和渗滤能力差，属较差的储集岩。

Ⅴ类为非储集岩：该类储集岩孔隙度小于3.0%，渗透率低于$0.02\times10^{-3}\mu m^2$；孔喉属较细歪度，分选差，孔喉细小，不具储集和渗滤能力，以致密层的形态存在于储层中。

1. 腰英台构造带

腰英台构造带营城组主要发育凝灰岩和流纹岩，凝灰岩孔隙度为0.6%~28.3%，平均值为6.01%，渗透率为$(0.01\sim76.9)\times10^{-3}\mu m^2$，平均值为$1.95\times10^{-3}\mu m^2$；流纹岩孔隙度为0.55%~24.4%，平均值为7.62%，渗透率为$(0.012-341)\times10^{-3}\mu m^2$，平均值为$10.82\times10^{-3}\mu m^2$。火山岩储层的物性变化大，非均质性强。储层物性与埋深关系不大，一般情况下不因埋藏深度的增加而减小，这与岩浆快速冷凝抗压实能力强有关。腰深2井储层较大的孔隙度发育层段孔隙度值在5%~10%，个别层段孔隙度可以高达15%以上；腰深101井储层较大的孔隙度发育段孔隙度值在10%~18%，个别层段孔隙度可以高达20%以上；腰深102井较大的孔隙度发育层段孔隙度值在5%~8%，个别层段孔隙度可以高达10%以上（图6-3-1、图6-3-2和图6-3-3）。

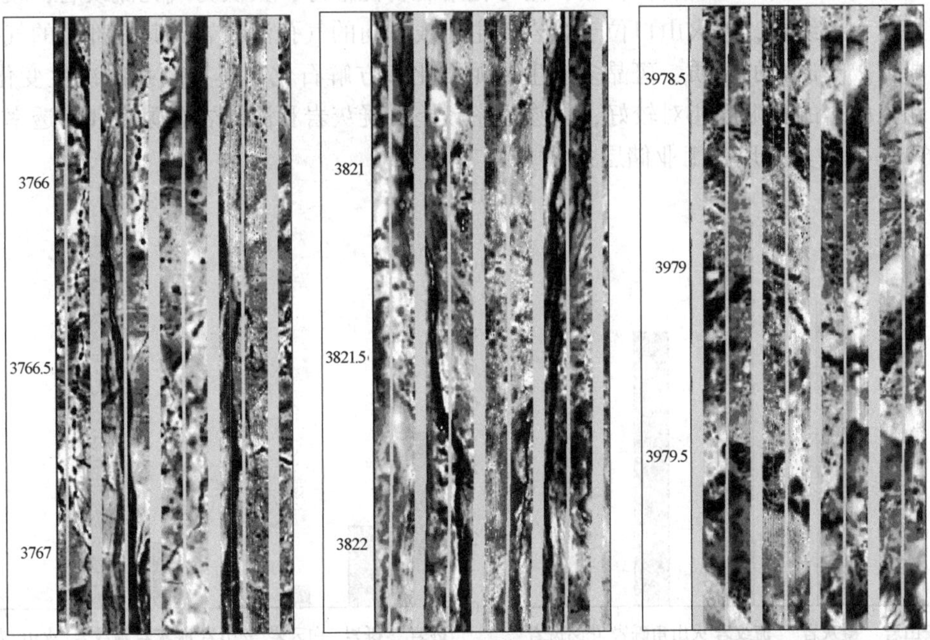

气孔发育　　溶蚀气孔发育　　溶蚀气孔沿裂缝发育

图6-3-1　腰深2井气孔在FMI图像上的典型特征

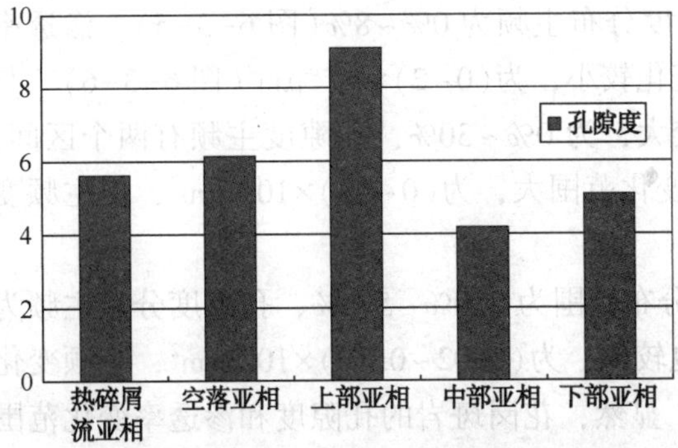

图6-3-2　松南气田不同相带平均孔隙度

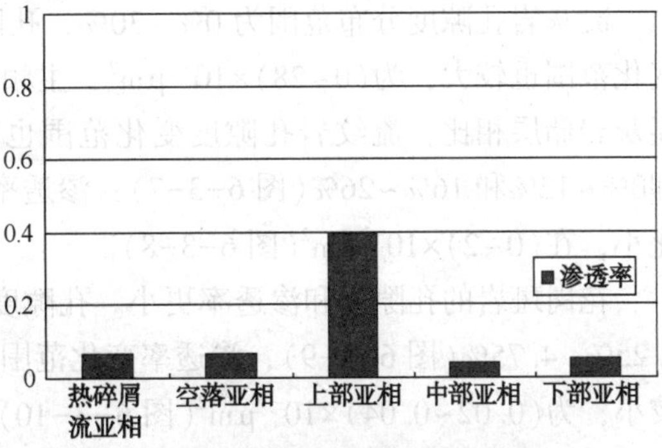

图6-3-3　松南气田不同相带平均渗透率

2. 达尔罕构造带

达尔罕构造带营城组主要发育花岗斑岩，其储集层孔隙度分布范围为 2.1%~5.4%，平均值为 3.94%，渗透率为(0.025~0.095)×10^{-3}μm^2，平均值为 0.034×10^{-3}μm^2。

3. 双龙构造带

双龙构造带火成岩储层的孔隙度主要分布在 3.9%~10.3%，渗透率分布范围为(0.03~0.49)×10^{-3}μm^2。火石岭组主要发育凝灰岩和安山岩，凝灰岩孔隙度为 6.9%~9.7%，平均值为 8.10%，渗透率为(0.03~0.05)×10^{-3}μm^2，平均值为 0.04×10^{-3}μm^2。安山岩孔隙度为 3.9%~10.3%，平均值为 7.46%，渗透率为(0.06~0.49)×10^{-3}μm^2，平均值为 0.16×10^{-3}μm^2。

（二）控制物性分布的主要因素

1. 岩性控制因素

储层物性明显受火山岩岩性控制，角砾化熔岩物性最好，其次为气孔流纹岩，较差的是晶屑凝灰岩和流纹岩，近火山口位于熔岩流主流线方向的气孔流纹岩比其它部位的气孔流纹岩物性要好。火成岩的基质、斑晶多发生绿泥石化和方解石化，具有较强的次生变化作用。总体上，火山岩的孔隙度相对较好，但渗透率较差，凝灰岩和流纹岩孔隙度和渗透率条件较好(图 6-3-4)，具备形成工业储层条件。

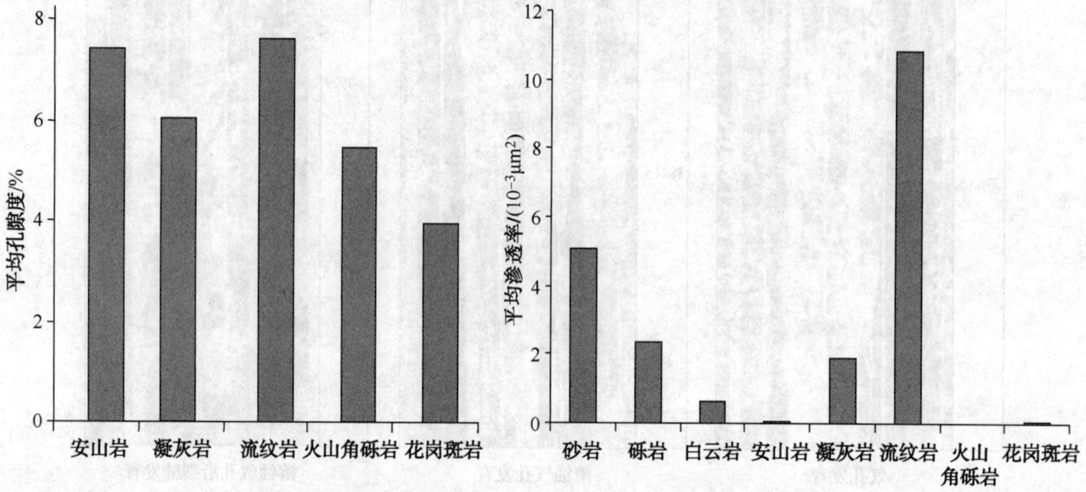

图 6-3-4 不同岩性储层孔隙度、渗透率分布特征对比图

凝灰岩孔隙度分布范围为 0%~30%，孔隙度分布主频为 0%~8%(图 6-3-5)，渗透率变化范围也较大，为(0~28)×10^{-3}μm^2，主频变化较小，为(0~2)×10^{-3}μm^2(图 6-3-6)。与凝灰岩储层相比，流纹岩孔隙度变化范围也较大，为 0%~30%，孔隙度主频有两个区间，即0%~12%和 16%~26%(图 6-3-7)；渗透率变化范围大，为(0~28)×10^{-3}μm^2，但主频变化小，在(0~2)×10^{-3}μm^2(图 6-3-8)。

花岗斑岩的孔隙度和渗透率更小。孔隙度分布范围为 2.0%~5.5%，孔隙度分布主频为 3.25%~4.75%(图 6-3-9)，渗透率变化范围也较大，为(0.02~0.10)×10^{-3}μm^2，主频变化较小，为(0.02~0.04)×10^{-3}μm^2(图 6-3-10)，显然，花岗斑岩的孔隙度和渗透率变化范围小，变化区间也窄。安山岩孔隙度变化范围较小，为 2%~12%，孔隙度主频 6%~12%(图 6-3-11)；渗透率变化范围更小，为(0.028~0.052)×10^{-3}μm^2，主频变化范围更小，为

(0.028~0.032)×10^{-3}μm^2(图 6-3-12)。

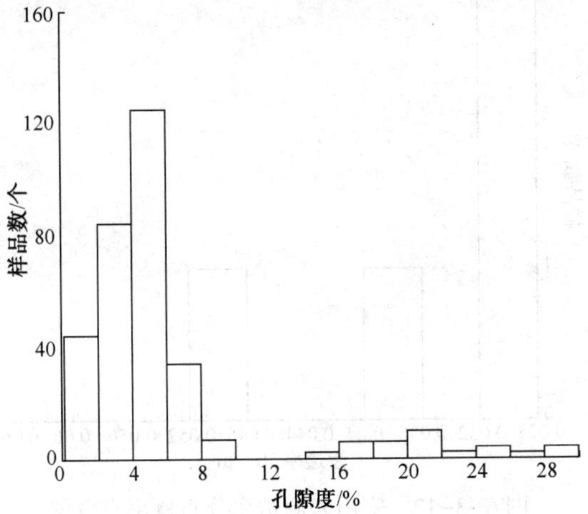

图 6-3-5 凝灰岩孔隙度分布概率直方图

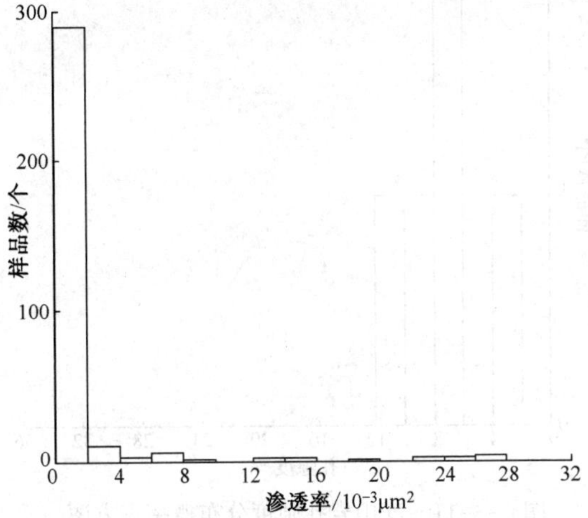

图 6-3-6 凝灰岩渗透率分布概率直方图

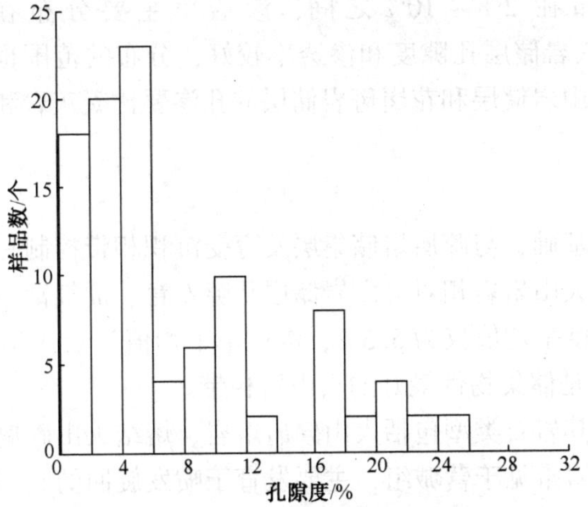

图 6-3-7 流纹岩孔隙度分布概率直方图

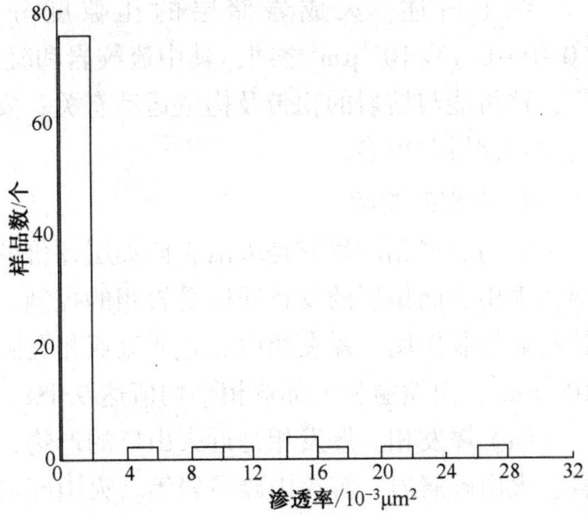

图 6-3-8 流纹岩渗透率分布概率直方图

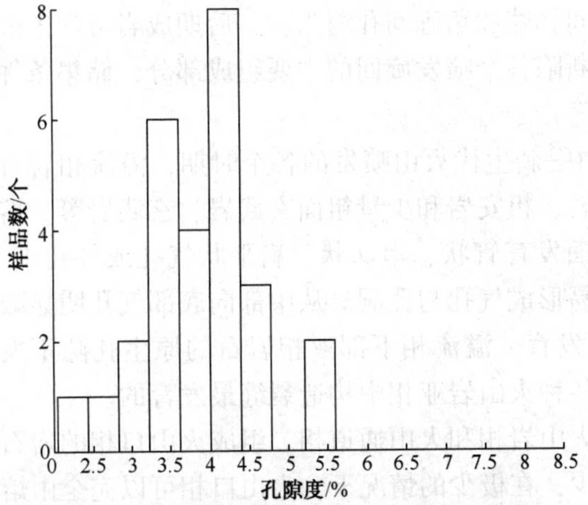

图 6-3-9 花岗斑岩孔隙度分布概率直方图

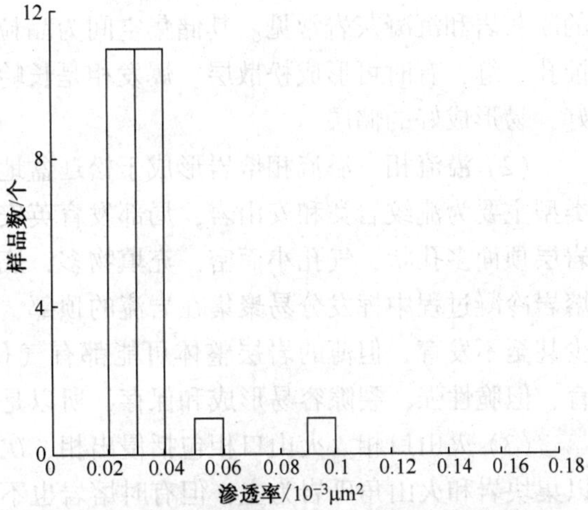

图 6-3-10 花岗斑岩渗透率分布概率直方图

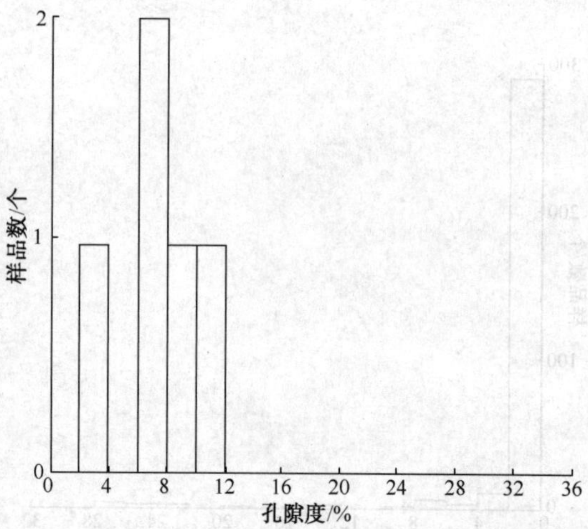

图 6-3-11　安山岩孔隙度分布概率直方图

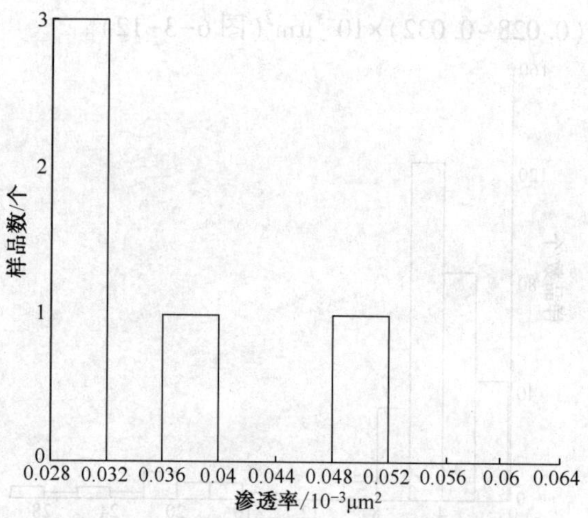

图 6-3-12　安山岩渗透率分布概率直方图

综上所述，火成岩储层的孔隙度分布在 2%～10%之间，渗透率主要分布在 $(0.01\sim0.1)\times10^{-3}\mu m^2$ 之间，其中流纹岩和凝灰岩储层孔隙度和渗透率较好，分布的范围也广，这可能与熔岩的相带及构造运动有关；安山岩储层和花岗斑岩储层的孔渗要比凝灰岩和流纹岩储层差很多。

2. 岩相的影响

火山岩岩相的研究是火山岩储集层评价的基础，与碎屑岩储集层发育受沉积相带控制一样，火山岩储集层的发育同样受岩相的控制，火山岩岩相对火山岩储层孔隙发育、油气富集起明显控制作用。爆发相中热碎屑流亚相孔隙度平均值仅为 5.5%，渗透率平均值为 $0.068\times10^{-3}\mu m^2$，而喷溢相上部亚相平均值达 9.1%，是储集物性最好的火山岩相带。

(1) 爆发相。爆发相是近火山口的产物，其岩石类型包括火山碎屑熔岩、熔结火山碎屑岩、火山碎屑岩、沉火山碎屑岩等。火山碎屑岩常见于营城组，主要发育于喷发旋回的底部或顶部，火山口相和近火山口相以粒度较粗的火山角砾岩为主，远离火山喷发中心则以细粒的凝灰岩和沉凝灰岩常见。其储集空间为晶粒间孔隙和角砾间孔缝为主，后期成岩可产生溶蚀孔、缝，有时可形成松散层。爆发相是长岭断陷各个喷发旋回的主要组成部分，储集条件好，易形成好的储层。

(2) 溢流相。溢流相熔岩形成于松辽盆地中—新生代火山喷发的各个时期，溢流相岩石类型主要为流纹岩类和安山岩，局部发育英安岩、粗安岩和少量粗面玄武岩、玄武岩等。熔岩层顶面多孔状，气孔小而密，充填物多，底面发育管状、串珠状、扁平状气孔或气孔带。熔岩冷凝过程中挥发分易聚集在岩流的顶部，易形成气孔与孔洞。从中部向底部气孔明显减少甚至不发育，但薄的岩层整体可能都有气孔发育。溢流相下部亚相岩石的原生孔隙不发育，但脆性强，裂隙容易形成和保存，所以是各种火山岩亚相中构造裂缝最发育的。

(3) 火山口相。火山口相包括侵出相、次火山岩相和火山通道相。组成火山口相的岩石以集块岩和火山角砾岩为主，但有时熔岩也不少，在极少的情况下，火山口相可以完全由熔岩组成。最常见的是集块岩、火山角砾岩和熔岩(或互层)混合组成。具火山碎屑岩、熔岩类似储集空间。

(4) 火山沉积岩相。营城组火山喷发沉积相主要为沉凝灰岩或凝灰质砂砾岩，其中的火山碎屑物质以晶屑和中酸性火山岩屑为主。喷发–沉积易于形成各种溶蚀孔隙，也应是一种较好的储集层。不同火山岩相储层物性存在比较明显的差别，一般溢流相储集物性最好(图6-3-13)。

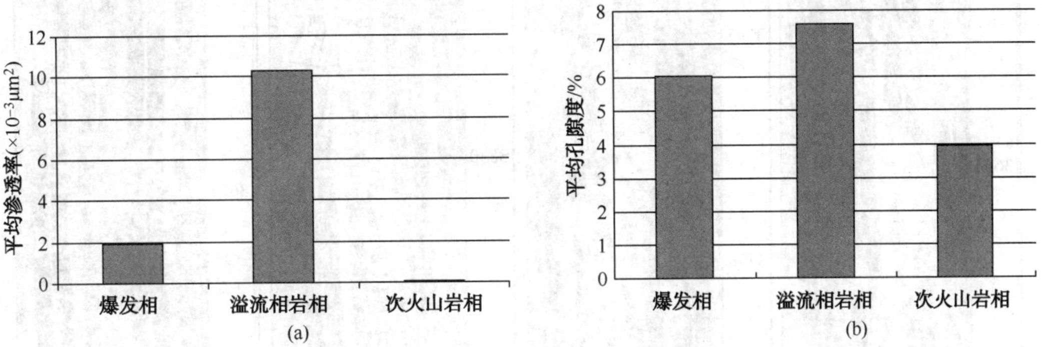

图6-3-13　不同火山岩相储层物性特征比较

3. 裂缝的控制作用

根据取心和成像测井资料长岭断陷营城组火山岩储层发育大量的溶蚀孔隙、孔洞和裂缝。一般在火山岩井段可见的裂缝包括高导缝、诱导缝、微裂缝和高阻缝。高导缝在FMI图像上表现为深色(黑色)的正弦曲线，为钻井泥浆侵入或泥质或导电矿物充填所致；高阻缝系高阻物质充填或裂缝闭合而成，在FMI图像上表现为相对高阻(浅色–白色)正弦曲线；钻井诱导缝系钻井过程中产生的裂缝，钻井诱导缝的最大特点是沿井壁的对称方向出现，呈羽状或雁列状；微裂缝是指火山岩中各种延伸局限，在FMI图像上很难进行理论拟合的裂缝(图6-3-14)，它包括冷凝收缩缝、炸裂缝、节理缝和砾间缝等；由于微裂缝延伸很有限，呈不规则分布，也见部分充填，所以它们对储集空间的贡献很小，一般也没有典型裂缝的反映特征，更多的是表现为类似沉积岩中孔隙喉道的作用，从而将气孔和各种溶孔沟通。但能显著改善火山岩储集性能的主要为高导缝。

纵向上一个火山喷发旋回的晚期(即喷溢相上部亚相)，发育的气孔流纹岩、碎裂的溶蚀角砾岩是优质储层形成的有利部位，致密的熔结凝灰岩、流纹岩也是裂缝发育的有效层段。

(三) 物性随深度变化规律

长岭断陷主要发育两套储集层，即浅部的碎屑岩储层和深部的火石岭组、营城组火成岩储层。浅部的碎屑岩储层随着埋深的增加，压实作用增强，孔隙度和渗透率随着埋深的增加而变小。由于火成岩强度大、硬度高、脆性大，受构造运动影响可形成渗透性好的裂缝，对天然气储集十分有利；同时，火成岩在喷发冷凝过程中气孔发育，在暴露风化期受风化淋滤作用形成缝洞，对进一步增加储集空间、改善储集性更为有利；此外，火山岩储层还具有不同常规储层的储集空间特性，其孔隙演化并不严格受埋深限制，在深断陷内仍会有物性较好的储层。长岭断陷地区孔隙与深度的关系，很好的说明了这个问题(张枝焕，2008)，由图6-3-15可知，长岭断陷地区火成岩孔隙度和渗透率随深度的增加具有两个高峰值，孔隙度和渗透率的第一个高峰分布在2800~3000m，而第二个高峰分布在3800m处。第一个高峰与砂、砾岩孔隙度的变换趋势相近，而第二个高峰远大于砂砾岩的孔隙度，基本上处于砂砾岩孔隙度消减到5%以下的地带，大大的增加了储集空间。

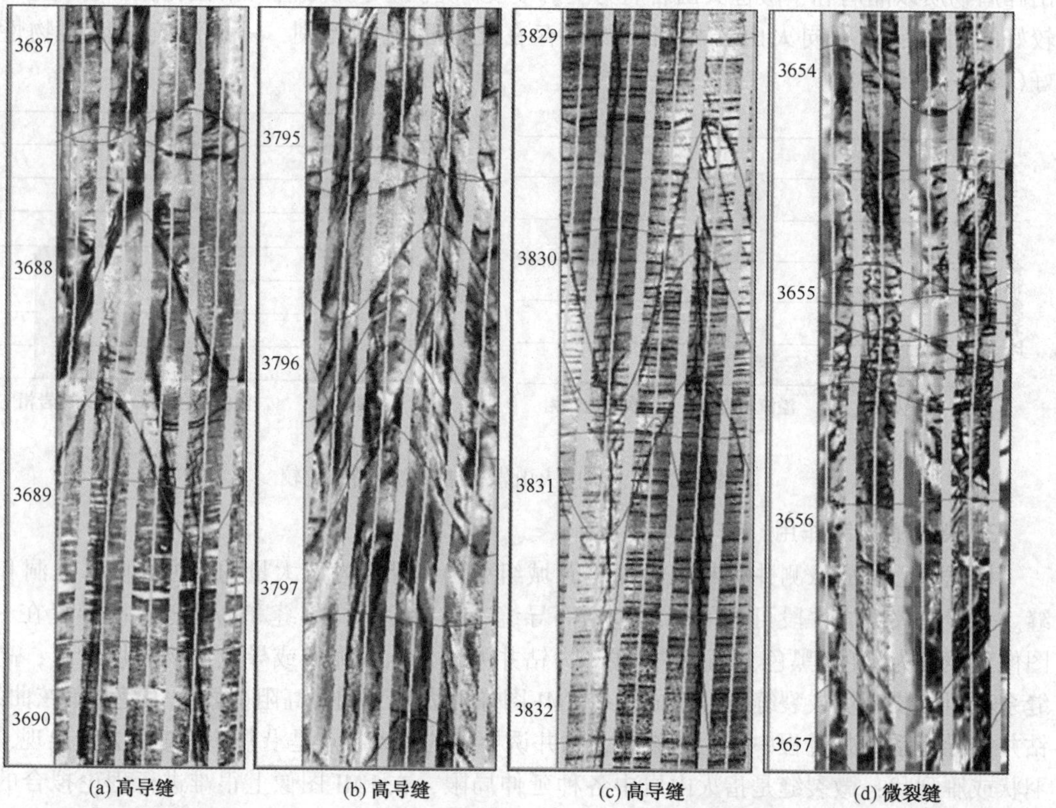

图 6-3-14　腰深 102 井裂缝在 FMI 图像上的特征

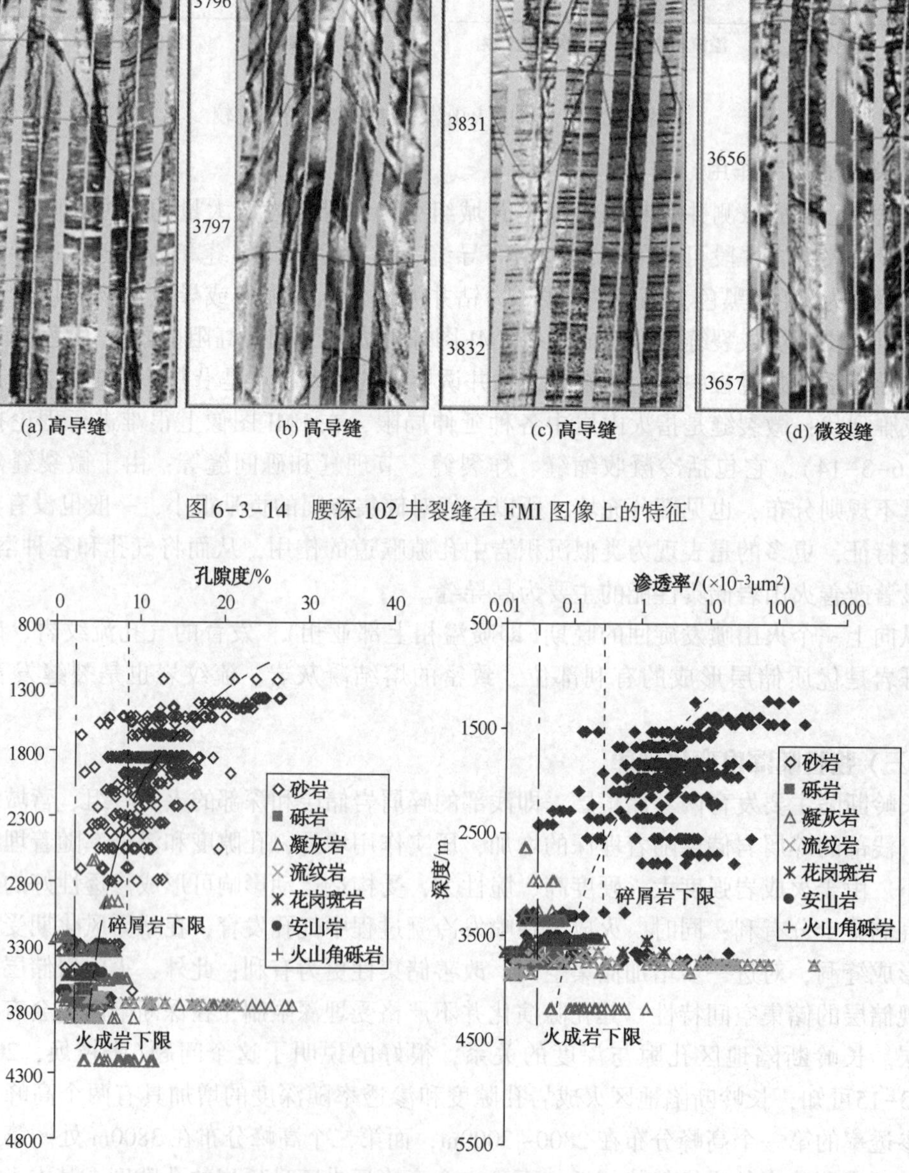

图 6-3-15　长岭断陷地区不同类型储层孔渗深关系图(据张枝焕等，2008)

长岭断陷松南气田腰深1井在火成岩储层中获高产天然气流表明，深层火成岩储层具有巨大的勘探潜力，其储集性能比受深部成岩作用影响的致密碎屑岩储层物性好，是深部的主力储层。

长岭断陷不同构造不同类型储层物性随深度的变化均具有上述特征。

（1）腰英台构造带泉头组、青山口组和登娄库组砂岩孔隙度和渗透率较高，而营城组砂岩孔渗较低。主要原因是随着深度加大压实等成岩作用对砂岩的影响较大。营城组火成岩由于气孔、裂缝比较发育，可作为储集层（图6-3-16、图6-3-17）。

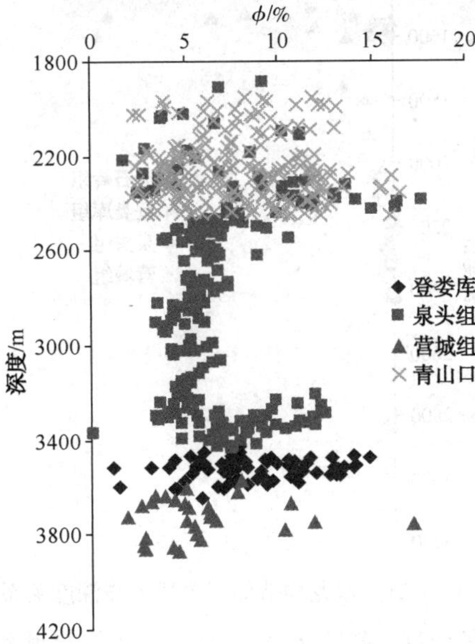

图6-3-16 腰英台构造储层孔隙度与深度关系图

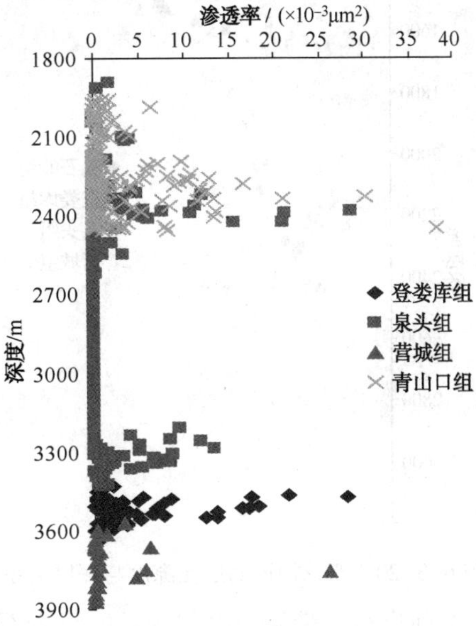

图6-3-17 腰英台构造渗透率与深度关系图

（2）与腰英台构造带类似，达尔罕构造带同样是泉头组和青山口组砂岩孔渗条件较好，登娄库组和营城组稍差些。营城组火山岩发育段储层孔渗性变好（图6-3-18、图6-3-19）。

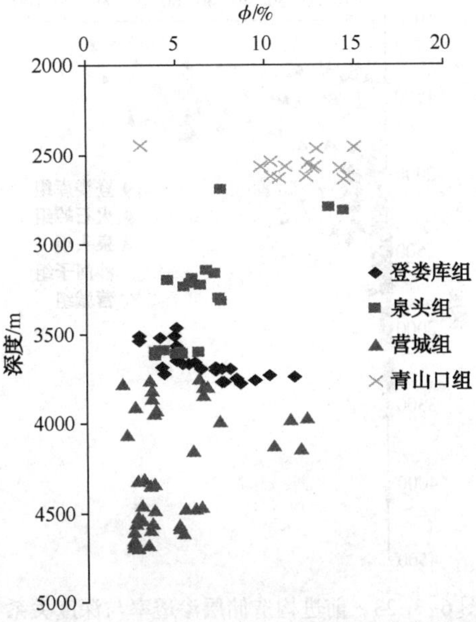

图6-3-18 达尔罕构造储层孔隙度与深度关系图

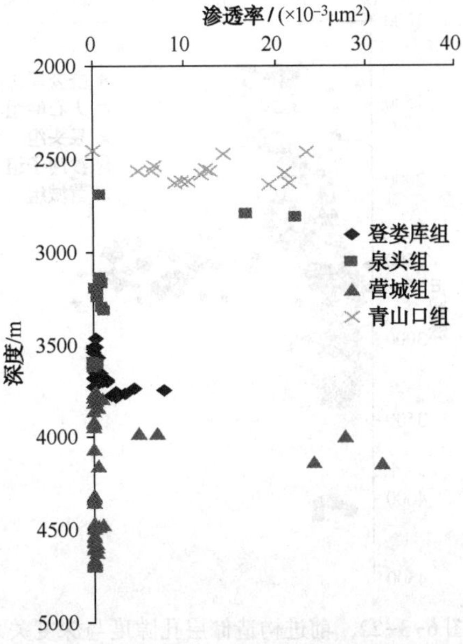

图6-3-19 达尔罕构造储层渗透率与深度关系图

（3）双龙构造带泉头组、营城组、火石岭组和登娄库组岩石孔隙度好一些（多数大于5%，但大于10%的不多），特别是泉头组和营城组。值得注意的是，由于岩性的差别，导致不同层位岩石的孔隙度分布有所差异。渗透率的变化更加明显一些，泉头组岩石渗透率最大，由于营城组和火石岭组火成岩比较发育，渗透率较小（图6-3-20和图6-3-21）。

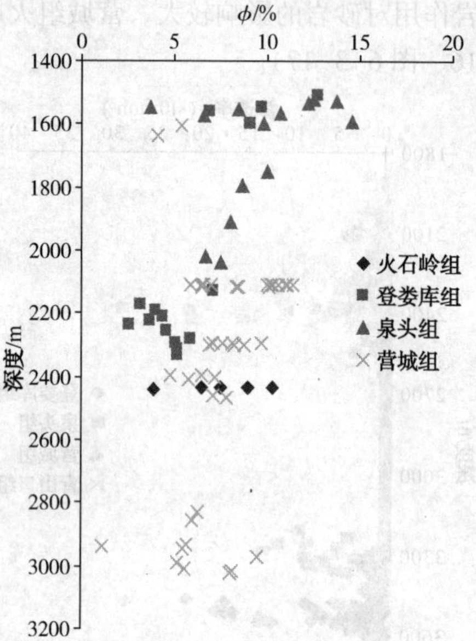

图6-3-20　双龙构造储层孔隙度与深度关系

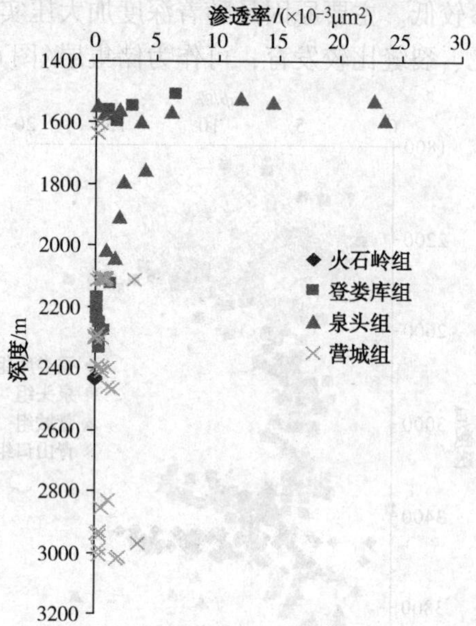

图6-3-21　双龙构造储层渗透率与深度关系

（4）前进构造带泉头组和登娄库组岩石孔隙度较好（多数大于10%），次为营城组，沙河子和火石岭组最差（图6-3-22和图6-3-23）。泉头组的渗透率较大（多数大于10×10^{-3} μm^2），储集条件优良。其它各组的渗透率都比较差。

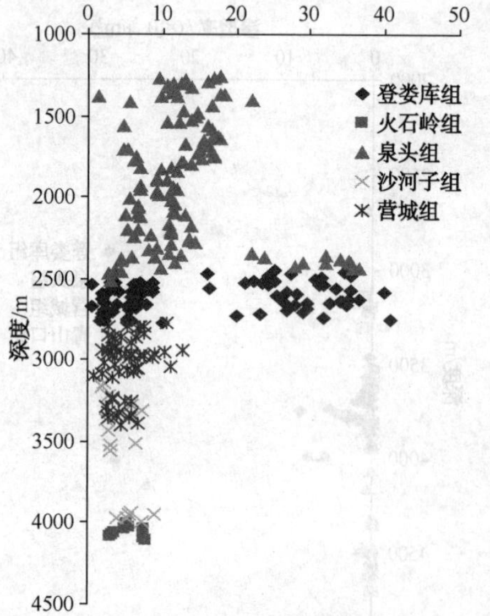

图6-3-22　前进构造储层孔隙度与深度关系

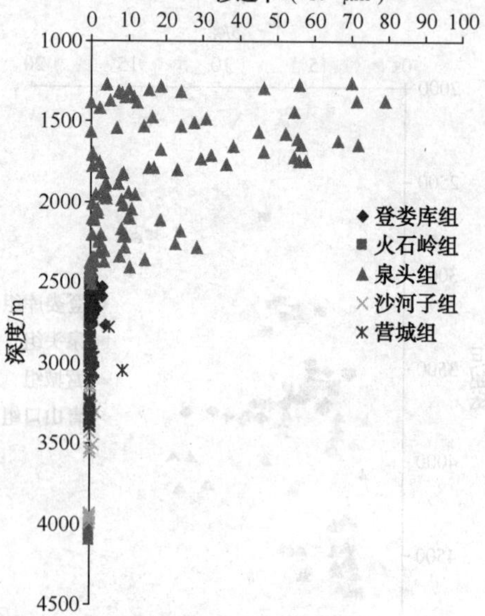

图6-3-23　前进构造储层渗透率与深度关系

二、火山岩储层电性特征

不同的火山岩储层因结构、构造和岩性矿物组成不同其电性响应特征也不相同，基于这一原理，建立了利用常规测井、成像测井、ECS 元素俘获谱测井、密度测井和核磁共振测井等测井资料与长岭断陷各类火山岩岩石类型的电性关系，为利用测井曲线资料进行储层评价提供了依据。

（一）不同测井系列的火山岩响应特征

1. 自然伽马测井响应特征

自然伽马测井曲线反映了岩石所放射出的自然伽马射线的强度。一般说来，从基性至酸性火山岩，放射性矿物的含量是逐渐增加的。营城组火山岩主要造岩矿物为石英、碱性长石、斜长石及玻璃质、浆屑、火山灰等。石英 GR 值<5API，碱性长石 GR 值为 73~275API，斜长石 GR 值为 4~75API。其他少量造岩矿物除角闪石（GR 值为 28~445API）外，均小于 10API。由此可见，在火山岩中放射性元素 40K、232Th 和 238U 无异常富集的情况下，其伽马值主要受长石，特别是碱性长石含量的制约。长岭断陷深层火成岩中的流纹岩、流纹质火山碎屑岩中钾长石含量高，具有很强的天然放射性强度，放射性强度一般都介于 100~190API 之间，腰英台营城组熔结凝灰岩为 190. 07API，流纹岩为 159. 79API，凝灰熔岩为 135. 87API（图 6-3-24），与岩石学特征（钾长石含量）有很好的对应性。

2. 声波时差测井响应特征

总体来讲，火山岩较碎屑岩有低的声波时差响应特点，除此之外还受含流体状况的影响，由于长岭断陷火山岩储层多为孔隙、裂缝的含气组合，使声波时差值偏高。由于裂缝比较发育，且多为高角度缝，纵波的能量在水平裂缝处往往会发生严重衰减，使声波时差发生周波跳跃，但在高角度裂缝处则衰减很小，即时差一般不反映高角度裂缝。

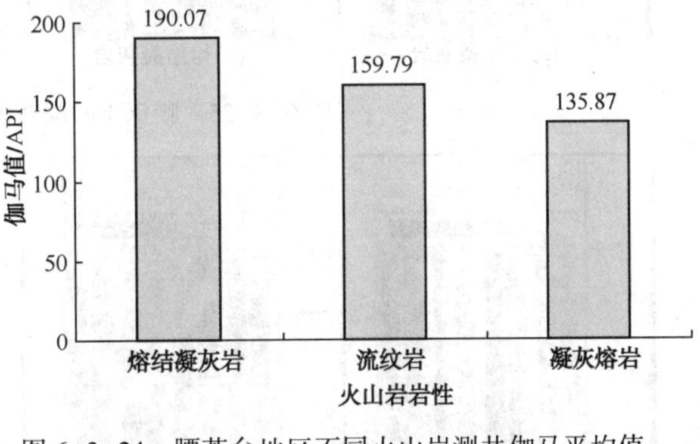

图 6-3-24　腰英台地区不同火山岩测井伽马平均值（据李仲东等，2009）

3. 电阻率测井响应特征

火山岩的电阻率主要受岩性、物性、储层流体性质的影响，物性好且以含气为主的火山岩储层的电阻率曲线一般表现为高值；物性好且以含水为主的储集层电阻率相对较低；物性差、岩性比较致密的储集层电阻率相对高。

4. FMI 成像测井识别岩性

FMI 成像测井常用于识别岩层中各种尺度的结构、构造，如裂缝、节理、层理、结核、砾石颗粒、断层等。常用的色板为黑—棕—黄—白，分为 42 个颜色级别，代表着电阻率由低变高，因此色彩的细微变化代表着岩性和物性的变化（1∶10 FMI 图像）。这种图像的纵向和横向（绕井壁方向）分辨率均为 0. 2in（5mm），足以辨别细砾岩的粒度和形状。这是一个伪井壁图象，它可以反映井壁上细微的岩性，物性（如孔隙度）及井壁结构（如：裂缝，井壁破损，井壁取心孔等）；但它的颜色与实际岩石的颜色不相干，由于每口井的微电阻率值变化范围不同，因此一口井的 FMI 的某个颜色与另一口井的同一颜色可能对应着不同的电阻率值。

凝灰岩熔结程度高时，电阻率会明显升高，在 FMI 静态图像上呈亮黄色到白色，动态图像上表现为致密块状(图 6-3-25)。流纹岩 FMI 图像一般显示纹层状结构和块状结构(图 6-3-26)。

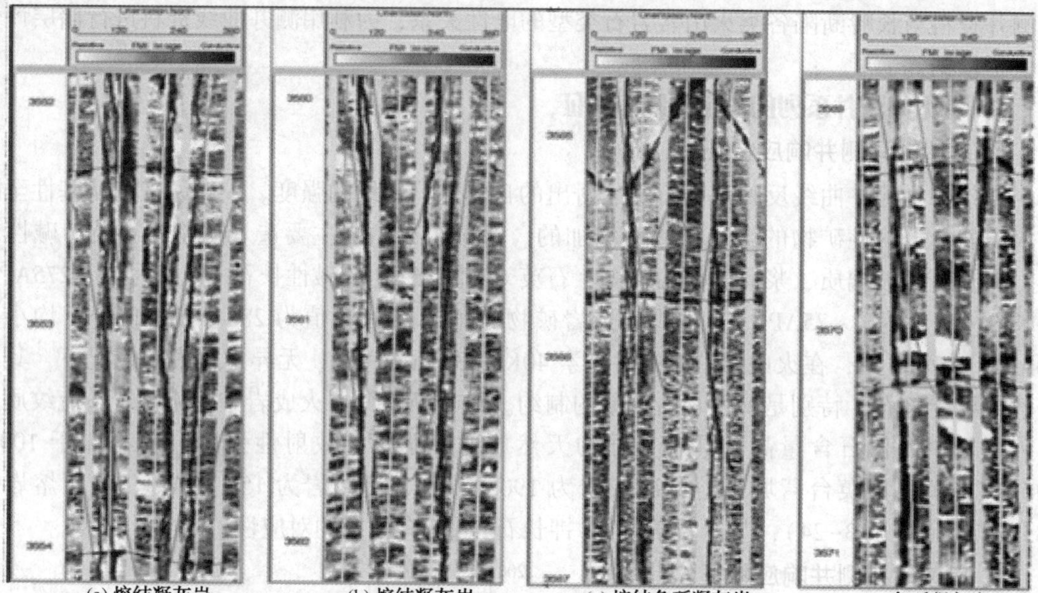

(a) 熔结凝灰岩　(b) 熔结凝灰岩　(c) 熔结角砾凝灰岩　(d) 角砾凝灰岩

图 6-3-25　腰深 1 井凝灰岩 FMI 成像测井特征

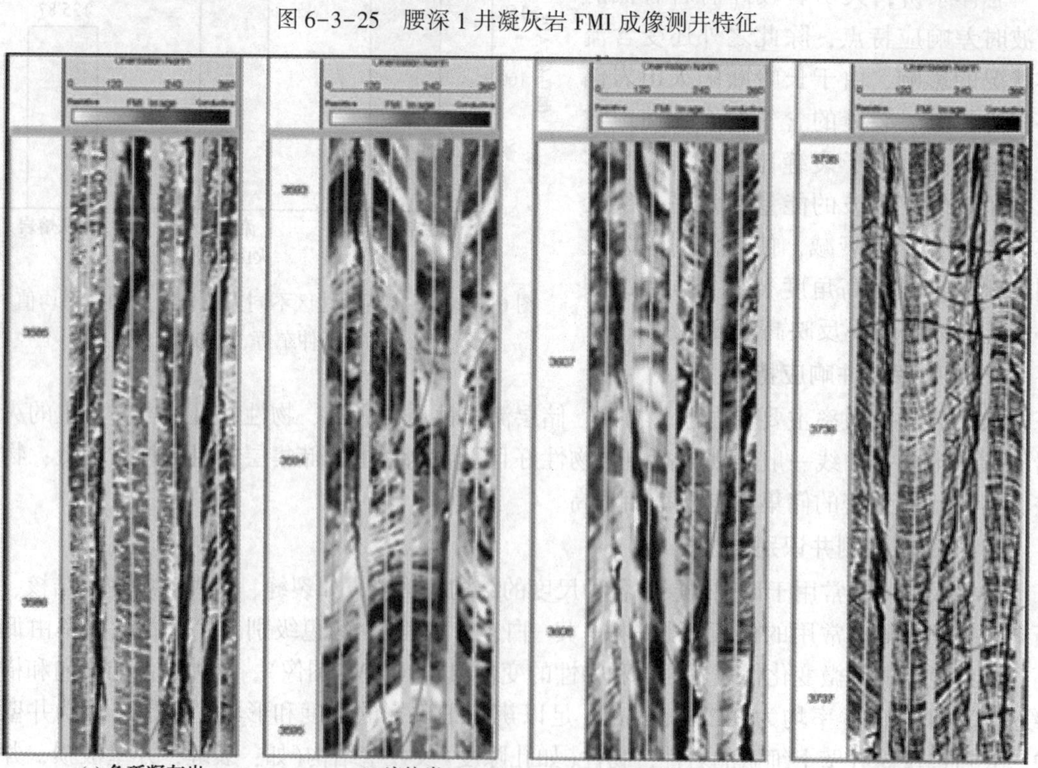

(a) 角砾凝灰岩　(b) 流纹岩　(c) 流纹岩　(d) 流纹岩

图 6-3-26　腰深 1 井流纹岩 FMI 成像测井特征

5. ECS 元素俘获谱测井应用——ECS TAS 岩性划分

对于火山岩，由于其岩性的复杂性，目前还没有成熟的和通用的 ECS 测井岩性解释模型。国际上通用的火山岩岩石分类方法为 TAS(Total Alkali Silica)分类法，即所谓的硅—碱分类法。TAS 分类是对矿物颗粒很细或结晶程度差的火山岩，根据化学成分及含量进行分类的方法。其基本的分类依据是根据二氧化硅含量和碱度高低即氧化钾和氧化钠之和的比例关系进行酸碱度划分。根据 SiO_2 的含量分为超基性、基性、中性、酸性；根据 Na_2O+K_2O 的含量进行碱性系列划分。另外，又可根据钾、钠含量的高低把玄武岩，玄武质安山岩，安山岩，英安岩和流纹岩进行细分为高含钾、中等含钾和低含钾等；根据 Al_2O_3 和 FeO 的含量的关系把流纹岩和粗面岩分为碱流质和钠闪碱流质。ECS 元素俘获谱测井可以得到地层连续的元素含量，如硅，钾和钠元素等，这就为应用测井曲线进行 TAS 分类提供了资料基础。利用 ECS 数据进行 TAS 岩性分类结果表明腰深 1、腰深 101、腰深 102 井火山岩以流纹岩为主，含有少量粗面岩和英安岩。

（二）不同类型火山岩岩石的电性特征

火山岩矿物组合及其结构决定其电性响应特征。一般来说，由基性火山岩到中酸性火山岩，相对应喷出岩为玄武岩、安山岩、英安岩、流纹岩，化学成分 Fe、Mg 与 SiO_2 含量降低，U(铀)、Th(钍)、K 与 Na 含量增加，测井曲线特征总体表现为自然伽马值增大，声波时差增大和密度值降低的趋势。

长岭断陷火山岩岩性主要有：花岗斑岩、辉绿岩、玄武岩、安山岩、英安岩、流纹岩和凝灰岩，电性特征值如下：

1. 花岗斑岩

酸性火山岩，目前主要在腰深 2 井营城组发育，其它井位尚未发现，分布范围不广，属浅成侵入岩类。具有高伽马(130~220API)、高电阻率(200~1000Ω·m)特点，声波时差较低。

2. 辉绿岩

基性浅成侵入岩，分布范围局限，仅在 DB11 井营城组发现，具有低伽马(56~103API)、低电阻率(60~130Ω·m)特征。声波时差跳跃频繁，明显呈锯齿状。

3. 玄武岩

基性火山熔岩，主要分布在 DB10 井和 DB11 井，具有“低伽马、中低电阻率、低时差、高密度”的特征。自然伽马为 96~140API，声波时差为 166~200μs/m，深感应电阻率为 30~137Ω·m，密度为 2.4~2.87g/cm³。

4. 安山岩

中性火山熔岩，分布范围较广，具有“低伽马、低电阻率、低时差、高密度”的特征。自然伽马为 37~71API，声波时差为 174~190μs/m，密度为 2.15~2.65g/cm³。

5. 英安岩

中酸性火山岩，仅 DB11 井有分布，电性具有“高伽马、高密度、低时差、较高感应电阻率”的总体特征。自然伽马为 103~115API，声波时差为 176~200μs/m，密度为 2.42~2.9g/cm³，电阻率为 42~241Ω·m。

6. 流纹岩

流纹岩测井响应变化较大，高电阻(一般位于溢流单元的中部)、高密度流纹岩声波时差较低，在 172~182μs/m 左右，密度大于 2.55g/m^3；低电阻(一般在溢流单元的上部和下部)、低密度流纹岩声波时差较高，主要集中在 185~205μs/m 作用，密度主要在 2.25~2.55g/m^3。自然伽马相对较高，在 150API 左右，双侧向电阻率曲线则随着在溢流单元中所处的位置不同，有较大变化，一般在溢流单元的上部和下部，电阻率较低，为好储层。而在溢流单元的中部，则电阻率很高，为致密层(图 6-3-26)。高速流纹岩声波时差在 172~182μs/m 左右，低速流纹岩声波时差在 185~205μs/m 作用，均高于上覆登娄库组砂岩速度，更高于泥岩速度。流纹岩的电阻率曲线会显示由低到高再到低的复合旋回特征；密度与英安岩较难区分，声波时差和自然伽马比英安岩高；FMI 图像一般显示纹层状结构和块状结构。

从测井解释成果看，气层声波时差大，速度低，密度小，应用声波时差和密度曲线进行波阻抗反演能够识别出有利储集层。

7. 凝灰岩

多见空落和热碎屑流两种成因的凝灰岩，两种成因的凝灰岩特征相似但也存在差异。自然伽马(100~170)API，曲线呈相对平直的微齿化，自然伽马空落成因凝灰岩伽马值较热碎屑流成因凝灰岩低；声波时差(175~290)μs/m，密度为(2.1~2.63)g/cm^3；深感应电阻率一般为(120~37)Ω·m，双侧向电阻率曲线变化较平稳，熔结程度高时，电阻率会明显升高；在 FMI 静态图像上呈亮黄色到白色，动态图像上表现为致密块状，熔结凝灰岩中也可以见到气孔，空落成因的凝灰岩常具有一定的成层性。

角砾凝灰岩常规曲线特征与凝灰岩类似，在 FMI 图像上可见晶屑、玻屑或岩屑等角砾特征，热碎屑流成因的角砾凝灰岩内可见拉长的高阻玻璃质玻屑形成的顺层亮斑结构，发育熔结结构和假流纹构造，空落形成的角砾凝灰岩多见边缘清楚的刚性颗粒，空落成因的角砾凝灰岩多显正粒序，而火山碎屑流成因的可见反粒序特征(图 6-3-27)。

8. 沉火山碎屑岩

属于正常火山碎屑岩向沉积岩过渡的一种，根据粒度可以分为沉集块岩、沉火山角砾岩和沉凝灰岩，沉集块岩非常少见，沉火山角砾岩中可见较好的砾石颗粒，具有一定的磨圆和分选，沉凝灰岩则分布比较广泛，图像上沉凝灰岩与泥岩特征类似，成层一般比较明显，韵律比较清楚，有时可见变形沉积构造，常规曲线上，GR 变化较大，可能与其成分有一定的关系，电阻率一般较低，综合 ECS、常规测井及成像特征可以将沉积火山碎屑岩与沉积岩和火山岩区分开来。

9. 原地火山角砾岩

也称溶蚀火山角砾岩，后期成岩过程中熔岩遭受淋滤破碎而成的假角砾，次生溶蚀作用比较发育，孔隙空间较大，自然伽马、电阻率及密度均较低，中子值较大，为高渗透储层。在岩心和图像上显示具角砾的特征。腰深 101 井原地火山角砾岩的原岩是流纹岩，分布在喷发旋回顶部。

从测井解释成果看，气层声波时差大，速度低，密度小，应用声波时差和密度曲线进行波阻抗反演能够识别出有利储集层。

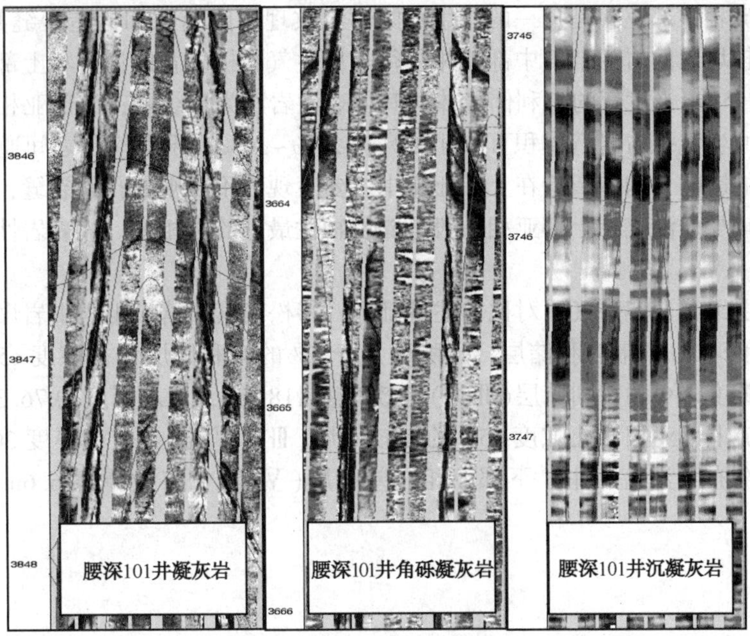

图 6-3-27 腰英台地区不同岩性 FMI 成像测井特征

第四节 有利储层的分布特征

长岭断陷出现的火山岩相组合复杂多样，几乎各个岩相都有出现，如溢流相、爆发相、火山通道相、次火山岩相和喷发沉积相等，但以溢流相和爆发相最为发育；储集条件较好的火山岩是凝灰岩和流纹岩。

凝灰岩，凝灰质泥岩等火山碎屑岩属于爆发相，主要是形成于中心式火山喷发的早期及高潮期。爆发相又可分为空落亚相、热基浪亚相、热碎屑流亚相三个亚相。其中空落亚相主要发育于每个喷发旋回的底部或顶部，向上粒度变细，有时也呈夹层出现。具有明显的分带性，如：SN109、DB11 井的凝灰岩。晶粒间孔隙和角砾间孔缝为主，后期成岩可产生溶蚀孔、缝，可作为良好的储集层；而晶屑、玻屑、浆屑的凝灰岩多属于热基浪亚相和热碎屑流亚相，热基浪亚相发育层理构造，是重力沉积，压实成岩作用的产物。而热碎屑流亚相的浆屑凝灰岩原生气孔比较发育，该类亚相在腰英台构造比较普遍，如腰深 1 井、腰深 101 井、腰深 102 井的熔结凝灰岩、角砾凝灰岩、凝灰角砾岩。

爆发相是长岭断陷各个喷发旋回的主要组成部分，储集条件好，易形成好的储层，在长岭断陷所钻探井中大都见到气显示，尤其在腰深 1 井凝灰岩井段(3540~3590m)已发现高产气流，在腰英台构造腰深 101、腰深 102、腰平 1 等井凝灰岩都有高产工业性气流，因此该类火山岩相具有重要的勘探价值。

溢流相是长岭断陷的主要岩相类型。目前发现的主要有流纹岩、英安岩、安山岩、玄武岩，从基性到酸性都有，溢流相中溶蚀孔和裂缝非常发育，对于改善火山岩的储集物性意义明显。溢流相垂向分带明显，溢流相下部亚相岩石的原生孔隙不发育，但脆性强，裂隙容易形成和保存，所以是各种火山岩亚相中构造裂缝最发育的。代表岩性为流纹岩及含同生角砾的流纹岩；溢流相中部亚相是唯一的原生孔隙、流纹理层间缝隙和构造裂缝都发育的亚相，也是孔隙分布较均匀的岩相带。中部亚相往往与原生气孔极发育的溢流相上部亚相互层，构成孔—缝“双孔介质”极发育的有利储集体。其代表性岩石为流纹岩；上部亚相是原生气孔最发育的相带，原生气孔占岩石体积百分比可高达25%~30%，原生气孔之间通过构造裂缝连通。由于气孔的影响，构造裂缝在上部亚相中主要表现为不规则的孔间裂缝，而规则的、成组出现的裂缝较少。溢流相上部亚相一般是储层物性最好的岩相带。代表岩性为气孔流纹岩或球粒流纹岩。

在单井储层细分、多井气层对比描述基础上，将松南气田营城组火山岩爆发相、溢流相带划分出孔隙度>10%的最有利储层，孔隙度大于5%的有利储层和孔隙度<5%的较有利储层。其中：孔隙度>5%的有利储层(Ⅱ类)有效厚度118.5m，占总厚度的76.3%；主要分布于爆发相及溢流上部亚相；孔隙度<5%的有较储层(Ⅲ、Ⅳ类)：有效厚度30.2m，占总厚度的19.4%；分布于溢流相中、下部亚相；差储层(Ⅴ类)，有效厚度6.6m，仅占4.2%，多为夹层。

第七章　长岭断陷火山岩气藏储盖组合及油气输导系统

松辽盆地营城组火山岩广泛发育，具有良好的油气生、储、运、聚条件，继北部徐家围子断陷发现大型天然气田之后，松辽盆地断陷层系引起了广泛关注，南部长岭断陷相继发现了长岭、松南等大型气田。然而，由于火山岩油气成藏规律极其复杂，为什么有的地方只发育 CO_2 气田，有的地方发育含碳天然气田且 CO_2 含量分布又极不均匀，为什么有的地方能发育纯天然气藏等等诸多问题，目前并无一个明确而统一的认识，长岭断陷火山岩生储盖组合和油气输导系统的研究，揭示在构造复杂的长岭断陷广泛发育的断裂、不整合面、火山岩、砂岩等输导体系相互交叉、叠置和连通，决定了长岭断陷营城组天然气分布与成藏的复杂性。

第一节　火山岩气藏生储盖组合

盖层是天然气保存的关键因素，根据天然气火山岩气藏盖层分类，长岭断陷深层天然气盖层类型基本上属于物理盖层(地层盖层)类的泥岩盖层、致密火山岩盖层和火山岩风化壳盖层等，生、储、盖组合在纵向上主要发育自生自储和下生上储两大类成藏组合，断层的封堵能力直接影响火山岩圈闭的有效性。

一、天然气盖层分类

张义纲(1991)综合了国内外关于天然气盖层的分类研究，将天然气盖层的分类按照盖层封盖机制、盖层的空间分布和盖层的成因分为3种类型，每一种分类又根据盖层的物化性质细分为若干亚类。

1. 按封盖机制分类

张义纲(1991)按照其封盖机制，将天然气盖层可分为四类：

① 物性盖层，大孔较少，突破压力高，具有抑制天然气渗漏的能力；或者超微孔在总孔隙中所占的比例高，具有阻滞天然气扩散的能力；

② 浓度盖层，具有一定的生气强度，可阻滞下伏天然气向上迁移；

③ 复合盖层，即同时具有上述两种作用的盖层，包括超压层、煤层、煤线等；

④ 水合物盖层，甲烷在低温或高压下具有与水形成水合物晶体的特征，形成晶体后丧失其全部活动能力，因此这是一种非常有效的盖层，见于水冻带或深海的陆隆带。

2. 根据盖层空间分布分类

张义纲(1991)根据天然气盖层的空间分布，将盖层分三类：

① 区域性盖层(包括大区域及小区域内)；

② 直接盖层：是指直接覆盖在储集岩之上的盖层，或与储集岩之间仅存在数米厚的过渡层。直接盖层强调的是它的突破压力，因此直接盖层一般都是物理盖层。如果直接盖层的

突破压力大于气藏剩余压力，则根据压差屏障理论只要有 1cm 的压差屏障，就足以制止天然气的渗漏。如果直接盖层的突破压力略小于气藏剩余压力，则发生天然气的微渗漏，直到气藏剩余压力下降到等于盖层突破压力为止，可称谓低效封盖状态。

③ 垂向封隔层。

3. 根据天然气盖层成因分类

张义纲(1991)根据天然气盖层的成因，将盖层分为：

① 地层盖层；

② 地温场盖层，地温场盖层是根据 Hunt(1990)流体封隔箱(fiuid compartment)的概念提出来的。Hunt 在研究了世界许多地区的压力异常之后，认为存在着一种与地层层位无关，而取决于地温场的封隔层。这是一种地温场和水流循环共存的特殊的三维地质空间，在这个三维空间产生了成岩矿物的区域性再分配和孔隙再分配，地温场盖层和垂向封隔层组成流体封存箱，在箱内和箱外之间存在着压差，油气藏一般分布在流体封存箱的箱内、箱外和箱缘。

二、长岭断陷火山岩天然气气藏盖层类型

封盖条件的优劣是决定长岭断陷天然气成藏与分布的一个重要条件。通过对盖层类型、分布特征、封闭能力及与断裂关系的综合分析(表 7-1-1)，长岭断陷深层天然气盖层类型基本上属于物理盖层(地层盖层)，区域性盖层和直接盖层均有。根据地层盖层的岩性特征，可进一步将长岭断陷火山岩天然气盖层细分为泥岩盖层、致密火山岩盖层和火山岩风化壳盖层等，多种类型盖层控制了深层立体成藏体系。

表 7-1-1 长岭断陷深层天然气盖层综合评价表(据时应敏等，2011)

盖层岩性	盖层层位	累计厚度/m	排替压力/MPa	空间展布	与断裂的关系	盖层品质	盖层性质
泥岩	K_1q^{1+2}	100~300	25~35	全区分布	限制、穿断	好	区域盖层
	K_1d	30~200	30~45	全区分布	穿断、限制	较好	直接盖层
	K_1yc	0~100		局部分布	穿断	一般	局部盖层
火山岩	K_1yc	5~170	5~40	局部分布	穿断	一般~差	局部盖层隔层
				夹层分布			

1. 泥岩盖层

泥岩盖层主要发育在登娄库及泉头组，在长岭断陷均有分布。泉头组一、二段泥岩盖层厚度大、分布范围广、排替压力较高、封气能力强，受断层影响小，盖层发育特征明显优于其它层段，控制着天然气的区域聚集与分布，是长岭断陷深层天然气最重要的区域性盖层(图 7-1-1)。

由于受断陷分布及沉积环境和物源供给条件的影响，登娄库组泥岩盖层厚度变化很大，受断裂影响较大，相对于泉一、二段泥岩盖层而讲，其区域性封盖能力明显要差，但作为其下部营城组火山岩最直接的一套盖层，尤其是登娄库组上部泥岩段多层泥岩交叉叠置，使之仍能够成为较好的局部盖层(图 7-1-1)。

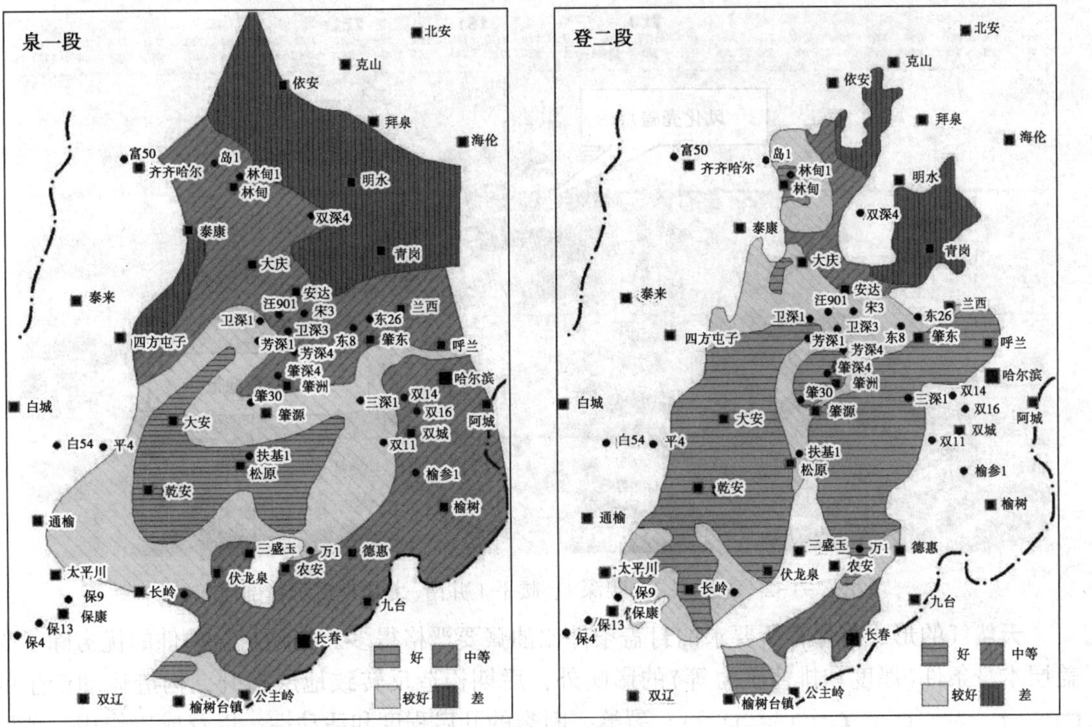

图 7-1-1　松辽盆地主要盖层综合评价图(据东北分公司，2007)

2. 致密火山岩盖层

火山岩盖层主要发育在营城组。一般情况下火山岩的孔隙度大于 3%时才具有储集工业天然气的能力，当火山岩孔隙度小于 3%时就有可能成为天然气的封盖层，火山岩地层能形成自储自盖组合。长岭断陷各种岩性的火山岩盖层(凝灰岩、流纹岩、安山岩、玄武岩等)在营城组均有发育，由于受不同火山喷发期次和旋回影响，火山岩盖层不仅岩性不同，厚度和分布规律均有很大差异。目前钻井揭示火山岩盖层单层厚度最薄仅 5m，最厚可达 60m，盖层突破压力在 5~40MPa 之间；火山岩盖层的平面分布范围较小，连续性和稳定性很差，多呈局部隔层分布于火山岩机构内部，仅有少部分天然气被封闭聚集。正是由于火山岩局部性盖层和火山岩隔夹层分布、位置和能力的不同，造成了天然气在营城组火山岩中分布的差异性。因此，火山岩层段可形成自储自盖组合。

3. 火山岩风化壳

通常认为风化壳是良好的储层。但是当火山机构顶面长期处于暴露状态接受风化作用后，在其表面形成一套岩石颜色发红、发紫的风化层。风化层被重新长期埋藏后，由于成岩作用影响，在风化面往往能形成一套致密层，测井曲线上表现为高伽马、低电阻、低密度特征，可作为好的局部盖层。

腰英台地区腰深 1、腰平 1、腰平 3 井等井均有火山岩风化壳发育(图 7-1-2)，通过对 25 口获工业气流的井统计，火山岩气藏均发育在距火山岩顶面 2m 以下，表明风化壳是这些井形成天然气局部富集的重要条件。

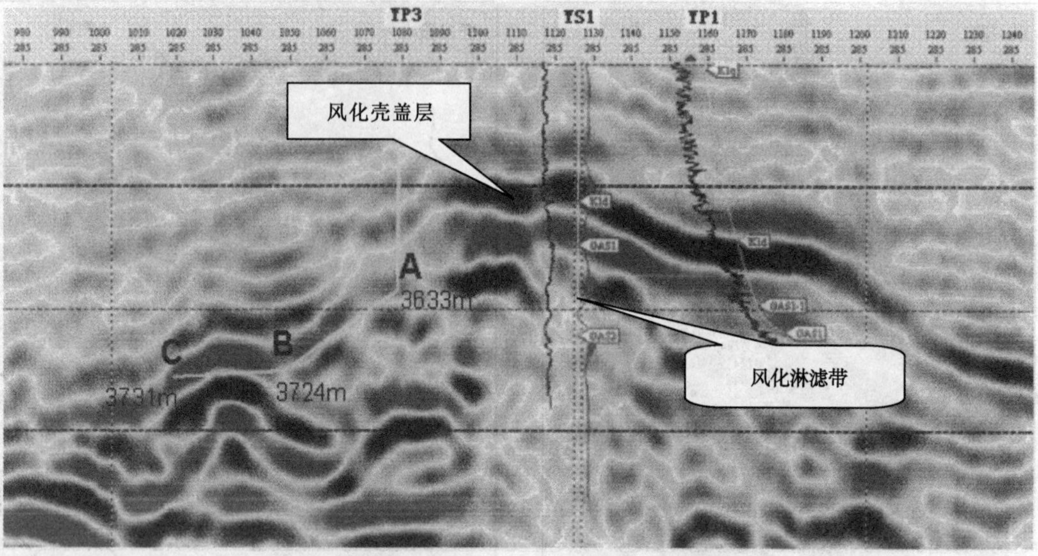

图 7-1-2　过腰平 3、腰深 1、腰平 1 井南—北向地震解释剖面

天然气的形成与保存所要求的封盖条件比油藏要严格得多。气藏封盖条件的优劣除了受盖层本身条件(厚度和排替压力等)的影响外，后期构造反转致地层抬升，构造运动产生的裂缝、断裂的开启程度和活动性、以及成岩作用、地层流体等因素的影响也不容忽视。从控制腰英台深层构造的达尔罕断裂的活动性分析来看，断陷期后达尔罕断裂的活动性减弱并停止活动，断裂并未断穿上部坳陷层的区域盖层，断裂的封闭性较好；再加上登娄库组和泉一、二段两套封闭性盖层形成时期均早于气源岩的大量排气期。这就是长岭断陷主力气藏分布于营城组上部大套酸性火山岩优质储层中的重要原因。

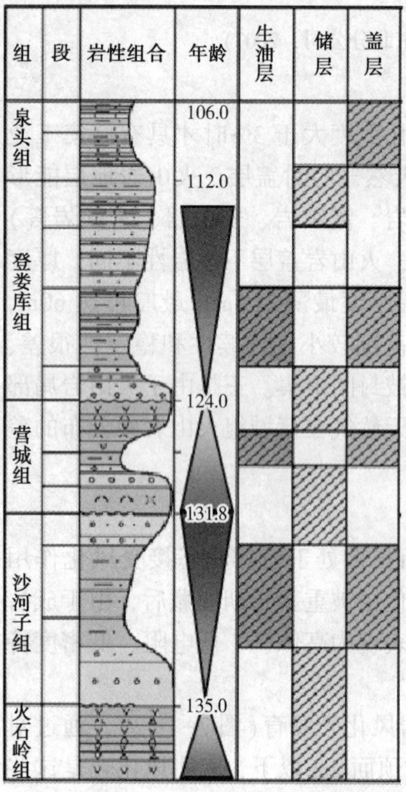

图 7-1-3　长岭断陷生储盖组合
(据时应敏 2011 修编)

三、生、储、盖组合

根据断陷层系的地层发育特征和沉积相带的展布规律，长岭断陷层系生、储、盖组合在纵向上主要发育自生自储和下生上储两大类成藏组合。

1. 下生上储成藏组合

断陷层系下生上储型组合包括有两种，一种是以下伏沙河子组暗色泥岩为主要烃源岩，营城组火山岩为储层，泉一段、登娄库组泥岩为区域性盖层；另一种生储层不变，盖层是以火山岩为局部盖层的生储盖组合。达尔罕地区营城组大型火山岩体就属于该组合类型(图 7-1-3)。

2. 自生自储型组合

自生自储成藏组合是指以营城组、沙河子组、局部火石岭组暗色泥岩为烃源岩，以营城组砂(砾)岩和火山岩、沙河子组砂岩及火山岭组火山岩为储层，以登娄库组和泉一段泥岩为盖层组成的生储盖组合。该组合属深部油气成藏组合体系，以形成原生油气藏为主。

长岭北正镇—前八号—卜家产一带火石岭组广泛发育三角洲相沉积，在四海窝堡屯地区也同样发育有三角洲相沉积，长发村—陈家店、西牛泡子—新立屯地带发育有浅湖相沉积，并在断陷槽的沉降中心广泛发育有火成岩的喷发。因此三角洲相带和火成岩喷发相是有利的含油气储集岩相带；营城组沉积时期，在断陷槽的沉降中心广泛发育有火成岩的喷发，其火成岩喷发相是有利的含油气储集岩相带。登娄库组和泉头组半深湖相、深湖相暗色泥岩和火成岩是有利的油气封盖层。

四、断层的封堵能力

由于长岭断陷构造运动的频繁性，导致断层的多期次活动，断层在封闭时间和空间上都存在着显著变化，断层封堵能力影响火山岩断鼻、断块圈闭的有效性。要正确客观地评价断层的封堵能力，首先要对影响断层封闭性的各种因素进行深入细致的研究。包括断层面上泥岩涂抹的厚度及连续性、断裂带中填充物的性质、断层面的压力大小、断面上的紧闭程度等。

腰英台—查干花地区断裂带的填充物主要为碎屑岩(砂、泥)和火山碎屑岩(火山角砾)的混合物，岩性变化较大。断层面上登娄库组泥岩涂沫系数均小于4，说明断层在登娄库泥岩涂沫空间分布是连续的，断层侧向封闭性较好(表7-1-2)。同一条断层在不同的空间位置垂向封闭性有差异，达尔罕断裂是长岭断陷深层天然气藏主控断裂之一，北缓南陡，相对而言，北面腰深1井区营城组顶断面压力要比南面DB11井区断面压力大(表7-1-3，图7-1-4、图7-1-5)，断层在腰深1井区的紧闭程度要高于DB11井区。

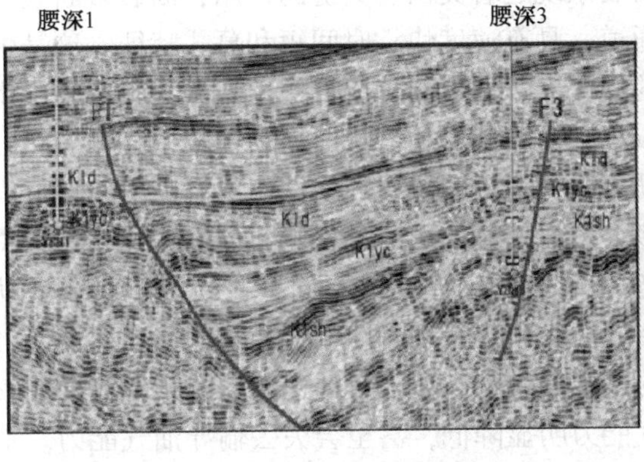

图7-1-4 长岭断陷腰深1-腰深3井连井剖面图

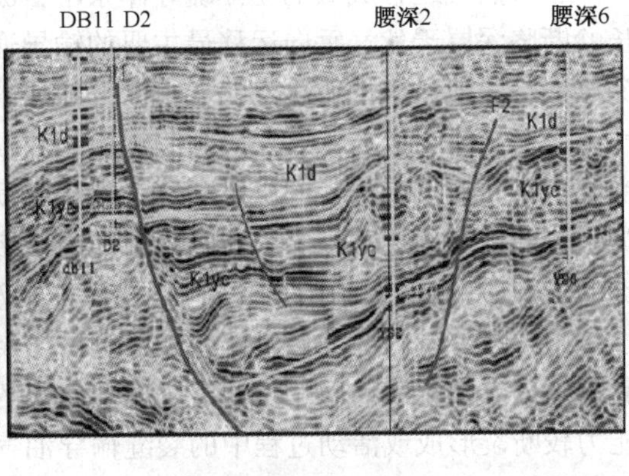

图7-1-5 长岭断陷DB11-腰深6井连井剖面

表7-1-2 长岭断陷主要断层登娄库组侧向封闭特征(据时应敏，2011)

断层	断距/m	泥岩厚度/m	地层厚度/m	泥岩涂抹系数	侧向封闭性
F1	70~220	38~124	92~248	1.997~3.275	封闭
F2	40~100	59~219.5	239~563	1.875~4.051	封闭
F3	60~120	106~185	292~401	2.168~2.755	封闭

表 7-1-3　长岭断陷主要断层断面压力参数表(据时应敏，2011)

断层	走向	倾向	性质	活动时间	空间位置	上断点承压/MPa	计算参数		
							倾角/(°)	埋深/m	密度/(g/cm³)
F1	SN	E	正	$K_1yc\sim K_1q$	YS1 与 YS3 之间	25.9	62	3542	2.58
					DB11 与 YS2 之间	10.8	79	3650	2.57
F2	NW	NE	正	$K_1yc\sim K_1d$	YS6 与 YS2 之间	27.9	60	360.3	2.57

第二节　油气输导系统

输导体系的运移是将油气的生成和聚集联系起来的桥梁，没有天然气的运移就没有其富集、成藏，输导体系是油气成藏中所有运移通道，即储集层、断层(裂缝)、不整合面等及其相关围岩的总和。在构造复杂的长岭断陷输导体系并非单一类型，广泛发育的断裂(断层、裂缝)、不整合面、火山岩、砂岩等输导体系相互交叉、叠置和连通，形成更加复杂的三维输导系统，输导体系的多样性和复杂性，决定了长岭断陷营城组天然气分布与成藏的复杂性。

一、输导通道

长岭断陷深层发育的断裂(断层、裂缝)、不整合面、火山岩和砂岩等天然气输导体及其垂向、侧(横)向立体天然气输导通道，构成了长岭断陷深层天然气的成藏和空间配置的有效输导系统。

(一) 断裂(断层、裂缝)输导

在天然气运移成藏的立体疏导体系中，断裂系统起着突出、关键的作用，断裂带断裂是长岭断陷深层天然气垂向运移最主要的输导通道，具有速度快、时间短和幕式特征。这是由深层的特殊地质条件所决定的：①深部地层的埋深大、温度高、成岩作用强，导致疏导层物性差，输导能力较弱；②深层断陷规模相对较小，使输导层相变快，连续性较差，输导能力受限；③断裂及其派生的次级断层、裂缝有助于改善附近输导层的物性，更有助于断裂带成为优势的运移通道。在深层断陷中源区内众多火山岩气藏的形成过程中断裂的输导起到了关键的作用(卢双舫，2010)。同一断裂在不同演化阶段的输导能力不同。在断裂形成或活动过程中，断裂带内部的伴生裂缝和两侧诱导裂缝成为断裂活动时期输导油气的主要通道，当断裂形成或停止活动后，对油气起输导作用的是破碎带中破裂岩石的连通孔隙，其输导油气能力较断裂形成或活动过程中的裂缝输导油气能力明显降低，甚至会失去输导油气能力。不同断裂在相同活动时期走向与最大主应力方向不同，造成其开启程度不同，输导油气能力也有所不同。

穿过气藏的断裂将对天然气藏的调整、改造和破坏起到重要作用，同时也成为次生气藏形成的关键运移通道。长岭断陷深层发育有早期和长期断层，早期断层断穿 T_5 和 T_4 反射导或只错断其中一层，只断穿 T_4 的断层形成于营城组沉积末期，为断陷期断裂；同时断穿 T_5、T_4 的断层是基底断层继承性发育而形成的。早期断层是沙河子组—营城组生成排出的天然气向营城组内火山岩和登娄库组底部砂岩储层运移的优势输导通道。长期断层在剖面上从 T_5 或 T_4 一直断至 T_2 反射层或以上，这类断层往往有多个活动时期，即营城组沉积末期、泉头组沉积末期–青山口组沉积中期等。长期断层除了可以是天然气向上储层运移的输导通道外，也是气藏气向登娄库组及以上储层中二次运移输导的主要通道。根据对地震资料系统的构造解析，腰深101、腰深102井等登娄库组次生气藏的成因正是在松辽盆地构造反转期的挤压、抬升和作为长期断裂的达尔罕和黑帝庙等主控断裂及其周边伴生的一系列次级断裂的控制下(图7-2-1)，下伏原生气藏经过断裂系统运移、改造形成。

相干体切片表明，裂缝在营城组火山岩中大量发育，而在登娄库组碎屑岩中不发育。火山岩之所以能成为储层，主要由于发育大量多期的、不同规模和不同层次的裂缝，为天然气垂向运移提供了良好通道。包裹体分析也进一步表明，营城组火山岩沿裂缝曾发生过大量的烃类运移(图7-2-2)。

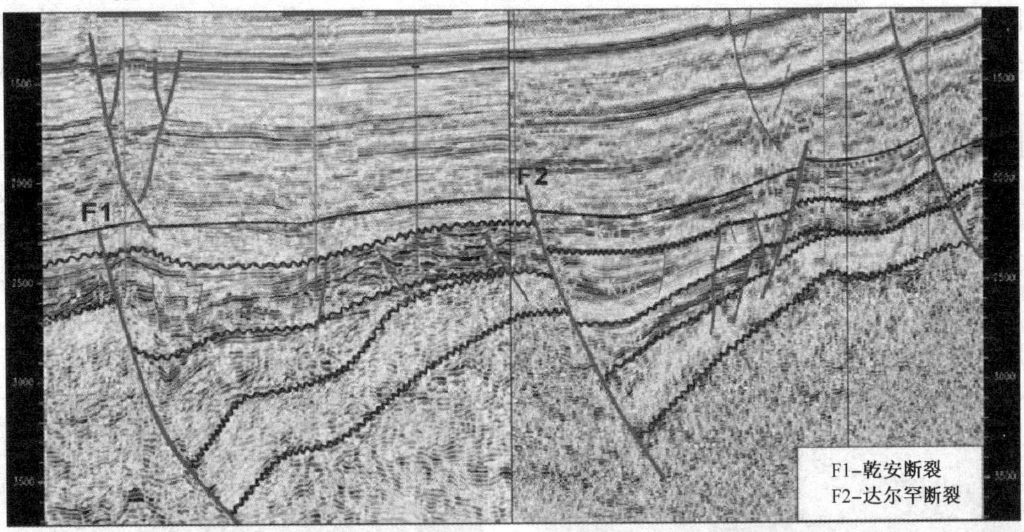

图7-2-1　长岭断陷断裂和不整合分布示意图(据时应敏，2011)

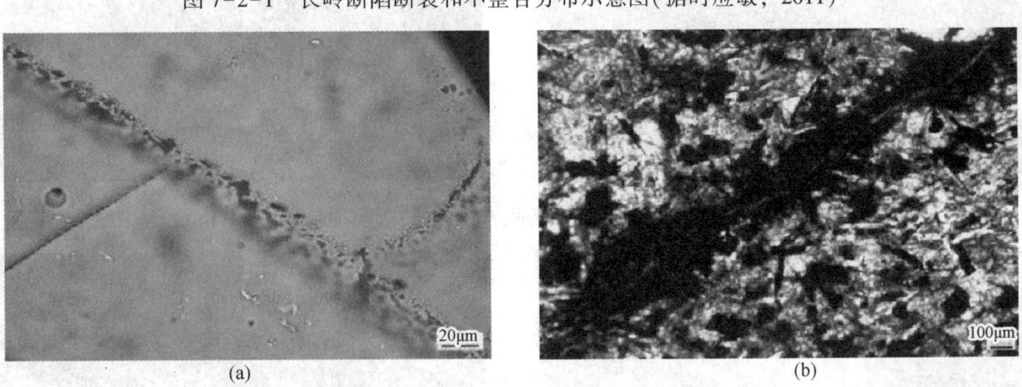

图7-2-2　沿微裂缝分布的烃类包裹体(据时应敏，2011)

(a)YS102井，3719m，沿石英矿物中的微裂隙成带状分布、呈深褐色的液烃包裹体；

(b)DB11井，4144m，沿微裂缝运移的深褐色沥青

(二) 不整合面输导

不整合面输导体系在长岭断陷油气运移输导过程中也具有重要作用。长岭深层发育基岩—火石岭组、火石岭组与沙河子组、沙河子组与营城组、营城组与登娄库组等多个不整合面

(图 7-2-1)，基岩与火石岭组不整合面主要分布在断陷边缘，营城组与沙河子组不整合面主要分布在深凹向隆起过渡地区，营城组与登娄库组不整合面分布于整个长岭地区。考虑到多个不整合面与主力气源岩的空间配置关系，认为沙河子组与营城组、营城组与登娄库组这两个不整合面是长岭深层天然气长距离侧向(尤其是穿层)运移的主要输导通道。小地层倾角的角度不整合主要起侧向运移输导的作用，而大地层倾角的角度不整合更有利于天然气穿层侧向运移输导。但不整合面的输导作用以早期输导为主，晚期成岩作用强烈，输导能力变差，甚至不起输导作用。

(三) 火山岩输导

长岭断陷营城组火山岩虽然厚度大，分布广，但是储集空间类型十分复杂，主要为孔隙、裂缝、孔洞及由它们组成的复合体。通过对火山岩样品毛管压力曲线和孔隙半径分布频率图对比分析认为，火山岩储层的连通性及渗流能力较差。孔隙度差异变化大，大部分孔隙为孤立或局部连通、微连通孔隙。镜下观察同样显示，气孔大小形态各异。如五大连池火烧山玄武岩气孔非常发育(图 7-2-3)。最大孔径 2474μm，最小 4.5μm，面孔率可达 73.36%，孔隙性非常好，但气孔之间相互独立，互不连通，火山岩储层内部天然气难以沿孔隙顺层输导。岩性观察和薄片分析显示(图 7-2-4)，长岭断陷营城组火山岩局部溶蚀孔和裂缝较为发育，这种由于风化淋滤、溶蚀、构造应力、热液蚀变等外力作用形成的次生储集空间是天然气在火山岩储层内局部输导的关键，在裂缝的作用下，后期的溶蚀作用还可以改善孔隙的连通状况。但火山岩储层的严重非均质性使得各火山机构之间，不同旋回期次之间的火山岩储层仍难连通，烃类难以在火山机构之间运移输导。

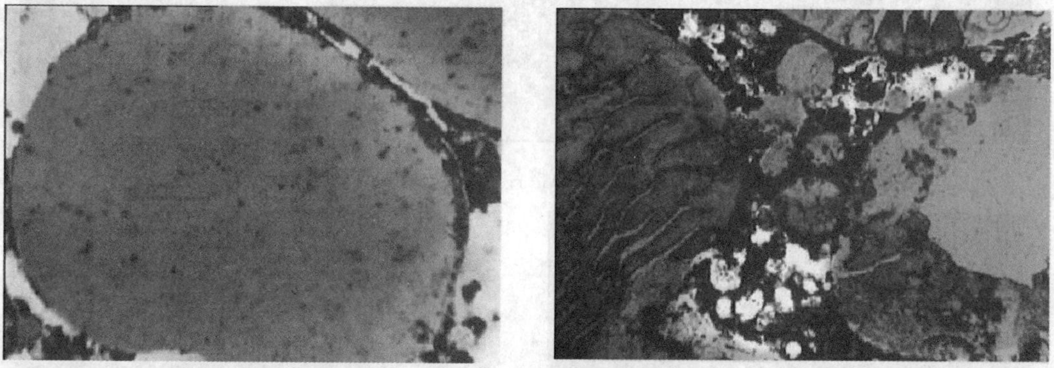

图 7-2-3　五大连池火烧山玄武岩铸体薄片(据时应敏，2011)

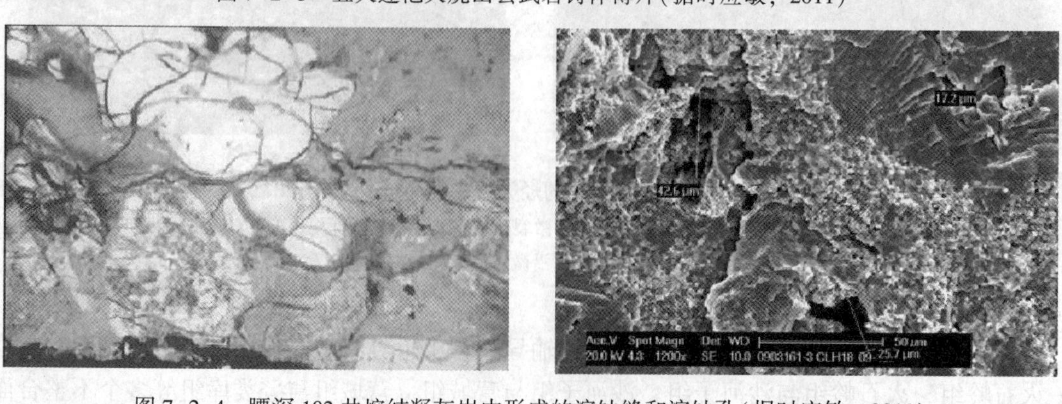

图 7-2-4　腰深 102 井熔结凝灰岩中形成的溶蚀缝和溶蚀孔(据时应敏，2011)

（四）砂体输导

砂体也是长岭地区深层天然气侧向运移输导的通道之一。长岭断陷深层砂体主要发育在登娄库组、泉一、二段和沙河子组、营城组，并与沙河子组、营城组气源岩之间处于相互叠置的关系，烃源层生成的烃类可以沿这些砂体顺层运移(图7-2-5)。

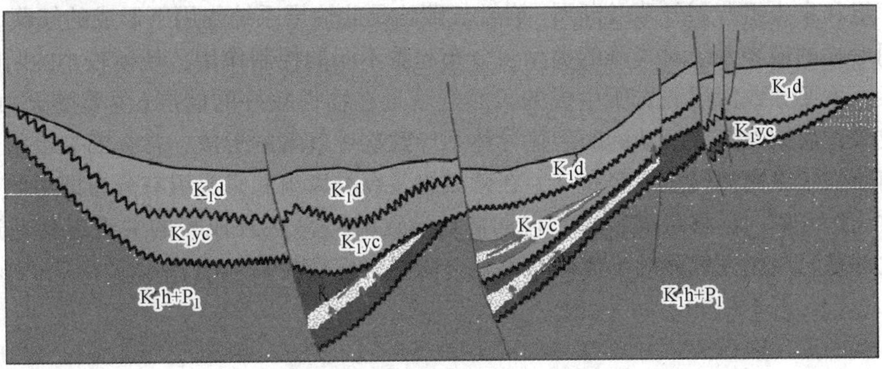

图7-2-5　砂层发育位置及控制运移示意图(据时应敏，2011)

根据砂体与烃源岩之间的位置关系研究，只有沙河子组和营城组内的砂体才可对天然气起直接输导作用，登娄库组和泉一段、泉二段砂体不能独立对天然气起运移输导作用，必须与断层或不整合面配合才能起输导作用。

二、天然气输导系统类型

长岭断陷深层目前已发现气藏与气源岩之间的关系，将长岭断陷天然气输导系统分为源内和源外两种类型。源内是天然气早期、近源和初次运移的主要输导系统，源外是晚期、远源和二次运移主要输导系统。

1. 源内运移输导系统

源内断层垂导系统是圈闭(主要是火山岩岩性圈闭)位于沙河子组—营城组气源岩内，天然气运移通道为早期断层或长期断层，断层发育于沙河子组—营城组气源岩内或断穿沙河子组—营城组火山岩体，使气源岩生成排出的天然气沿此断层向火山岩体中运移聚集形成气藏。这是腰英台和查干花地区营城组火山岩气藏的主要输导系统类型。

源内砂体侧向输导系统是圈闭(主要是地层超覆圈闭)位于沙河子组—营城组气源岩边部，天然气运移通道是砂体，这种砂体输导层发育于沙河子组—营城组气源岩内，其生成排出的天然气首先运移进入砂体中，然后沿砂体进行侧向运移，进入地层超覆圈闭或火山岩圈闭形成气藏。这种输导类型在腰英台地区和查干花地区均存在。

2. 源外运移输导系统

源外天然气运移输导系统由于圈闭远离气源区，天然气需要经过长距离运移才能达到圈闭，在这种情况下，需要不同类型的输导体组合才能对运移起到输导作用。

源外不整合面—断层输导的输导类型在达尔罕凸起到东岭古隆起基岩风化壳发育带均存在。沙河子组—营城组气源岩生成排出的天然气首先沿营城组与登娄库组不整合面或断层侧向或垂向运移，然后再沿基岩与登娄库组不整合面侧向运移进入基岩风化壳中聚集形成气藏。

源外不整合面–断层–砂体输层系统是圈闭（主要是断背斜、断鼻、断层遮档和断层–岩性）远离沙河子组–营城组气源岩，且位于其正上方或斜上方。沙河子组–营城组气源岩生成排出的天然气首先沿不整合面和断层进行斜向和垂向运移，再进入登娄库和泉一、二段砂体做短距离的侧向运移后，进入登娄库组和泉头组一、二段圈闭中聚集形成气藏。腰英台地区登娄库组和泉头组背斜气藏及断层–岩性气藏均是此输导系统作用下形成的气藏。

不同形式的输导系统对气藏的类型、分布起着不同的控制作用，规模较小的断陷期断裂输导体系，主要导致深层源岩所生成的天然气就近在物性较好的储层（主要是火山岩储层）中聚集成藏，后期发育或活动的断裂输导体系导致次生气藏的形成，常在断裂带附近多层叠置。东南断陷带纵向油气显示分布广，在营城组、登娄库组和泉头组有分布即与此有关，不整合导致天然气侧向运移距离较远，它常常是导致源（岩）区外成藏的关键运移通道，如松辽盆地北部基岩风化壳气藏的形成即与不整合输导有直接关系。

第八章　长岭断陷火山岩气藏圈闭与气藏类型

长岭断陷发生和发展经历了热隆张裂、裂陷、坳陷和萎缩褶皱四个阶段，形成了一个完整的盆地发展旋回，为局部构造的发育和发展提供了良好的条件，根据构造演化特征，长岭断陷发育了背斜型、断层型、地层(岩性)型和复合型四种圈闭类型，与火山岩有关的圈闭是断鼻构造与火山岩体叠合形成的复合圈闭。在此基础上，发育形成了火山岩断鼻(断背斜)构造–火山岩岩性复合气藏、火山岩岩性气藏、火山岩低幅背斜(地层超覆)–岩性复合气藏及火山岩构造(断背斜、断鼻等)气藏等火山岩气藏类型。

第一节　火山岩气藏圈闭类型及其演化特征

长岭断陷火山岩圈闭主要是以断块圈闭和各种构造与火山岩体叠合形成的复合圈闭为主。这些复合圈闭的形成与分布与断裂活动密切相关，断裂活动一方面形成各类断块圈闭，另一方面也是诱发火山活动的通道。因此，火山岩圈闭往往沿断裂成排成带展布。

一、圈闭类型

长岭断陷发育的圈闭类型可归纳为背斜型圈闭、断层型(断鼻、断块、断层遮档)圈闭、地层(岩性)型(地层岩性、不整合面、砂岩透镜体)圈闭和复合型(构造地层岩性和火山岩)圈闭四大类九种类型(表 8–1–1)。主要以断块圈闭为主，其次为低幅度断鼻圈闭和小幅度穹隆圈闭以及断鼻构造与火山岩体叠合所形成的复合圈闭，完整的背斜圈闭较少。

表 8–1–1　长岭断陷圈闭分类统计表(据俞凯等，2002)

类　型	名　称	典型圈闭
背斜型	背斜圈闭	达字井、乌兰敖都
断层型	断鼻圈闭	腰英台、前进
	断块圈闭	北正镇、八十二
	断层遮挡圈闭	流水
地层(岩性)型	地层(岩性)型	苏公坨
	不整合面圈闭	十户东
	砂岩透镜体圈闭	十家户
复合型	火山岩圈闭	马连坨子
	构造地层岩性圈闭	龙凤山

长岭断陷圈闭的形成、分布与盆地的发生、发展有着直接的关系，特别是断裂的发生、发展对圈闭的形成、分布最为密切。

1. 平面上具有成排成带分布的特点

圈闭主要沿断层、斜坡带周缘、基底隆起(或古剥蚀面)和火山岩体分布，空间分布具有明显的带状分布的特点，自北向南可划分为腰英台鼻状断阶构造带、达尔罕鼻状构造带、腰东鼻状构造带、前进鼻状地垒构造带和双龙(东岭)鼻状断阶构造带。东北部的腰英台、腰东、达尔罕鼻状构造带以断鼻、断块构造和火山岩复合圈闭为主，低幅度构造油气藏成藏区位于所字井构造带，岩性(隐蔽)油气藏成藏区位于腰英台构造带(图 8-1-1)；南部和前进、双龙(东岭)鼻状构造带主要发育大型古隆起背景上的火山岩岩性圈闭、砂岩超覆尖灭型圈闭及基岩潜山圈闭。背斜圈闭多见于深部断洼中，斜坡带边缘多见地层超覆圈闭和不整合圈闭。

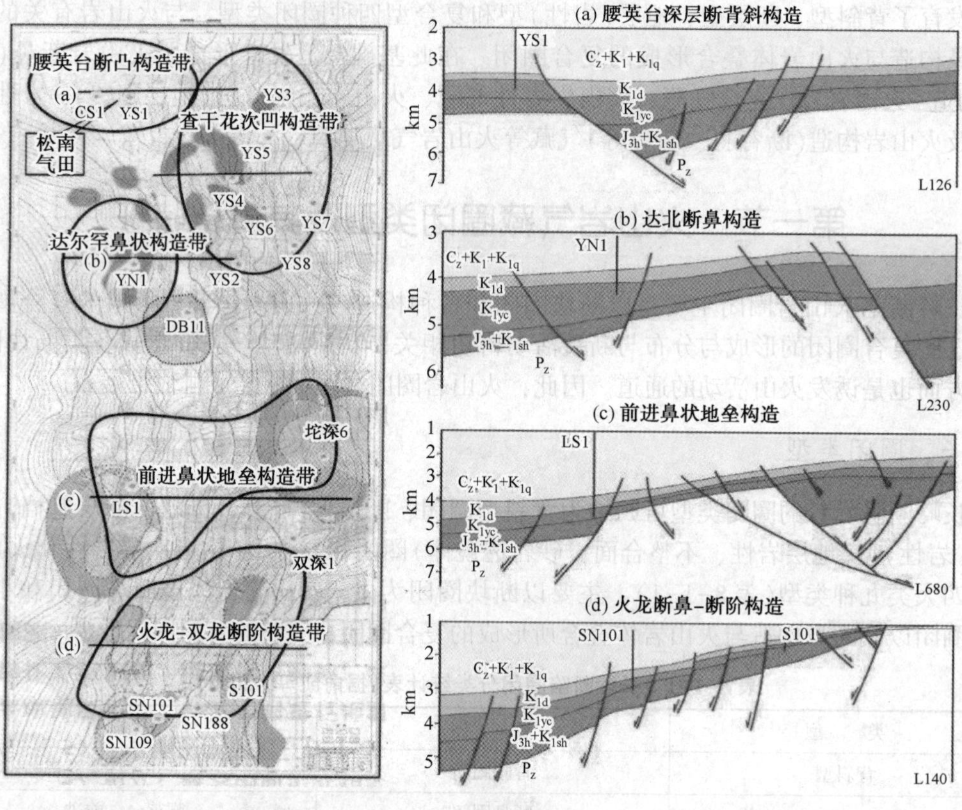

图 8-1-1　长岭断陷东部火山岩岩性–构造圈闭分布图(据时应敏，2011)

2. 纵向上，圈闭以断鼻、断块构造为主

长岭断陷圈闭以断鼻构造居多，断块次之，背斜较少，多位于断陷层中，其中比较典型的是断陷内部被晚期正断层切割的继承性同沉积背斜(即断背斜)和褶皱抬升期形成的断裂正、反转构造。双龙(东岭)构造即属于这种类型。断背斜圈闭实际上是由一系列相同的断块组成，各断块间的差异升降或翘倾活动使断背斜具有多个断块圈闭高点。

长岭东部断陷层最重要的圈闭是断块圈闭和各种构造与火山岩体叠合所形成的复合圈闭。断块圈闭又分为西部斜坡圈闭带和东部斜坡圈闭带两种类型，其圈闭演化特征"形式相似、特征不同"(图 8-1-2，图 8-1-3)。构造与火山岩体叠合所形成的复合圈闭的形成与分布与断裂活动密切相关，圈闭的形成期通常是断裂的发育、发展期。断裂活动一方面形成各类断块圈闭，另一方面断裂也是诱发火山活动的通道，火山岩体往往沿断裂展布，同时断裂对沉积相的平面展布也具有明显的控制作用，因此，该类圈闭多具有近源、断裂沟通烃源岩、正断层侧向上与泥岩构成界岩封闭条件，纵向上多层圈闭继承发育的特点，成藏条件优越，是长岭断陷勘探的重点目标圈闭。

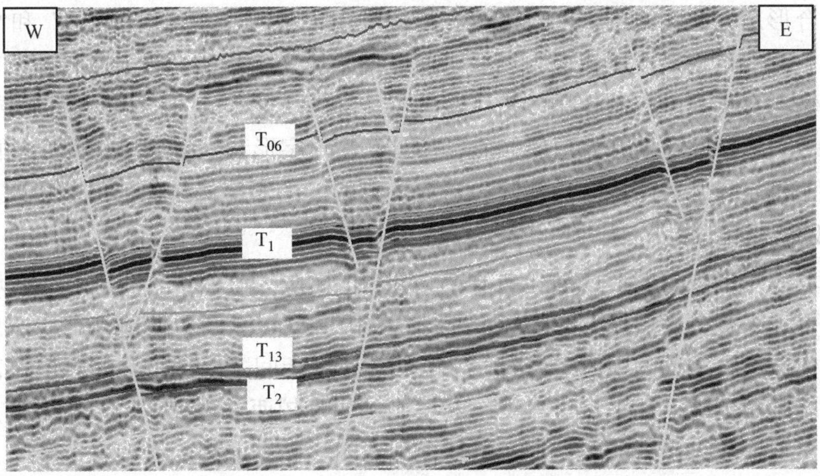

图 8-1-2　长岭凹陷东部斜坡断块圈闭剖面图

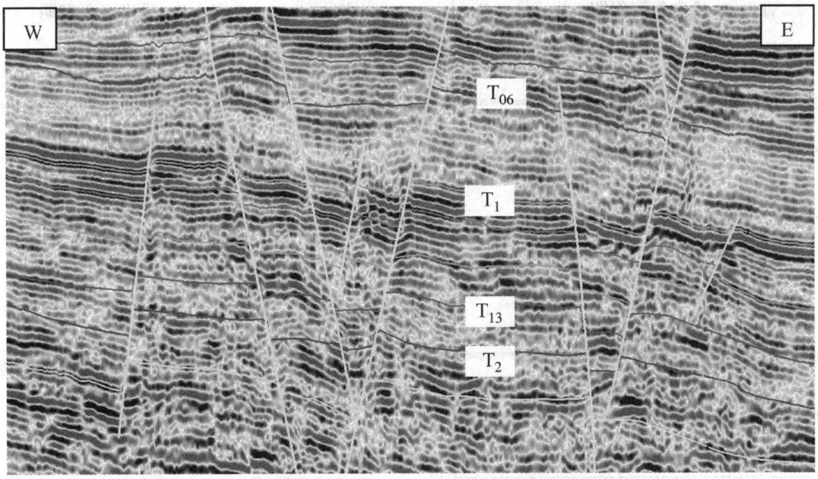

图 8-1-3　松南长岭凹陷西部斜坡断块圈闭剖面图

二、圈闭演化特征

长岭断陷经历了张裂—裂陷—坳陷—萎缩四个阶段，“明末”的构造运动使断陷整体产生褶皱、隆升和构造反转，东部比西部构造反转表现更强烈，形成了大规模的火山岩—断层复合型圈闭。

1. 长岭断陷西部斜坡圈闭带

长岭断陷西部斜坡圈闭带(图 8-1-4)在泉头组末期，盆地整体开始进入了坳陷沉降阶段。此阶段，随着盆地基底整体下沉，开始形成了大范围的湖泊—三角洲沉积环境。随着应力逐渐释放，到姚家组末期，早期的应力影响大大减弱，构造活动不再频繁，断裂数量逐渐减少；除了由基底断裂继承型的向上延伸外，基本无其他区域性的大断层发育。此时地层除了西部边缘有些陡斜外，整体地层处于大范围的平缓形态。而到嫩江组时期，整个工区都处于湖侵的稳定沉积阶段，但局部出现拉张应力作用而产生部分应力断层，另外由于差异压实作用，使局部地层下降也产生一些了小断层，整体上形成了对开的“Y”字形和地堑地垒相间式的断裂组合形态。此时地层仍然较平缓，断块圈闭不易形成。直至“嫩末” 和“明末”的构造运动发生，此次运动造成压扭应力场后，使盆地整体产生褶皱、隆升和构造反转，对松南盆地油气成藏具有重要的控制作用。挤压应力主要来至东西向，使之东西向地层整体挤压，西部之前的平缓地层此时期开始反转倾斜，原处于“Y”字形和地堑地垒相间式的断裂组合的断层右部向上挤压隆升，断层倾角变陡，造成一定幅度的断层遮挡而形成断块圈闭。

2. 东部斜坡圈闭带

东部斜坡圈闭带主要的形成演化过程与西部相似(图 8-1-5)，只是东部在坳陷发育期沉积的地层更加平缓，而后期“嫩末” 和“明末”的构造反转运动，盆地东部构造反转表现强烈，为此次构造反转运动的中心。以致“Y”字形和堑垒相间式断裂组合的断层左部也向上挤压隆升，断层倾角更陡，几乎接近直立，断层遮挡幅度较西部更大，因此东部形成的断块圈闭较西部发育，形成火山岩(岩性)–断层复合型圈闭，砂岩上倾尖灭型岩性圈闭，油气藏更加富集。

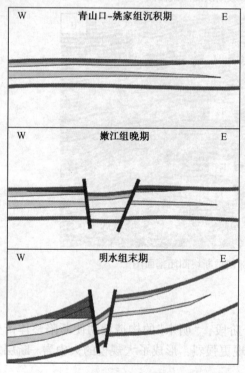

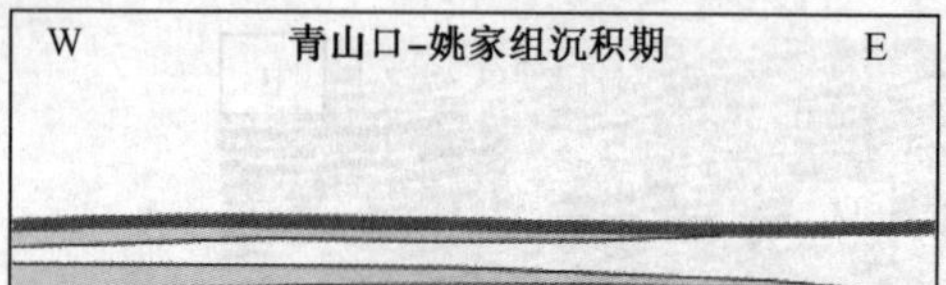

图 8-1-4　西斜坡断块圈闭演化模式图

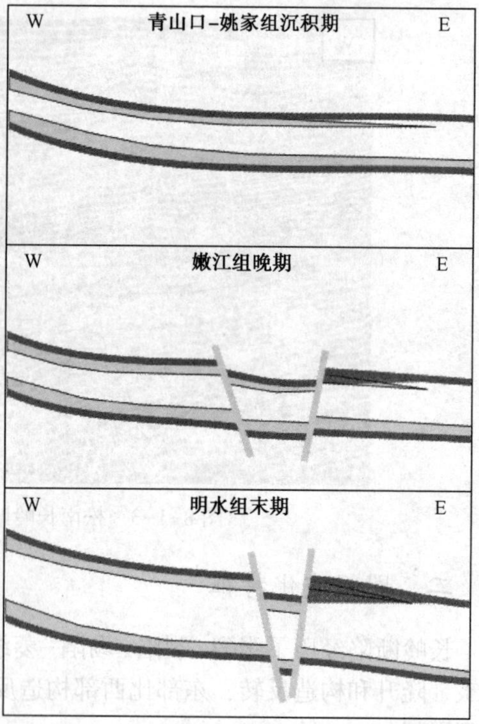

图 8-1-5　东斜坡断块圈闭演化模式图

第二节　火山岩气藏类型

相对于砂岩油气藏，火山岩油气藏的研究较少。肖尚斌等(1999)、肖永军(2012)、于永利等(2013)、时应敏(2011)、李庶勤(1997)等综合盆地的构造演化、岩浆活动与演化，构造(地层)与火山岩活动的复合关系以及成岩后生作用等研究，提出了不同的分类方案。

一、肖尚斌分类

肖尚斌等(1999)根据渤海湾盆地的构造演化、岩浆演化及已发现油气藏特点将火山岩油气藏分为抬升淋滤型、埋藏溶蚀型、构造裂缝型、火山碎屑岩型、火成岩体侧向遮挡型、接触变质型和超覆披覆型7类。

1. 抬升淋滤型

该类油气藏构造上位于不整合面之下，处于各构造旋回及岩浆旋回期的晚期。渤海湾盆地在古近纪的演化经历了三次区域性的抬升，即华北运动Ⅰ幕(沙三末期)、济阳幕(沙二末期)和华北运动Ⅱ幕(东营末期)。三次区域性的抬升造成了盆地内地层的剥蚀以及不整合的广泛存在，以后两期表现更为明显和强烈，剥蚀量更大。由于地表情况下火成岩不稳定，容易发生溶解和溶蚀作用，特别是对原生孔隙和裂缝发育者，火成岩的物性可得到较大程度的改善，形成好的储层。受地貌、岩性等条件的影响，火成岩的剥蚀作用可形成不同规模的地貌，如起伏不大的残丘或规模较大的古潜山(图8-2-1)。

盆地内此种形式的油气藏中，火山岩主要为溢流相的玄武岩。根据火山岩的产状和构造位置，又可划分出两类；一类是陆上喷发的玄武岩因风化、淋滤等作用，物性得到改善而形成的储层；另一类是早期火山岩为断层所切割，处于断层上升盘的火山岩遭受风化作用(抬升幅度大者也可使下降盘遭受风化)而形成火山岩储集层。

2. 埋藏溶蚀型

该类油气藏位于各构造旋回及岩浆旋回期的内部，上下远离不整合面。此种类型油气藏的形成大多与断层有关，原因是：①与断裂作用相伴随的裂缝既增加了储集空间，又使得如玄武岩所具有的原始孔隙相互连通；② 断层的活动使得大气淡水变得较为活跃，加快和加深了火成岩的溶解溶蚀程度；③断层可作为油气运移的通道。

该类油气藏的储集空间为孔隙—裂缝型。孔隙主要是各种溶蚀空间；裂缝有多种成因，越靠近断层裂缝越发育。夏38井区辉绿岩体侵入到E_S^3地层中，南高北低，相差达600m(图8-2-2)储集空间为各种溶蚀空间和发育的裂缝，溶蚀作用可能与辉绿岩体的产状及形态有关。

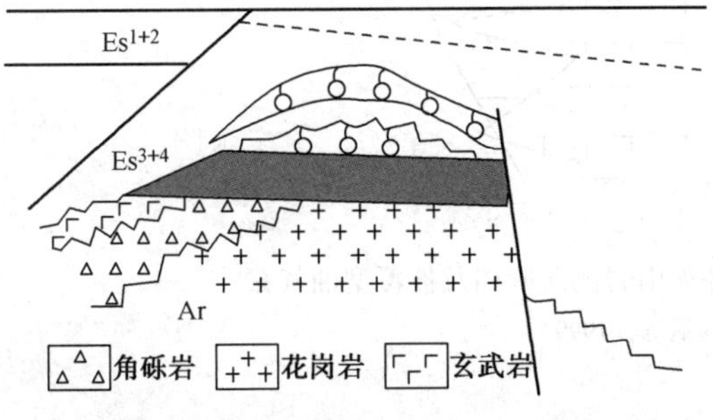

图8-2-1　辽河坳陷兴隆台古潜山油藏
(据肖尚斌等，1999)

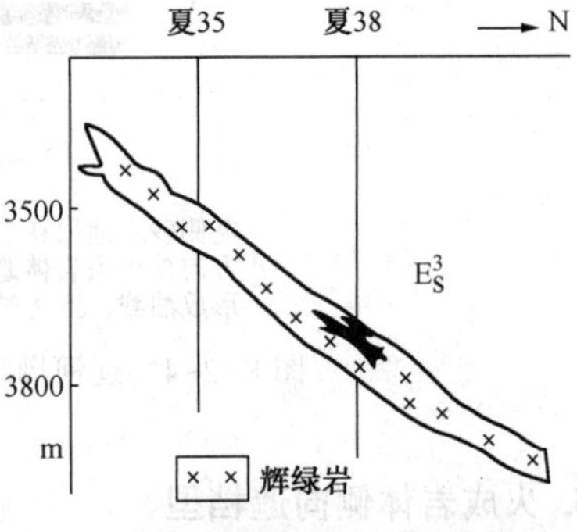

图8-2-2　夏38井埋藏溶蚀型油藏剖面图
(据肖尚斌等，1999)

3. 构造裂缝型

此种类型的油气藏位于断裂带的附近或为断层所贯穿，以构造裂缝为主要的储集空间，此处不包括储层为火山碎屑岩的类型。油气藏大多数为统一的油气水界面，储层物性好，地层压力高，多为高产油气藏。

惠民凹陷商74-1块沙三段油藏属此类型(图8-2-3)。火成岩体发育于沙三段生油岩之中，油源充足、封堵条件优越，加上裂缝(高角度缝、垂直缝、水平缝)发育(个别井段见溶、气孔的存在)且多数未被充填，是该火成岩体成藏的主要条件。

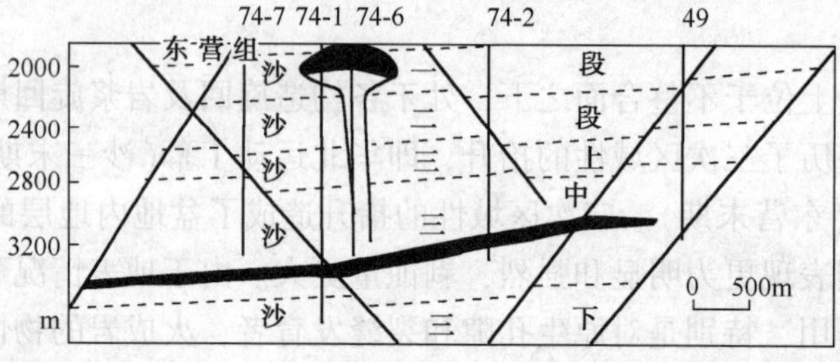

图8-2-3　商74-1构造裂缝型油藏剖面(据肖尚斌等，1999)

4. 火山碎屑岩型

该类油气藏位于各构造旋回的初期，为岩浆作用强烈、火山喷发的产物，主要包括火山碎屑角砾岩、凝灰岩。当岩浆流速快、能量高时，携带粗岩屑、大块溶浆团冲出火山口形成火山碎屑角砾岩；反之，当岩浆能量相对较弱时，主要为细的火山碎屑物质喷发，构成凝灰岩，横向上与玄武岩相邻。

火山角砾岩反映了高能的岩浆喷发作用，包括火山弹在内的各种形状和大小的火山碎屑富含大量原生孔缝，如气孔、晶内缝、收缩缝等。

惠民凹陷商74-1井沙一段油藏(图8-2-4)属此类型，储集空间以原生孔隙和溶孔为主。凝灰岩因岩性细而原生孔隙不发育，物性较差，因而以凝灰岩作为储层的油气藏往往发育在断裂带附近，储集空间主要为构造成因的裂缝及次生的孔缝，包括沿断裂带大气淡水淋滤作用及其它成岩溶解溶蚀作用形成的溶孔和裂缝的进一步被加宽。

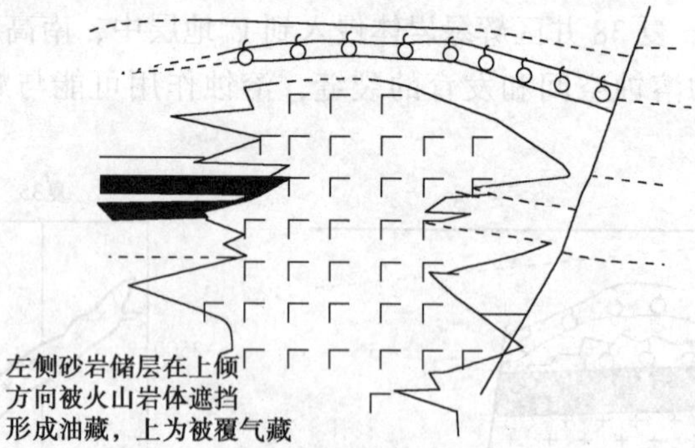

图8-2-4　辽河坳陷红5井火山岩侧向遮挡及披覆型油气藏

(据肖尚斌等，1999)

5. 火成岩体侧向遮档型

该类油气藏位于火成岩体的一侧，火成岩可以是玄武岩，也可以是辉绿岩。若是玄武岩，则形成砂岩的上倾尖灭(图2-4-8)；对辉绿岩来说，则形成刺穿接触遮档。作为侧向遮档的火成岩体，其形成应在盆地内主要的排烃及油气运移之前。

6. 接触变质型

与侵入岩体直接接触的上下地层在高温作用下发生变质形成该类油气藏。根据油气藏储层性质的不同，又可分为两类：火成岩–板岩复合储层油气藏和板岩储层油气藏。当岩浆侵入到泥岩地层时围岩发生烘烤变质，形成一定宽度的烘烤变质带。因变质程度的不同，可形成斑点板岩和变质泥岩。高温烘烤使泥岩失水形成收缩缝，加上侵入体的上隆作用，构成了网状裂缝系统。廊固凹陷中岔口安 40 井油藏(图 8–2–5)就属板岩油藏。

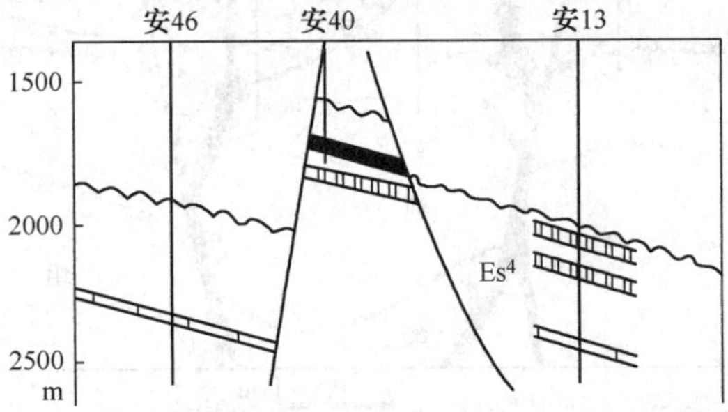

图 8–2–5　辉绿岩接触变质型油藏(据肖尚斌等，1999)

曹家务油藏以斑点板岩和裂缝发育的火成岩作为共同储层，属火成岩–板岩复合储层油气藏。岩心观察表明，辉绿岩中裂缝与板岩裂缝相互沟通，构成了统一的储集系统。

7. 超覆披覆型

在该类油气藏中，因岩浆喷发作用而形成的火成岩构成局部范围的隆起，或先期的火成岩剥蚀残余形成残丘，后期和正常碎屑沉积披覆、超覆其上而形成同沉积背斜，背斜的顶部沉积物物性好于翼部或形成砂体尖灭(图 2–4–8)。

在上述 7 种与火成岩相关的油气藏中，抬升淋滤型和构造裂缝型的物性相对较好，油气藏规模大、压力高、内部往往具有统一的油气水系统。但抬升淋滤型较少见，故而认为构造裂缝型(包括以裂缝为主要储集空间的火山碎屑岩型)是勘探的优选目标。埋藏溶蚀型较为常见，但作为储层的火山岩体物性变化大，而且油气水系统往往不统一，勘探和开发难度大。其他几种类型的油气藏少见。

二、肖永军、于永利等分类

1. 于永利等分类

于永利等(2013 年)根据长岭断陷查干花地区火山岩气藏成因特征，将气藏分为构造–岩性气藏、岩性–构造气藏和火山岩岩性气藏 3 类。

1) 构造–岩性气藏

这种气藏类型主要是构造背景控制下的岩性气藏，气藏高度大于构造幅度，气藏并不受构造圈闭控制，没有统一的气水界面，构造高部位气柱高度大，气水界面高，构造低部位气柱高度低，气水界面也低，但上气下水的特征又说明构造位置对含气性具有一定的控制作用。该类气藏主要位于查干花次凹内大型火山岩体上，此火山岩体是由不同期次、不同规模的多个火山岩体相互叠置而成，每个相对独立的火山机构可为一个独立气藏，气层主要分布于圈闭高部位，气藏含气底界受构造控制，边界受火山岩体的边界控制，达北含气构造(腰深 2 井区)就是一个典型的构造–岩性复合气藏(图 8–2–6)。

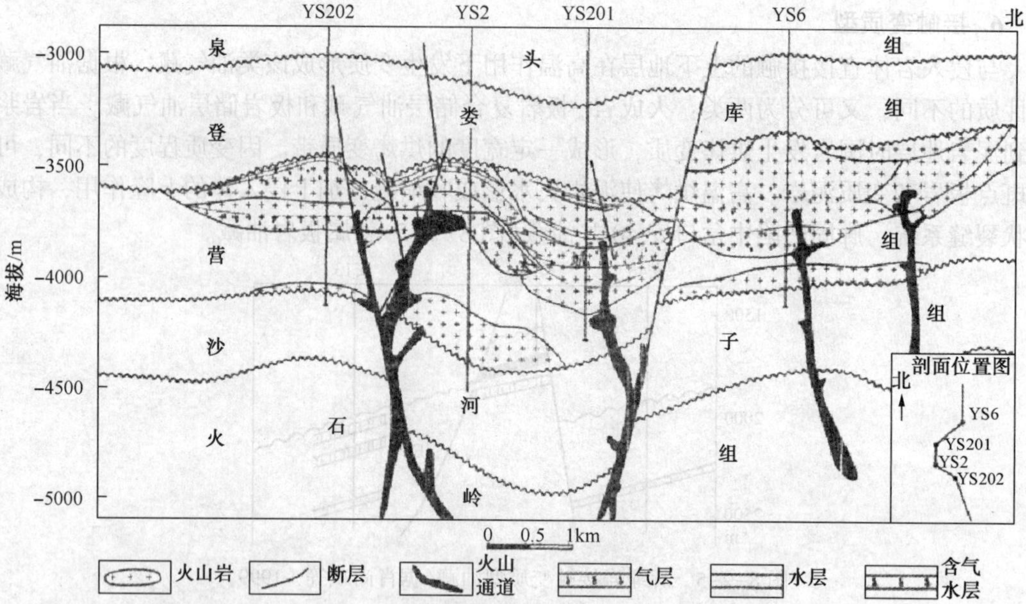

图 8-2-6 长岭断陷查干花地区构造—岩性气藏(据于永利等, 2013)

2）岩性—构造气藏

这种气藏类型主要发育在背斜构造上，高部位井的气柱高度大，低部位井的气柱高度小，总体呈上气下水的特征，气水界面基本一致，说明构造对含气性具有主要控制作用。但由于构造圈闭内岩性变化大，导致物性差异较大，天然气分布、气水分异存在一定差异性，说明岩性对气藏具有次要的控制作用。以腰英台深层构造(腰深 1)井区最为典型。

3）火山岩岩性气藏

在没有构造背景或断层等因素的条件下，火山岩的岩相、岩性和物性的横向变化均可以形成岩性圈闭，同时导致钻遇同一气藏的各井气水界面均不一致，说明此类气藏的形成和分布是受火山岩岩相、岩性、物性控制的。本区达北含气构造的 YS201、YS6 井揭示的均为火山岩岩性气藏(图 8-2-6)，包含了多个气水系统，没有统一的气水界面。

2. 肖永军等分类

肖永军等(2012 年)根据对长岭断陷东岭地区火石岭组火山岩气藏成藏条件及富集规律研究，结合已发现火山岩油气藏的成藏特点，认为东岭(双龙)地区发育火山岩构造—岩性气藏和火山碎屑岩岩性油气藏 2 种火山油气藏类型。

3. 时应敏分类

时应敏(2011 年)根据长岭断陷目前已发现气藏特征认为：长岭断陷发育火山岩断鼻(断背斜)构造—火山岩岩性复合气藏、火山岩岩性气藏、火山岩低幅背斜(地层超覆)—岩性复合气藏及火山岩构造(断背斜、断鼻等)气藏 4 大类火山岩气藏类型(图 8-2-7)。前两大类气藏主要发育于断陷区，后两大类气藏主要发育于隆起区或斜坡区。断鼻(断背斜)构造—火山岩岩性复合气藏分布最广，松辽盆地大部分气藏均属此类。

4. 李庶勤等分类

李庶勤等(1997 年)根据松辽盆地北部深层气藏成因及储层岩性，将松辽盆地北部深层划分为层状构造砂岩、古潜山花岗岩风化壳、地层超覆砾岩、火山岩岩性、不整合面下的千枚岩和不

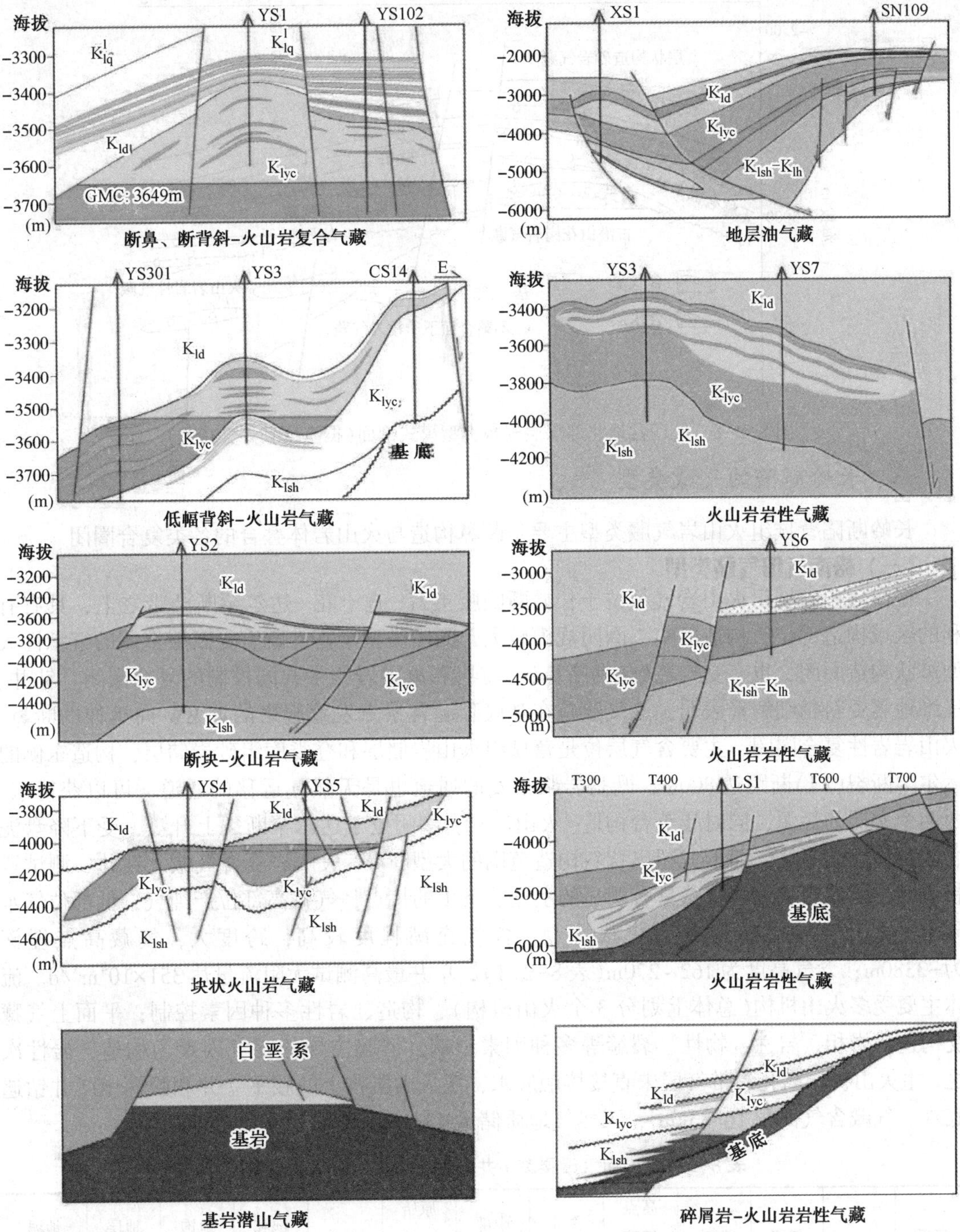

图 8-2-7　长岭断陷火山岩气藏剖面类型（据时应敏，2011）

整合面上的砾岩 6 种气藏类型。与火山岩成因有关的气藏为古潜山花岗岩风化壳、火山岩岩性、不整合面下的千枚岩 3 种气藏类型，主要分布于松辽盆地北部的斜坡区（图 8-2-8）。

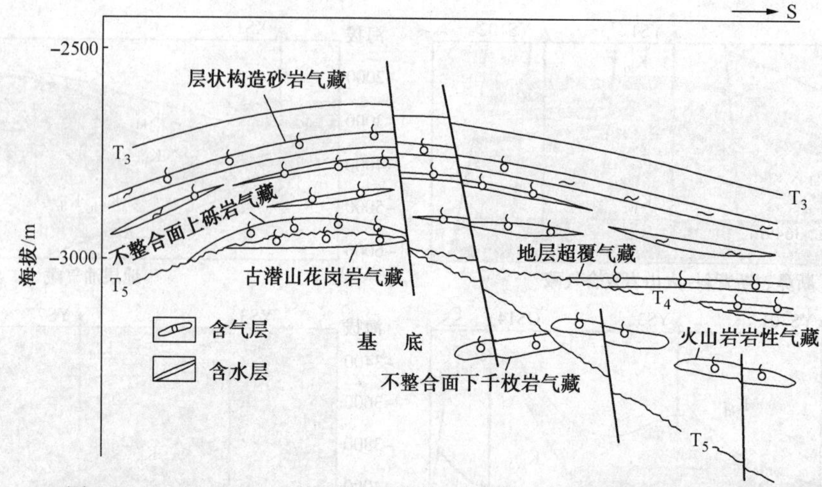

图 8-2-8 松辽盆地北部深层气藏类型模式剖面(据李庶勤等，1997)

三、长岭断陷的气藏类型

长岭断陷营城组火山岩气藏类型主要是断鼻构造与火山岩体叠合的各类复合圈闭。

(一) 松南气田气藏类型

松南气田营城组火山岩气藏位于长岭断陷腰英台—查干花—达尔罕断凸带之上，具有有利的区域构造部位，构造落实，圈闭规模较大，圈闭类型丰富，既有受断层控制的继承性大型鼻状构造圈闭，也有受构造(包括断鼻、背斜)和火山岩相带共同控制的复合圈闭。钻井、三维地震资料精细解释表明，该气藏是在基底隆起背景上发育起来的近 EW 向延伸的断鼻、火山岩岩性复合圈闭，主要含气层位是营城组火山岩储层和登娄库组砂岩储层，构造东侧的达尔罕断裂(F1)断距达 800m，既是岩浆喷发的通道也是天然气运移的通道，可以获得东、西两个次凹的烃源，同时腰英台构造—火山岩复合圈闭位于达尔罕断裂上升盘，受下降盘泥岩的整体侧向封堵，而形成超出背斜构造范围的大型断鼻—火山岩复合气藏。钻井、测试资料表明，营城组火山岩气藏具有明显的上气、下水的特点，气藏高部位产纯气，低部位气水同出。火山岩储层具有多层块状特点，含气充满程度较高，跨度大，气藏高点埋深为-3380m；含气高度为 162~270m(表 8-2-1)，单井最高测试无阻流量达 $351\times10^4m^3/d$。流体主要受多火山机构(总体上划分 3 个火山机构)、构造、岩性多种因素控制；平面上气藏受构造、岩相、岩性、物性、裂缝等多种因素影响，但起主导的控气因素为构造，岩性次之。主火山机构高孔渗带气层未直接接触底水，次火山机构上的腰平 7 井和腰深 102 井钻遇底水。气藏含气面积 $16.83km^2$，天然气地质储量 $433.60\times10^8m^3$。

表 8-2-1 松南气田腰深 1 井区营城组火山岩气藏参数表

气藏名称	井区	气藏类型	驱动类型	高点埋藏深度/m	含油高度/m	中部海拔/m	原始地层压力/MPa	压力系数	饱和压力/MPa	地饱压差/MPa	地层温度/℃	地温梯度/(℃/100m)
营城组火山岩	腰深 1	断背斜	底水	-3380	162~270	-3629	42.02	1.18			135.78	3.37

根据腰深1井、腰深101井和腰深102井营城组测压资料，吉林油田长深1-1、长深1-2、长深1-3及长深103井MDT测压资料，可以确定营城组火山岩气藏处在同一压力系统中，具有统一的自由水界面(图8-2-9)；测试验证气水界面海拔深为-3649m(井深3810m)。构造内有腰深101、腰深102、长深1等井钻遇气水边底界，并已试气验证(表8-2-2)。

综合松南气田构造特征和气水分布规律可以看出，营城组火山岩含气层系分布于3539~3882m井段，气柱高度162~270m左右，气藏受岩性—构造控制，属底水驱动的火山岩断背斜型块状气藏，气水界面海拔高度为-3649m(表2-4-2)。

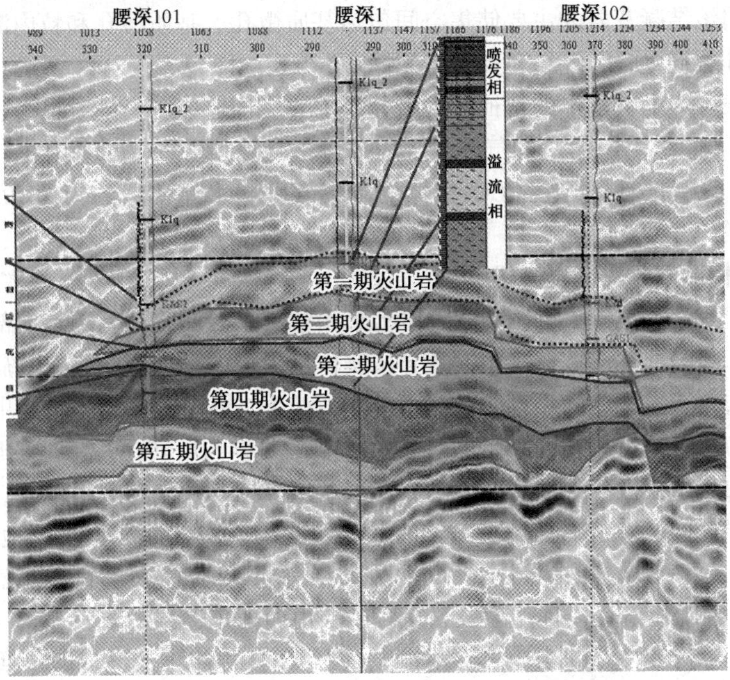

图8-2-9　腰深1井区营城组多期次火山岩地震剖面图

表8-2-2　营城组火山岩气水界面确定依据表

区　块	层　位	气藏类型	气水界面深度/m(海拔深度)		
			测井解释	试气验证	选值
腰深1井区	营城组	岩性—构造	-3635(腰深101)		-3649
			-3649(腰深102)	-3649(腰深102)	
			-3645(长深1)	-3645(长深1)	

(二)长岭1号气田火山岩气藏类型

长岭1号气田营城组火山岩气藏岩石类型主要为溢流相的流纹岩(包括少孔和致密流纹岩以及气孔流纹岩)，自碎屑角砾化熔岩及少量霏细岩；爆发相的晶屑熔结凝灰岩，含少量的火山角砾岩、火山集块岩和沉凝灰岩。厚度206~374m，具有岩性和岩相变化快、连片性差的特点，火山岩岩性岩相控制着储层孔缝的发育程度，是造成储集空间复杂多样、非均质的重要因素之一。

长岭1号气田营城组火山岩储层以小孔储小缝渗性储层最为发育。裂缝以构造缝为主，成岩缝次之。气层内部裂缝主要顺断裂和环火山口呈条带状和近圆形分布。气水界面附近裂缝呈不规则条带或圆形分布。高导缝以近东西向为主，构造高部位则呈北西向展布，总体上与断裂方向垂直。微裂缝以北西向为主，局部呈现北西向和北东向特征，总体与断裂垂直。诱导缝以近东西向(偏北东东向)为主。火山岩储集空间类型多样，孔隙结构复杂，受次生成岩作用影响强烈，从微观到宏观都表现出极强的非均质性，孔、洞、缝交织在一起，储集性能有很大的差异性和突变性。储集空间类型包括孔隙和裂缝2大类，孔、缝分为原生的和次生的，不同岩性具有不同的储集空间类型和孔缝组合类型。孔缝组合类型为裂缝—孔隙型和孔隙型。晶屑熔结凝灰岩的主要储集空间包括基质微孔、基质溶孔和粒内溶孔，发育构造缝、溶蚀缝及炸裂缝，孔、缝组合类型为裂缝—孔隙型。

气藏总体表现为上气下水的特征，气藏分布主要受构造控制，同时也受岩性影响，属于岩性构造气藏。气藏具有统一的气水界面。气藏天然气组分以 CH_4 为主，CO_2 含量约为27%，无C4以上组分，属于高含 CO_2 气体的干气气藏。水体倍数约为20倍，水体能量充足，水体对气藏的开发影响较大。

(三) 东岭构造双龙火成岩气田

构造上位于松辽盆地中央坳陷华字井阶地最南端，长岭凹陷东南部斜坡部位，为在基底古隆起背景上，断陷层逐层披覆沉积，差异压实作用形成的早期鼻状构造，后受营末、登末及嫩末运动叠加改造定型成大型断鼻构造。东岭(双龙)构造以紧邻SN101井东侧的断层为界，东、西分为两个构造单元。断层以西是受嫩末运动影响反转逆冲形成的晚期宽缓褶皱，为双龙构造主轴。其上被若干条断层分割成多个断块，构成独立的圈闭单元。双龙气田是鼻状构造、地层(岩性)、火成岩体三位一体的复合型圈闭气藏，油气富集受地层(岩性)、构造双重控制(图8-2-10)。该构造主要勘探目的层为泉头组、登娄库组、营城组和火石岭组，沙河子组、营城组、登娄库组以及泉一段砂层由西向东逐层超覆尖灭，与鼻状构造下倾方向反向配置，可构成良好的构造—岩性圈闭，圈闭条件优越。油气成藏早期主要受构造背景下地层—岩性控制，晚期受嫩末运动改造的构造带主轴部，近源、储盖组合匹配有利，埋深适中，是成藏最有利部位。

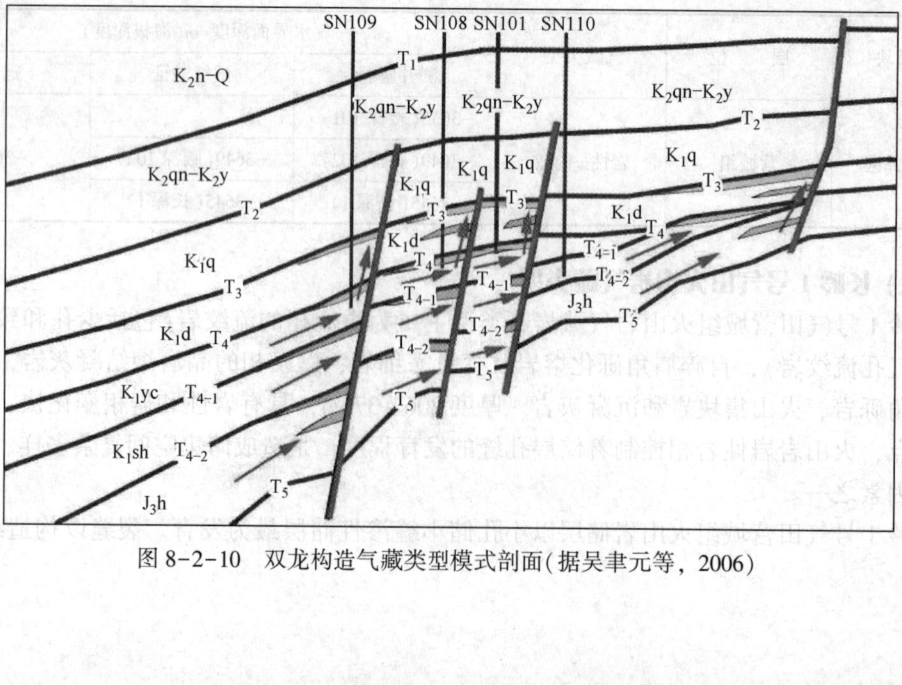

图8-2-10　双龙构造气藏类型模式剖面(据吴聿元等，2006)

双龙构造共钻井 7 口，SN101 井、SN108 井和 SN109 井均发现良好气层，已提交近 $40\times10^8m^3$天然气控制储量。营城组于 SN109 井、SN108 井和 SN101 井分别见 7 层、5 层和 2 层气显示，以 SN109 井气显示为最好。

双龙气田是早期地层、岩性、火山岩气藏，晚期受明末构造运动的改造而形成的残余原生气藏和次生气藏的叠合性气藏。

(四) 达北气藏

达北气藏构造上处于长岭断陷查干花次凹，处于达尔罕深层构造的东北侧，是在基底隆起背景上发育的断鼻圈闭，位于走向近 SN 的正断层上盘，断层延伸长度较小，断距 50~200m 左右，幅度 1280m，高点埋深 3260m，在营城组火山岩顶面构造图上，达北圈闭表现为一火山岩岩性圈闭(图 8-2-11)。目前已钻探井腰深 2 井，在登娄库组及营城组共发现各种级别的油气显示层 23 层，总厚 286.3m，其中气层 6 层 167m，差气层 2 层 5.7m，气水同层 4 层 31.1m，经测试获得低产工业气流。

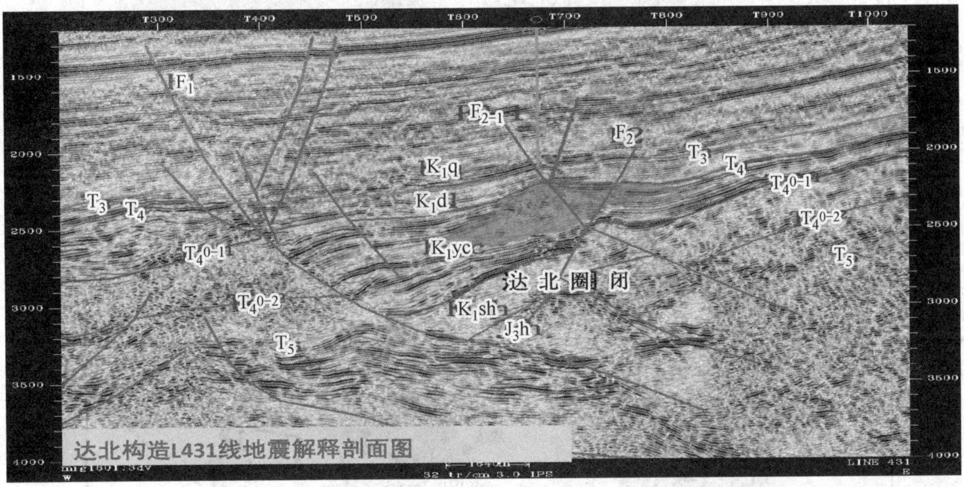

图 8-2-11 达北构造气藏类型模式剖面(据吴聿元等，2006)

营城组爆发相的凝灰岩和溢流相的流纹岩是达北构造最主要的产层岩性，火山岩储集空间类型为孔隙和裂缝，孔隙度 0.14%~25%，渗透率 $0.01\sim23.97\times10^{-3}\mu m^2$。从生储盖组合特征来看，营城组储层(以火山岩储层为主)与暗色泥岩可构成自生自储成藏组合，登娄库组与营城组暗色泥岩可构成下生上储成藏组合，其中以营城组的自生自储的成藏组合为主。

气藏类型为构造—岩性气藏，具有统一的气水界面。属正常压力、温度系统。天然气中烃类气体主要成分为 CH_4和 CO_2，其中 CH_4含量 72.21%，CO_2含量 26.52%，以干气为主。

四、气藏分布特征

松辽盆地深层火山岩具有沿断裂分布的特点，火山岩体与火山岩体之间相互分割、互不相通，火山喷发的多期性导致形成多套火山岩储层。火山岩的这些特点决定了火山岩气藏气—水关系十分复杂，气—水分布受火山岩体及火山岩非均质性的控制。

在火山喷发过程中，同一期喷发的火山岩在不同部位物性特征迥异，这也造成火山岩本身对气藏的分隔，导致了纵向上多个气—水系统存在，火山岩的这一特征使已发现的火山岩气藏(含 CO_2气藏)主要分布于长岭断陷古中央隆起带及其两侧断陷(指乾安断裂和哈尔金断裂所在的狭长带)的营城组火山岩中，该区位于地幔上隆区，基底大断裂发育，有数个大型火山岩体发育，储层主要是双重介质的流纹岩。中部地带也是长岭断陷长期持续发育的古隆起区，夹持在南部黑帝庙和北部乾安两个生烃断陷之间，烃源条件优越，并有登娄库组下部10~40m稳定的泥岩盖层，早期烃类气成藏，晚期CO_2充注，形成混合富气区。长岭断陷东侧由于断裂没有中央隆起区发育，CO_2的晚期充注作用不强烈，因而形成烃类富集区(图8-2-12)。

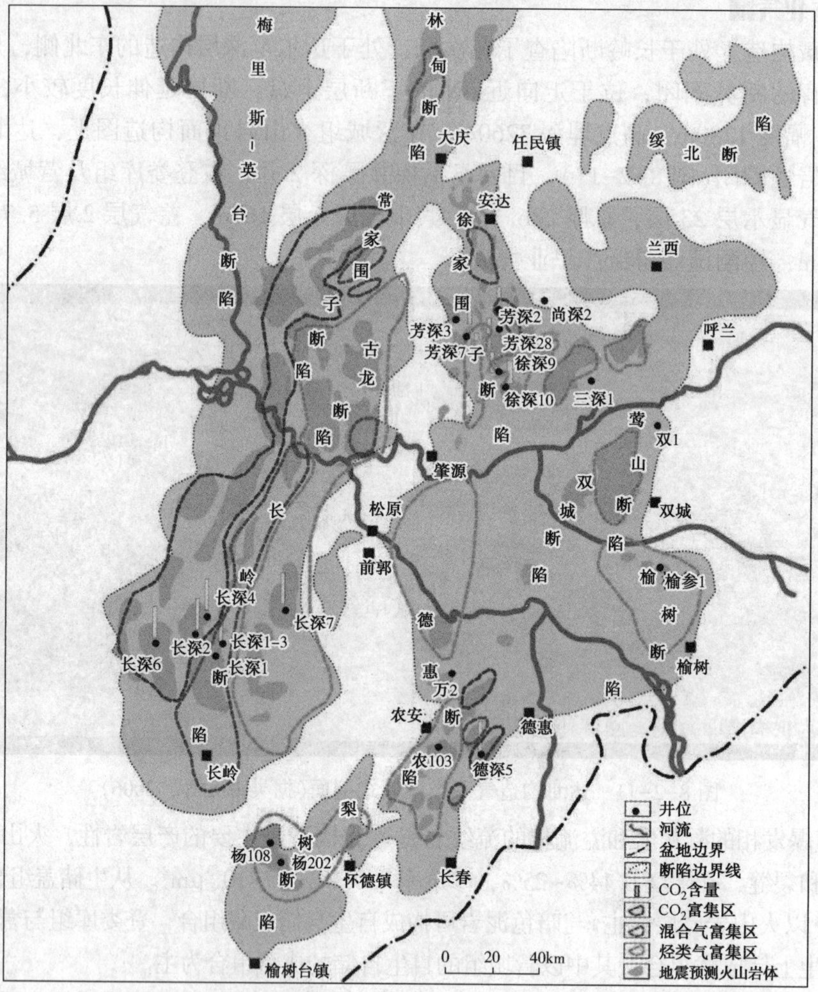

图8-2-12　松辽盆地深层火山岩CO_2—烃类气富集区分布预测图(据张庆春等，2010)

(1)油气藏类型丰富，纵向上多套气层叠置，以形成复式油气聚集区(带)为主。

(2)断裂发育带是油气运聚成藏的有利场所；断裂既是形成火山岩圈闭的有利条件之一，也是连接深部烃源岩和上部储层的重要纽带，从而造成断裂发育带“近水楼台先得月”的优势条件，形成平面上呈点状、带状分布，局部富集的串珠状分布的特征。

(3)反转构造(带)是次生油气藏赋存的重要领域。反转期既是浅层圈闭的形成期，也是对深层原生油气藏的破坏期。同时伴随反转过程形成了大量的断裂，为遭受破坏的深部原生油气藏中的油气向上运移再成藏创造了条件，从而在浅层反转圈闭中形成新的次生油气藏。

第九章　火山岩气藏天然气成因

天然气与石油，在起源上既有密切联系又有显著的区别。在形成条件上，天然气比石油更广泛、更迅速、更容易。石油的生成绝大多数来自有机质，在特定的地质条件下达到成熟阶段而生成石油。天然气存在多种来源，除Ⅰ－Ⅲ型干酪根生成烃类气体外，其他如煤系、地球内部甚至宇宙空间内的无机物质在某种特定的条件下都能生成不同类型的天然气。因此天然气的成因比石油复杂得多。

长岭断陷营城组火山岩气藏天然气具有$\delta^{13}C_1$值大于-30‰及烷烃气碳同位素倒转的特征，属于无机与有机混合成因，有机成因部分是Ⅲ型腐殖型干酪根热裂解成因的煤型气，无机成因部分是成藏后的构造改造中无机成因天然气的混入，CO_2主要是无机成因。

第一节　火山岩气藏天然气地球化学特征

长岭断陷火山岩气藏的天然气主要分布在腰英台深层、达尔罕、东岭、双坨子气藏，其主要目的层位为营城组，针对本区的天然气样品的地球化学分析，探讨其天然气的地球化学特征、成因类型，分析气源条件。

一、天然气烃类化合物组成特征

常规天然气一般由烃类气体组成，以甲烷为主，占80%~90%以上。烃类化合物的组分及其分布特征受多种因素的影响，主要影响因素包括气源岩的母质类型、热演化程度、运移分馏作用以及生物降解作用等；非烃类的气体主要包括N_2、CO_2、H_2S、CO、H_2以及稀有气体，其成因也十分复杂。

长岭地区断陷层不同层位、不同构造均发现工业气流或气显示，但不同构造，或同一构造不同层位天然气组成差别都十分明显。从构造带上看，腰英台构造—达尔罕构造—双岭构造带，营城组火山岩气藏天然气中烃类气体含量较高，烃类气体以CH_4为主，含量在70%左右，干燥系数大；重烃中C_2H_6含量为0.05%~2.2%，C_3以后的重烃含量极少，天然气的干燥系数为0.96~1.00，表现为干气特征；营城组非烃含量高，主要有CO_2与N_2，CO_2含量大部分在20%左右，具有随深度增大，CO_2含量增大的趋势，N_2含量为3.33%~6.98%。而西部老英台低凸起、苏公坨断阶内侧营城组天然气以CO_2为主，长深2、4、6井区营城组天然气中CO_2含量都在95%以上(图9-1-1、表9-1-1)。

表9-1-1　长岭断陷营城组火山岩气藏天然气组分数据(据张枝焕等，2008)

井号	层位	深度/m	天然气组分/%						$C_1/C_{1\sim5}$
			C_1	C_2	C_3	$\geq C_4$	CO_2	N_2	
腰深1	K_1yc	3544.41~3575.0	71.72	1.22	0.05	0.03	20.74	5.83	0.98
腰深101	K_1yc	3824.0~3833.0	71.96	0.84	0.00	0.00	21.51	5.59	0.99

续表

井号	层位	深度/m	天然气组分/%						$C_1/C_{1\sim5}$
			C_1	C_2	C_3	$\geqslant C_4$	CO_2	N_2	
腰深 102	K_1yc	3773.5~3792.0	69.02		0.05	0.00	24.75	5.86	1.00
腰平 7	K_1yc	3758.51~4333.9	87	1.51	0.074	0.011	5.61	5.77	0.98
腰平 1	K_1yc	3597.2~4287.7	65.38	2.2	0.09	0.01	28.08	4.22	0.97
长深 1	K_1yc	3716~3727	70.32	1.41	0.09	0.01	23.37	4.80	0.98
长深 1-1	K_1yc	3739~3880	50.33				35.99	12.24	0.97
长深 1-2	K_1yc	3697~3838	50.92				40.22	7.60	0.98
长深 8	K_1yc	3856	89.5	3.13	0.53	0.07	1.38	5.41	0.96
长深 12	K_1yc		91.02			4 左右		0.27	
长深 103	K_1yc	3732.5~3820.5	49.50				25	25	0.98
长深 107	K_1yc	4100	65				8.07	26.32	0.99
DB-11	K_1yc	3972~4007	64.98~73.37	1.39~1.56	0.27~0.29	1.09	21.33~28.67	3.33~3.42	0.97
达 2	K_1yc	3683.1	3.35	0.05			93.26	3.34	0.99

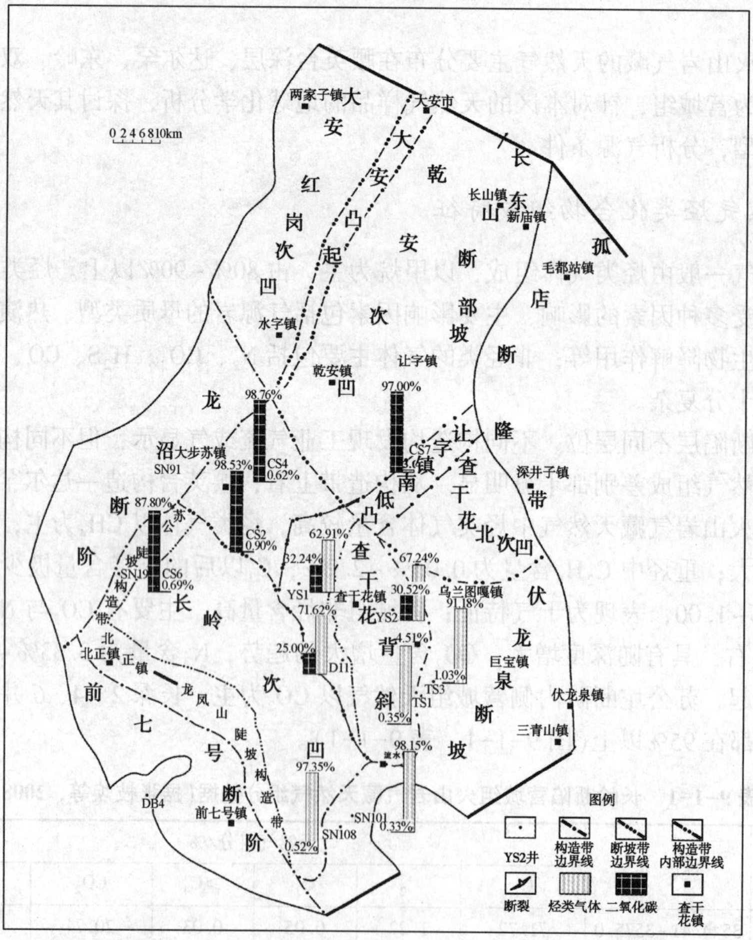

图 9-1-1 天然气组分平面分布图(据张枝焕等, 2008)

腰英台构造天然气以烃类组分为主，干燥系数较大，其中营城组天然气中 CH_4 含量一般在60%以上，干燥系数都较大，几乎都在0.95以上；N_2 含量较低，其均值还不到10%，CO_2 含量则较高，均值超过20%，CO_2 的含量存在随着深度的增大而增加。

二、天然气同位素组成特征及倒转现象分析

长岭断陷天然气稳定碳同位素总体特征是偏重，表明营城组天然气可能属于煤型气；具有以负碳同位素系列为主的倒转现象，同时存在一定量的非烃气体，特别是 CO_2 含量较高，可能为无机与有机共同的成因。

1. 天然气同位素组成特征

天然气的同位素值与源岩的母质类型、源岩热演化与成因关系密切。对于有机成因的天然气甲烷同位素热演化程度越高，甲烷同位素越重。煤型气同位素要比油型气重，无机成因天然气比有机成因天然气重。

腰深1井登楼库组天然气同位素甲烷为-20.8‰、乙烷为-24.7‰，碳同位素较重，比高成熟的煤型气同位素还要重得多，$\delta^{13}C_1>\delta^{13}C_2$，同位素发生倒转现象，缺乏 C_3 以后的重烃同位素。$\delta^{13}_{CO_2}$ 为-15.3‰，为有机成因 CO_2 范畴。

腰深1井营城组天然气的甲烷与乙烷碳同位素略比登楼库组轻-2.0‰左右，具有 $\delta^{13}C_1>\delta^{13}C_2>\delta^{13}C_3>\delta^{13}C_4$，有同位素倒转特征，乙烷与丙烷的同位素值比较接近，正丁烷倒转十分明显。$\delta^{13}_{CO_2}$ 为-7.9‰~-5.5‰，具有无机成因 CO_2 的特征(表9-1-2)。

表9-1-2 长岭断陷天然气碳同位素分析数据(据张枝焕等，2008)

井号	层位	深度/m	天然气组分碳同位素/$\delta^{13}C$‰					同位素系列	
			C_1	C_2	C_3	nC_4	CO_2		
腰深1	k_1yc		-23.6	-26.4	-26.4	-33.4	-7.7	$C_1>C_2>C_3>C_4$	负
			-21.2	-26.5	-26.7	-33.2	-7.9	$C_1>C_2>C_3>C_4$	负
			-23.5	-24.80			-5.5	$C_1>C_2$	负
腰平1井	k_1yc		-23.5	-26.4				$C_1>C_2$	负
长深1	k_1yc	3594	-23.0	-26.3	-27.3		-6.8	$C_1>C_2>C_3$	负
长深1	k_1yc	3350~3594	-26.5	-26.65			-7.2	$C_1>C_2$	负
长深1	k_1yc	3350~3594	-25.77	-27.0			-6.99	$C_1>C_2$	负
长深1	k_1yc	3350~3594	-25.92	-26.76			-6.84	$C_1>C_2$	负
长深1	k_1yc	3350~3594	-26.07	-26.99			-6.88	$C_1>C_2$	负
长深1	k_1yc	3753	-20.17	-20.73			-5.26	$C_1>C_2$	负
长深1-1	k_1yc	3739	-22.2	-26.9	-27.0		-7.5	$C_1>C_2$	负
长深1-1	k_1yc	3880	-22.4	-27.0			-11.9	$C_1>C_2$	负
长深1-2	k_1yc	3838	-18.3	-25.0			-11.6	$C_1>C_2$	负
DB-11	k_1yc	3972~4007	-25.6	-27.4	-27	-23.0		$C_1>C_2>C_3$	负
达2井	k_1yc	3615.5	-20.4	-24.0	/	/		$C_1>C_2$	负
坨深5	k_1yc		-33.11	-27.61	-25.46	-24.49			

长深 1、长深 1-1、长深 1-2 井营城组的天然气甲烷 $\delta^{13}C_1$ 范围为-26.07‰~-18.3‰，甲烷同位素变化比较大；一般都具有 $\delta^{13}C_1>\delta^{13}C_2$，甲烷与乙烷的碳同位素发生倒转。营城组 CO_2 的同位素有两类，长深 1 井、长深 1-1 井 3739m 以上气层 $\delta^{13}_{CO_2}$ 为-7.5‰~-4.63‰，CO_2 为无机成因；长深 1-1 井 3880m 及长深 1-2 井 3838m$\delta^{13}_{CO_2}$ 为-11.6‰~-11.9‰，为有机成因与无机混合成因。

达尔罕构造带营城组天然气稳定碳同位素 $\delta^{13}C_1$ 介于-20.4‰~-29.8‰，$\delta^{13}C_2$ 介于-24.0‰~-32.6‰，$\delta^{13}C_3$ 介于-27‰~-32.15‰，$\delta^{13}C_4$ 介于-23.0‰~-31.4‰。

长岭断陷腰英台、达尔罕构造带营城组天然气组分碳同位素总的特征为甲烷碳同位素偏重，有机组分碳同位素发生明显的系列倒转 $\delta^{13}C_1>\delta^{13}C_2>\delta^{13}C_3>\delta^{13}C_4$；前进构造带与腰英台和达尔罕构造带营城组的天然气相比，同位素不存在明显的倒转现象。CO_2 的同位素可以分为两种类型，第一种为 $\delta^{13}_{CO_2}$ 大于-8‰，应该为无机成因 CO_2，$\delta^{13}_{CO_2}$ 在-11‰左右为有机与无机混合成因。

2. 天然气同位素倒转现象分析

长岭断陷腰英台与达尔罕构造带地区天然气碳同位素系列数据分析表明，碳同位素倒转系列和负碳同位素系列是其主体，并且碳同位素明显偏重。导致碳同位素异常的原因有很多，戴金星(1993)曾对烷烃气碳同位素系列倒转问题作过详细研究，研究认为，引起碳同位素系列倒转的主要原因有：①有机气与无机气的混合，二者分别属于正碳同位素系列与负碳同位素系列的典型，当二者混合时，很容易发生同位素分布的倒转现象；②煤型气与油型气的混合，这是造成碳同位素系列倒转的主要原因；③同型不同源或同源不同期天然气的混合，同源的早期形成的低成熟度的天然气散失一部分后的剩余气，与晚期较高成熟度形成的天然气形成混合天然气，可导致烷烃气同位素倒转；④生物降解作用，细菌选择降解某些组分致使剩余组分变重；⑤地温增高也可使碳同位素倒转，在碳同位素交换平衡下，若地温高于 100℃，则出现正碳同位素系列；当温度高于 200℃时，则正碳同位素系列改变成为负碳同位素系列(戴金星，1990)；⑥源岩性质控制，在中国陆相河湖交替发育的含油气盆地，烃源岩有机质的分布是不均一的，同一套烃源岩中Ⅰ型和Ⅲ型有机质可能同时存在，因此其生产的烃类烷烃气可能发生倒转。此外，盖层微渗漏造成的蒸发分馏作用，盖层微渗漏作用也是许多天然气藏同位素出现倒转的重要原因，Prinzhofer 等(1995)在对 Jenden 的资料进行重新解释时，认为微渗漏作用更能合理地解释 Appalachian 盆地天然气同位素的倒转现象，他们按 Jenden 等提出的混合模式计算后发现有些样品点并不符合混合模式，提出了一种新的微渗漏模式，黄海平(2000 年)、张枝焕(2008 年)利用微渗漏模式也较好地解释了徐家围子断陷和长岭断陷腰英台、达尔罕构造带深层天然气同位素倒转的现象。

导致天然气碳同位素倒转的原因可能是上述因素之一，也可能是两种或两种以上的因素引起的。长岭断陷深层天然气普遍被认为主要是来源于沙河子组和营城组，都经历了较复杂的构造变形和较高的成熟演化阶段，可能存在多源气的混合。主力烃源岩发育于盆地断陷晚期和坳陷早期，火山活动频繁，烃源岩除正常的热演化外，还受到因火山活动引起的异常热事件；主力烃源岩沙河子组和火石岭组在盆地分布不均一，有机质具有非均质性，因生气层上下部位和层内成熟度及有机质性质不一样，也会使同层同时生成的天然气同位素发生混合而倒转；盆地基底发育深大断裂，无机成因的 CO_2、N_2 普遍存在，并且丰度较高，腰英台地区 CO_2 含量平均值为 20%以上，因此，天然气中可能有无机成因烷烃气加入。

总之，腰深1井与长深1井营城组烃类组分含量不高，缺少重烃组分，$\delta^{13}C_1$明显比其余烃类同位素偏重，存在倒转，属于煤型气，同时存在一定量的非烃气体，特别是CO_2含量较高，为无机与有机共同的成因，因此推测其混入了一定量的无机气。与腰深1井相比，DB11井$\delta^{13}C_1$偏轻，但是同位素也存在倒转，含有大量的CO_2，为有机与无机的共同成因，按照同位素划分的标准也属于煤型气，但是可能也混入了无机的天然气。达2井营城组(3615.5m)从天然气各个组分同位素数据看，可能来源于深部的天然气，营城组(3683.1m)组分中含有90%以上的CO_2，属于典型的无机成因的天然气。

三、与邻区天然气地球化学特征的比较

长岭断陷与松辽盆地北部徐家围子断陷和松辽盆地南部德惠断陷深层天然气组分特征比较表明，长岭断陷深层营城组天然气与徐家围子深层天然气具有很好的一致性，均以干气为主，干燥系数较高，同时存在天然气同位素倒转现象；但长岭断陷与毗邻的德惠断陷，无论是天然气组分还是碳同位素分布形式，均有差异，表现为不同的成因类型。

1. 与徐家围子断陷比较

长岭断陷地区天然气与徐家围子断陷深层天然气组分特征存在很好的一致性(图9-1-2)，两者主要以烃类气体为主，干燥系数较高，主要分布干气，总烃含量较高，有少量的非烃的CO_2和N_2气体存在，非烃气体含量分布不均，部分地区非烃气体含量较高，可能与深部的断裂有关。长岭地区天然气与徐家围子地区的天然气碳同位素值均偏重(表9-1-3)，同时两地区天然气同位素存在倒转，徐家围子地区天然气同位素倒转形式较多，有局部倒转也有负碳同位素分布形式。

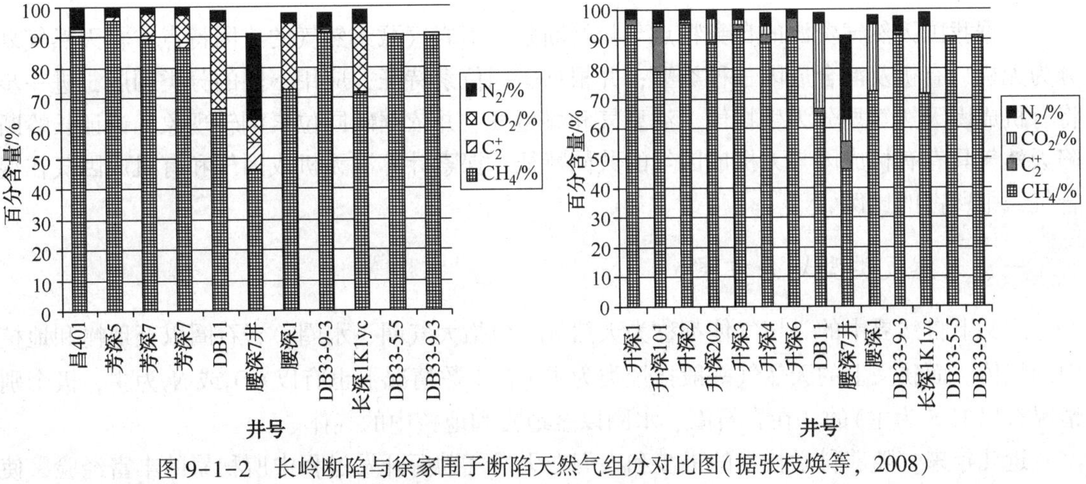

图9-1-2 长岭断陷与徐家围子断陷天然气组分对比图(据张枝焕等，2008)

表9-1-3 徐家围子断陷与长岭断陷天然气碳同位素特征对比(据张枝焕等，2008)

地 区	层 位	$\delta^{13}C_1$/‰	$\delta^{13}C_2$/‰	$\delta^{13}C_3$/‰	$\delta^{13}C_4$/‰
长岭断陷	K_1yc	-20.4～-26.5	-20.73～-28.7	-25.2～-28.8	-23～-33.4
		-22.91	-25.27	-26.78	-29.87
徐家围子断陷	K_1yc	-23.8～-54.5	-36.6～-23.8	-27～-36.6	-27.3～-38.5
		-30.04	-30.40	-31.59	-31.92

2. 与德惠断陷比较

德惠断陷与长岭断陷腰英台地区天然气组分相比，德惠断陷天然气甲烷含量较高，重烃组分更高，非烃组分含量低(图 9-1-3)，干燥系数很高，基本上大于 0.95，部分天然气属于湿气；德惠断陷深层天然气与腰英台地区的天然气相比碳同位素值偏轻，并且倒转与负碳同位素形式不明显，因此存在明显的差别。

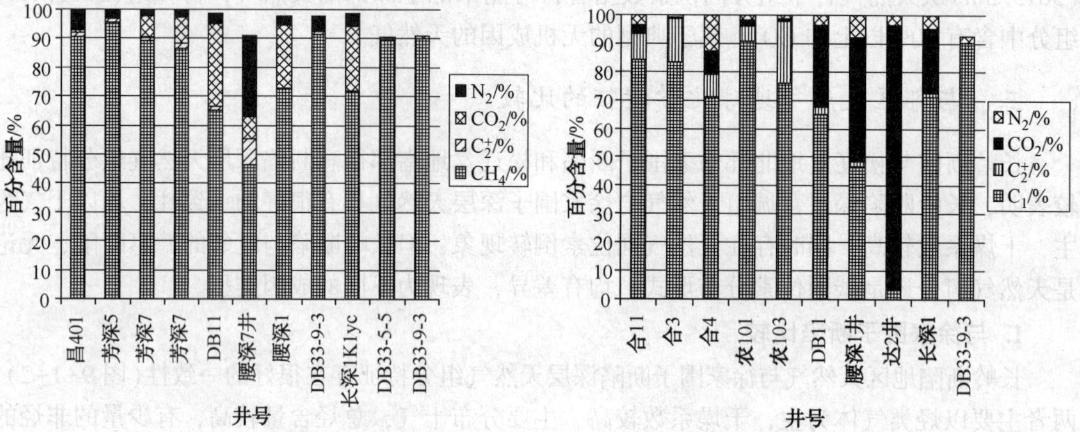

图 9-1-3　长岭断陷与德惠断陷天然气组分对比分布图(据张枝焕等，2008)

第二节　长岭断陷火山岩气藏天然气成因类型

根据我国天然气资源的自身特点与长岭断陷火山岩气藏天然气的成因特点，将天然气划分为无机、有机及混合成因三种类型；并根据碳同位素特征，应用不同的分类图版，进一步将有机成因天然气划分为生物气、油型气和煤型气。并依据碳同位素倒转现象，论证长岭断陷天然气具有有机成因与无机成因气的共同特征，探索计算了无机成因气和有机成因气在混合气藏中所占的比例。

一、天然气类型划分方案

广义上自然界中的一切气体都称为天然气，包括大气圈、水圈、岩石圈以至地幔和地核中的气体。而狭义上的天然气一般指烃类为主（在少数情况下也有以 CO_2或 N_2为主，极个别情况有以 H_2S 为主)的，在岩石圈、水圈以至地幔和地核中的气体。

近几年来，随着科学技术的进步和人们在天然气勘探开发过程中所积累的丰富经验，使得人们对天然气的认识逐步加深，因此，天然气成因类型划分也成为了人们争论的焦点。但是由于天然气的多源性以及成熟作用、运移作用、混合作用等诸多因素的影响，给天然气成因类型的划分增添了较大的难度，至今无法形成较统一的分类方案。

天然气的成因分类，应该尽可能全面的反映天然气的成因特征，并符合天然气地质学的基本原理，为研究天然气的形成条件及分布规律提供科学依据。根据我国天然气资源的自身特点与长岭断陷火山岩气藏天然气的成因特点，采用无机成因气、有机成因气及混合成因气三种类型分类方案(表 9-2-1)。

表 9-2-1 天然气成因分类方案（据李仲东等，2009）

<table>
<tr><td colspan="8">无机成因气：宇宙气、幔源气、岩浆岩气、变质岩气、无机盐类分解气</td></tr>
<tr><td rowspan="3">有机成因气</td><td>热成熟度
母质类型</td><td colspan="2">未熟阶段</td><td colspan="2">成熟阶段</td><td colspan="2">过熟阶段</td></tr>
<tr><td>腐泥型天然气</td><td rowspan="2">生物气</td><td>腐泥型生物气（油型生物气）</td><td rowspan="2">热解气</td><td>原油伴生气、凝析油伴生气</td><td rowspan="2">裂解气</td><td>腐泥型裂解气（油型裂解气）</td></tr>
<tr><td>腐殖型天然气</td><td>腐殖型生物气（煤型生物气）</td><td>成熟气、凝析气</td><td>腐殖型裂解气（煤型裂解气）</td></tr>
<tr><td colspan="8">混合成因气：大气、气水合物、同岩多阶混合气、异岩两源混合气</td></tr>
</table>

1. 无机成因气

无机成因气泛指在任何环境下的无机物质形成的天然气。包括宇宙气、幔源气、岩浆岩气、变质岩气及无机盐类分解气。

宇宙气：指在宇宙空间由放射性反应、核反应及化学反应等作用形成的天然气。以含 H_2、He 为特征，并有 CH 基、CH_2基等混杂。

幔源气：又称深源气，指在地幔或从地幔通过不同方式上升到沉积圈的天然气。包括与火山喷发有关的部分火山气、幔源气、部分温泉气以及沿深大断裂或转换断层上升的高温气或低温气。在较高温度、较高氧逸度、较小压力下，热排出的幔源气是以 CO_2和 H_2O 为主；相反，在较低温度、较低氧逸度、较大压力下，冷排出的幔源气则以 CH_4和 H_2为主，此外，尚有可能混有 SO_2、N_2及稀有气体。

岩浆岩气：指在岩浆岩中由高温化学作用形成的气体。包括在岩浆岩、火山岩矿物包裹体气及大部分火山气。以含 CO_2、H_2为主，混有 N_2、CH_4、H_2S 及稀有气体。

变质岩气：指在变质岩中高温化学变质作用形成的气体。富含 CO_2、N_2、H_2，并有 CH_4、H_2S 及稀有气体混杂作用。

无机盐类分解气：指在沉积岩中由无机盐类化学分解产生的气体。如碳酸盐分解产生的 CO_2、硫酸盐被还原产生的 H_2S 等。

无机成因气多与宇宙或地球深处地幔、岩浆活动有关。无机气常沿深大断裂或转换断层上升至沉积圈，或在与深大断裂有关的逆冲断层推覆带圈闭中、或以不整合覆盖在结晶变质基底突起之上的沉积岩中形成工业气藏。

2. 有机成因气

有机成因气泛指在沉积岩中由分散状或集中状的有机质或有机燃料矿产形成的天然气。根据原始有机质的母质类型及热成熟度不同，又可分为若干亚类。

1）有机质母质类型与有机成因气分类

根据元素组成及显微组分组成，可将原始有机质及其干酪根划分为腐泥型（Ⅰ型）、腐殖腐泥型（$Ⅱ_1$型）、腐泥腐殖型（$Ⅱ_2$型）及腐殖型（Ⅲ型）。根据母质类型不同，进一步将其分为以下亚类：

腐泥型天然气：由Ⅰ型、$Ⅱ_1$型干酪根降解而成。由于绝大部分原油是由这些有机母质形成的，因此，通常称之为油型气。

腐殖型天然气：由$Ⅱ_2$型与Ⅲ型干酪根降解而成。这类干酪根以成气为主，分布于煤层或含煤层系中，呈分散状有机质或集中状腐殖煤出现，它可以是煤层生成的天然气也可以是煤系地层或Ⅲ型干酪根生成的天然气均可称为煤成气或煤型气。

2）有机质热成熟度与有机成因气分类

有机质的热演化程度，可分为未成熟、成熟(包括低成熟和高成熟)、过成熟等阶段，相应的可将有机成因气划分为下列亚类：

生物气：或称细菌气、生物化学气。指有机质在未成熟阶段(R_o=0.5%~0.7%)经厌氧细菌进行生物化学降解的气态产物。其化学成分以高甲烷含量及甲烷同位素值较负为特征。

热解气：指有机质在成熟阶段(R_o=0.5%~2.0%)经热催化作用降解而形成的天然气。由于有机质母质类型不同，形成热解气的性质也就有别，所以根据有机质母质类型不同可将热解气分为两种：

(1) 油型热解气：指Ⅰ型、$Ⅱ_1$型干酪根在成熟阶段形成的天然气。

(2) 煤型(成)热解气：指$Ⅱ_2$型、Ⅲ型干酪根在成熟阶段形成的天然气

裂解气：指在过成熟阶段(R_o>2%)已生成的液态烃和残余干酪根以及部分重烃气经高温裂解作用形成的天然气。按原始物质不同可分为腐泥型裂解气(或油型裂解气)与腐殖型裂解气(或煤型裂解气)。前者系由原油、油型热解气及残余腐泥型干酪根裂解而成；后者则由煤型热解气、残余的腐殖型干酪根裂解而成，二者统称为裂解气。

3. 混合成因气

指在成因上既有有机来源又有无机来源混杂在一起的天然气。常见有同岩(地)两源、异岩(地)两源混合气等。同岩(地)两源混合气具有相当的普遍性，源岩实验证明碳酸盐岩、泥灰岩及含钙泥岩在试验中普遍形成有机的烷烃气和无机的二氧化碳同岩两源混合气（戴金星，1992)。一般在地壳沉积圈中发现的混合成因气多为异岩两源混合气。如上地幔形成的无机气向上运移至沉积层中与有机气混杂形成的混合气。

二、天然气成因类型划分

天然气成因类型的判识主要依赖于天然气的组分和碳、氢同位素组成，长岭断陷$\delta^{13}C_1$ > −30‰明显偏重，$\delta^{13}C_2$ > −29‰，属于典型的煤型气特征。

(一) 无机与有机天然气类型划分

天然气成因类型的判识主要依赖于天然气的组分和碳、氢同位素组成，并以天然气伴生的轻质油、凝析油、原油的轻烃地球化学特征以及稀有气体同位素组成为辅。长岭断陷腰英台地区的甲烷的碳同位素明显偏重，其$\delta^{13}C_1$ > −30‰。据戴金星(1992)，除高成熟和过成熟的煤型气外，$\delta^{13}C_1$ > −30‰的均为无机成因的甲烷，因此利用CH_4(%)与$\delta^{13}C_1$(‰)图版可知，腰英台构造带营城组天然气主要分布煤型气区内，长深1井区的个别样品介于无机气与有机气之间，从而表明该区深部的无机气的混入，达尔罕构造带以及双坨子地区主要分布煤成气，主要为有机成因气(图9-2-1)。

(二) 有机烷烃气体进一步鉴别

在有机成因的烷烃气中，生物气和裂解气均具有高甲烷含量、低重烃含量的特点，它们的区别之一是生物气甲烷碳同位素较低，而裂解气的甲烷碳同位素值偏重，根据生物气的一个良好鉴别标志$\delta^{13}C_1$<−55%来看，长岭断陷天然气均属于裂解气，从$\delta C_1-C_1/C_{2+3}$关系图

版看(图 9-2-2)，长岭断陷腰英台构造带与长深 1 井区的天然气均属于煤型气，长深 1 井个别样品明显有无机气的混入，为煤成气与无机气的混合气。腰英台与达尔罕构造带的天然气主要为腐殖型干酪根裂解气，而非原油裂解气。

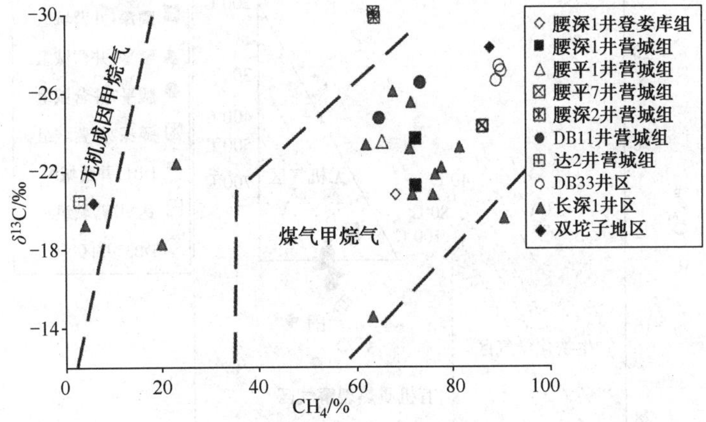

图 9-2-1　无机与有机天然气类型划分(据张枝焕等，2008)

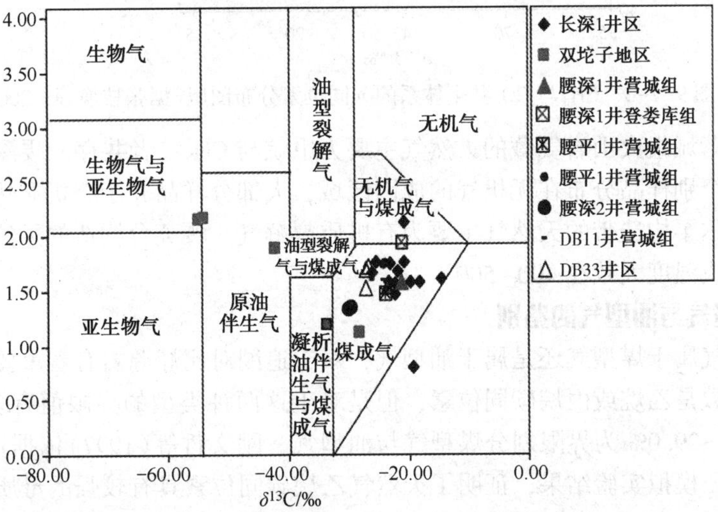

图 9-2-2　天然气 δC_1-lg(C_1/C_2+C_3)关系图版(据张枝焕等，2008)

前苏联学者 Гуцало(1981)从 CH_4 与 CO_2 共生体系碳同位素热平衡原理出发，以世界上已有 CH_4 与 CO_2 共生体系中测得的 $\delta^{13}C_1$ 和 δCco_2 为依据，将自然界不同成因类型的 CH_4 与 CO_2 共生体系划分为三个区，张厚福(1999)按 Craig(1953)提出的 CH_4 与 CO_2 碳同位素热平衡原理的近似方程，计算出天然气形成温度，并标入该图版中(图 9-2-3)。

Ⅰ区：为无机成因气区，该区的 $\delta^{13}C_1$ 由 -41‰～-7‰，$\delta^{13}C_{CO_2}$ 由 -7‰～+2.7‰。洋脊喷出气、温泉气、火山气和各种岩浆岩和宇宙物质包裹体中的气体均属此区。

Ⅱ区：为生物化学气区，该区的 $\delta^{13}C_1$ 由 -92‰～-54‰,，$\delta^{13}C_{CO_2}$ 由 -36‰～+1‰。地球上浅层生物成因气、现代沉积物中所有的 CH_4 与 CO_2 共存的天然气均属此区。

Ⅲ区：为有机质热裂解气区，该区的 $\delta^{13}C_1$ 由 -40‰～-19‰，$\delta^{13}C_{CO_2}$ 由 -30‰～-16‰，沉积岩中的分散有机质、泥炭、煤和石油的热裂解气均落于此区。该图版以把天然气的来源粗略的分为三种成因。随着样品数量的增多其三者界限可能有所变化，但该图版仍具有参考价值。

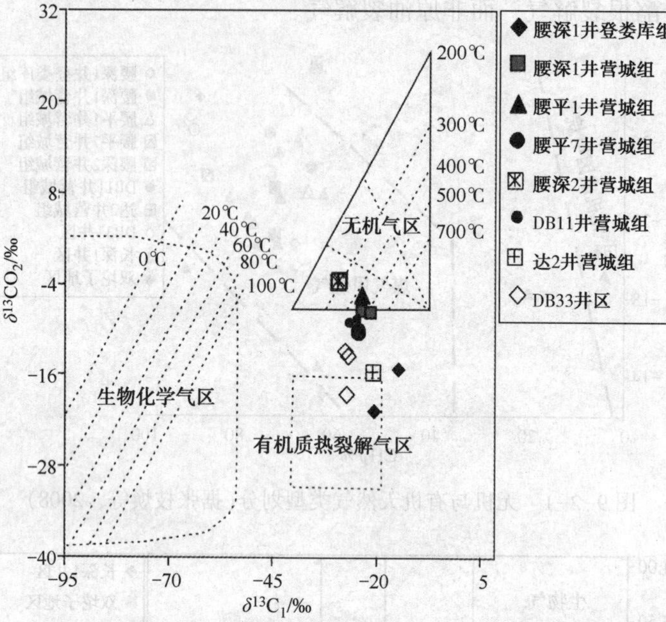

图 9-2-3 CH_4与CO_2共生体系的碳同位素分布图版(据张枝焕等，2008)

长岭断陷营城组火山岩气藏的天然气主要为甲烷与CO_2二者共存。腰深1井与腰深2井营城组天然气个别样品分布在无机气的成因区域，大部分样品介于有机质热裂解气区与无机成因气区；达尔罕构造带的天然气主要为有机质裂解气。腰英台构造的天然气极可能有无机气的混入，形成温度大致在400~500℃。

(三) 煤型气与油型气的鉴别

确认天然气属于煤型气还是属于油型气，对于追溯对比烃源岩有着重要作用。目前最为常用的判别参数是乙烷或丙烷碳同位素，但是对于这两种类型的界限值有多种不同的观点：①以$\delta^{13}C_2$等于-29.0‰为界限划分煤型气与油型气。刚文哲等(1997)依据资料统计的结果，并结合加水热压模拟实验结果，证明了天然气乙烷碳同位素具有较强的母质继承性，而且以$\delta^{13}C_2$等于-29.0‰可以作为区分天然气成因类型的良好指标，即煤型天然气$\delta^{13}C_2$大于-29.0‰，而油型天然气$\delta^{13}C_2$小于-29.0‰。持相同观点学者还有冯福闿等(1995)和陈玉根(1996)；②徐永昌等(1994年)根据四川盆地、松辽盆地、鄂尔多斯盆地天然气特征提出$\delta^{13}C_1$与R_o的关系式：

$$\delta^{13}C_1=21.72\lg R_o-43.31(\text{油型气}) \quad (2-1-1)$$

$$\delta^{13}C_1=40.49\lg R_o-34.00(\text{煤型气}) \quad (2-1-2)$$

并以$\delta^{13}C_2$的界限值-29.0‰~-27.0‰来区分煤型气与油型气，认为$\delta^{13}C_2$大于-27.0‰为煤型气，$\delta^{13}C_2$小于-29.0‰为油型气，$\delta^{13}C_2$介于-29.0~-27.0‰为混源气；持相同观点者还有张士亚等(1994年)、黄藉中等(1990年，1991年)和黄第藩等(1996年)；③戴金星等(1992年)综合我国许多学者的研究成果后认为$\delta^{13}C_2$大于-25.1‰为煤型气，$\delta^{13}C_2$小于

−28.8‰为油型气；④以 $\delta^{13}C_2$ 的界限值−28.0‰来区别，$\delta^{13}C_2$ 大于−28.0‰为煤型气，$\delta^{13}C_2$ 小于−28.0‰为油型气(章复康等，1986年)。

张枝焕等人(2008年)研究，长岭断陷腰英台构造带腰深1井营城组天然气 $\delta^{13}C_2$ 为−26.4‰~−26.5‰，达尔罕构造带DB11−1与DB11−2营城组天然气 $\delta^{13}C_2$ 为−26.1‰~−28.7‰，按照 $\delta^{13}C_2$ 值为−29‰作为界限结合 R_o 值资料，确定长岭断陷的天然气气源岩主要为火石岭组和沙河子组烃源岩或者更深层源岩，其次为营城组，登娄库组烃源岩贡献不大；成因类型主要为高成熟的煤型气、油型气及二者的混合气。然而，随着勘探程度的不断提高，获得了一些新井的地球化学分析数据，对其成因和类型有了一些新的认识。对长岭断陷火山岩的有机成因天然气重新进行了类型划分和判别成因的计算。并根据天然气碳同位素倒转现象研究，认为腰英台与达尔罕构造带的天然气具有多源的性质，主要是煤型气混有深部的无机气组成，造成其甲烷的同位素明显偏重，导致其烃类组分的同位素发生倒转，混合方式主要为多源气、同型不同源等。

(四) 应用模版来划分天然气类型

1. $\delta^{13}C_1$−$\delta^{13}C_2$ 分类模版

应用该图版可以将有机天然气划分成三种类型：生物气、油型气和煤型气。同时又可以对油型气类型进一步划分，根据其演化程度分为成熟、高成熟和过成熟，既可以区分天然气的成因也能够考虑成熟度因素，在对气体成因类型进行了区分的同时又能大致划分出油型气成熟度的范围(图9−2−4)。但是，对有机成因过成熟煤成气及其与无机成因气及混合气无法进行区分。依据松辽盆地的勘探经验，将甲烷碳同位素的 $\delta^{13}C_1$ 值以−30‰为有机与无机的划分界限较为合理(戴金星，1995)，图版中将 δC_1 值小于−30‰的烷烃气皆定为有机成因气。因此，根据戴金星的观点，长岭断陷营城组火山岩气藏天然气绝大部分的 δC_1 大于−30‰，应该为成熟度较高的煤型气或煤型气与无机成因气的混合气。而没有油型气或油型气与煤型气的混合气类型。

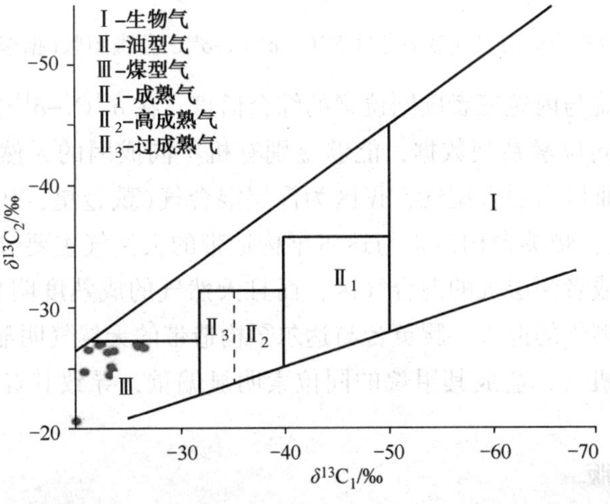

图9−2−4　长岭断陷火山岩气藏天然气 $\delta^{13}C_1$−$\delta^{13}C_2$ 分类图版(据李仲东等，2009)

2. "V"型鉴别图版($\delta^{13}C_1$−$\delta^{13}C_2$−$\delta^{13}C_3$)的应用

图9−2−5系戴金星院士总结1515个国内外不同类型有机成因气的碳同位素值编制而

成。具有适用性好、可靠性强的特点，且对有机成因中的一些混合成因气也进行了详细划分。但是，该图版是一个专门用于有机成因气的鉴别图版，如果有无机成因气投入其中，数据点会出现在各类型之外的地区。长岭断陷的天然气的同位素在 $\delta^{13}C_1-\delta^{13}C_2$ 图版中天然气数据均落在Ⅲ$_2$区及以外的相邻区，主要为同源不同期的煤成气同位素倒转区。$\delta^{13}C_1-\delta^{13}C_3$ 图版中天然气数据则落在临近Ⅲ$_2$区以外区，表明天然气的同位素特征及倒转特性可能其他成因的天然气的混入有关。

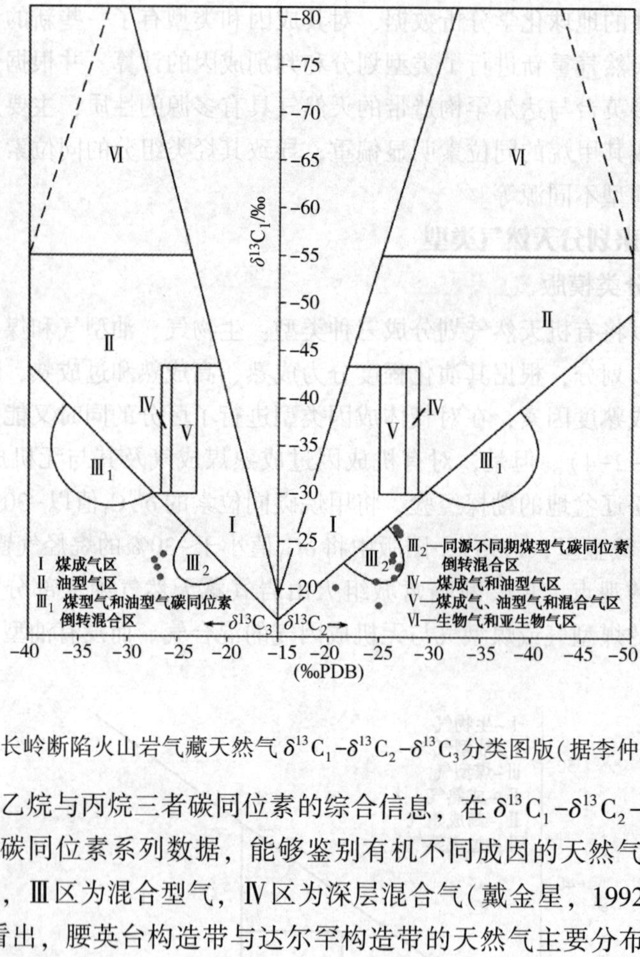

图 9-2-5 长岭断陷火山岩气藏天然气 $\delta^{13}C_1-\delta^{13}C_2-\delta^{13}C_3$ 分类图版(据李仲东等，2009)

考虑到甲烷、乙烷与丙烷三者碳同位素的综合信息，在 $\delta^{13}C_1-\delta^{13}C_2-\delta^{13}C_3$ 相关图上，利用烷烃成因天然气碳同位素系列数据，能够鉴别有机不同成因的天然气。其中Ⅰ区为煤型气，Ⅱ区为油型气，Ⅲ区为混合型气，Ⅳ区为深层混合气(戴金星，1992；顾忆等，1998)，从图 9-2-5 可以看出，腰英台构造带与达尔罕构造带的天然气主要分布在碳同位素倒转区以及煤型气和油型气或者深层气的混合气区，而且天然气的成熟度明显偏高，DB11 井的天然气可能有少量的油型气的混入，腰英台与达尔罕构造带的天然气明显具有多源的性质，而且可能混有深部的无机气，造成其甲烷的同位素明显偏重，导致其烃类组分的同位素发生倒转。

3. $\delta^{13}C_1-\delta^{13}C_2$ 图版

通过利用 $\delta^{13}C_2$ 值的大小将天然气划分为煤型气、油型气以及煤型气与油型气的混合气区，再通过 $\delta^{13}C_1$ 受热演化程度的差异将天然气划分为未熟、低熟、成熟、高熟以及过成熟五个阶段，可以很好的将天然气中煤型气与油型气类型分开，从图版可以看出(图 9-2-6、

图 9-2-7)，达尔罕构造带的 DB11 井以及长深 1 井的个别样品可能为高过成熟的煤型气与油型气混合气，而其余样品天然气均为高过成熟的煤型气。

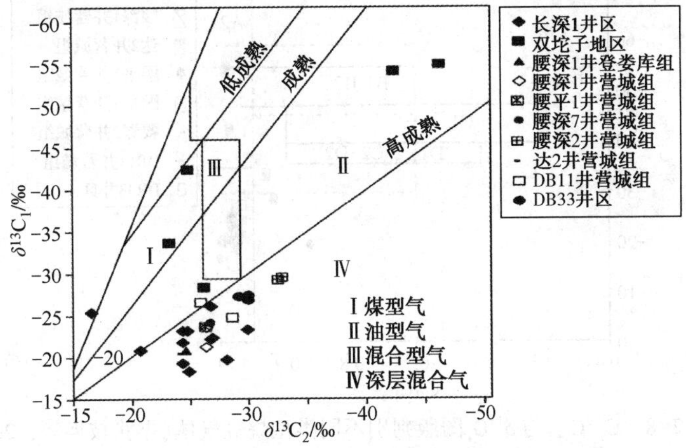

图 9-2-6　天然气 $\delta^{13}C_1$-$\delta^{13}C_2$ 不同成因类型图版(据张枝焕等，2008)

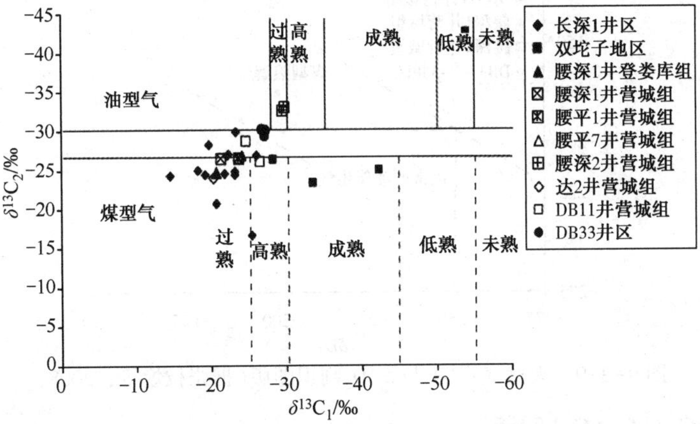

图 9-2-7　$\delta^{13}C_1$-$\delta^{13}C_2$ 不同成因类型图版(据张枝焕等，2008)

4. C_1/C_{1-5} 与 $\delta^{13}C_1$ 图版

利用干燥系数(C_1/C_{1-5})与 $\delta^{13}C_1$ 同样也可以判识天然气类型，由于煤型气与油型气在不同的演化阶段过程中，其干燥系数与 $\delta^{13}C_1$ 存在一定的对应关系，对于成熟度高的油型气与煤型气其干燥系数与 $\delta^{13}C_1$ 必然很高，图中 A1、B1、C1、D1、E1 为煤型气演化阶段，界限由虚线表示，A2、B2、C2、D2、E2 为油型气演化阶段，界限为由实线表示。

通过此图版看出(图 9-2-8)，腰英台构造带与达尔罕构造带的营城组与登娄库组的天然气主要分布在高成熟的煤型气与油型气区。

5. $\delta^{13}D_1$ 与 $\delta^{13}D_2$ 图版

通过 $\delta^{13}D_1$ 与 $\delta^{13}D_2$ 关系图版也可以划分天然气类型，主要区分原油伴生气与煤型裂解气，通常以 $\delta^{13}D_2$ 值为-190‰将天然气划分为煤成气和油型气两大类型，从图版看出(图 9-2-9)，腰深 1 井、DB11 井天然气均属于煤型热解气。

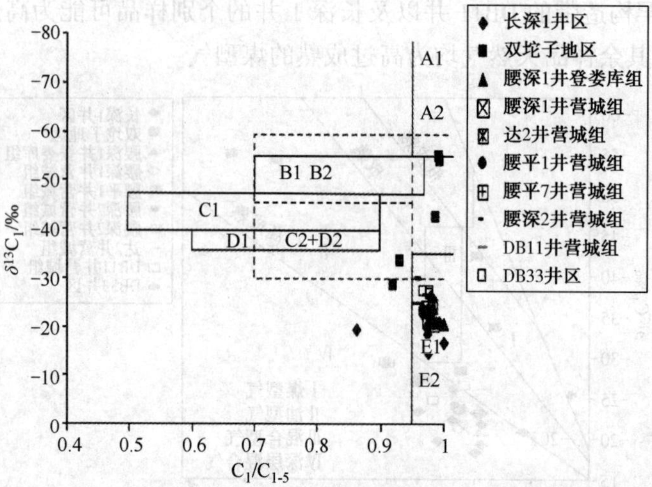

图 9-2-8　C_1/C_{1-5}与$\delta^{13}C_1$图版判别不同类型烷烃气体(据张枝焕等，2008)

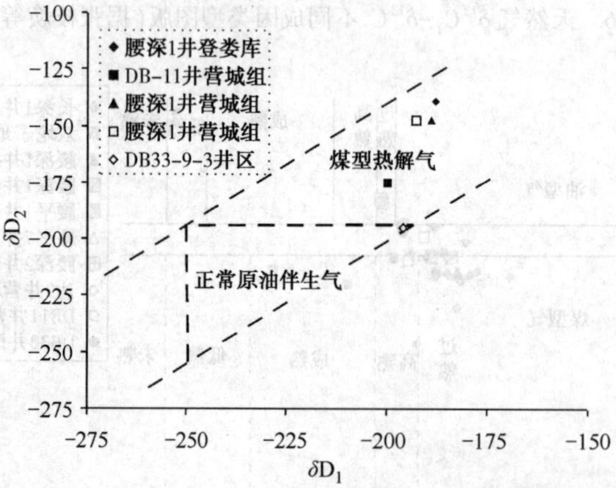

图 9-2-9　天然气$\delta^{13}D_1$与$\delta^{13}D_2$判识图版(据张枝焕等，2008)

6. $\delta^{13}C_1$与$lgC_1/(C_2+C_3)$图版

通过$\delta^{13}C_1$与$lgC_1/(C_2+C_3)$图版也可以将天然气划分为生物成因气、混合气区、热成因气(Ⅱ、Ⅲ型干酪根)，并且对天然气可能受到运移与氧化作用也作了判识，从图版中看出(图 9-2-10)，腰英台构造带与达尔罕构造带的天然气主要为Ⅲ型腐殖型干酪根热裂解成因。

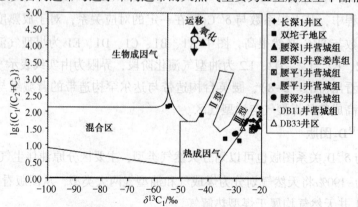

图 9-2-10　天然气$\delta^{13}C_1$与$lgC_1/(C_2+C_3)$判识图版(据张枝焕等，2008)

综上所述，长岭断陷腰英台和达尔罕地区营城组火山岩气藏天然气应属于Ⅲ型腐殖型干酪根热裂解成因的煤型气，天然气的同位素倒转特征表明成藏后的构造改造中有无机成因的天然气的混入。

三、长岭断陷层天然气气源分析

通过对营城组储层固体沥青抽提物与泥岩碳族组分同位素值、烃源岩生物标志物特征对比，长岭断陷营城组天然气主要来自沙河子组和营城组烃源岩，干酪根为Ⅲ型为主，部分有Ⅱ型。营城组储层固体沥青与烃源岩所经历的热演化和热蚀变作用较高。

（一）营城组储层固体沥青的成因分析

1. 储层固体沥青抽提物与泥岩碳族组分同位素值对比

储层固体沥青抽提物生物标志物和稳定碳同位素组成特征可以反映早期进入储层的液态烃或天然气中重烃的地球化学特征，进而推测烃源岩的地球化学特征，追溯储层沥青的来源，从而间接推测天然气的来源。从图 9-2-11 可以看出，营城组储层沥青抽提物的族组成和组分同位素组成特征与腰英台构造腰深 1 井、腰深 101 井营城组泥岩均比较接近，而与双龙地区坨深 6 井营城组烃源岩存在明显的差别，表明储层沥青来源于断陷层埋深较大、成熟度较高的烃源岩，或者反映储层沥青与烃源岩经历了相同的演化特征。

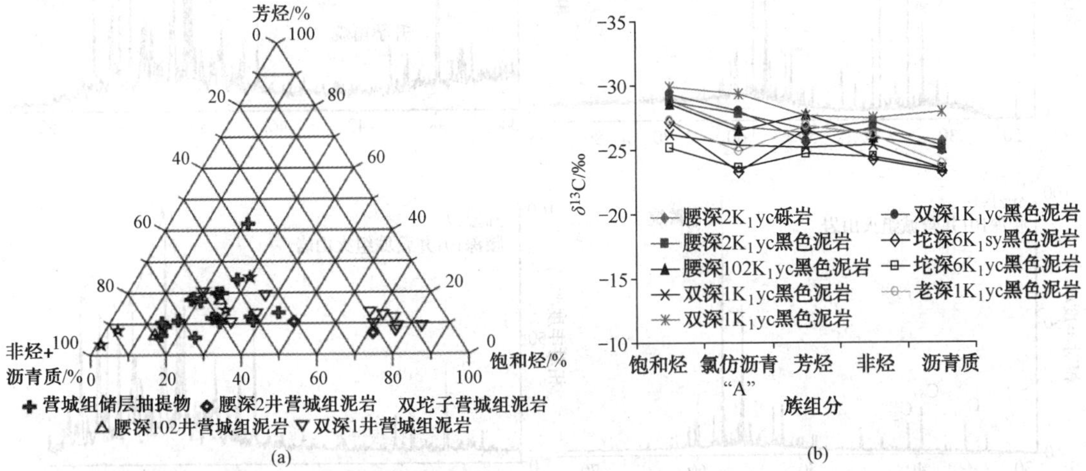

图 9-2-11 营城组火山岩抽提物族组分以及同位素的分布特征（据张枝焕等，2008）

2. 固体沥青抽提物与烃源岩生物标志物特征对比

天然气在运移过程中，由于储层或输导层本身具有吸附性，位于优势运移通道上的储层将吸附天然气从烃源岩中带来液态烃类化合物。采用适当的抽提技术可以富集这些烃类化合物，获得生气母质的烃类生物标志物，与直接从烃源岩中获得的生物标志物进行对比，间接地追索气源。

从不同井位的甾萜烷类质量色谱图表明，可将储层沥青划分为两大类（图 9-2-12、图 9-2-13）。第一类储层固体沥青主要分布在腰深 1 井、腰深 2 井与腰深 101 井区营城组；第二类储层固体沥青主要分布在达 2 井与腰深 102 井营城组，两类储层固体沥青存在一定的差别，主要表现为：第一类储层三环萜烷的分布中等，C_{20}、C_{21}、C_{23}三环萜烷呈山峰型分布，Ts<Tm，规则甾烷丰度略高，$\alpha\alpha\alpha C_{27}$、$\alpha\alpha\alpha C_{28}$、$\alpha\alpha\alpha C_{29}$呈“L”型分布；第二类储层受热演化程

度明显较高，三环萜烷的分布明显偏高，规则甾烷的丰度低，C_{20}、C_{21}、C_{23}三环萜烷呈上升型分布，$\alpha\alpha\alpha C_{27}$丰度明显较高，Ts>Tm，整体上两类储层抽提物的峰型特征一致，主要差别在化合物的相对丰度，表明其来源是一致的。但是第二类储层抽提物受到更高的热演化程度。

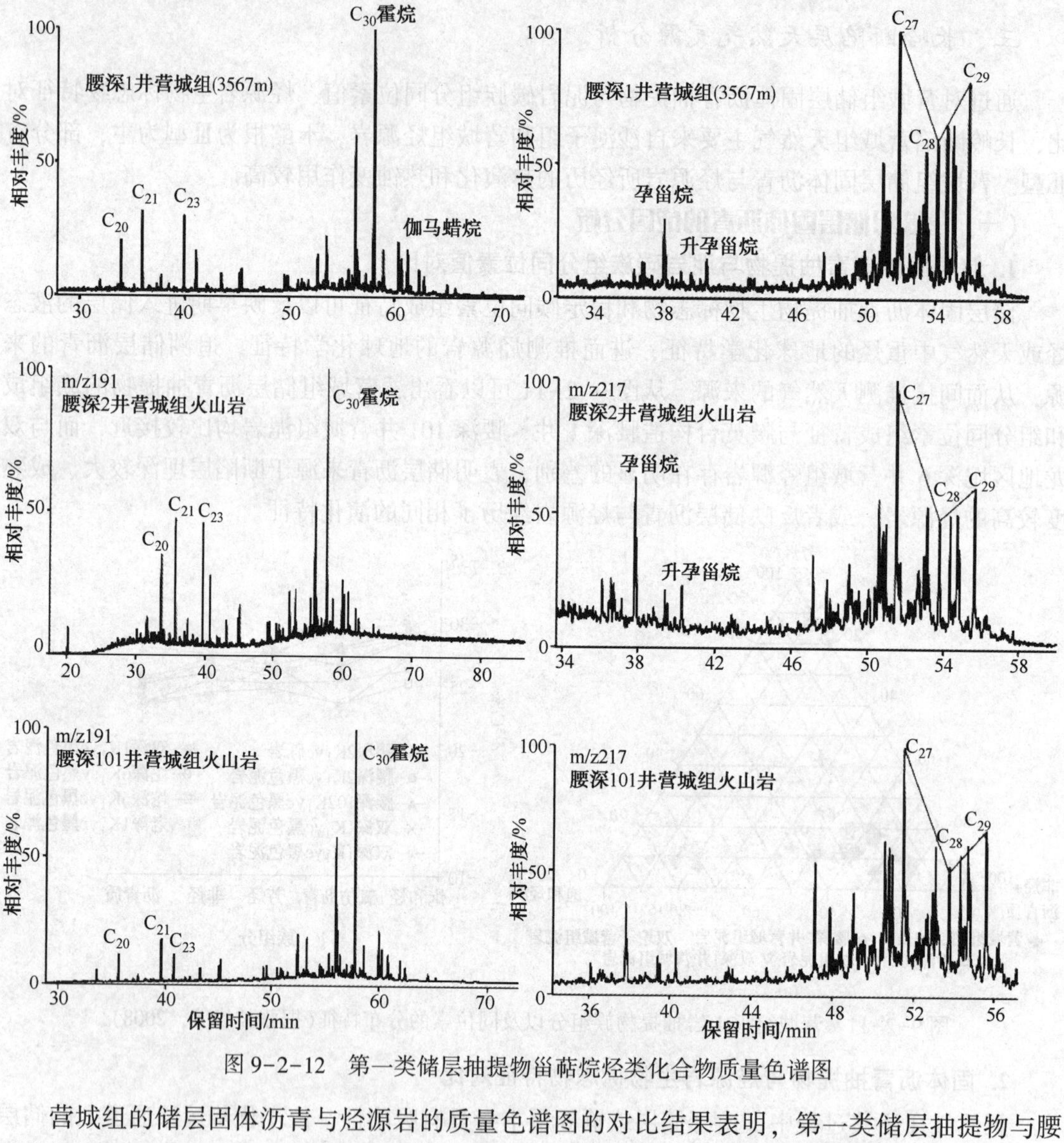

图 9-2-12　第一类储层抽提物甾萜烷烃类化合物质量色谱图

营城组的储层固体沥青与烃源岩的质量色谱图的对比结果表明，第一类储层抽提物与腰深 2 井营城组的泥岩极为相似(图 9-2-14)，与双深 1 井的营城组的泥岩略微差别，与沙河子组的烃源岩无相关性，腰深 2 井与双深 1 井营城组的泥岩也明显受成熟度的影响，导致形成两类存在成熟度的差异的储层抽提物，由此也表明达尔罕构造带的成熟度明显高于腰深 1 井区。另外从 SN101、SN109 的营城组的常规的成熟阶段的烃源岩的特征分析表明(图 9-2-15、图 9-2-16)，腰英台与达尔罕构造带的营城组固体沥青与烃源岩均遭受后期的演化，导致目前的生物标志化合物的特征不能真正的反映当时的母质输入以及沉积环境的特征，松南地区的营城组的谱图孕甾烷与升孕甾烷的丰度不高，$\alpha\alpha\alpha C_{27}$、$\alpha\alpha\alpha C_{28}$、$\alpha\alpha\alpha C_{29}$呈反“L”型分布，以高等植物的陆源输入为主，部分有低等藻类与生物的贡献，由此表明干酪根为Ⅲ

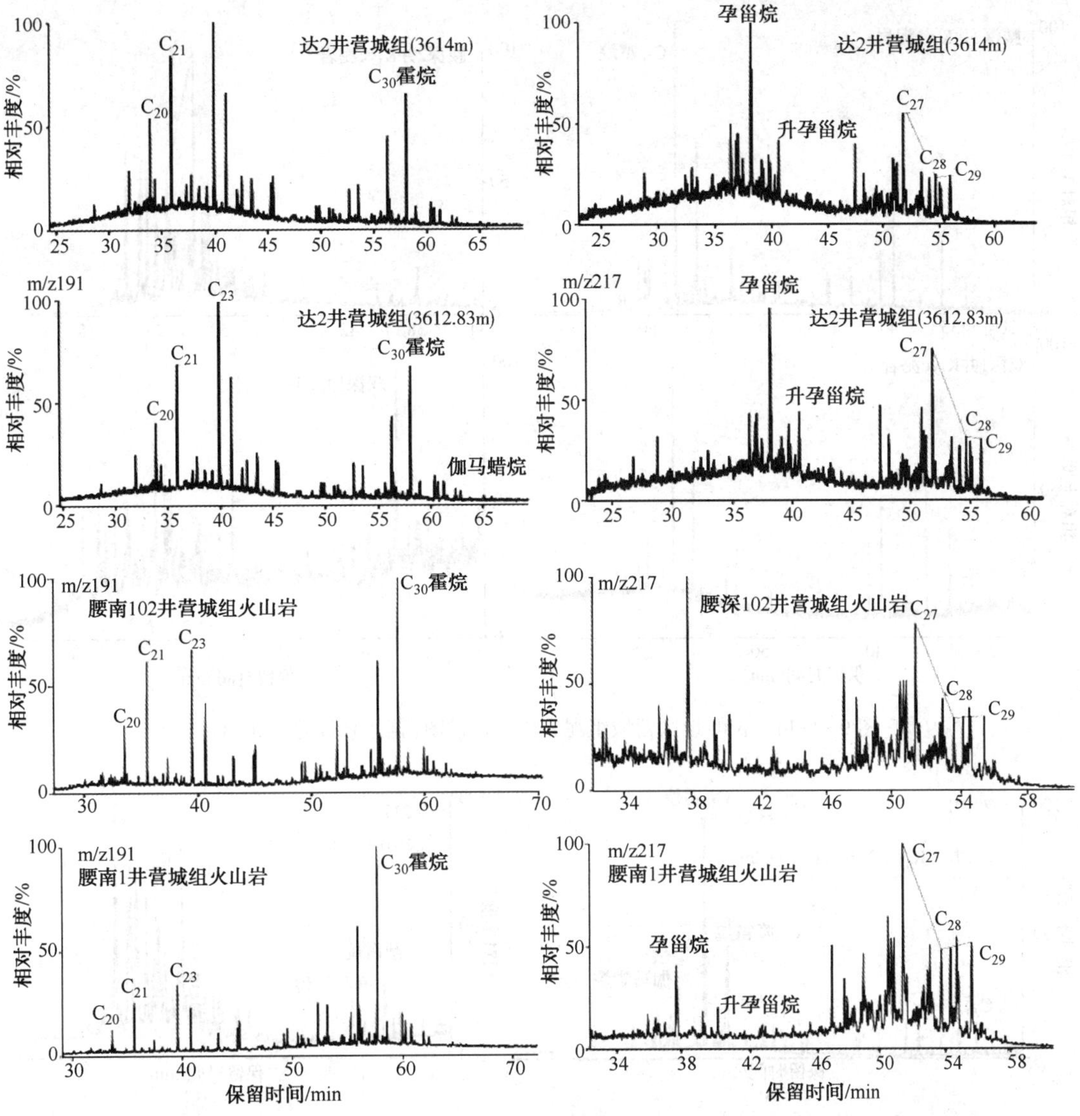

图 9-2-13 第二类储层抽提物甾萜烷烃类化合物质量色谱图(据张枝焕等，2008)

型为主，部分有Ⅱ型，有机质沉积环境为弱氧化弱还原的滨浅湖相沉积特征，另外从天然气的地球化学特征也可以很好的证明，天然气主要为煤型气，油型气的分布很少，登娄库组的烃源岩较差，而且为上覆底层，对气源的贡献极少，可以得出天然气主要来源于底部的沙河子组和营城组烃源岩，营城组沉积时期由于有多次的火山活动，对有机质的破坏较强，广泛分布火山岩，对气源的贡献也较少，可以肯定腰英台和达尔罕构造带沙河子组烃源岩对天然气的贡献是最大的，营城组有少量的贡献，登娄库组几乎无贡献。

生物标志物参数也可以很好的证明这一点，反应沉积环境(Pr/Ph)与伽马蜡烷/C_{30}霍烷之间关系的参数表明(图 9-2-17)，营城组泥岩与其储层抽提物分布范围一致，主要以微咸水的弱还原沉积环境为主，从反映母质输入的甾烷 $\alpha\alpha\alpha C_{28}/C_{29}$ 与 $\alpha\alpha\alpha C_{27}/C_{29}$ 相关图表明，$\alpha\alpha\alpha C_{27}/C_{29}$值明显偏高，可能受到成熟度的影响，总体上储层沥青与泥岩的甾烷参数分布一致，具有较好的继承性，Pr/nC_{17}与 Ph/nC_{18} 参数分布表明(图 9-2-17)，营城组泥岩与储层

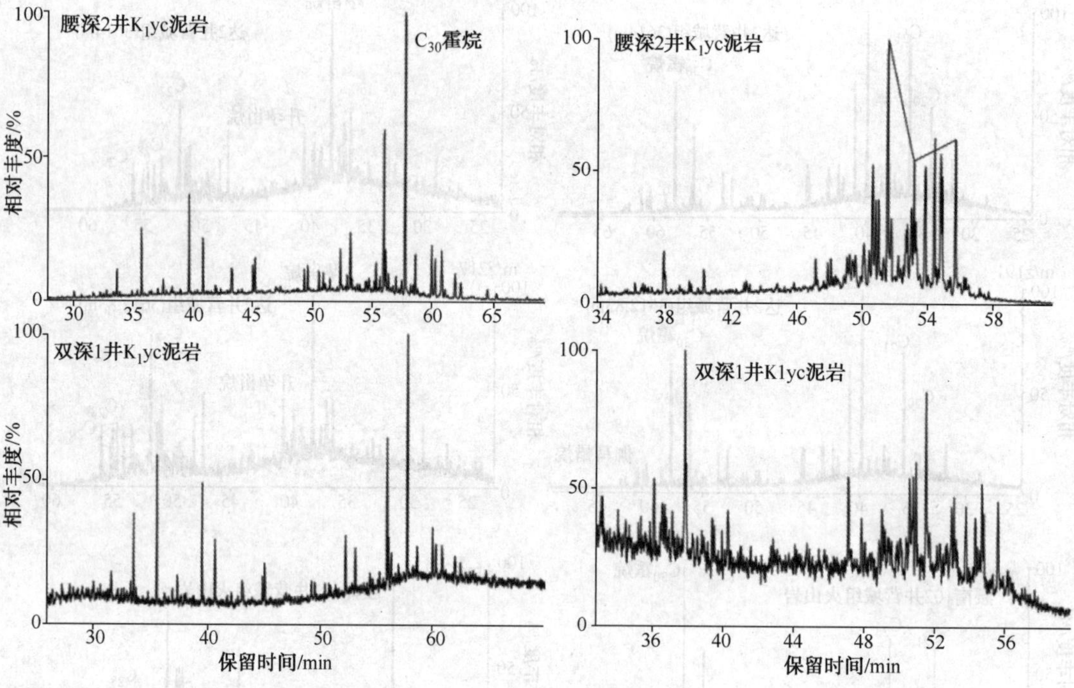

图 9-2-14 长岭地区营城组泥岩质量色谱图(据张枝焕等，2008)

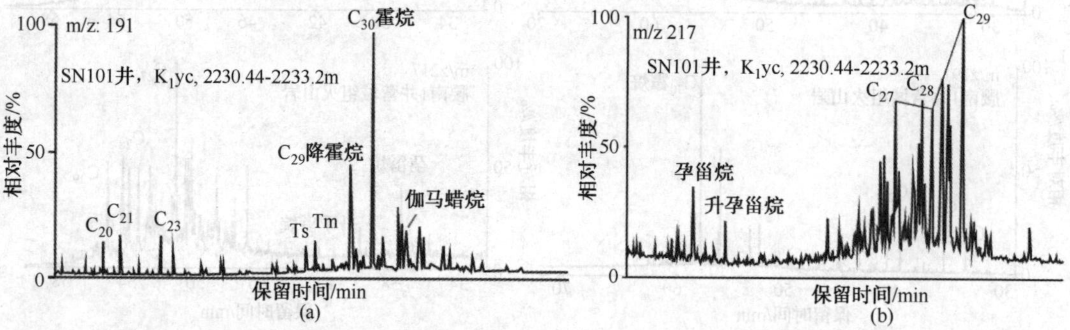

图 9-2-15 SN101 井营城组泥岩抽提物五环三萜烷(a)、甾烷(b)质量色谱图(据张枝焕等，2008)

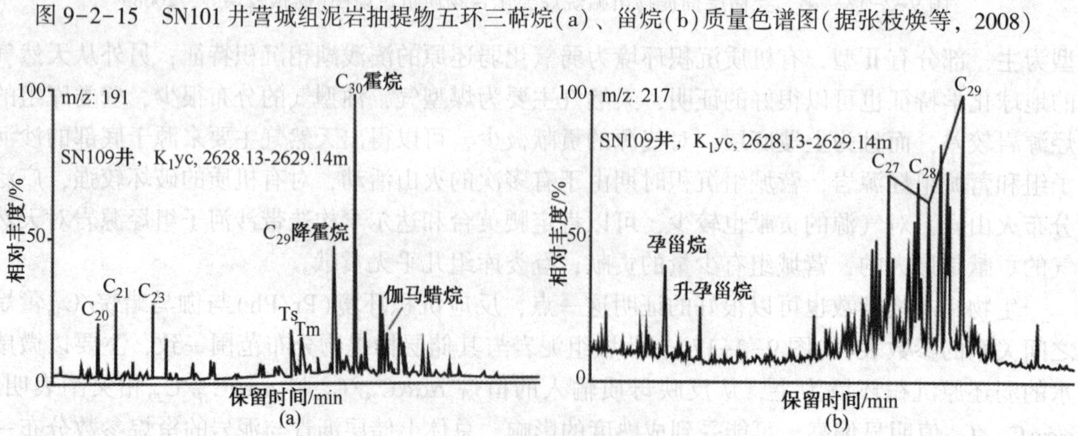

图 9-2-16 SN109 井营城组泥岩抽提物五环三萜烷(a)、甾烷(b)质量色谱(据张枝焕等，2008)

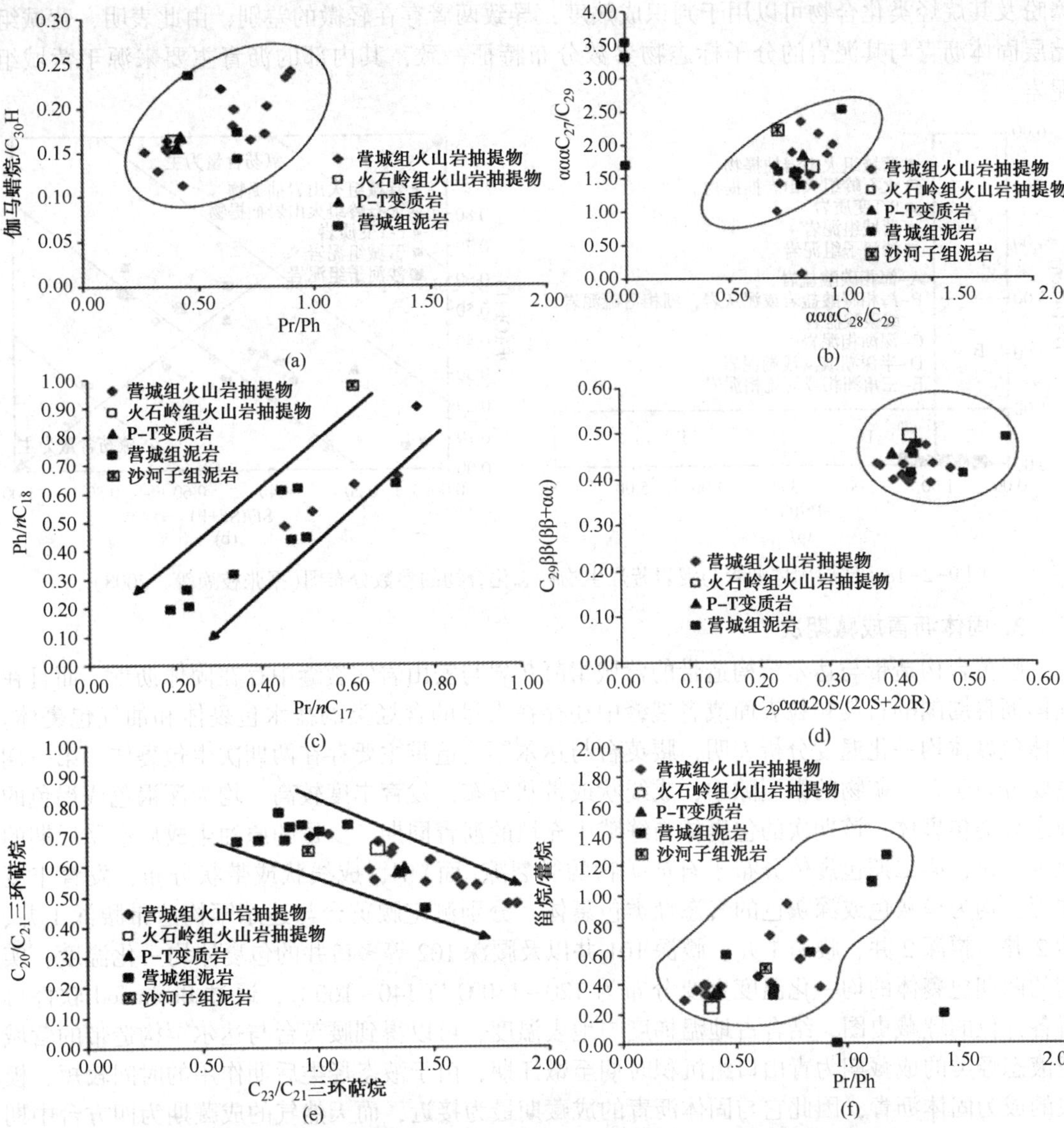

图 9-2-17 储层固体沥青和泥岩饱和烃生物标志化合物的参数分布表(据张枝焕等，2008)

固体沥青明显受到热作用的影响，演化趋势一致，C_{29}ααα20S(20S+20R)与C_{29}ββ/(ββ+αα)成熟度参数的分布特征也表明，泥岩与储层固体沥青的成熟度接近，均达到异构化参数的终点，进入到过成熟阶段，C_{23}/C_{21}三环萜烷与C_{20}/C_{21}三环萜烷的分布特征表明，三环萜烷的含量明显受到成熟度的影响，随成熟度的增加三环萜烷的丰度明显偏高，藿烷类化合物丰度降低，C_{20}、C_{21}、C_{23}三环萜烷存在一定的演化趋势，泥岩与储层沥青抽提物的变化趋势一致，具有较好的母质继承性，从Pr/Ph与甾烷/藿烷比值分布特征表明，营城组泥岩与火山岩抽提物的甾藿比值接近，分布区间一致，受成熟度的影响存在一定的变化区间，整体分布一致，另外通过芳烃的化合物参数也可以较好的证明这一点，从Pr/Ph和二苯并噻吩/菲相关图表明[图9-2-18(a)]，营城组固体沥青抽提物与泥岩主要以滨浅湖相沉积环境为主，部分为半深湖相沉积环境，从OF/(OF+F)与SF/(SF+F)分布特征表明[图9-2-18(b)]，两者氧芴与硫芴的分布特征相近，储层沥青的硫芴的丰度略高，可能受成熟度的影响，二苯并噻吩及其烷烃类化合物可以用于判识成熟度，导致两者存在轻微的差别，由此表明，营城组储层固体沥青与其泥岩的分子标志物参数分布特征一致，其内部的沥青主要来源于营城组泥岩。

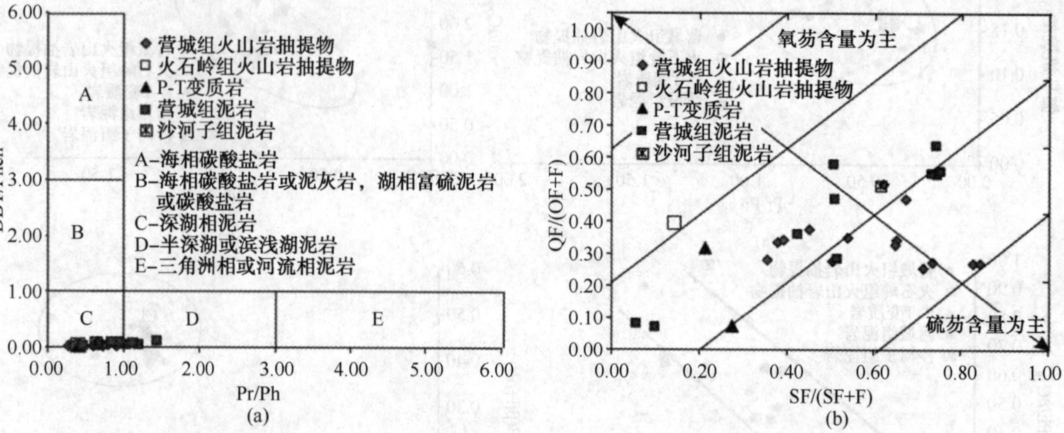

图 9-2-18　储层固体沥青与泥岩芳烃生物标志化合物的参数分布图(据张枝焕等，2008)

3. 固体沥青成藏期次

腰英台构造带与达尔罕构造带的营城组凝灰岩与安山岩的裂缝中存在固体沥青，而且在固体沥青周围的石英颗粒表面或者裂缝中还存在大量的含烃类的盐水包裹体和油气包裹体。流体包裹体均一化温度分析表明，腰英台与达尔罕构造带主要存在两期次生包裹体，第一期主要分布于石英矿物的微裂隙中，成线状或带状分布，发育丰度较高，均为深褐色或褐色的液态烃类包裹体，该期次的包裹体与缝隙中充填的沥青同期，少量的原油生成后遭受后期的次生变化；第二期包裹体分布于石英矿物的微裂隙(面)中，成线状或带状分布，发育丰度中等，均为呈灰色或深灰色的气态烃类包裹体。分别测定腰英台与达尔罕构造带腰深 1 井、达 2 井、腰深 2 井、腰南 1 井、腰深 101 井以及腰深 102 等多口井的包裹体均一化温度，实测的两期包裹体的均一化温度主要分布为 120～130℃ 与 140～160℃，通过 Basinmod 软件可得各井位的埋藏史图，结合古地温梯度与地表温度，可以得到腰英台与达尔罕构造带的营城组液态烃类的成藏期为青山口组沉积时期至嫩江期，由于液态烃类后期作用的时间较短，极快的成为固体沥青，因此它与固体沥青的成藏期最为接近，而天然气的成藏期为四方台中期到古近纪早期，比固体沥青的成藏期要晚一些。

4. 固体沥青的成因

从储层固体沥青总离子流图基线平缓，无较大的鼓包和隆起，正构烷烃分布完整，萜烷类化合物中并未检测到 25-降藿烷等特征看，固体沥青并不是由原油通过生物降解作用而形成的。反映成熟度的生物标志物参数表明，C_{29} 甾烷 ββ(αα+ββ) 与 $\alpha\alpha\alpha C_{29}$ 甾烷 20S/(20S+20R)均达到平衡点，结合芳烃类表示成熟度的参数可以说明固体沥青已经进入高成熟阶段，热蚀变作用为固体沥青重要成因。腰深 1 井与达 2 井营城组火山岩为天然气的重要储集层，天然气的分布与产量均较高，形成了工业性气藏，腰深 1 井营城组天然气 $\delta^{13}C_1$ 介于-21.2‰～-23.6‰，$\delta^{13}C_2$ 介于-26.4‰～-26.5‰，$\delta^{13}C_3$ 介于-26.4‰～-26.7‰；达 2 井营城组 $\delta^{13}C_1$ 为-20.4‰，$\delta^{13}C_2$ 为-24‰，干燥系数为 0.95 以上。综合利用天然气的分类图版研究表明，腰深 1 井与达 2 井主要以煤型气为主，气源为营城组下部的沙河子组与火石岭组，因此，天然气注入到营城组对其早期形成的油藏有一定的气洗作用，导致油藏原油部分轻质组分的损失，在长岭凹陷层的泉头组内也发现了煤型气与油型气的混源气。综合油气的成藏过程分析表明，营城组烃源岩在嫩江组早期以生油为主，但是由于营城组泥岩生烃潜力差，并且早期受火山岩侵入的影响，仅仅有少量油生成并聚集在火山岩储集层，随地层的埋深，原油受到热蚀变的作用开始裂解，逐步开始形成固体沥青，到嫩江组后期沙河子组与火石岭组(源岩以生气为主，干酪根类型为Ⅲ型)开始排气，进一步加剧了营城组火山岩储集层的固体沥青的形成，因此，储层固体沥青受热蚀变作用为主，而气洗作用为辅。

(二) 营城组储层固体沥青与烃源岩所经历的热演化和热蚀变作用

1. 固体沥青的镜下特征

长岭断陷营城组火山岩系储层固体沥青常常充填于岩石的裂缝、缝合线、化石体腔和晶洞中，显微镜下呈球状、流动状、片状、镶嵌状结构，对于低演化阶段由于生物降解或者脱沥青作用形成的固态沥青具有褐色或者深褐色荧光，而热蚀变成因的沥青一般无荧光显示，低热演化阶段下的沥青镜下表现为均一结构，R_{ran}(沥青反射率)<1.8%；而高演化阶段的沥青镜下表现为小球状、镶嵌状结构以及流动状结构，R_{ran}>1.8%。肉眼观察腰深1井与达2井岩心裂缝并未发现有固体沥青存在，可能为固体沥青的规模小，含量低的原因造成的，而在偏光显微镜下明显可以看到火山岩岩心薄片中存在黑色的固体沥青，呈无定形状，荧光下无荧光特征，表明固体沥青的成熟度偏高，充填于石英矿物之间的裂隙中。

2. 生物标志化合物证据

双龙构造带与腰英台构造带的烃源岩的生物标志物的特征存在一定的差别。从沉积相的特征的分析表明，该地区的营城组泥岩的分布接近，处于同一沉积相带，生物标志化合物的差别可能是由于腰英台构造带底部的烃源岩的成熟度过高造成的。从达2井、腰深1井、腰深2井、腰深101井、腰南1井以及腰深102井的质量色谱图可以看出，储层固体沥青的三环萜烷的含量较高，藿烷类化合物的丰度略低，正构烷烃的分布以低碳数的分布为主，并且存在一定的鼓包，并非生物降解的作用，而是固体沥青发生热蚀变的作用，导致形成部分未分辨的化合物，另外，甾烷类的化合物中孕甾烷与升孕甾烷的丰度较高，规则甾烷含量略低，并且低碳数的C_{27}甾烷的丰度略高，已经不能准确的反映有机质的生源意义，从烃源岩的分布特征表明，营城组的固体沥青与烃源岩的特征极为相似，质量色谱图与参数均较为一致，表明两者之间存在较好的匹配关系，均受到后期的热作用的影响，热演化成熟较高。

3. 营城组天然气与其储层固体沥青的成因联系分析

原油裂解气与干酪根裂解气的差异，Prinzhofer 等(1995)提出应用 $\ln(C_2/C_3)-\ln(C_1/C_2)$和$\delta^{13}C_2-\delta^{13}C_3$与$\ln(C_2/C_3)$相关图区分干酪根初次裂解(Primary Cracking)和原油二次裂解(Secondary Cracking)形成的天然气，这两个相关图的提出主要基于两个方面，一是 Behar 等(1991)的不同类型干酪根(Ⅱ型和Ⅲ型)在封闭系统中的热模拟实验，实验结果表明：干酪根初次裂解和原油二次裂解形成的天然气的C_1/C_2与C_2/C_3，比值完全不同，C_1/C_2比值在干酪根初次降解时增大，原油二次裂解时基本不变，相反；C_2/C_3比值在干酪根初次降解时基本不变(甚至可能变小)，但在原油二次裂解时该比值急剧增大。二是天然气的$\delta^{13}C_3-\delta^{13}C_2$的差值随成熟度增高不断降低，渐趋于零。Prinzhofer 等(1995)应用这两个相关图分析堪萨斯和安哥拉气源，认为前者为原油裂解气，后者为干酪根裂解气。James(1983，1990)提出天然气中$\delta^{13}C_2-\delta^{13}C_3$差值随产生天然气母质成熟度的增大而渐趋于零，按照这种现象，许多学者建立了$\delta^{13}C_2-\delta^{13}C_3$与$\ln(C_2/C_3)$关系图版，用以区分干酪根裂解气和原油裂解气。

Prinzhofer 等(2000)重新又用天然气组分含量 C_2/C_3 与 $\delta^{13}C_2-\delta^{13}C_3$ 将天然气划分为干酪根初次裂解、原油二次裂解、天然气二次裂解以及 NSO 二次裂解气。腰英台构造带与达尔罕构造带的天然气主要为干酪根裂解气与 NSO 二次裂解气，并非原油裂解气，与天然气的组分分布规律一致，可能存在多源气或者深层无机气的混合(图 9-2-19)。

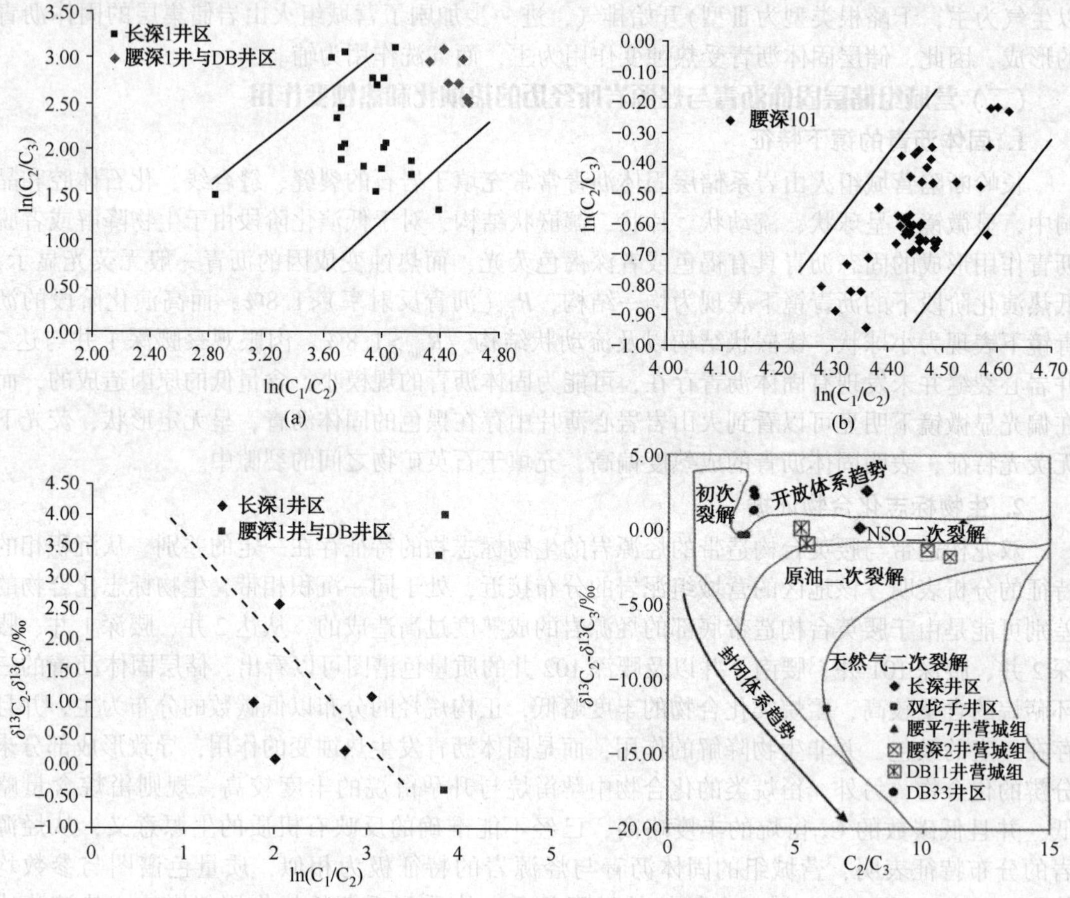

图 9-2-19　长岭地区天然气有机烷烃气的判识(据张枝焕等，2008)

通过对长深 1 井区的天然气以及非烃类的分析表明，甲烷的同位素值偏高，部分样品的同位素值小于-20‰，可能混入了少量的无机气，CO_2 的同位素以及组分分析也表明，有无机也有有机成因的，但是绝大部分的腰英台深层构造天然气的同位素主要受控于成熟度偏高造成的，为混入少量无机气的过成熟的煤型气，这与腰英台深层构造带的天然气的类型是一致的，具有较好的可比性，另外达尔罕构造带的天然气混入的无机气量要少很多，而且 C_2^+ 以上的烃类气体含量也高一些，主要为煤型气的成因，从营城组的天然气的包裹体的均一化温度的分布特征表明，存在两期的成藏期，第一期为固体沥青，第二期为气态烃类，结合地层的古地温梯度以及埋藏史图可以表明，固体沥青为早期成藏，而天然气为晚期成藏，两者的来源是有差别的。

第三节　长岭断陷营城组无机气体的成因分析

有机质在演化生烃过程中在生成烷烃的同时也会生成一些非烃气体，因此常规的天然气中除烃类气体外也含有一些非烃气体，一般的天然气中非烃气体包括 CO_2、N_2，在海相地层中还含有较高的 H_2S 气体，这是海相地层的成气源岩和储层地质条件决定的。常规的天然气藏中天然气组分烃类气体占90%以上，CO_2、N_2等非烃气体总量一般小于10%。在一些特定的地质条件下，如松辽的万金塔 CO_2气藏、济阳坳陷的平方王 CO_2气藏以及琼 13-1 高含 CO_2天然气藏等属于 CO_2气藏或高含 CO_2气的天然气藏。长岭断陷营城组天然气中甲烷含量70%左右，CO_2含量在 20. 74%~25. 70%，N_2为 3. 73%~6. 98%，CO_2、N_2含量高。一般煤系地层中不可能产生 CO_2含量高的天然气，属于无机成因为主。

一、无机成因 CH_4气分析

根据长岭断陷营城组火山岩气藏天然气 $\delta^{13}C_1$值大于-30‰及烷烃气的碳同位素倒转特征，确定长岭断陷营城组天然气是由无机成因与有机气体混合造成的。

1. 无机烃类气体

无机成因气来源广泛、复杂，多与宇宙或地球深处地幔、岩浆活动有关，常沿深大断裂或转换断层上升至沉积圈，或在与深大断裂有关的逆冲断层推覆带圈闭中、或在不整合覆盖的结晶变质基底突起之上的沉积岩中，聚集形成工业气藏。

长岭断陷营城组火山岩气藏天然气含有无机成因烷烃气且具有一定规模，是无机成因烷烃气的主要研究对象。

1）无机成因气体种类

无机成因气绝大部分属于干气，或以 CH_4气为主或以 CO_2气为主或以 N_2气为主，视来源不同而异。

由长岭断陷气体组分分析可以看出，部分层位为高纯度的 CH_4气藏，部分为高纯度的 CO_2气藏，还有少数层位为比例达 60%以上的 N_2气。其中大部分甲烷气藏中 CH_4含量达到90%以上，接近干气。

2）无机成因烷烃气的碳同位素具有负碳系列的特征

负碳系列是无机成因 CH_4区别于有机成因 CH_4的明显特征，一般如果甲烷到丙烷的碳同位素值是由大到小的特征，既认为其为负碳同位素系列。烷烃碳同位素的值会受到很多因素的影响，如菌解、高温、不同气源的混合等。松辽盆地南部深层断层发育，数量多、分布广，是深层油气很好的运移通道。因此，深层天然气混源的机率较多，有理由认为，长岭断陷的烷烃气碳同位素有明显的负碳系列，表明长岭断陷的天然气以无机成因烷烃气为主。部分层位存在同位素倒转现象，混有有机成因烷烃气的可能性较大。

3）应用 CH_4碳同位素划分无机成因气体的标准

无机成因 CH_4碳同位素的值较重，有些人将界限定为 $\delta^{13}C_1$值大于-20‰，但戴金星认为 $\delta^{13}C_1$值大于-30‰更为合理。因此，选用这一标准进行划分。

2. 无机、有机成因混合气体

有机成因烷烃气碳同位素的值表现为正碳系列 $\delta^{13}C_1<\delta^{13}C_2<\delta^{13}C_3<\delta^{13}C_4$，但也有同位素发生倒转的特征，如 $\delta^{13}C_1<\delta^{13}C_2>\delta^{13}C_3>\delta^{13}C_4$，或 $\delta^{13}C_1<\delta^{13}C_2<\delta^{13}C_3>\delta^{13}C_4$等，也就是说有机成因气的混合只能引起部分组分碳同位素倒转。引起碳同位素倒转的主要原因是油型气与煤成气混合造成的，其次还有菌解、高温、渗滤等作用也可使碳同位素系列发生倒转。经研究发现断层的发育及不整合面良好的运移通道作用，使得混源成为长岭断陷天然气同位素倒转的主要原因。

长岭断陷营城组火山岩气藏天然气$\delta^{13}C_1$值大于-30‰，最大值达到了-18.30‰，有力的证明了无机成因甲烷的存在。仅有少数$\delta^{13}C_1$值接近-30‰，这是无机与有机成因的界线，而且又有同位素发生倒转的现象，因此认为这是无机与有机气体混合造成的。

二、CO_2气成因分析

CO_2的成因比较复杂，目前国内外关于天然CO_2成因认识与观点较多，总的来说，可以归纳为有机成因和无机成因两种观点。

有机成因观点认为CO_2为有机质经过化学反应和生物化学反应的产物，其论据有：①煤田、油气藏都伴有CO_2；②煤和干酪根热解产生相当数量的CO_2；③有机质氧化生成CO_2；④热模拟产生的气体和大部分石油伴生气中CO_2的碳同位素组成比较轻($\delta^{13}C<-10‰$)。

无机成因论认为天然气中CO_2来自岩石化学反应产生的CO_2和地球深部原生的CO_2，其论据有：①许多现代温泉、火山气含CO_2；②碳酸盐受热分解可生成CO_2(海相碳酸盐岩热分解作用)；③变质岩受热产生以CO_2为主的气；④火成岩矿物包裹体中CO_2为主要组分；⑤碳酸盐与硅酸盐矿物质反映能产生CO_2；⑥碳酸盐岩溶蚀(与天然水中酸反应)产生CO_2；⑦有机质氧化难以生成碳同位素组成较重的CO_2($\delta^{13}C>-10‰$)(徐永昌等，1994)。此外，还有些人认为CO_2可能还来自未脱气地幔岩浆脱气作用、地壳岩石熔融脱气作用或碳酸盐胶结物热分解作用的产物。

无机成因的CO_2是无机矿物或元素在各种化学作用下形成的，主要包括岩浆—火山源成因、变质成因和地幔成因等。其中地幔脱气作用、岩石化学反应及碳酸盐岩受热分解形成为其主要成因。地幔脱气形成的CO_2成藏过程与深大断裂、地球内部的压力释放和岩浆活动密切相关。近年来大量地球化学研究表明，全球含油气盆地已发现的高含CO_2气藏中CO_2主要是由未脱气地幔的脱气作用的产物。这种成因的CO_2具有典型-4‰(PDB)的碳同位素组成特征。未脱气地幔在地球演化过程中几乎没有进行过脱气或组分分异，它保持着原始地幔的富气特征，其含气丰度约是脱气地幔含气丰度的99倍。因此，未脱气的幔源岩浆脱气作用成为含油气盆地CO_2的最主要来源。地壳岩石化学反应及熔融形成的岩浆也含有一定量的挥发气体，虽然其丰度与未脱气地幔岩浆相比较低，但朱岳年等(1998)认为其脱出气的组分主要是CO_2。

天然气中有机成因的CO_2是有机物在细菌的作用下遭受氧化分解而形成，干酪根在热降解和热裂解作用下也可形成一定量的CO_2。有机成因的CO_2由于形成时极易被水溶解，因此其含量一般不会超过20%。天然气中无机成因的CO_2有碳酸盐岩化学分解形成，也有的为岩浆火山源析出，总体上含量常大于80%。

判别CO_2的成因最有效的办法是天然气中CO_2同位素，一般认为，有机成因的CO_2同位素$\delta^{13}C_{CO_2}$为-30‰~-10‰，无机成因的CO_2中，碳酸盐岩热分解产生的CO_2气$\delta^{13}C_{CO_2}$为-7.6‰~+0.2‰，岩浆-火山来源CO_2的$\delta^{13}C_{CO_2}$为-12.0‰~+1.0‰，变质岩成因的气$\delta^{13}C_{CO_2}$值在-0.477‰~0.292‰范围内。

国外CO_2研究成果也表明，无机幔源成因CO_2碳同位素$\delta^{13}C$主要分布在-4‰~-8‰；碳

酸盐岩热解 CO_2 碳同位素 $\delta^{13}C$ 多在−3.5‰~+3.5‰(Pankina 等，1978)。地壳岩浆脱气产生的 CO_2 也因其岩浆母源碳的来源不同而表现出可变的地球化学特征。一般认为其 $\delta^{13}C$ 值域在−10‰~−6‰之间，伴生 He 的 $^3He/^4He$ 比率在 $n\times10^{-7}\sim n\times10^{-6}$ 之间。这种成因 CO_2 不是含油气盆地形成 CO_2 气藏的主要气源。

1. 长岭断陷 CO_2 气成因

长岭断陷深部断裂和基底断裂较为发育，根据钻井揭示，长岭断陷基底的岩性为花岗岩、千枚岩等，不含碳酸盐岩。在松辽盆地及长岭断陷无机 CO_2 分布区主要位于基底断裂处。由于几乎不含碳酸盐岩，故 CO_2 不可能是与碳酸盐岩相关的一些作用产生的，也不可能是变质岩受热产生。

长岭断陷营城组 CO_2 主要是无机成因的，也有一部分是有机无机混合成因和有机成因的(图 9-3-1、图 9-3-2)；腰英台地区基底断裂发育，具有许多深大断裂，可能导致底部的大量的幔源气的注入。因此其无机成因的 CO_2 可能来源于幔源气。并且长岭断陷深部火山活动活跃，导致了腰英台地区含有的无机 CO_2 的含量较高。此外，长岭断陷营城组局部地区植物碳屑和煤线发育，显示了长岭断陷 CO_2 气体有部分是来源于煤与Ⅲ型干酪根脱羧产生的，也就是热成因产生的。

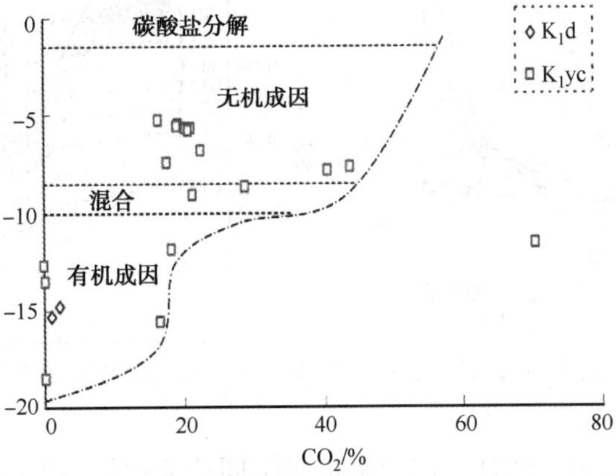

图 9-3-1 长岭断陷不同层位 CO_2 成因(据张枝焕等，2008)

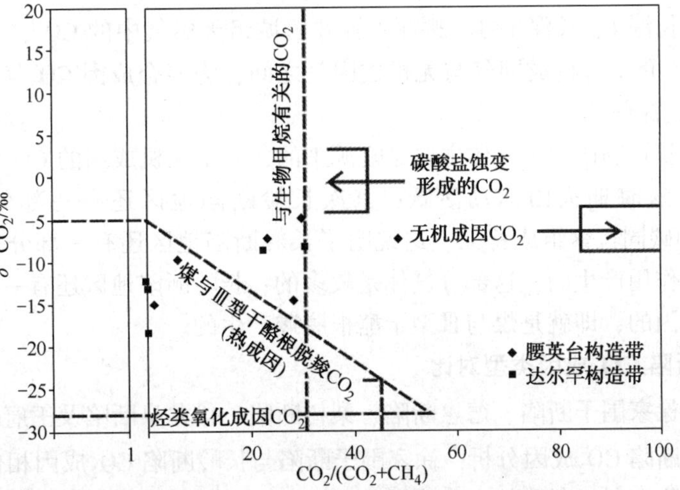

图 9-3-2 长岭断陷不同地区 CO_2 成因(据张枝焕等，2008)

长岭断陷目前已知的 CO_2 气藏成藏时间是在新生代晚期，而不可能是营城组火山岩在后期缓慢脱气形成；储层中 CO_2 包裹体不发育。原因有 2 个，一是 CO_2 的充注速度快，包裹体来不及生长；二是在 CO_2 充注以前，储层已经被烃类气体所饱和，缺水的储层地质环境，不适宜包裹体的形成。

此外，从模拟实验与地质历史的演化均可以证明：CO_2 不可能是营城组的火山岩脱气作用形成的。大庆油田研究院冉清昌博士(2007)对松辽盆地不同火山岩中 CO_2 的脱气实验结果表明(图 9-3-3)，火山岩的大量脱气是在 400℃以后。火山岩后期要大量脱气，只有在压力降低或温度升高的情况下才能发生。但是，地质历史中都不存在这种条件。

长深 1 井的埋藏史与热史研究证实(图 9-3-4)，长深 1 井中烃类气体的充注发生在 80~90Ma，营城组的火山岩在地质历史的最高温度不可能超过 200℃，而且营城组火山岩在其形成后基本上一直处于深埋作用阶段，压力不可能降低，所以，松辽盆地目前成藏的 CO_2 不可能是营城组火山岩后期脱气形成的，应该是晚期(古近纪以后)火山活动所伴生的 CO_2 聚集形成的。

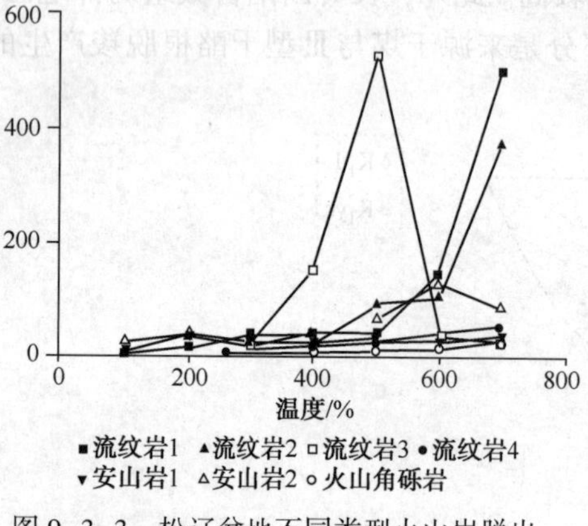

图 9-3-3　松辽盆地不同类型火山岩脱出的 CO_2 与温度关系(冉清昌，2007)

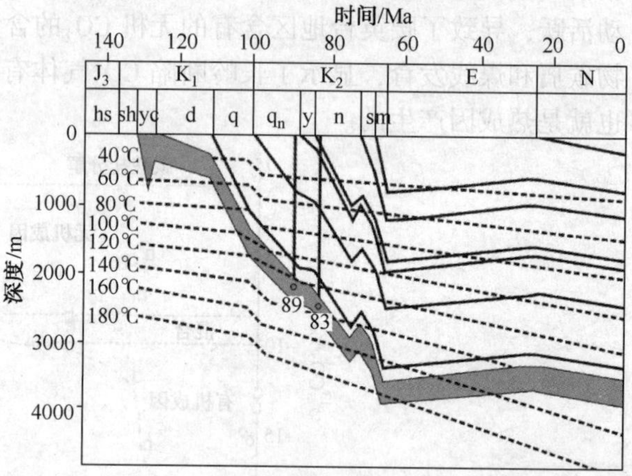

图 9-3-4　长深 1 井地层埋藏史及热史(据吉林油田，2005)

根据戴金星院士(1995)统计不同成因的 CO_2 同位素(图 9-3-5)，长岭断陷营城组天然气中 CO_2 气的同位素有两种类型，第一类为：天然气中 $\delta^{13}C_{CO_2}$ 在−7.9‰~−4.63‰，为无机成因的 CO_2，如长深 1、长深 1-1、腰深 1 等井营城组天然气中的 CO_2；第二类气体 $\delta^{13}C_{CO_2}$ 在−11.0‰左右，介于有机成因气与无机成因气之间，为混合成因 CO_2 气，如长深 1-1、长深1-2井营城组较深部位。

综上所述，长岭断陷 CO_2 气体主要是幔源来的，其中无机成因的 CO_2 气体可能是由于火山活动产生的，这时期火山活动活跃；其次长岭断陷地区还有一部分 CO_2 气体具有典型−4‰(PDB)的碳同位素组成特征。这说明了长岭断陷地区还有一部分 CO_2 气体是未脱气的幔源岩浆脱气作用产生的，这部分气体是较多的；长岭断陷地区还有一部分 CO_2 气体是有机成因的和热成因的，即就是煤与Ⅲ型干酪根脱羧产生的。

2. 与相邻断陷 CO_2 成因类型对比

松辽盆地的徐家围子断陷、德惠断陷、梨树断陷、伏龙泉断陷及王府断陷均发现了 CO_2 气层。通过不同断陷 CO_2 成因分析，徐家围子断陷与长岭断陷 CO_2 成因相似，都是无机幔源成因；与德惠断陷、梨树断陷的有机成因明显不同。

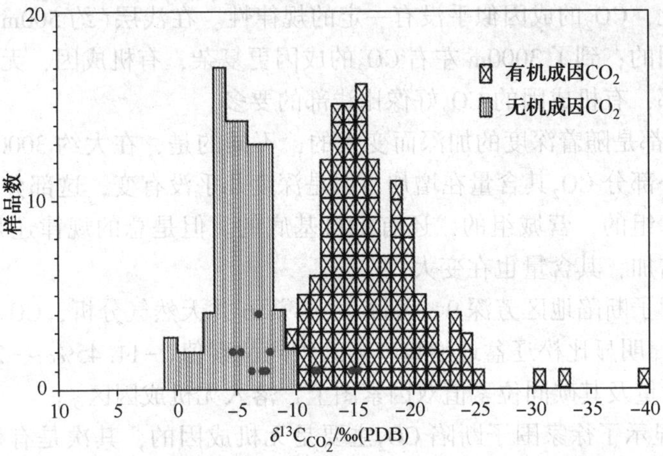

图 9-3-5 长岭断陷营城组天然气中 $\delta^{13}C_{CO_2}$ 分布成因图

徐家围子断陷 CO_2 成因分析

松辽盆地北部深层天然气普遍认为主要来源于沙河子组、火石岭组和营城组，其次来源于登二段烃源岩。主力烃源岩沙河子组、火石岭组和营城组发育于盆地断陷晚期和坳陷早期，除正常的热演化外，还受到因火山活动频繁引起的异常热事件，经历了较复杂的构造变形和较高的成熟演化；包裹体分析还表明石炭—二叠系烃源岩可能对上部天然气生成有贡献。

松辽盆地发育深切盆地基底的深大断裂，已经在芳深 9 井发现并证实了无机成因的 CO_2 气藏，甚至天然气中可能有无机成因烷烃气加入。徐家围子断陷西以徐家围子断层为界，与古中央隆起相邻，东以断层或超覆关系与肇东—朝阳沟低凸起相接，表现为明显的西断东超、箕状地堑式结构；断陷层系主要由火石岭组、沙河子组和营城组组成，这些地层中均发育一定数量的火山岩，并有断达基底的断裂穿过，为无机成因 CO_2 气藏的形成提供了条件。

徐家围子地区天然气中 CO_2 总体含量不高，分布不均一，分布范围为 0～2%，占 61.16%，其他主要分布在 2%～4%和大于 20%。个别(昌德)气田的 CO_2 含量高达 90%。

而长岭断陷天然气组分中非烃气体含量也较高，具有大量的 N_2 和 CO_2，差别较大；甲烷的含量在总烃组分中较高，缺少重烃组分，普遍属于干气，而徐家围子断陷地区 CO_2 含量和 N_2 的含量都较低(图 9-3-6)。

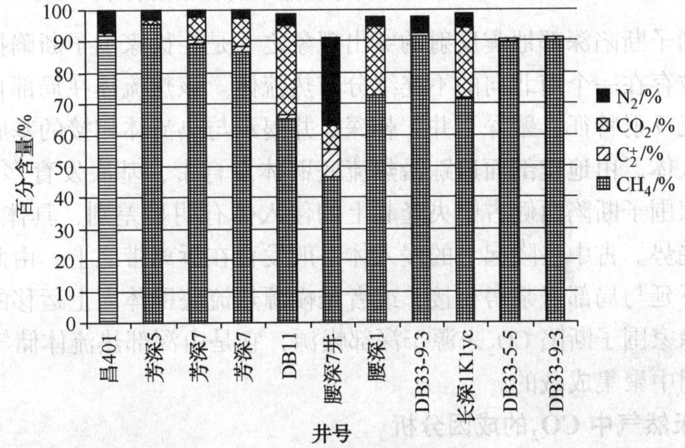

图 9-3-6 徐家围子断陷与长岭断陷二氧化碳含量对比(据张枝焕等，2008)

随深度的变化，CO_2的成因似乎没有一定的规律性。在浅层(约500m处)既有无机成因的，也有有机成因的；到了3000m左右CO_2的成因更复杂，有机成因，无机成因和混合成因的都有。不过深部，有机成因的CO_2好像比浅部的要多。

CO_2含量大致都是随着深度的加深而变大的，不同的是，在大约3000m左右，CO_2含量出现了分叉，有一部分CO_2其含量在增加，但是深度几乎没有变，这部分CO_2分别来自不同的层位，有登娄库组的，营城组的，还有来自基底的。但是总的规律还是和长岭地区的一样，即随深度的增加，其含量也在变大。

通过对徐家围子断陷地区芳深9、芳深7、芳深6井天然气分析，CO_2碳同位素$\delta^{13}C$为-4.06‰~-6.61‰，明显比松辽盆地油型气CO_2碳同位素值(-11.45‰~-21.65‰)重。将其投影到CO_2组分含量及其碳同位素值双因素图上，落入无机成因区。

图9-3-7也显示了徐家围子断陷CO_2主要是无机成因的，其次是有机成因的，也有一部分CO_2气体是混合成因和碳酸盐岩分解产生的。徐家围子地区$^3He/^4He$值为3.9×10^{-6}和4.5×10^{-6}，介于幔源与壳源之间，伴生甲烷同系物的碳同位素呈倒序排列，具有无机成因气负碳同位素系列的特征。$CO_2/^3He$值为1.9×10^9，指示出气藏中CO_2是上地幔脱气成因。火山岩储集层岩石化学数据和气体化学成分判别的结果说明徐家围子断陷带昌德东气藏的形成和幔源岩浆有关，其CO_2是无机幔源成因。

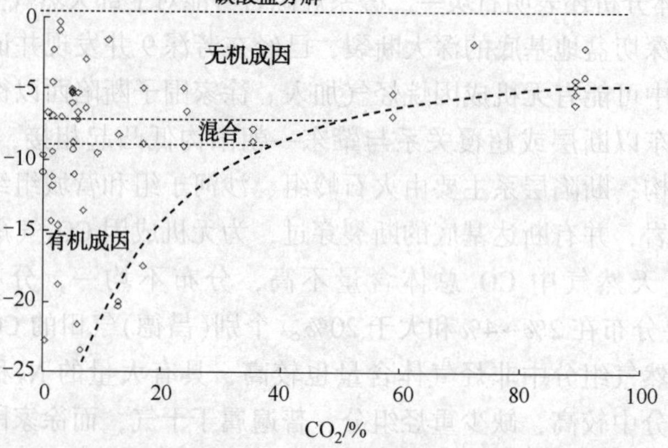

图9-3-7　徐家围子断陷二氧化碳成因图(据张枝焕等，2008)

此外，徐家围子断陷深部地震反射的突出现象之一是在徐家围子断陷控陷主干断层下延至中、上地壳部位存在一个南北向的不连续分布热流体。该热流体在局部自莫霍面到基底都有发育，内部呈无反射特征。肇深2井、朝深2井揭示与热流体相接的基底部位为燕山期花岗岩或闪长岩侵入体。由地震剖面追踪沿热流底辟体发育带，基底发育多个燕山期侵入体。这些侵入体与徐家围子断陷西侧古中央隆起上的侵入体有明显差别，具体表现在根部较深，有穿过拆离带的趋势。古中央隆起上的侵入体一般发育在拆离带之上。由此可见，徐家围子断陷连锁断层系下延与局部岩浆房相接，或者是幔源热流底辟体向上运移的通道。

综上所述，徐家围子断陷CO_2来源于深部幔源，它是由深部热流体储气、通过断层向上输导于火山岩圈闭中聚集成藏的。

3. 德惠断陷天然气中CO_2的成因分析

德惠断陷天然气组成烃类气体绝大部分大于80%，在烃类组分中重烃含量从小于2%到

21.9%均有分布，非烃组分主要是 N_2 和 CO_2，在多数油气藏中均含有一定量的 CO_2，总体上含量介于10%~17.81%(图9-3-8)，并且随埋深增加，CO_2 含量增大的趋势并不明显。与腰英台构造相比，非烃组分含量低。CO_2 碳同位素分析表明最高值为-14.56‰，属于有机成因。德惠断陷侏罗系火山活动较强、也有连通中生界基底地层的深大断裂发育，但并未聚集大量无机成因的 CO_2，推测主要原因可能是本区基底碳酸盐岩有关(<5%)，而腰英台地区聚集了大量的 CO_2，推测可能源于基底的深大断裂，与德惠断陷在构造上可能有所差别。

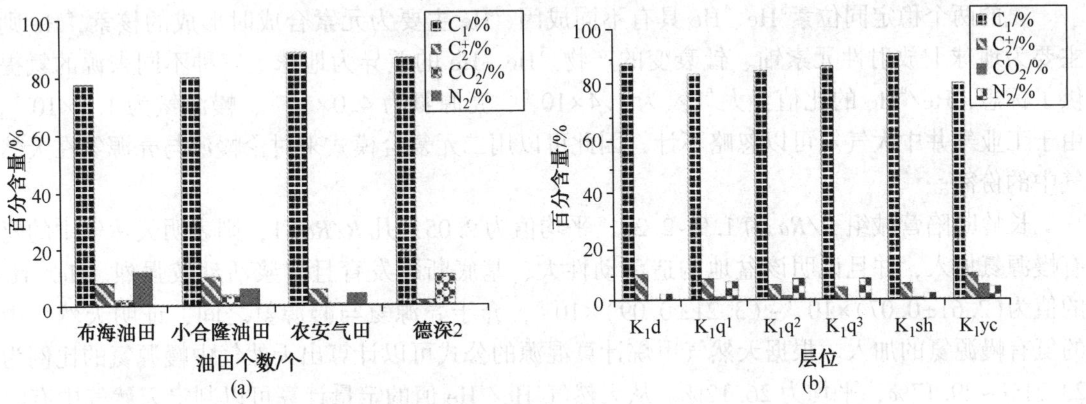

图 9-3-8　德惠断陷天然气组分分布图(a、b)(据张枝焕等，2008)

4. 梨树断陷天然气中 CO_2 成因分析

梨树断陷非烃气体也主要以 N_2 和 CO_2 为主，CO_2 含量为0~2.7%，平均低于1.6%，表现出低含量特征，梨树断陷四6井泉一段 CO_2 碳同位素($\delta^{13}C$ 为-24.04‰)远小于10‰，表现出典型的有机成因特征。与腰英台地区相比，非烃类 N_2 和 CO_2 含量偏低，但是 N_2 在深度上有增加的趋势，与腰英台地区略微有差别。

天然气中有机成因的 CO_2 是有机物在细菌的作用下遭受氧化分解而形成，干酪根在热降解和热裂解作用下也可形成一定量的 CO_2。有机成因的 CO_2 由于形成时极易被水溶解，因此其含量一般不会超过20%。

三、N_2 的成因分析

一般说来，当天然气中 N_2 气的含量达到6%~15%时为含氮天然气，小于6%则为低氮天然气，大于15%为富氮天然气。天然气中 N_2 气的成因类型主要有以下几种：

(1) 有机质在热演化过程中生成的 N_2 气约占总生气量的2.0%，也就是说，天然气中普遍含氮，但有机成因 N_2 气的组分含量一般较低。

(2) 大气源的 N_2 气，一般不是天然气中 N_2 气的主要来源，大气氮混入最多的主要是温泉气。

(3) 地壳含氮岩石脱氮作用产生的 N_2 气，即岩浆岩侵入体的接触变质作用所产生的氮。其中尤以辉绿岩热解析出的气体组分中含 N_2 气量最高，如阿曼北部塞马伊勒纳皮(emailnappe)蛇绿岩中的天然气，其含氮量在16%~92%之间，高含氮的天然气主要分布在蛇绿岩等岩浆变质侵入体分布的地区。

(4) 幔源的氮，地幔中含有相当于整个地球大气的氮，因此，天然气中的 N_2 气肯定也有幔源的成因。

从长岭断陷营城组天然气组分数据表，N_2含量为3.73%~6.98%，为含N_2天然气，从N_2的含量来看，有机质热裂解天然气是不易于产生这样高浓度的N_2，结合前面天然气中烃类气体与CO_2气的成因分析、长岭断陷营城组中的N_2含量主要是幔源成因的N_2，即与该区多期火山活动有关。

四、惰性气体氦的成因

氦的两个稳定同位素^3He、^4He具有不同成因，^3He主要为元素合成时形成的核素，^4He则主要为地球上放射性元素铀、钍衰变的产物。^3He、^4He的差异为地球上三种不同来源的氦提供了标志，$^3He/^4He$的比值：大气氦为1.4×10^{-6}、壳源氦为4.0×10^{-7}、幔源氦为1.1×10^{-5}。由于工业气井中大气氦可以忽略不计，因此可以用二元复合模式来讨论幔源与壳源氦在天然气中的份额。

长岭断陷营城组R/Ra为1.9~2.29，平均值为2.05，凡$R/Ra>1$，则表明天然气中的氦有幔源氦加入，并且说明该盆地构造活动性大、基底断裂发育且岩浆活动较强烈。$^3He/^4He$的值为$(2.61\pm0.07)\times10^{-6}$~$(3.21\pm0.09)\times10^{-6}$，介于壳源氦与幔源氦之间，证明天然气中的氦有幔源氦的加入。根据天然气甲烷计算混源的公式可以计算出天然气中幔源氦的比例为23.71%~29.17%，平均为26.12%。从天然气$^3He/^4He$值的定量计算可以判定天然气中有幔源成因的气体输入(表9-3-1)。

表9-3-1　长岭断陷营城组天然气氦同位素及幔源氦的比例(据李仲东等，2009)

井号	层位	深度/m	$^3He/^4He$	R/Ra	幔源氦的比例/%
	地幔		1.1×10^{-5}(端元值)	—	—
	地壳		4.0×10^{-7}(端元值)	—	—
长深1	K_1yc	3594.0	$(2.88\pm0.08)\times10^{-6}$	2.06	26.16
长深1	K_1yc	3594.0	$(2.67\pm0.06)\times10^{-6}$	1.91	24.26
长深1-1	K_1yc	3880.0	$(2.94\pm0.08)\times10^{-6}$	2.1	26.71
长深1-1	K_1yc	3739.0	$(2.91\pm0.08)\times10^{-6}$	2.08	26.44
长深1-1	K_1yc	3880.0	$(2.61\pm0.07)\times10^{-6}$	1.86	23.71
长深1-1	K_1yc	3739.0	$(2.93\pm0.08)\times10^{-6}$	2.09	26.62
长深1-1	K_1yc	3739.0	$(3.21\pm0.09)\times10^{-6}$	2.29	29.17
长深1-2	K_1yc	3838.0	$(2.65\pm0.07)\times10^{-6}$	1.9	24.08
平均值			$(2.87\pm0.07)\times10^{-6}$	2.05	26.12

通过对天然气烃类组分与无机组分的地球化学特征分析，长岭断陷营城组天然气甲烷碳同位素偏重，一般小于-30.0‰，烃类气体同位素发生倒转，具有负碳同位素特征，说明天然气中应该有无机成因烃类气体的输入。

第四节　无机气与有机气混合气比例的计算

为了确定长岭断陷营城组火山岩气藏天然气中有机与无机混合成因气体的混合比例，根据两种不同碳同位素浓度的甲烷混合，混合前后甲烷碳同位素总量不变的质量守恒原则，推导了天然气混合比例计算公式，并进行了实际计算。

一、混合气中混入气体体积比例计算原理

不同成因类型的天然气有不同的甲烷碳同位素丰度，如果不同类型天然气发生混合，则其$\delta^{13}C_1$会发生改变。混合是一种物理过程，即混合后化学组成不发生变化。根据质量守恒原则，两种不同碳同位素浓度的甲烷混合，混合前后甲烷碳同位素总量不变，因此有：

$$(\delta^{13}C_1)_{混}.V=(\delta^{13}C_1)_1.V_1+(\delta^{13}C_1)_2.V_2$$

$$V=V_1+V_2$$

式中 $(\delta^{13}C_1)_{混}$——混合气的甲烷碳同位素的丰度；

$(\delta^{13}C_1)_1$、$(\delta^{13}C_1)_2$——两种被混合气的甲烷碳同位素丰度；

V——混合气的总体积；

V_1、V_2——两种被混合气的体积。

当知道混合气及被混合气的甲烷碳同位素丰度时，即可计算出被混合气的体积比例，此种方法只能粗略的计算二者混合比例，且只能代表所测气样或所测气层的混合比例，不能代表整个气藏混合特征。

天然气混合比例计算公式：

$$V_1/V=\frac{(\delta^{13}C_1)_{混}-(\delta^{13}C_1)_2}{(\delta^{13}C_1)_1-(\delta^{13}C_1)_2}$$

二、实际计算

据目前资料及数据来看，长岭断陷营城组火山岩气藏天然气经判断为有机与无机混合成因，涉及到有机与无机混合比例问题，所以需要对气体混合比例进行计算。计算前的首要任务是参数的选取，公式中的$(\delta^{13}C_1)_{混}$、为混合气的CH_4碳同位素的值，这个为已知量，然后是$(\delta^{13}C_1)_1$为无机成因天然气的甲烷同位素值，而$(\delta^{13}C_1)_2$为有机成因烷烃气的值，在此为长岭断陷煤成气天然气同位素值。而在参数的选取上，长岭断陷营城组火山岩气藏天然气主要是无机气与煤型气的混合，没有纯无机成因的甲烷气与纯煤型气，因此没有合适的混合端源值。长岭断陷沱深6井K_1yc，城深1井K_1sh、合4井K_1yc、农101井等产层的天然气为纯煤型气（表9-4-1），结合甲烷同位素分布和产层层位与构造位置，选择沱深6井K_1yc天然气甲烷同位素为长岭断陷营城组火山岩气藏天然气混源比例计算中煤型气端源。

表9-4-1 松辽南部深层天然气碳同位素分析数据（据李仲东等，2009）

井号	层位	天然气组分碳同位素				同位素系列		成因类型
		C_1	C_2	C_3	nC_4	$C_1 \sim C_4$		
沱深6	K_1yc	-32.11	-26.6	-24.44		$C_1<C_2<C_3$	正	煤成气
沱深1	K_1q_1	-31.08	-26.47	-26.47	-26.47	$C_1<C_2<C_3>C_4$	倒转	煤型气为主的混合气
城深1	K_1sh	-33.15	-23.38	-22.07	-22.05	$C_1<C_2<C_3<C_4$	正	煤成气
布1	K_1q_1	-27.61	-22.62	-20.56	-20.08	$C_1<C_2<C_3<C_4$	正	煤成气
合3	K_1yc	-34.55	-25.27	-22.82	-23.13	$C_1<C_2<C_3>C_4$	倒转	煤型气为主的混合气
合4	K_1yc	-31.07	-24.84	-24.18		$C_1<C_2<C_3$	正	煤成气

续表

井号	层位	天然气组分碳同位素				同位素系列 $C_1 \sim C_4$		成因类型
		C_1	C_2	C_3	nC_4			
农 101		-35.89	-33.66	-32.75	-31.66	$C_1<C_2<C_3<C_4$	正	油型气
农 28	K_1q_1	-46.70	-27.85	-22.36	-24.50	$C_1<C_2<C_3>C_4$	倒转	油型气为主的混合气
农 5	K_1q_1	-47.90	-26.43	-28.63	-25.23	$C_1<C_2>C_3<C_4$	倒转	油型气为主的混合气
四 3	K_1yc	-35.4	-27.5	-27.8		$C_1<C_2>C_3$	倒转	煤成气为主的混合气
四 6	K_1yc	-36.7	-30.00	-25.4	-26.2	$C_1<C_2>C_3>C_4$	倒转	煤成气为主的混合气
梨参 2	K_1sh	-34.32	-29.8	-29.8		$C_1<C_2>C_3$	倒转	煤成气为主的混合气

而无机成因的天然气则选取长深 1-2 井 K_1yc 组 3838m 天然气为纯无机成因天然气的端源，该井天然气甲烷碳同位素为-18.3‰，为长岭断陷营城组天然气中甲烷同位素最重的气藏；戴金星院士对世界各地温泉气与火山气的研究认为无机成因的天然气甲烷碳同位素一般小于-30.0‰(表 9-4-2)，松辽盆地芳深 1 井与东海盆地天外天构造 1 井天然气碳同位素呈负相关关系，甲烷同位素值在-18.0%左右，认为天然气为无机成因。因此，取长深 1 井营城组天然气作为该区无机成因的天然气端源有较高的可信度。

表 9-4-2　国内外无机成因天然气负碳同位素序列(戴金星，1992)

气样地点	$\delta^{13}C_1$/‰	$\delta^{13}C_2$/‰	$\delta^{13}C_3$/‰
东海盆地天外天构造 1 井	-17	-22	-29
松辽盆地芳深 1 井	-14.09-18.63	-23.2	—
美国黄石公园泥火山	-21.5	-26.5	—
俄罗斯希比尼地块	-3.2	-9.1	-16.2

对长岭断陷营城组无机与煤型气混合的天然气混合比例进行计算，计算结果显示，混合气中无机成因气所占比例较大，在 40.62%~100%之间，而有机成因气的比例在 0~59.38%之间变化(表 9-4-3)。总的来讲，长岭断陷营城组天然气中有机烃类气体来源于无机成因的比例要大于有机成因的天然气的比例；营城组内，无机成因的天然气比例随深度增加而增加，有机成因气的输入比例随深度增加而降低。

表 9-4-3　长岭断陷营城组天然气中无机与煤型气混合比例(据李仲东等，2009)

井号	层位	天然气组分碳同位素			同位素序列		天然气成因	无机气比例/%	煤型气比例/%
		C_1	C_2	C_3					
长深 1-2	K_1yc	-18.3	-25.0			负	无机气	100	0
沱深 6	K_1yc	-32.11	-26.6	-24.44	$C_1<C_2<C_3$	正	煤型气	0	100
长深 1	K_1yc	-23.0	-26.3	-27.3	$C_1>C_2>C_3$	负	混合气	65.97	34.03
长深 1	K_1yc	-26.5	-26.65		$C_1>C_2$	负	混合气	40.62	59.38
长深 1	K_1yc	-25.77	-27.0		$C_1>C_2$	负	混合气	45.91	54.09
长深 1	K_1yc	-25.92	-26.76		$C_1>C_2$	负	混合气	44.82	55.18
长深 1	K_1yc	-26.07	-26.99		$C_1>C_2$	负	混合气	43.74	56.26

续表

井号	层位	天然气组分碳同位素			同位素序列		天然气成因	无机气比例/%	煤型气比例/%
		C_1	C_2	C_3					
长深 1	K_1yc	-20.17	-20.73		$C_1>C_2$	负	混合气	86.46	13.54
长深 1-1		-23.17	-24.43		$C_1>C_2$	负	混合气	64.74	35.26
长深 1-1		-23.32	-25.10		$C_1>C_2$	负	混合气	63.65	36.35
长深 1-1	K_1yc	-22.40	-27.00		$C_1>C_2$	负	混合气	70.31	29.69
长深 1-1	K_1yc	-22.20	-26.90	-27.0	$C_1>C_2$	负	混合气	71.76	28.24
长深 1-2	K_1yc	-18.3	-25.0		$C_1>C_2$	负	无机气	100.00	0

长岭断陷营城组火山岩天然气藏无机成因气与煤型有机气体的混合比例的计算结果，仅仅为一种理论上的探讨，因为无机气的气源与脱气模式不同，甲烷气的同位素不同，不同期次的无机气源输入的甲烷的同位素也有差异，有机成因的煤型气受气源岩、成熟度等因素的影响，还需深入研究。

第十章 长岭断陷营城组火山岩气藏成藏条件分析

火山岩气藏的成藏史取决于烃源岩的热演化程度、烃源岩的生排期与气藏成藏的关系、油气运聚与气藏成藏关系的有效配置。长岭断陷营城组火山岩的热演化程度高，烃源岩的生排烃和油气的运聚与气藏的成藏时间配置关系较好，后期良好的保存条件，是形成长岭断陷大中型天然气藏的有利条件。

第一节 烃源岩生排烃期与气藏成藏的关系

在应用烃源岩热演化史和流体包裹体均一温度确定长岭断陷火山岩气藏成藏时间的基础上，确定了断陷不同构造位置烃源岩生排烃期与天然气成藏的关系。长岭地区的天然气的成藏期与长岭牧场南次凹的生烃史较为匹配，与乾安次凹的匹配关系略差。

一、火山岩气藏成藏时间确定

受埋藏深度、地温和局部火山活动异常热事件影响，长岭断陷不同构造带的热演化程度存在差异，长岭牧场南次凹和乾安次凹的热演化程度高于达尔罕和腰英台构造带，包裹体均一温度揭示了营城组火山岩气藏在姚家组沉积期-嫩江组早期和嫩江末期的两期成藏过程。

（一）断陷层烃源岩演化史确定成藏时间

长岭断陷深部烃源岩生、排烃史特征包含了油气生成及初次运移等重要信息，对有机成因天然气油气成藏时间起决定作用。该区主力烃源岩为营城组、沙河子组和火石岭组，登娄库组主要分布在断陷北部地区；达尔罕凸起及腰英台构造，长岭深凹与查干花次凹的营城组、沙河子组和火石岭组提供有机成因气。

1. 腰英台地区

查干花地区营城组顶面模拟表明在登娄库沉积末营城组顶面埋深为200~1100m，构造高点位于达尔罕断裂西部腰深1井至腰南1井一带，埋深约为200~500m。达尔罕断裂东部腰深3井区及腰深3—腰深7—CS12井一带构造相对较高，埋深约为400~500m。此时腰深1井区至腰南1—北部、腰深3井区火山岩圈闭发育雏形；泉头组沉积末期营城组顶面埋深为1100~2700m，构造高点位于沿达尔罕断裂西部和腰深7井东南部地区，构造形态呈近南北条带状分布，此时腰深1井区位于构造顶点附近，达尔罕断裂西部腰深1—腰南1-BD11井地区逐渐发育近南北向圈闭；青山口组沉积末期营城组顶面构造埋深1700~3400m，此时腰深1井区、小城子—腰深7井以南地区埋深较浅，埋深小于2100m。与泉头组沉积时期相比，腰南1井北部地区埋深相对较大，而小城子地区埋深较浅；姚家组沉积时期，营城组顶面构造形态继承了青山口组沉积末的形态；嫩江组沉积末营城组顶面埋深在达尔罕断裂西部腰深1—腰南1—DB11井一带为埋深较高部，埋深最浅处位于小城子至腰深7井以南；明水—四方台组沉积末，营城组顶面埋深特征与嫩江组沉积末基本一致；至现今，由于新生界沉积基本间断，营城组顶面构造形态维持了明水末期形态。

腰英台—查干花地区早白至世登娄库组—泉头组受达尔罕断裂控制较弱，表现了断坳转换的特征；晚白至世青山口组—明水组主要受坳陷作用控制，达尔罕断裂活动基本停滞；自古近纪开始—现今沉积基本停止。

腰深2井动态演化历史(图10-1-1)表明，在持续的沉降作用以及较高的古地温场作用下，火石岭组烃源岩早在登娄库组沉积中期(约118Ma)进入生烃门限，此时埋深大约在2200m，开始持续生烃，埋深也不断增加，至嫩江组沉积早期(约80Ma)全面进入大规模生烃阶段，达到生烃高峰，此时埋深达到近4000m，之后生烃能力逐渐下降，嫩末期后基本不再生烃；主要生、排烃阶段为泉头组末期—嫩江组早期(80~105Ma)。沙河子组烃源岩也是在泉头组沉积早中期(约112Ma)进入生烃门限，此时埋深大约2100m，开始持续生烃，埋深也不断增加，至嫩江组沉积中后期(约75Ma)全面进入成熟期，达到生烃高峰，此时埋深达到近3900m，之后生烃能力逐渐下降，但至现今一直还在缓慢生烃，但生成量很小；主要生排烃期为姚家组~嫩江组沉积中后期(75~90Ma)。营城组和登娄库组进入生烃门限时的埋深均为2300m左右，但时间不同，前者是泉头组沉积中后期(约102Ma)，后者为嫩江组沉积初期(84Ma)；营城组主要生排烃期为嫩江组沉积中后期(60~80Ma)。

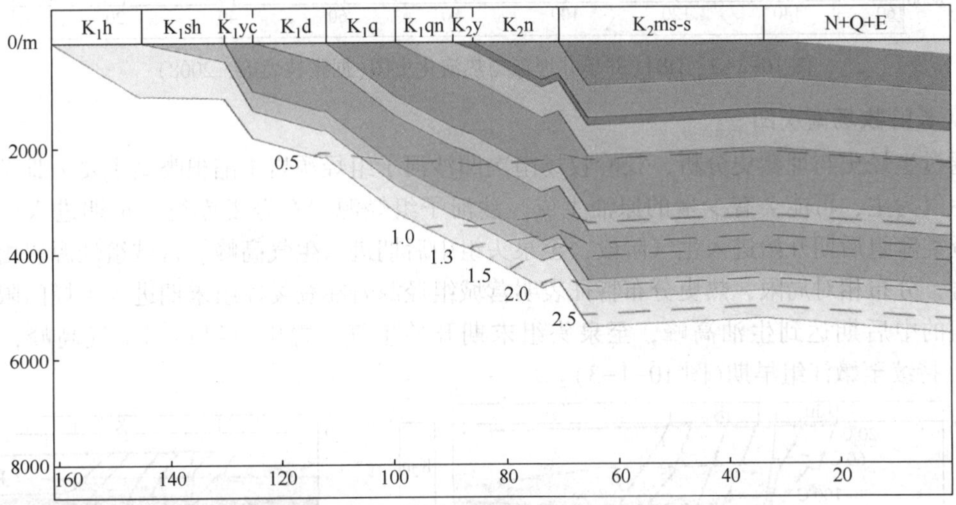

图10-1-1 腰深2井单井埋深与热演化史图(据张枝焕等，2008)

2. 达尔罕地区

DB11井动态演化历史(图10-1-2)表明，在持续的沉降作用以及较高的古地温场作用下，火石岭组烃源岩早在登娄库组沉积中期(约118Ma)进入生烃门限，此时埋深大约在2000~2500m，开始持续生烃，埋深也不断增加，至嫩江组沉积早期(80~85Ma)全面进入成熟门限，达到生烃高峰，此时埋深达到近4000m，之后生烃能力逐渐下降，嫩末期后基本不再生烃。沙河子组烃源岩也是在登娄库组沉积末期(约110~115Ma)，进入生烃门限，此时埋深大约2000m，开始持续生烃，埋深也不断增加，至嫩江组沉积早中期(约75Ma)全面进入成熟门限，达到生烃高峰，此时埋深达到近3500~3800m，之后生烃能力逐渐下降，但至现今一直还在缓幔生烃，不过量很小。营城组烃源岩在泉头组沉积中期(约100Ma)进入生烃门限，此时埋深已大于2000m，开始持续生烃，埋深也不断增加，至嫩江组沉积晚期(约

65Ma)全面进入成熟门限，达到生烃高峰，此时埋深和沙河子组烃源岩差不多，约3500m，之后生烃能力逐渐下降，但至现今一直还在缓慢生烃，不过量很小。登娄库组烃源岩在姚家组沉积末和嫩江组沉积早期(约80~85Ma)进入生烃门限，此时埋深也基本在2000m左右，开始持续生烃，埋深也不断增加，至今为3600m左右，成熟度较低，一直在缓慢生烃。

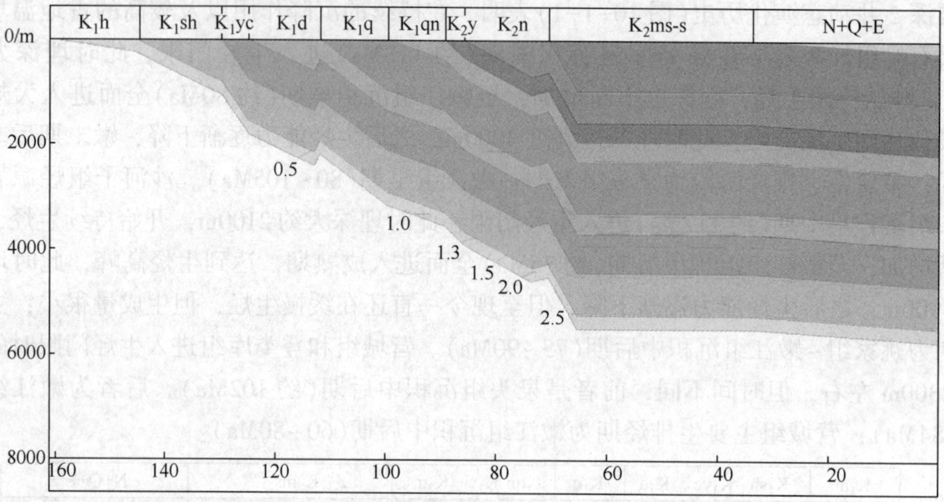

图10-1-2　DB11井单井埋深与热演化史图(据张枝焕等，2008)

3. 长岭牧场南次凹

通过生烃史与埋藏史分析，长岭牧场南次凹沙河子组烃源岩干酪根类型主要为Ⅲ型，明显以生气为主，可能会有少量的原油生成。沙河子组烃源岩在登娄库组的早期进入生油门限，登娄库组后期开始进入生气阶段，至泉头组中后期进入生气高峰。营城组烃源岩由于不甚发育，分布相对局限，热史分布特征表明营城组烃源岩在登娄库组末期进入生烃门限，在泉头组的中后期达到生油高峰，至泉头组末期开始生气，青山口组达到生气高峰，约为94Ma，持续至嫩江组早期(图10-1-3)。

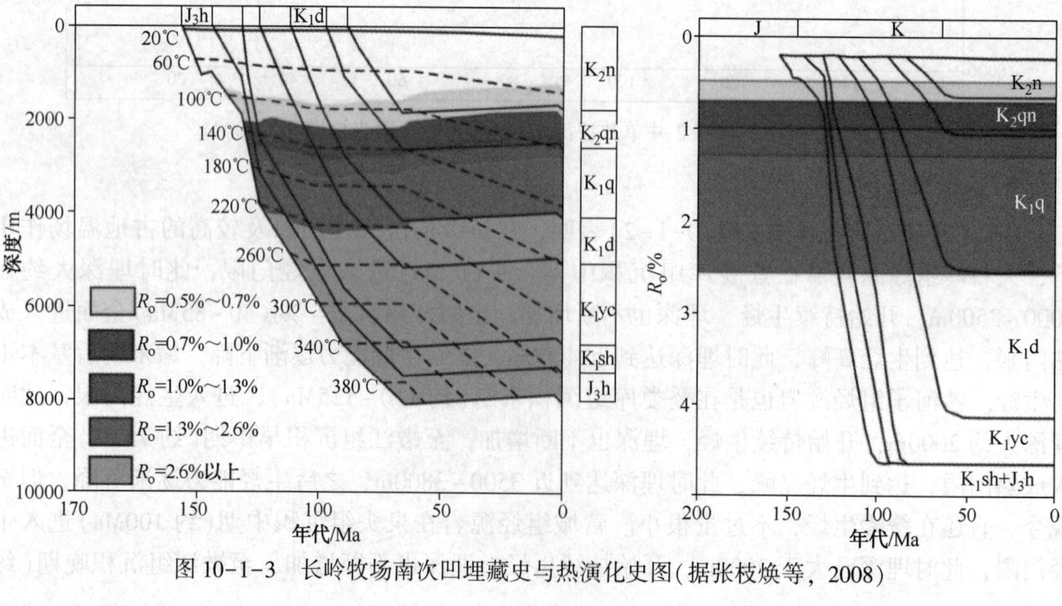

图10-1-3　长岭牧场南次凹埋藏史与热演化史图(据张枝焕等，2008)

4. 乾安次凹

乾安次凹沙河子烃源岩略厚于长岭牧场南次凹，从热史与埋藏史模拟表明(图 10-1-4)，沙河子组烃源岩在登娄库的早期进入生烃门限，由于干酪根类型也以Ⅲ型为主，生油量很小，以生气为主，在登娄库组的中期进入生气阶段，由于该地区地温变化快，登娄库组末期达到生气高峰，泉头组的早期生气已终止；营城组的烃源岩在登娄库组的中后期进入生烃门限，登娄库组末期生油高峰，泉头组的早期进入生气阶段，在泉头组的中期达到生气高峰，由于营城组的埋藏厚度大，持续生气至青山口组的末期，约为93Ma左右。

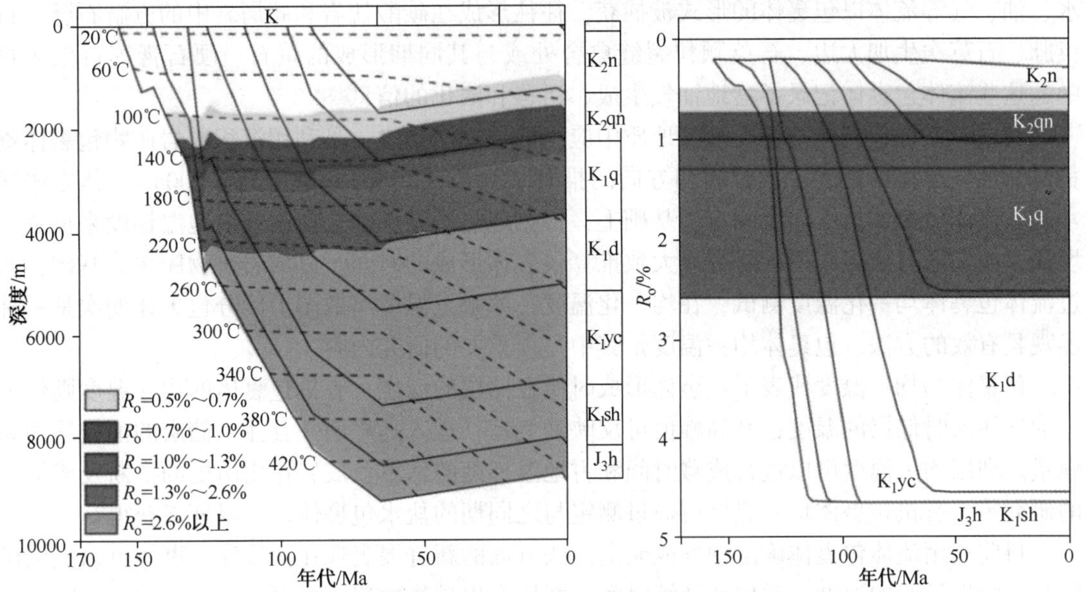

图 10-1-4 乾安次凹埋藏史与热演化史图(据张枝焕等，2008)

(二) 流体包裹体均一温度确定成藏时间

1. 方法原理

流体包裹体是指地层中的岩石在埋藏成岩过程中所捕获的液态或气态流体，它记录了与地层所经历的地质历史事件有关的信息，这些信息为认识地质历史提供了重要依据。流体包裹体可提供以下三方面的信息：①它们是曾经存在于地下的油、气、水，可用于其组分分析；②如果包裹体形成后没有发生渗漏，那么便可根据流体成为矿物中的包裹体时的温度，与氧同位素分析结合，作为重要的“天然地温计”；③可应用于估计流体的密度(Emery 与 Robinson，1993)。

在石油地球化学研究中，人们最感兴趣的是包裹体的温度和组成，因为它可提供三种对石油勘探、开发有价值的信息：①应用自生矿物中流体包裹体的显微测温研究，评价碎屑岩中重要矿物胶结物生长时的温度、时代和持续时间；②流体运移的温度和时间的确定；③裂缝闭合时间的确定(Pagel 等，1986；McLimans，1987；Burruss，1989)。

一般来说，储层样品中的包裹体可分为两种成因类型：原生包裹体和次生包裹体。而油气运移、聚集过程中形成的有机包裹体及同期形成的盐水包裹体是研究的重点，这些包裹体属于原生包裹体和次生包裹体成因类型，原生包裹体主要赋存于早、晚期石英加大边、石英裂纹及晚期微晶石英内，次生包裹体则主要分布于愈合的石英颗粒裂缝内及碎屑石英颗粒中。

自19世纪80年以来，随着显微测温、荧光显微镜、荧光光谱和气相色谱等技术的应用，石油包裹体被用来作为石油运移的示踪标志。近几年，在包裹体组成、沉积岩中流体包裹体的动力学及其在油田充注史研究中的应用等方面研究都有所进展，流体包裹体在油气成藏研究中得到了广泛应用，已成为当代石油地质领域研究油气藏形成期次最重要、最有效的一种方法。在沉积盆地中，由于地质流体的流动对成岩矿物的结晶有很强的控制作用，因此矿物将优先在流体流动带结晶，油气运移过程中特别是油气充注圈闭过程中矿物周围的地层水、油、气等流体以包裹体的形式被捕获，往往形成在碳酸盐岩和碎屑岩中的方解石脉、石英脉、石英次生加大边、石英颗粒裂缝愈合处或与其同期形成的萤石、硬石膏等自生矿物中，这些流体包裹体记录了盆地油气生成、运移和演化的信息。

其中，流体包裹体分析在油气地质中应用的主要用途之一是利用沉积成岩矿物包裹体资料进行油气运移路径、注入时间和方向的推测、计算和判断(卢焕章等，2004)。其方法通常是在流体包裹体均一温度测定的基础上，根据地热增温率即今地温或古地温梯度来推测古埋深，或是通过成岩序列的研究来大致推算包裹体形成的时间。以成岩矿物序次为基础，通过流体包裹体均一化温度测试，在均一化温度—冰融点温度离散图上区分包裹体期次是一种客观且有效的方法。包裹体均一温度是其中一项重要的研究内容。

包裹体的均一温度代表了包裹体形成时所在储层的温度；有机包裹体的均一温度则代表了油气注入时储层的温度，其高峰值可反映油气运移进入高峰期并且注入储层的油气达到高峰量。利用均一温度可以进行成藏时间和古地温梯度的估算、成岩作用历史的推断及成熟度的研究等。有机包裹体均一温度可通过测定与之同期的盐水包裹体均一温度来获得。

目前利用流体包裹体确定油气成藏期方法方面的新进展表现在：流体包裹体可以提供矿物胶结物生长时的温度、时代和持续时间，即用自生矿物中流体包裹体的显微测温研究，评价碎屑岩中胶结作用的时间，确定流体运移的温度和时间以及裂缝闭合的时间等，主要用于反映盆地古地温、烃源岩热演化史、油气成熟度、油气运移的期次、预测油气藏、油藏化学成分时空演化、油气源对比及含油气盆地的整体研究等方面。近几年来，流体包裹体研究与有机地球化学相结合，在包裹体组成及其在油藏充注史研究方面的应用有所进展。

2. 营城组火山岩包裹体中气体同位素特征

在油气成藏过程会在储层中留下一些成藏的原始遗迹—流体包裹体，包裹体中被包裹的地层流体代表了包裹体形成时的地层原始流体。按照一般规律，在CO_2气藏储层中应该有非常丰富的CO_2包裹体。据中国石油勘探开发研究院(米敬奎，2008)对长岭断陷高含CO_2气藏储层(包括火山岩与碎屑岩)流体包裹体的研究结果，在含CO_2气藏储层中主要发育烃类包裹体并没有大量的CO_2包裹体分布。储层包裹体的主要成分是烃类气体，CO_2的含量非常低，多数样品通过激光拉曼光谱很难检测到CO_2包裹体，包裹体成分与储层中的天然气的组成有很大的差别(图10-1-5)。

对松辽盆地长岭断陷及徐家围子断陷代表井不同产状的储层包裹体中气体碳同位素进行了分析(米敬奎，2008)。结果表明：包裹体中包含的气体CO_2与储层中的CO_2不同源，包裹体中包含的CO_2的碳同位素值都小于-10‰为有机成因，气藏中的高含量的CO_2的碳同位素值都大于-8.0‰为无机成因；包裹体中的甲烷及烃类气体与储层中的烃类气体具有相似的同位素特征，具有同源性(表10-1-1)。结合有机包裹体均一温度分析，进一步证明烃类气

体为主的天然气与 CO_2 不是同时充注储层的。高含 CO_2 的气藏储层中不发育 CO_2 包裹体的特征也表明 CO_2 气体注入储层存在两种可能：一是 CO_2 的充注速度非常快，CO_2 注入储层时间很晚，CO_2 气充注后储集层基本没发生成岩作用，充注过程与充注后 CO_2 包裹体都来不及生长；二是在 CO_2 注入储层前，储层已经被烃类气体所饱和，在无水条件下，自生矿物不能生长，因此使包裹体不能形成。结合到腰英台营城组火山岩天然气成藏的认识，认为第二种成因比较符合实际地质情况。

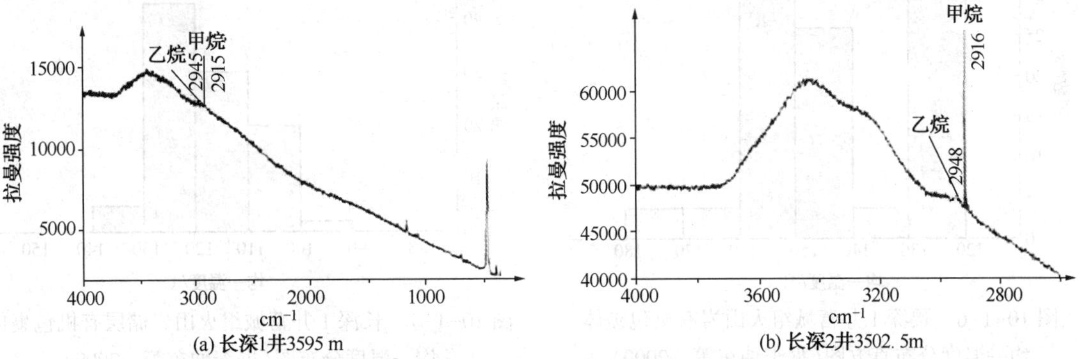

图 10-1-5　代表井储层流体包裹体的激光拉曼光谱特征(据米敬奎，2008)

表 10-1-1　松辽盆地储层包裹体中气体同位素特征(据米敬奎，2008)

井号	深度	层位	包裹体产状	包裹体中气体同位素/‰		
				C_1	C_2	CO_2
老深 1	3651. 8	K_1yc	火山岩中方解石石脉			-14. 0
老深 1	3651. 8	K_1d	砂岩中的石英颗粒	-28. 6		-15. 4
长深 1-1	3728	K_1yc	火山角砾长英质颗粒	-24. 5		-14. 7
长深 1	3574. 7	K_1yc	火山岩石英颗粒中	-22. 9		-12. 7
长深 1-2	3502. 1	K_1d	砂岩中的石英颗粒	-22. 8		-14. 7
长深 103	3724. 9	K_1yc	火山岩中方解石石脉	-24. 6	-27. 8	-16. 5
长深 103	3731. 8	K_1yc	火山岩中方解石石脉	-24. 2	-27. 0	-18. 9
芳深 7		K_1d	砂岩中的石英颗粒	-24. 3		-21. 7

松辽盆地高含量的 CO_2 既然是无机幔源成因的，那么这些无机成因 CO_2 的注入一定和区域构造运动和火山活动有关。松辽盆地目前发现的侏罗系以上的火山岩有两期：晚白垩世火成岩 100~73. 5Ma，松辽盆地广泛发育的营城组的火山岩就属于这期火山岩；新生代晚期的火山岩 0~31Ma，这一期的火山岩在盆地的周边有广泛的发育，伊通地区以及五大连池的火山岩形成于这期火山活动。其中五大连池火山岩的最晚形成时间在 280a 前，在长岭地区乾 124 井也有新生代火山岩存在。

3. 烃类包裹体均一温度与成藏时间

1) 腰深 1 井营城组火山岩

腰深 1 井营城组火山岩有机包裹体均一温度可以分为两期：第一期主要为气-液烃类流体包裹体，共生的盐水包裹体均一温度分布范围在 120~130℃；第二期为气体烃类流体包裹体，共生的盐水包裹体均一温度分布范围在 140~160℃(图 10-1-6)。

2) 长深1井营城组火山岩

长深1井营城组火山岩储层包裹体与烃类包裹体共生的盐水包裹体的均一温度主要分布在110~130℃之间，呈单峰分布，包裹体均一温度分布与腰深1井第一期包裹体温度相对应(图10-1-7)。据长深1井埋藏史及热史曲线显示包裹体均一温度为110~130℃对应的地质时期是姚家组沉积期到嫩江早期；对应的时间是89~83Ma。

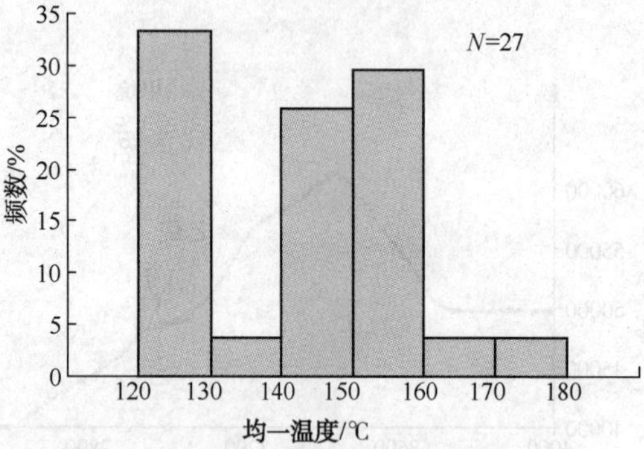

图10-1-6　腰深1井营城组火山岩有机包裹体均一温度分布直方图(据李仲东等，2009)

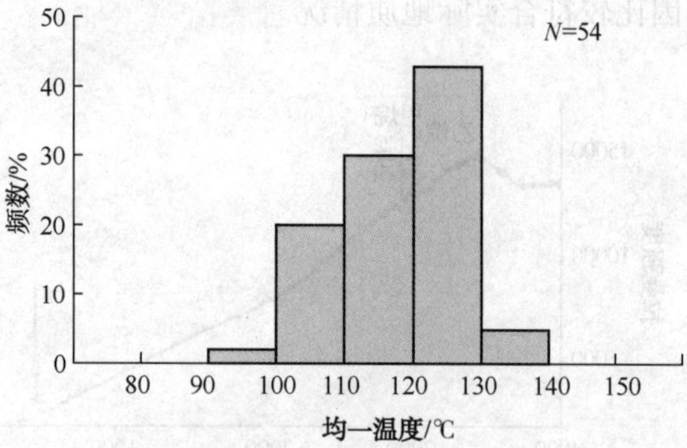

图10-1-7　长深1井营城组火山岩储层有机包裹体均一温度分布图(据李仲东等，2009)

3) 东岭地区营城组火山岩

东岭地区双深2井营城组包裹体的分布特征表明，在微裂隙中仅发育少量的气态烃类的包裹体，从其均一温度的分布的直方图表明(图10-1-8)，与其共生的含烃盐水的包裹体的均一温度的区间值为128~136℃，结合地温梯度与地表温度的分析表明，少量的气态烃类的充注期为嫩江期至古近纪的早期，天然气的充注量较少，未达到充注高峰。

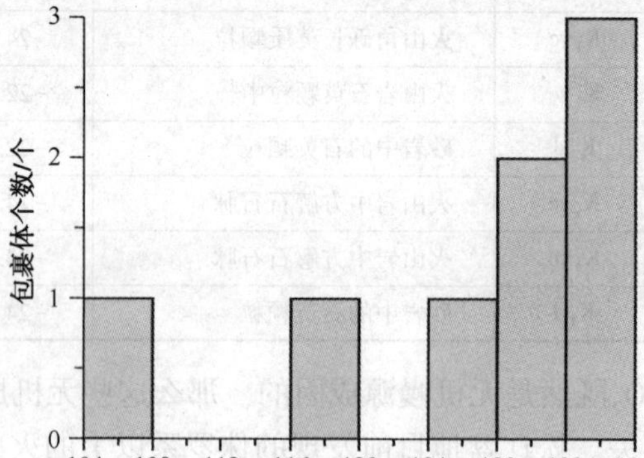

图10-1-8　双深2井流体包裹体均一温度分布图(据张枝焕等，2011)

二、生排烃期次与气藏成藏的关系

受烃源岩埋深控制，不同构造位置烃源岩的生排烃期不同，油气成藏时期也不一致。断陷深凹营城组火山岩天然气烃类气藏的主成藏期为两期成藏，第一期为姚家组沉积期-嫩江组早期，时间为83~89Ma；第二期为嫩江末期，时间为68~78Ma。第一期主要为火石岭组-沙河子组煤系地层生成的有机成因的天然气，第二期为营城组烃源岩生成的油型天然气与火山活动的以CO_2为主地幔气充注储层。

1. 腰英台地区生排烃期与气藏成藏

腰英台地区火石岭组烃源岩主要生、排烃阶段为泉头组末期—嫩江组早期；沙河子组烃源岩主要生排烃期为姚家组—嫩江组沉积中后期；营城组烃源岩主要生排烃期为嫩江组沉积中后期，而到四方台组末期达到生气高峰一直到古近纪早期。达尔罕地区火石岭组烃源岩主要生、排烃阶段为泉头组—嫩江组早期；沙河子组烃源岩主要生排烃期为姚家组—嫩江组沉积早中期；营城组烃源岩主要生排烃期为嫩江组沉积后期。结合腰深1井营城组火山岩埋藏史图与烃类包裹体均一温度，该井烃类气体充注储层为两期充注，第一期烃类充注高峰期为要姚家末—嫩江早期，发生时间为89~83Ma；第二期天然气充注时期为嫩江末期到四方台早期，发生时间为78~68Ma(图10-1-9)。第一期主要为火石岭组-沙河子组煤系地层生成的有机成因的天然气，第二期为营城组烃源岩生成的油型天然气与火山活动的以CO_2为主地幔气充注储层(图10-1-10)。

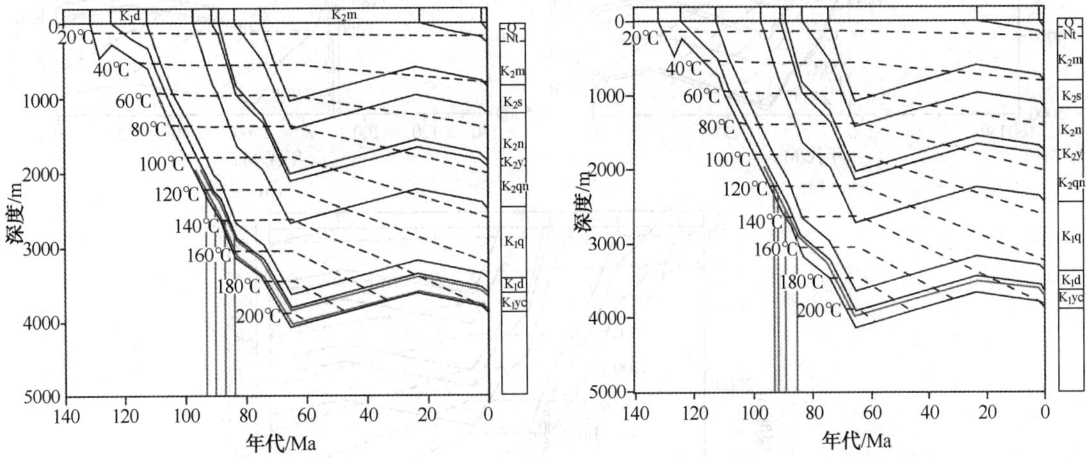

图10-1-9　腰英台构造带地层埋藏史和热史与油气充注期次(据张枝焕等，2008)
(左为腰深101井，右为腰深102井)

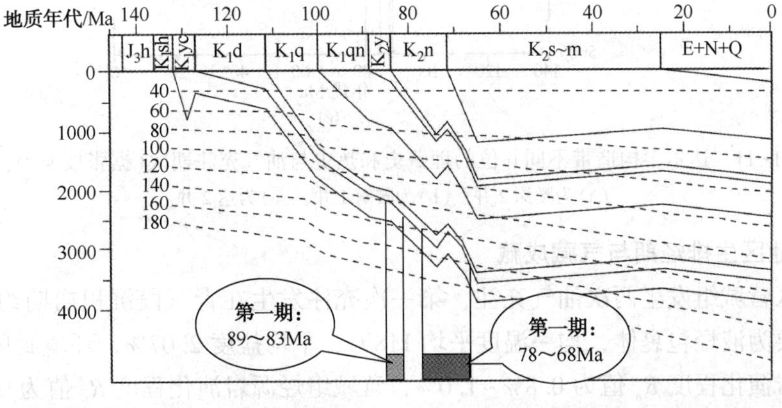

图10-1-10　腰深1井埋藏史图与甲烷气充注时间与期次(据李仲东等，2009)

2. 达尔罕构造带生排烃期与气藏成藏

达尔罕构造带的地层埋藏史和热史分析综合表明，烃类充注为一期，主要为87~94Ma，为青山口组中期至嫩江组早期；达2井后期补充充注无机CO_2，主要为81~85Ma，为嫩江组的后期至四方台组早期；新近纪之后产生的 CO_2 为大规模的无机 CO_2 的来源。腰深 2 井与达 2 井早期充注为一期，主要为少量的液态烃类，气态烃类略少，腰南 1 井存在液态与气态烃类，存在两个峰值，液态烃类充注高峰为 90Ma，气态烃类高峰在 88Ma，油气充注量与时间均短于腰英台构造带(图 10-1-11)。

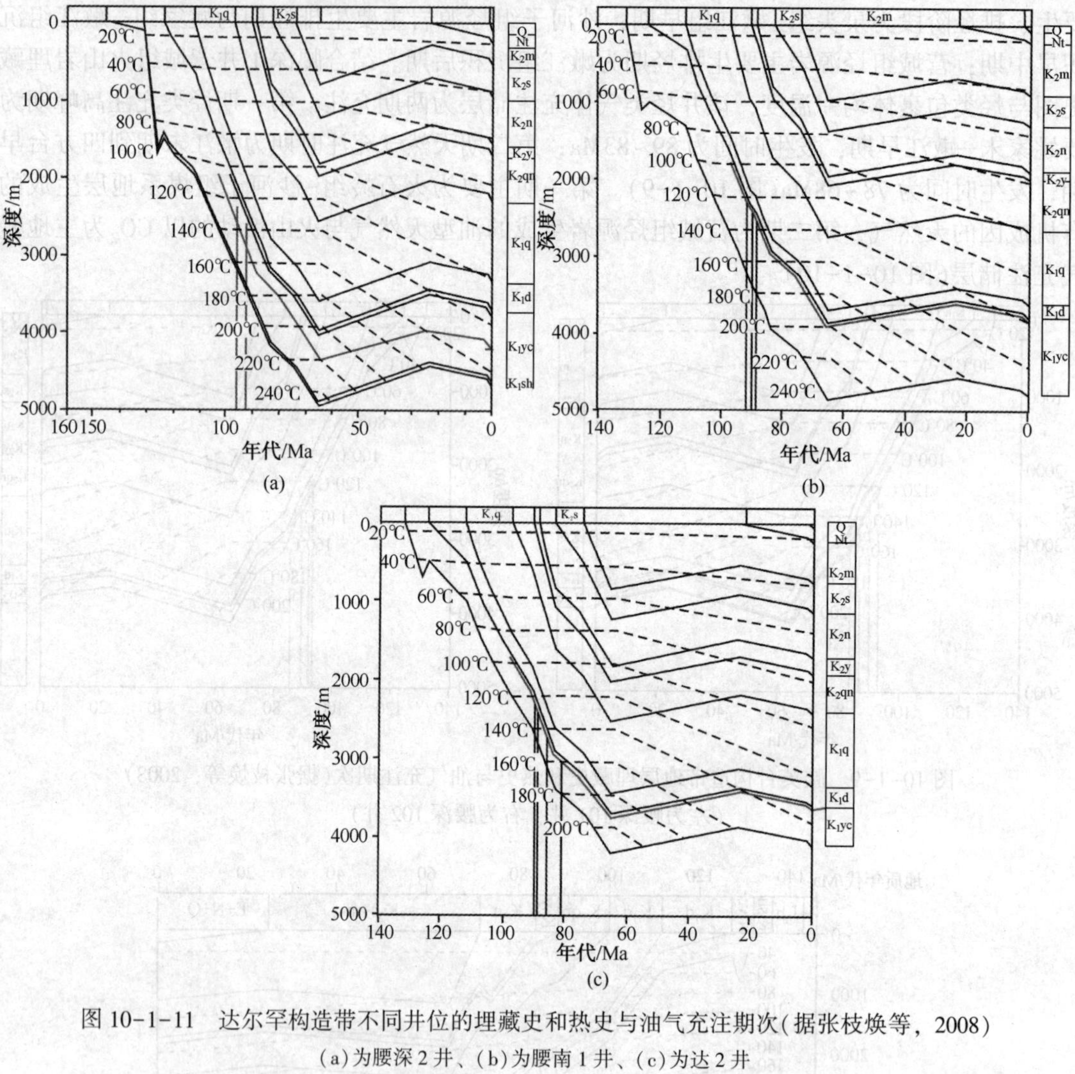

图 10-1-11　达尔罕构造带不同井位的埋藏史和热史与油气充注期次(据张枝焕等，2008)

(a)为腰深 2 井、(b)为腰南 1 井、(c)为达 2 井

3. 东岭地区生排烃期与气藏成藏

东岭地区营城组发生两次油气充注，第一次充注发生在青三段沉积初期约 92.6Ma，含烃包裹体主要为液烃包裹体，均一温度平均 118℃，平均盐度 2.07%，环境封闭差，此时沙河子组烃源岩演化程度 R_o 值为 0.8%~1.0%，营城组烃源岩演化程度 R_o 值为 0.6%~0.8%，主要源岩生烃并排出，环境封闭差，形成少量液烃充注。第二次充注发生在嫩江组沉积期间约 78.4Ma，含烃包裹体主要为液烃包裹体，均一温度平均 127.3℃，平均盐度 1.4%，环境开放，此时沙河子组烃源岩演化程度 R_o 值为 1.0%~1.3%，营城组烃源岩演化程度 R_o 值为 0.7%~1.0%，主要源岩进入生油高峰，发生液烃充注(图 10-1-12)。

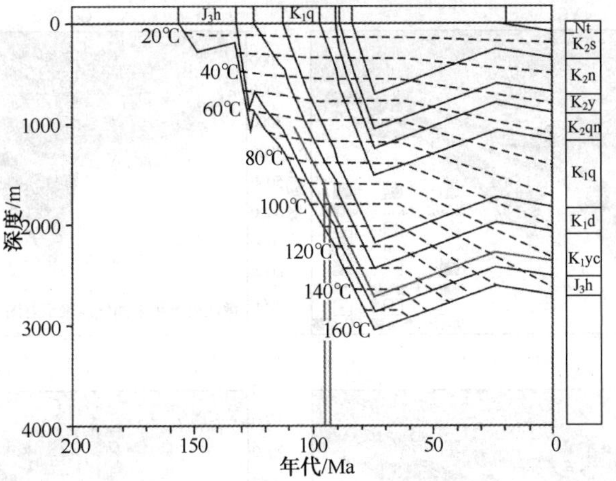

图 10-1-12　SN115 井埋藏史和热史与油气成藏期次(据张枝焕等，2008)

4. 长岭牧场南次凹生排烃期与气藏成藏

长岭牧场南次凹沙河子组烃源岩在登娄库组的早期进入生油门限，登娄库组后期开始进入生气阶段，至泉头组中后期进入生气高峰。营城组烃源岩在登娄库组末期进入生烃门限，在泉头组的中后期达到生油高峰，至泉头组末期开始生气，青山口组达到生气高峰持续至嫩江组早期。

5. 乾安次凹生排烃期与气藏成藏

乾安次凹沙河子烃源岩在登娄库的早期进入生烃门限，在登娄库组的中期进入生气阶段；营城组的烃源岩在登娄库组的中后期进入生烃门限，登娄库组末期生油高峰，泉头组的早期进入生气阶段，在泉头组的中期达到生气高峰；然而由于营城组的生烃能力有限，因此，长岭地区的气源主要以沙河子组为主。

综合油气的成藏期与生烃凹陷的生烃史的分析研究，长岭地区的天然气的成藏期与长岭牧场南次凹的生烃史较为匹配，与乾安次凹的匹配关系略差，其气源应主要来源于长岭牧场南次凹烃源岩；乾安次凹的烃源岩对油气的也有一定的贡献。此外，后期的构造运动导致早期形成气藏的调整及再聚集，也可能是造成天然气成藏期偏晚的重要原因。

第二节　油气运聚与气藏成藏关系

油气运聚模拟结合包裹体成藏期次分析结果可以准确的反映油气生成规律。根据包裹体成藏期次分析和油气输导体系研究，模拟分析长岭断陷的油气运移聚集与成藏的关系。

登娄库组沉积末期营城组及沙河子组烃源岩局部进入生烃门限开始生烃，可能尚未排出，腰英台构造带腰深 1 井区包裹体资料尚未发现本期油气充注，未能形成油气聚集区(图 10-2-1)。

泉头组沉积末期营城组及沙河子组烃源岩进入生烃高峰期，局部进入生气阶段，此时开始有部分油气排出，模拟显示腰英台地区腰深 1 井区受达尔罕断裂西部烃源岩供烃，油气沿断裂运移至营城组火山岩储层(一期油气充注)，包裹体主要为液态包裹体，含少量气烃包裹体，受上覆地层的封盖作用和断层遮档作用，形成油气聚集区。达尔罕断裂东部地区由查干花次凹供烃，并运移至东部斜坡带，受断层遮档和上覆地层作用形成油气聚集区，油聚集区顶部可存在少量天然气聚集(图 10-2-1)。

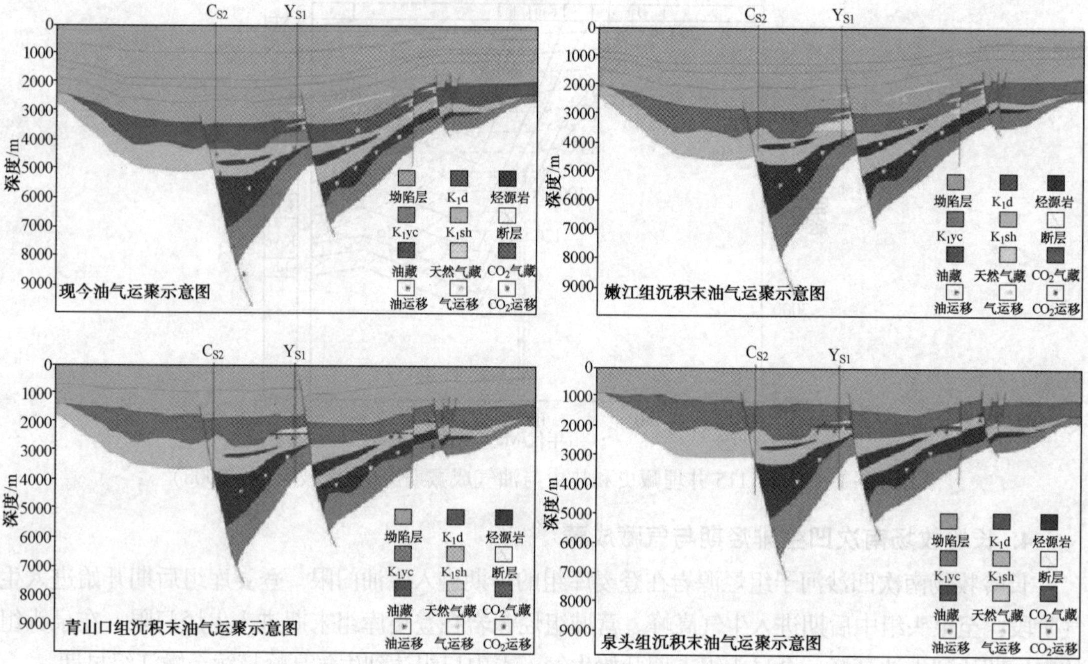

图 10-2-1　长岭断陷油气运移聚集成藏示意图(据时应敏，2011)

青山口组沉积末期营城组及沙河子组烃源岩大部分进入生烃高峰，生成大量油气，排烃量增大，受继承性构造的影响，油气继续聚集于营城组火山岩储层中，天然气聚集量增加，腰深1井区充注了大量天然气，并形成气烃包裹体(图 10-2-1)。

嫩江组沉积末期受构造反转作用影响，主干断裂沿纵向开启，营城组气藏受到破坏，天然气沿主控断裂运移至上部登娄库组和泉头组，并在有利部位聚集成次生油气藏(图 10-2-2)。

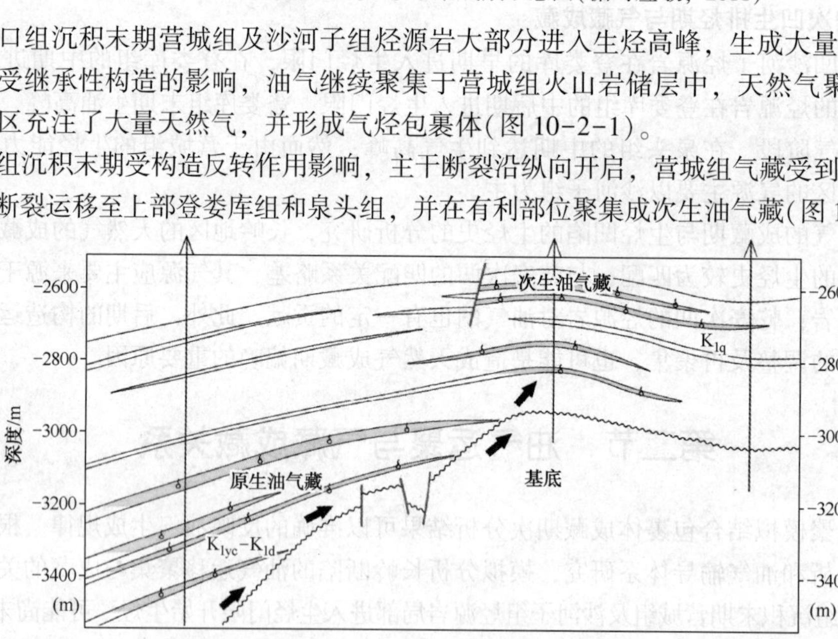

图 10-2-2　长岭断陷层原生、次生油气运聚成藏示意图(据吴聿元等，2006)

第四纪以来，基底深大断裂开始活动，达尔罕断裂西部地区发生 CO_2充注，在腰英台地区形成天然气和 CO_2混合气藏，而在腰英台西部地区形成 CO_2气藏(图 10-2-1)。

第三节　天然气藏的保存

张义纲(1991)将天然气的逸散归纳为三种机制：①渗漏机制，以游离状态的气相渗漏穿过岩层；②扩散机制，以溶解于地下水的状态扩散通过岩层；③水溶流失机制。渗漏机制的基础是存在压力梯度，天然气从高压处向低压处渗漏。扩散机制的基础是存在浓度梯度，天然气从高浓度处向低浓度处扩散。事实上，天然气的保存除了上述与沉积、埋藏、成岩作用有关外，还受成藏后的构造变动控制，构造运动产生的断裂、裂缝成为天然气重新聚散的重要通道，构造格局的变化是天然气聚散与保存的重要场所。

一、封盖条件与天然气藏保存和关系

封盖条件是天然气成藏的重要组成部分，在天然气藏形成与分布中起着重要的控制作用，没有良好的区域性封盖条件，就不可能有气田，尤其是大中型气田的形成与保存。长岭断陷油气封盖能力较强，后期构造变动对早期形成的油气藏破坏较小，是长岭断陷保存了大中型油气藏的关键。

区域盖层与直接盖层的分布决定了油气的纵向上的富集。松辽盆地南部深层上覆断—坳转换期形成的登娄库组和泉头组一、二段泥岩盖层的分布面积远远大于断陷期源岩的发育和分布，且厚度大、埋藏深、成岩程度高，排替压力高，封盖能力较强，是两套区域性盖层。长岭断陷泉三段下部红色泥岩存在异常高孔隙压力，可以作为区域性盖层，泥岩厚度在100~200m之间，全区平均厚度近150m。此外，断陷层的登娄库组、营城组、沙河子组发育的泥岩也可作为局部盖层或隔层。登娄库组的区域性盖层为自身发育的泥岩，登娄库组全区平均厚度达400m以上，泥地比平均为50%，累计泥岩厚度近200m，可以起到区域和局部的封盖的作用。

前已述及，长岭断陷深层天然气盖层类型基本上属于物理盖层（地层盖层），区域性盖层和直接盖层均有。根据地层盖层的岩性特征，又可细分为泥岩盖层、致密火山岩盖层和火山岩风化壳盖层等。其在纵向上主要发育自生自储和下生上储两大类成藏组合。

下生上储型组合包括有两种，一种是以下伏沙河子组暗色泥岩为主要烃源岩，营城组火山岩为储层，泉一段、登娄库组泥岩为区域性盖层；另一种生储层不变，盖层是以火山岩为局部盖层的生储盖组合。达尔罕地区营城组大型火山岩体就属于该组合类型。

自生自储成藏组合是指以营城组、沙河子组、局部火石岭组暗色泥岩为烃源岩，以营城组砂（砾）岩和火山岩、沙河子组砂岩及火山岭组火山岩为储层，以登娄库组和泉一段泥岩为盖层组成的生储盖组合。该组合属深部油气成藏组合体系，以形成原生油气藏为主。

勘探实践表明长岭断陷深层发育的自生自储和下生上储这两套成藏组合封盖条件是有效的，其与火山岩气藏的成藏配置较好。是目前长岭断陷达尔罕、东岭、查干花等构造带形成松南气田、长岭气田、东岭等气田的重要因素。

二、构造变动与油气成藏的关系

长岭断陷深层经历了断陷、坳陷两个构造运动阶段，断裂系统发育，有利于油气的输导，构造圈闭形成早于油气成熟运移时间，均为有效圈闭，明水末期构造变动未对油气藏构成破坏作用。

1. 断裂有利于油气和输导

长岭断陷深层发育有早期和长期断层。①早期断层断穿 T_5 和 T_4 反射层或只错断其中一层，只断穿 T_4 的断层形成于营城组沉积末期，为断陷期断裂；同时断穿 T_5、T_4 的断层是基底断层继承性发育而形成的。早期断层是沙河子组—营城组生成排出的天然气向营城组内火山岩和登娄库组底部砂岩储层运移的优势输导通道。长期断层在剖面上从 T_5 或 T_4 一直断至 T_2 反射层或以上，这类断层往往有多个活动时期，即营城组沉积末期、泉头组沉积末期—青山口组沉积中期等。②长期断层除了可以是天然气向上储层运移的输导通道外，也是气藏气向登娄库组及以上储层中运移输导的主要通道。根据对地震资料系统的构造解析，并结合腰深 101、腰深 102 井等登娄库组典型气藏剖面的分析认为，作为长期断裂的达尔罕和黑帝庙等主控断裂及其周边伴生的一系列次级断裂对天然气输导起着明显的控制作用(图 10-3-1)。

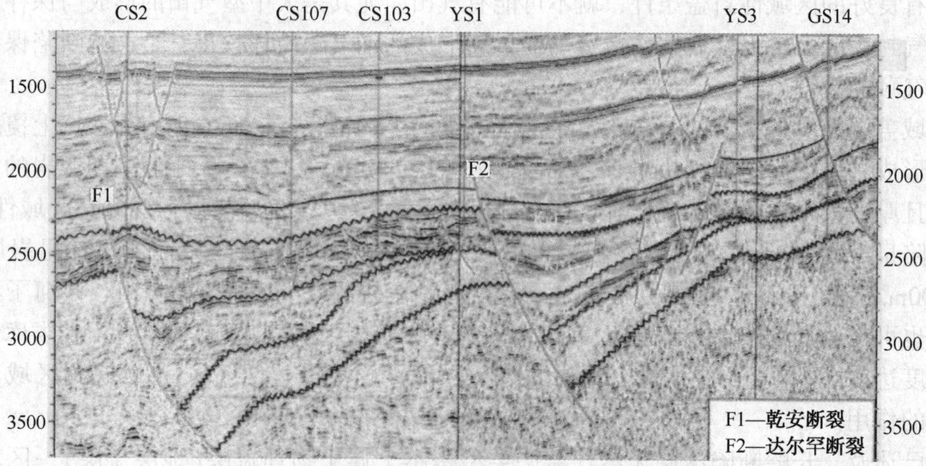

图 10-3-1　长岭断陷断裂和不整合分布示意图

相干体切片表明，裂缝在营城组火山岩中大量发育，而在登娄库组碎屑岩中不发育。火山岩之所以能成为储层，主要由于发育大量多期的、不同规模和不同层次的裂缝，为天然气垂向运移提供了良好通道，天然气能在其中输导。包裹体分析也进一步表明，营城组火山岩地层沿裂缝曾发生过大量的烃类运移。

2. 构造圈闭均为有利圈闭

长岭断陷层圈闭大部分形成于营末及登末，坳陷层构造圈闭的定型主要是明末构造运动，后期构造运动对断陷层构造圈闭造成一定的改造、破坏作用。坳陷层烃源岩大多至今仍未达到生烃高峰期，而断陷层烃源岩最早进入生烃门限时间也在登末，由此可知，长岭断陷所有的构造圈闭形成时间均早于烃源成熟时间，圈闭相对油气成藏均为有效圈闭。

松南气田营城组火山岩是以 CH_4 为主的与 CO_2 混合气藏，具有多期成藏特征。气藏构造形成于营城组末期，经登娄库—明水组末期的两次挤压构造反转运动定型；构造形成时间早于沙河子组、营城组这两套主力烃源岩在嫩江末期的生烃高峰期，成藏配置条件有利，有利于煤型气充注圈闭。

3. 后期构造变动未破坏油气藏

晚白垩纪以后的火山活动和深大断裂沟通地幔，使油型气和无机成因的 CO_2 与混合成因的 CO_2 沿着深大断裂运移到火山岩储集层，同时使早期形成的有机成因煤型天然气藏遭受了改造甚至被破坏，运移至浅部地层聚集或溢散。后期构造运动对早期形成的天然气藏的调节作用与后期的无机气体的充注成分共同决定了现今天然气藏的组成性质。

由于烃类气体与CO_2气体的分子量不同，CH_4气体黏度小、吸附力弱、重量轻、扩散系数大，富集在构造高部位；而CO_2气体则因吸附力强、黏度大，富集在构造较低部位或烃类气藏之下。由于松南气田的火山和构造活动强度由南向北逐次增强，松南气田中的CO_2含量也由南向北逐渐增高。

综上所述，长岭断陷松南气田营城组火山岩气藏为登娄库—明水末期构造反转定型，嫩江末期烃类气体成藏，嫩江末期到四方台早期构造改造、油型气和幔源CO_2气体充注。明末后期的构造运动变动未对油气成藏造成毁灭性破坏。

第十一章 火山岩气藏成藏模式及成藏主控因素

成藏机制和成藏模式研究是火山岩天然气分布规律、控制因素及分布预测的基础。长岭断陷不同区带构造特征、油气源条件、火山岩储层的类型及分布特征均存在一定的差异，这些差异性决定了长岭断陷不同构造带具有不同的油气聚集条件和成藏模式。总体上，长岭断陷营城组火山岩气藏具有多期成藏特征，表征为登娄库—明水末期构造反转定型，嫩江末期煤型气充注成藏，嫩江末期到四方台早期构造改造，油型气和幔源 CO_2 气体充注的成藏模式，“深大断裂”和“火山岩岩相”是成藏的主要控制因素。

第一节 火山岩天然气成藏模式

长岭断陷营城组火山岩天然气气藏具有多期成藏特征，表现为登娄库—明水末期构造反转定型，嫩江末期煤型气充注成藏，嫩江末期到四方台早期构造改造、油型气和幔源 CO_2 气体充注的成藏模式。不同构造带由于受构造特征、油气源条件、火山岩储层的类型及分布特征均存在一定的差别，这决定了长岭断陷不同构造带具有不同的油气聚集条件和成藏模式。

一、长岭断陷营城组火山岩气藏成藏模式

长岭断陷营城组火山岩天然气从组分特征上有以 CO_2 为主（CO_2 占 90% 以上）的 CO_2 气藏、以 CH_4 为主（甲烷含量为 90% 左右）的烃类气藏，还有 CH_4 与 CO_2 的混合气藏等三种类型。腰英台营城组火山岩是以 CH_4 为主的与 CO_2 混合气藏，长岭断陷营城组火山岩各类型的天然气藏形成的地质条件与成藏机理是有一定的差异性。

首先，营城组火山岩圈闭形成时间早，在凹陷火石岭组、沙河子组及营城组大规模生排烃期有一次煤系烃源岩生成的天然气的充注圈闭的过程，形成了以有机烃类气体及少量的 CO_2 包裹体，晚白垩纪以后的火山活动，深大断裂沟通地幔或者上地壳的岩浆房储气库，使无机气体沿着深大断裂运移到火山岩储集层，同时早期形成的有机成因的天然气藏遭受了改造调整作用，部分被破坏，运移至浅部地层聚集或溢散。后期充注无机气体的成分与早期形成的的有机天然气藏的破坏程度决定了现今天然气藏的组成性质。

早期以有机成因的天然气为主，为火石岭—营城组的煤系地层生成的天然气对火山岩储层的充注，后期有无机烃类气体与 CO_2 的充注，后期无机气体的充注对早期形成的有机天然气气藏有破坏与调节作用。后期构造运动对早期形成的天然气藏的调节作用与后期的无机气体的充注成分共同决定了现今气藏的 CO_2 与甲烷的含量（图 11-1-1）。

二、不同构造带营城组火山岩气藏成藏模式

长岭断陷不同区带构造特征、油气源条件、火山岩储层的类型及分布特征均存在一定的差别，这决定了长岭断陷不同构造带具有不同的油气聚集条件和成藏模式。在凹陷中部老英

台—达尔罕断凸区(查干花背斜带)北部腰英台构造具有凹中隆对称型双向供烃成藏的特点；查干花背斜带具有东西、南北不同凹陷双向供油的特点。

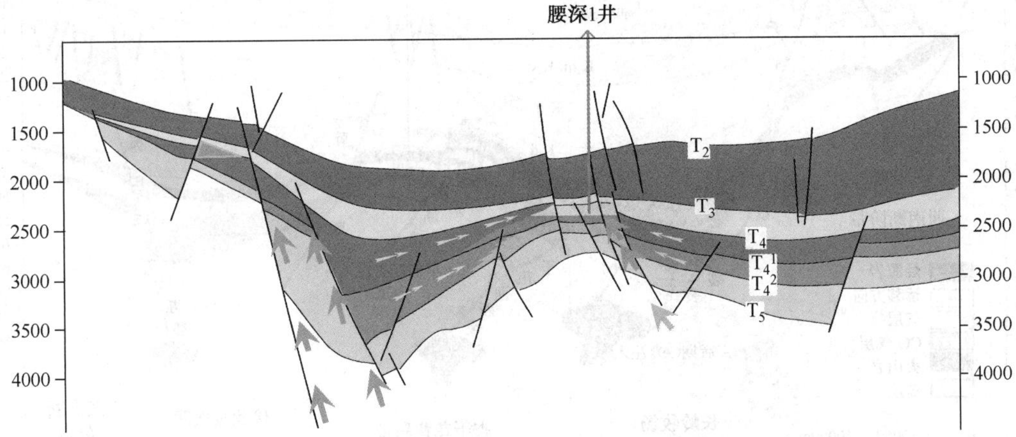

图 11-1-1 长岭断陷营城组火山岩储层天然气成藏模式图(据李仲东等，2009)

1. 腰英台构造带松南气田成藏模式

在凹陷中部老英台—达尔罕断凸区(查干花背斜带)北部腰英台构造具有凹中隆对称型双向供烃成藏的特点。查干花背斜带为一被断裂复杂化了的、向西倾伏的滚动断背斜，查干花背斜带北段北隔乾安断裂与伏龙泉次凹相接，东侧毗邻查干花断凹，向南过渡到长岭牧场次凹，是油气运移的有利指向区，且具备东西、南北不同凹陷双向供油的特点，油气源条件十分优越。查干花西断裂与查干花断裂、乾安断裂共同切割查干花背斜带，使查干花背斜带成为复杂的断背斜。查干花西断裂垂向上切穿火石岭组—登娄库组，横向上从长发屯次凹向北延伸到乾安次凹，有利于沟通了沙河子组、营城组的烃源岩与上覆储层。查干花西断裂主要在断陷期活动，没有切穿上部泉头组区域性盖层，有良好的保存条件。切割该背斜的查干花断裂、查干花西断裂和乾安断裂都是控制火山活动的断裂，流纹岩和凝灰岩为主的火山岩体广泛分布，储层条件优越。

松南气田是CH_4和CO_2的混合气藏，具有多期成藏特征。气藏构造形成于营城组末期，经登娄库—明水组末期的两次挤压构造反转运动定型；沙河子组、营城组这两套主力烃源岩在嫩江末期达到生烃高峰；构造形成时间早于烃源岩的生烃高峰期，成藏配置条件有利，有煤型气生成并充注圈闭的过程；晚白垩纪以后的火山活动和深大断裂沟通地幔，使油型气和无机成因的CO_2与混合成因的CO_2沿着深大断裂运移到火山岩储集层，同时使早期形成的有机成因天然气藏遭受了改造甚至被破坏，运移至浅部地层聚集或溢散。后期充注无机气体的成分与早期形成的有机天然气藏的破坏程度决定了现今天然气藏的CO_2与有机烃类气体的含量。由于烃类气体与CO_2气体的分子量不同，CH_4气体黏度小、吸附力弱、重量轻、扩散系数大，富集在构造高部位；而CO_2气体则因吸附力强、黏度大，富集在构造较低部位或烃类气藏之下。由于松南气田的火山和构造活动强度由南向北逐次增强，松南气田中的CO_2含量也由南向北逐渐增高。深大断裂、次级断层和不整合面共同构成了良好的油气运移通道，良好的火山岩储层，构成下生上储或自生自储成油气组合关系。松南气田属于此类成藏模式(图 11-1-2)。而长深 3 井区虽然处于构造有利部位，也发育火山岩储层，但由于火山岩储层有效性较差，且距离主力生烃凹陷相对较远，需要一定距离的横向运移才能成藏，因此钻探效果不太理想。

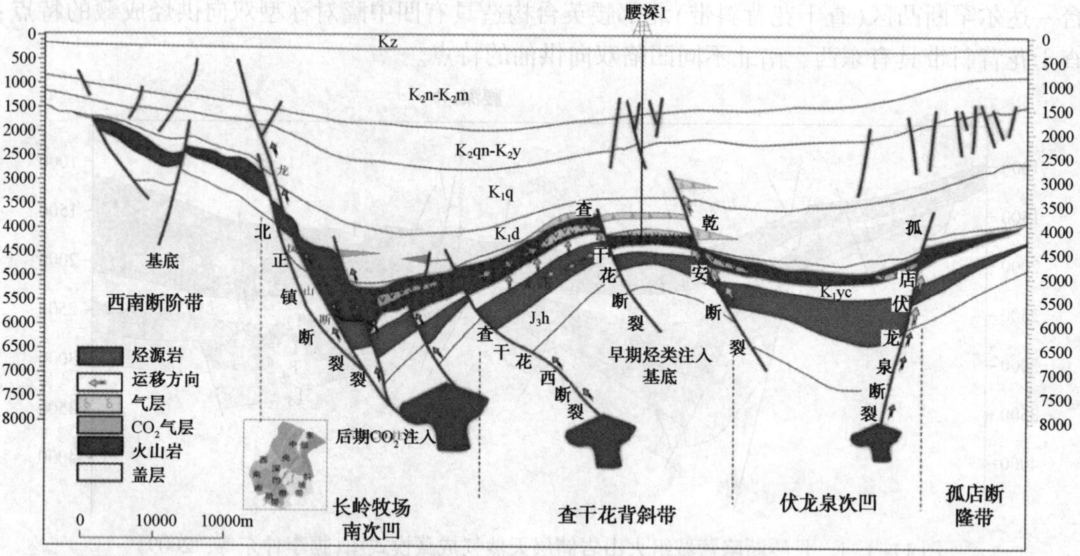

图 11-1-2　长岭断陷腰英台构造带营城组火山岩天然气藏成藏模式（据张枝焕等，2008）

2. 达尔罕构造带成藏模式

位于查干花背斜带南段的达尔罕背斜，南依长岭牧场次凹，油气源条件比较优越，具备与其北段相似的断层、不整合组成的油气输导条件。但北部离乾安断凹较远，尽管与查干花断凹接壤，但其规模相对较小，向西南方向提供气源的条件相对较差。此外，从目前钻井揭示情况看，该构造带物性较好的流纹岩等不如腰英台构造发育，油气聚集条件比腰英台构造略逊色。但只要储层及圈闭条件具备，仍然具备形成中型气田的地质条件。具有不对称双向供油的成藏特点（图 11-1-3）。

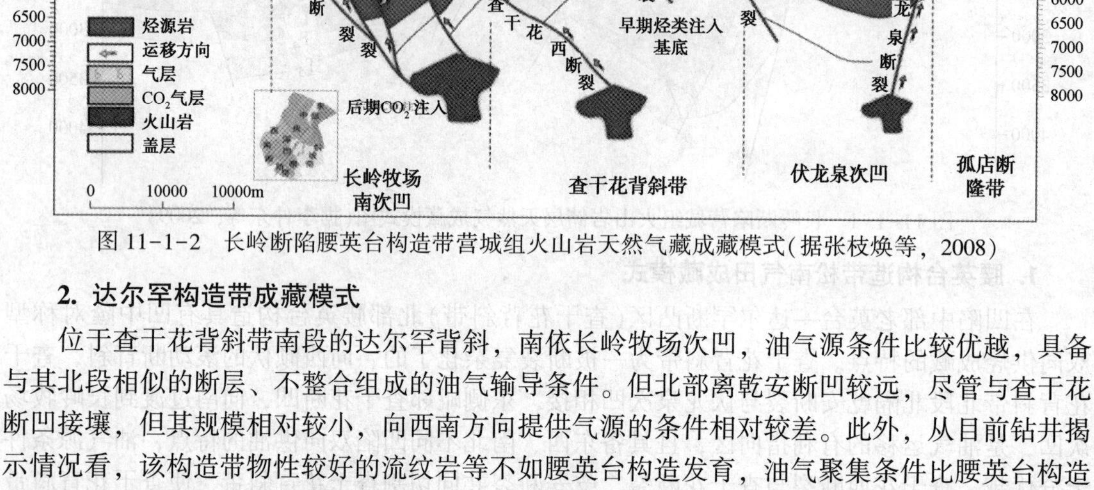

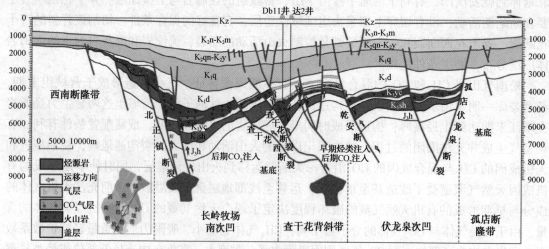

图 11-1-3　长岭断陷达尔罕构造带营城组火山岩天然气藏成藏模式（据张枝焕等，2008）

3. 东岭构造带东岭气田成藏模式

以东岭构造为代表的东部带斜坡区具有沿断阶侧向供烃成藏模式的特点。断裂为主要运移通道，砂砾岩储层，岩性尖灭圈闭，构造—岩性气藏，下生上储（图 11-1-4）。是在基底古隆起背景上，东岭构造断陷层逐层披覆沉积，差异压实作用形成的早期鼻状构造，后受营末、登末及嫩末运动叠加改造定型成大型断鼻构造。沙河子组、营城组、登娄库组以及泉一段砂层由西向东逐层超覆尖灭，与鼻状构造下倾方向反向配置，可构成良好的构造—岩性圈闭，圈闭条件优越。油气成藏早期主要受构造背景下地层—岩性控制，晚期受嫩末运动改造而重新调整。为近源、储盖组合匹配有利，埋深适中，成藏部位最有利。斜坡区是油气长期运聚指向区，其构造为长期继承发展的复合型圈闭，褶皱面积大，成藏组合匹配优越，含油气层系多，具有形成较大规模油气藏的地质条件。

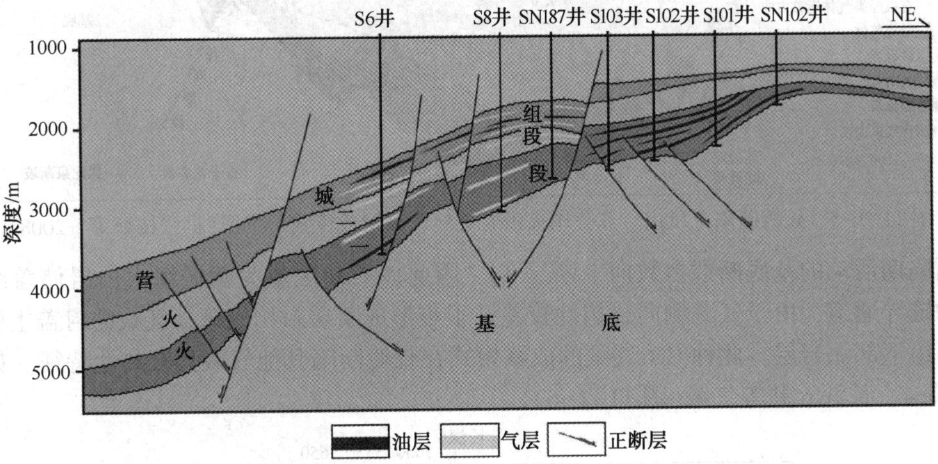

图 11-1-4 东岭地区东岭气田火石岭组成藏模式(据肖永军，2012)

4. 龙凤山、苏公坨火山岩天然气藏形成模式

位于长岭牧场次凹南侧的西南断阶带，其北东侧以龙凤山断裂与长岭牧场次凹接触，也具有侧向供气的成藏特点。长岭牧场次凹西南部营城组和沙河子组烃源岩厚度较大，成熟度高，现均已进入了高过成熟阶段，具备提供天然气的条件。龙凤山断裂及其派生的次级断层，与断斜坡上的不整合面可构成有利的输导体系，由长岭牧场次凹生成的油气可以通过龙凤山断裂及其派生的断层与不整合面构成良好的输导系统。西断阶带火成岩发育，具备良好的储集条件。但由于龙凤山断裂在裂陷阶段长期活动，到泉头组沉积后，中段和西段继续活动，对断阶带浅部油气的保存并不十分有利。此外，断阶上升盘地层埋深小，离油源区相对较远，深凹带气源可能通过靠近凹陷的断层垂向运移优先进入断裂下盘的有利部位，在断层的下降盘聚集，或沿断层向上运移到浅层，在浅层聚集或散失，不利于在断阶上升盘聚集(图 11-1-5)。

苏公坨陡坡构造带位于苏公坨断裂与长岭牧场次凹过渡带，烃源岩条件较好。长岭牧场次凹烃源岩生成的油气沿断层及不整合面共同构成的输导系统往斜坡带运移进入该带。但由于苏公坨断裂在裂陷阶段长期活动，到泉头组沉积后断裂才停止活动，切割层位多，油气成藏条件变得更加复杂。与西南断阶带的情况相似，来自凹陷区的油气进入斜坡带后，可能在下降盘聚集，或继续沿断层作垂向运移在浅层聚集或散失，不利于继续向上升盘运移聚集(图 11-1-5)。

5. 纯 CO_2 气藏成藏模式

频繁断裂活动导致岩浆房(热流底辟体或有根的侵入体)压力降低，CO_2 气大量脱出并沿与之相连的基底断裂灌入盆地，由于基底断裂断穿层位不同使 CO_2 气分别聚集在登娄库组和营城组。凡是与深部热流底辟体和有根的侵入体直接相连的基底断裂均是 CO_2 气上运的通道，但不同活动规律的基底断裂在盆地内断穿层位不同，使得 CO_2 气上运聚集的层位明显不

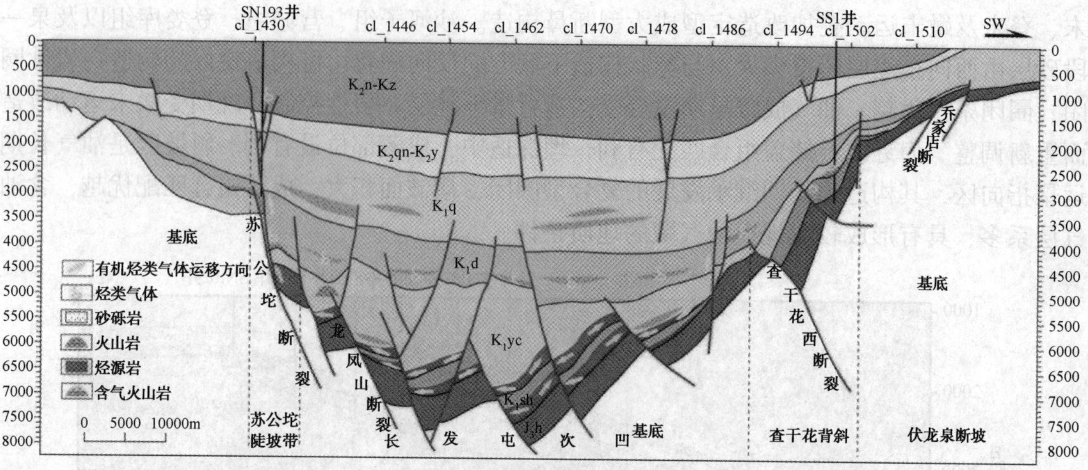

图 11-1-5　长岭断陷龙凤山、苏公坨火山岩天然气藏形成模式示意图(据张枝焕等，2008)

同，断陷期活动的基底断裂多数向上断至 T_4，因此该类断裂成为营城组火山岩储盖组合中有效的输导通道，由于气藏侧向封档性较差，很难形成断层封档气藏，气藏的封盖主要依靠登娄库组下部泥岩层。此种 CO_2 气藏的成藏模式在长岭断陷其他气藏具有共性特征。如长深2、长深4、长深6井等气藏(图 11-1-6)。

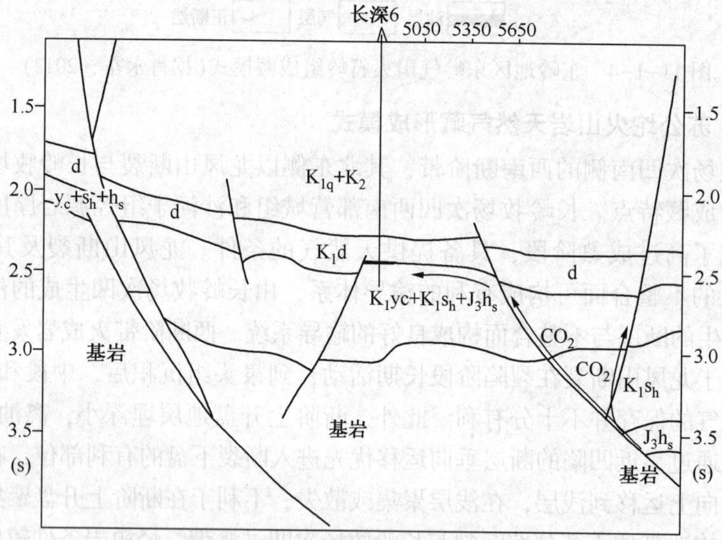

图 11-1-6　长岭断陷长深 6 井纯 CO_2 气藏成藏模式(据李智勇，2007)

除此之外，长岭断陷还发现了二次成藏的 CO_2 气藏。是发育在基底古隆起背景上的营城组原生 CO_2 气藏被气藏上方发育的断层穿过泉头组，并且在泉四段形成断层封档 CO_2 气藏，青山口组的泥岩层为其直接盖层(图 11-1-7)。

长岭断陷营城组火山岩气藏烃类气和 CO_2 气的成藏过程、分布主控因素不同，决定了两者在分布规律上的明显差异。在气源岩分布区，只要储层发育，有断裂沟通且构造部位有利，就会形成烃类气藏。当一个圈闭同时满足烃类气和 CO_2 成藏条件时，就会形成混合气藏，两者充注气量的大小决定了气藏中烃类气和 CO_2 相对含量的大小。烃源岩条件较差，但满足 CO_2 成藏条件的圈闭则会形成纯 CO_2 气藏。

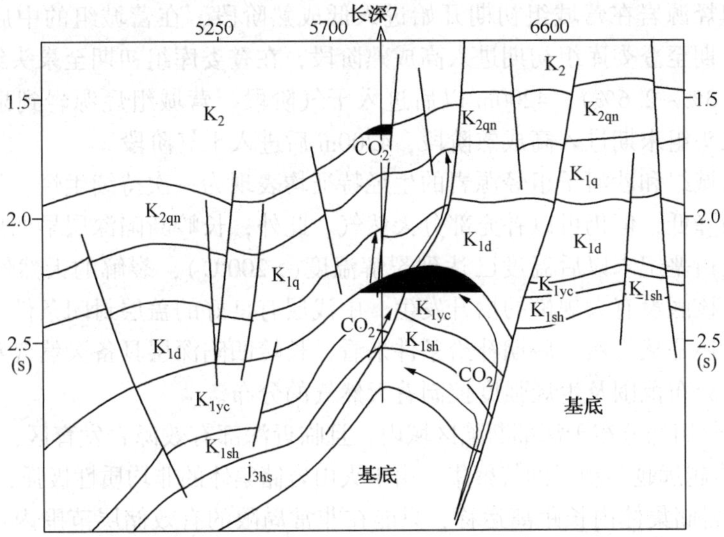

图 11-1-7　长岭断陷长深 7 井 CO_2 气藏二次成藏模式(据李智勇，2007)

第二节　火山岩天然气藏成藏主控因素

长岭断陷火山岩天然气积聚成藏受许多因素的控制和影响，其中断陷演化的构造(深大断裂)、烃源岩、火山岩储集体及后期改造因素以及其他一切与天然气成藏有关的因素都是控制天然气聚集成藏和地质要素。“深大断裂”和“火山岩岩相”是成藏的主要控制因素。

一、断陷层烃源岩控制天然气藏的分布范围

天然气的生成是其聚集成藏的基础。因此一个盆地或探区天然气的富集规模和分布规律首先取决于天然气的生成量及其分布，火山岩气藏也不例外，尤其是在深层断陷盆地，由于横向分割性强、相变快，输导层物性差，运移条件不好，气源条件对气藏分布及规模的控制更为突出。因此，深层气源岩的发育、分布规模及其中有机质地化特征的优劣将控制着气藏的分布及其规模。

1. 暗色泥岩厚度的分布

长岭断陷营城组的火山岩地层厚度大，储层厚度也大，需要较大的生烃量才能保障其富集。长岭断陷深层火石岭组、沙河子组、营城组和登娄库组四套烃源岩，暗色泥岩均较发育，泥岩厚度约占地层厚度的35%~55%，其中沙河子组暗色泥岩占地层厚度的50%，营城组和火石岭组暗色泥岩厚度也分别占地层厚度的30. 14%和41. 32%。沙河子组烃源岩主要为深灰、灰黑色泥岩和煤层，残留最大厚度为1200m，暗色泥岩最大厚度接近900m。长岭断陷分布四个生烃凹陷，乾安次凹和长岭牧场次凹沙河子组和营城组暗色泥岩最大厚度均在1100m左右，长岭牧场次凹是长岭断陷南部重要的烃源岩发育区和油气供给区，而乾安次凹也可为中部凸起区提供气源。

2. 有机质丰度

长岭断陷层不同层位烃源岩有机质丰度均较高，其中沙河子组和营城组烃源岩有机碳含量最大值均超过了1. 5%，营城组和沙河子组烃源岩有机质均以Ⅲ型干酪根为主，主要为气

源岩。沙河子组烃源岩在营城组初期开始进入低成熟阶段，在营城组的中后期进入成熟阶段，在营城组末期至登娄库组初期进入高成熟阶段，在登娄库组初期至泉头组初期进入过成熟阶段(R_o为1.3%~2.6%)，4200m以后进入干气阶段。营城组烃源岩到泉头组中期进入成熟阶段，至泉头组末期进入高成熟阶段，4200m后进入干气阶段。

长岭断陷营城组和沙河子组烃源岩的生烃特征均表现为一次持续生烃，尽管白垩纪末以后生气速率逐渐降低，但仍可以补充部分天然气。此外，长岭断陷深层早期形成的油藏和分散的液态烃，至白垩纪末以后温度已达到裂解温度(>200℃)，裂解的天然气即成为后期气源的补充。由于该区没有大规模的抬升发生，中浅层有良好的盖层封闭条件。因此，不论从保存条件来说，还是从天然气后期补给条件来看，长岭凹陷深层具备天然气富集的烃源岩基础。并且烃源岩分布范围及生烃强度控制着天然气的分布。

已发现的油气田均分布于深部断陷区域内，且临近深部有效源岩发育区，或凹中凸起(隆起)区，离烃源岩越远越不利于油气聚集；由于火山岩储集体的非均质性极强，连通性也很差，烃类难以在火山岩储集体内长距离运移，只能在非常局限的有效储层范围内短距离运移；因此，离生烃中心越近的火山岩圈闭越有利，而离生烃中心较远的火山岩圈闭难以成藏。

腰英台构造带南北分别毗邻乾安次凹—查干花次凹和长岭牧场次凹，油气聚集条件最佳；达尔罕构造、双龙构造、东岭构造和老英台低凸区靠近长岭牧场次凹，油源聚集条件较好；西南和西部断坡带上升盘离生烃中心相对较远，油源条件相对较差，但下盘紧邻生烃凹陷，油源条件较好，只要具有储层及圈闭条件就有可能形成油气藏。

在长岭断陷中，烃类气和CO_2具有分区分布的特点，断陷西部为CO_2富集区，断陷中部为CO_2和烃类气混合气区，断陷东部主要为烃类气富集区，局部为CO_2富集区。对比而言，东部断陷带各断陷要比西部断陷带更富烃类气，北部比南部更富烃类气，而CO_2气则是西多东少，南多北少。

二、火山岩体及其有利的储集相带控制气藏的形成规模

火山岩气藏与其他气藏的主要不同之处在于储集体的差别。冯志强等总结松辽盆地北部庆深气田火山岩储集层具有3个突出优势：①在盆地深层火山岩储层物性受埋深影响小；②深层火山岩作为储层在体积上占有优势，断陷早期的火山作用往往不是孤立、小规模、一次性的，而常常形成分布广、厚度大、多期叠置的火山岩体，明显优于断陷期相变快的碎屑岩储层；③火山岩储层易与早期快速沉降的沉积岩匹配形成有效的生储盖组合。

松辽盆地南部长岭断陷具有与松辽盆地北部深层火山岩相似的储集特征。长岭断陷营城组火山岩厚度大，分布广泛，储集物性好，是深层天然气的优质储层。火成岩储层受控于火成岩的岩相，不同火山岩岩性、岩相储层物性存在明显的差别，从结构看，既有熔岩类，也有火山碎屑岩储层；岩相上从中性的安山岩到酸性的流纹岩等均见产气层，有利的火山岩相主要为溢流相和爆发相的中酸性凝灰岩、流纹岩、原地溶蚀角砾岩等，一般溢流相熔岩的顶、底，爆发相火山角砾岩等储集物性条件较好。

火山岩储层通常呈现双重孔隙介质储层特点。长岭断陷层火山岩储层储集空间类型多样，主要是火山岩冷凝产生的原生气孔和收缩裂隙，后期通过淋滤、再埋藏溶蚀和裂缝改造等作用形成优质储层。由于火山岩脆性强应力易集中，构造强烈时容易遭受破坏形成渗透性好的裂缝，使储渗性明显提高(表11-2-1、图11-2-1)。

表 11-2-1 火山岩岩石类型、储集空间类型的含油气性特征表
（据北京市中石石油技术公司，2007）

储集空间类型		对应岩类	成 因	特 点	含油气性
原生储集空间	晶间孔	玄武岩、安山岩、自碎角砾熔岩	造岩矿物格架	多分布在岩流层中部，孔隙较小	大多不含油
	气孔	安山岩、玄武岩、角砾岩、角砾熔岩	成岩过程中气体膨胀溢出	多分布在岩流层顶底，大小不一，形状各异	与缝、洞相连者含油气性较好
	裂缝	玄武岩、安山岩、自碎角砾熔岩、次火山岩	岩浆冷却收缩，底部岩浆上涌破坏上部熔岩，自碎或隐蔽爆破	有柱状节理，呈张开式，面状裂开，少错动	含油气性一般较好
次生储集空间	溶蚀孔洞缝	安山岩、玄武岩、自碎角砾熔岩、构造角砾岩	风化、淋滤、热液及有机酸溶蚀	沿裂缝、自碎碎屑岩带以及构造高部位发育	含油气性好
	构造缝	各类岩石	构造应力作用	近断层处发育，较平直，多为高角度裂缝	构造作用发生于油气运移之后，不含油；反之则含油
	风化裂缝	各类岩石	各种风化作用	与溶蚀孔洞缝和构造缝相连	储集意义不大

火山岩的孔隙受地层埋藏压实作用及化学成岩作用影响较小，火山岩的次生孔缝、构造裂缝较容易发育，在深度 4000m 时仍可能保存缝洞发育较好的储集空间，从而能成为深部天然气优质储集层(图 11-2-2)。

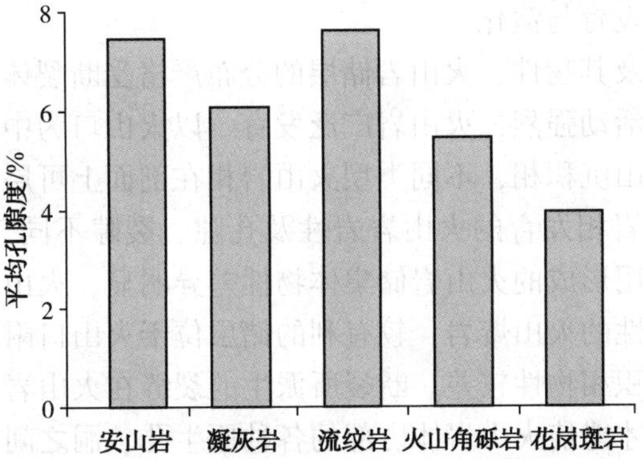

图 11-2-1 长岭断陷深层各类火山岩物性对比

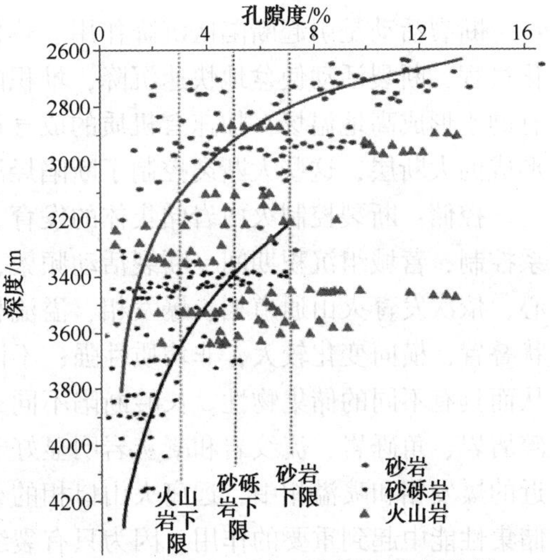

图 11-2-2 松辽北部不同类型储层孔深关系图(据黄志龙，2005)

三、深大断裂沟通了烃源岩与火山岩储集体，是油气聚集成藏的必要条件

深大断裂系指规模大、切割深、发育时期很长的断裂带，按其切割深度，可分为岩石圈断裂、地壳断裂和基底断裂。深大断裂是深部地幔岩浆上涌的重要途径，也是地幔无机成因

气体向上运移的重要通道。基底断层在长岭断陷油气成藏中的作用不仅控陷，而且控源、控生、控储、控运、控聚、控保，是影响火山岩气藏成藏的最为关键的控制因素。

控陷：断裂控制断陷的形成、发育及演化。不管是双断或单断断陷，边界断裂不仅控制着断陷的形成，而且左右着其演化，从而控制着断陷内地层(火山岩)的发育和分布，没有边界断裂，就没有断陷，也就没有断陷内油气的聚集。长岭断陷裂陷初始形成于火石岭组沉积时期，华兴镇—前太平山断裂、炳字井—王福断裂、右字井—十八号断裂、边字井—蒙古屯断裂、吐尔金—孙家窝堡断裂等基底断裂发育，形成由低角度正断层和高角度正断层控制的断陷，断陷具有很明显的不对称性，断层延伸远，断距较大，由于低角度断层的活动控制断陷内沉积充填，沉积中心和沉降中心靠近控陷断裂一侧，地层厚度大，地层总体上向低角度断层一侧倾斜；长岭断陷裂陷发育中期，在基底断裂的进一步强烈活动之下，长岭地区快速沉降，断陷进一步伸展，断陷范围扩大。形成以沙河子组碎屑充填沉积；长岭断陷裂陷发育晚期在北北东—北东向、北西向、北东东向展布的基底断裂及其派生出许多的三级、四级断裂的共同作用下，长岭地区快速沉降，营城组发育初期伴随着强烈的火山喷发作用，发育了巨厚的火山岩和火山碎屑岩，之后由于区域构造运动导致全区抬升，地层遭受不同程度的剥蚀破坏，形成不整合界面，结束了同裂谷断陷沉降的发育。

控源、控生：断裂控制源岩的发育、分布及成熟演化。断陷盆地中，断裂的性质、规模、活动性控制着源岩的发育程度与生排烃条件。长岭断陷主要发育 3 条主要断裂分别是中部的达尔罕断裂、查西断裂，西部的龙凤断裂严格限制着烃源岩发育与平面展布，在靠近边界主断裂一侧，地层沉积快、厚度大，主要发育半深湖—深湖相，远离边界断裂迅速减薄，主要发育扇三角洲、三角洲沉积，从而形成含有丰富有机质的暗色泥岩或煤层；次级断层往往控制着次级生烃凹陷的发育和展布。

断裂活动是引起断陷区沉降作用、热作用的重要因素之一，从而影响烃源岩的成熟及演化过程，断裂活动使盆地快速沉降，堆积的烃源岩快速埋藏，加速有机质的转化，火山作用有助于形成高地温场，加速有机质的成气过程。长岭断陷发育几组不同展布方向、不同时期形成的大断层，这些大断裂控制了断陷烃源岩的发育与演化。

控储：断裂控制火山岩储集体的发育、分布及其物性，火山岩储层的分布严格受断裂体系控制，营城组沉积期间，断裂活动频繁，火山活动强烈，火山岩广泛发育。以火山口为中心，依次发育火山通道相、爆发相、溢流相、火山沉积相，不同类型火山岩相在剖面上可层状叠置，横向变化较大，非均质性强；不同火山岩相发育的火山岩岩性及孔隙、裂隙不同，从而具有不同的储集物性。长岭断陷不同火山作用形成的火山岩储集体物性差异明显，火山碎屑岩、角砾岩、流纹岩和凝灰岩明显好于中基性的火山熔岩，较有利的储层位于火山口附近的爆发相和喷溢相中，远离火山口相的火山沉积相物性较差。断裂所派生的裂缝在火山岩储集性能中起到重要的作用。因为只有裂缝存在才能使火山岩体内部的各种原生孔、洞之间产生沟通，变成有效孔隙而储集油气。同时，裂缝有助于地下流体的运移，导致易溶物质溶解，形成次生孔隙，改善储集物性。

控运聚：由于生烃中心和沉积中心离构造较远，油气需要通过长距离运移才能向构造聚集，深大断裂在油气运聚过程中主要起通道和封堵作用，在岩性致密、物性差的深部地层中，断裂系统及其派生的裂缝对附近地层物性进行改造，使得断裂在深层天然气的运移过程中起着重要的作用，作为直接运移通道，同时沟通其他输层通道。因而输导条件对长岭断陷油气藏的形成与分布起着决定性的作用。

长岭断陷火石岭—营城组断裂较发育，上下盘地层差异明显；登娄库组中断层相对较少，显示断裂活动经历了由强到弱的变化历程。其中发育于火石岭期至沙河子期的早期断裂多为基底断裂，对火山通道的形成有一定的控制作用；特别是早期发育的基底断裂在营城期再次活动，直接控制了火山活动的发生，这些继承性断裂呈北北西向、近南北向展布，活动规模大(基底深大断裂)、延伸距离远、活动时间长，导致长岭断陷具有含油层系多、储集类型多、油藏类型和多油藏叠加的特点。根据松南火山岩气藏分析，松辽盆地南部深层沙河子组气源岩生成、排出的天然气沿断裂向上运移至营城组火山岩中，多数终止于 T_4 这个区域性角度不整合面，沟通深凹带的沙河子组、营城组两套烃源岩与构造高部位的营城组及其上覆登娄库组等储层。如果断裂后期继续延伸或形成新的断裂，还可以导致向上运移至泉头组储集层中，形成次生气藏，使天然气在上覆不同储气层中聚集，形成“一源多层”现象，这表明断层在空间上的延伸层位控制着天然气的垂向运聚层位。受大断裂控制的深层构造带为最有利天然气富集区，目前发现的断陷层气藏，如腰英台气藏、双龙气藏等多是以断层或断层与不整合面组合作为油气输导条件。

断层在天然气藏形成与保存中具有双重作用，既可以作为天然气运移的通道，使天然气运移成藏或散失破坏，或引起天然气在地下的再分配；又可以作为遮档物阻止油气运移，使之聚集成藏，如长岭断陷长深 1 井气藏(哈尔金断鼻构造)断裂为控藏断裂。

控保：断裂活动影响盖层的完整性，导致气藏的破坏或调整。松南气田处于中央隆起高部位，构造背景有利，北邻乾安次凹，南邻长发屯次凹，属于近源区，且有深大断裂与烃源岩沟通，有利于发育火山岩有效储层，是天然气运移的优势指向区，同时具有良好的保存条件。

四、大型继承性发育的复合圈闭是最有利目标区

长岭断陷次级构造单元走向呈近南北向带状分布的断凹、低凸相间排列构造格局，其中，断凹带的断陷层系地层一般发育较全，厚度较大，最厚可达 4500m，最薄也有近 1000m，在长岭农场、长发屯—马连坨子、查干花一带发育有三个断陷槽，长岭农场断陷槽沉积中心和沉降中心靠近东部控槽断裂一侧，地层厚度大，地层向西逐层超覆；长发屯—马连坨子断陷槽沉积中心和沉降中心靠近西部控槽断裂一侧，地层厚度大，地层向东逐层超覆；查干花断陷槽沉积中心和沉降中心靠近西部控槽断裂一侧，地层厚度大，地层向东逐层超覆。断陷槽的沉降中心均发育深湖相、半深湖相沉积，是断陷层系烃源岩发育区。在 3 个生烃断凹边缘发现了北镇构造带、苏公坨构造带、八十二构造带、达尔罕构造带、龙凤山构造带、流水—双龙构造带、前进构造带、腰英台构造带 8 个大型鼻状隆起、地层超覆尖灭、火成岩体三位一体复合型有利构造带。

长岭断陷中央隆起带，位于乾安次凹和长岭牧场次凹之间，以其优越的地理位置具有双向供烃的有利条件；同时形成早，构造圈闭发育，各种成藏条件最为有利，是有利的油气富集场所。

营城组火山岩广泛发育，火山口常形成古地貌高点，之后的沉降埋藏也基本上没经历大规模构造变动，保留了古隆起的形态，因此火山口的位置通常也是古构造高部位，加上火山口附近火山岩储层物性好、裂缝发育，以上两个因素决定了火山口附近为烃类气运聚的有利

部位。并且继承性古隆起往往不只一个生烃凹陷，接受供烃时间早，持续时间长，气源充足，这是深层火山岩储层高产富集的重要原因之一。

常规烃类气主要受气源岩控制呈近源、环带状分布，而幔源 CO_2则受深部构造背景呈狭长带状或点状分布，控制 CO_2气源的基底大断裂在控制了 CO_2气聚集和分布的同时，也控制了烃类气的聚集和分布。

断裂活动方式控制 CO_2气脱排方式，明水组末期为松辽盆地构造回返强烈时期，反转构造在此时定型，伴随构造反转形成正反转断层，断层反转并没伴随大量玄武岩侵入，断层活动导致热流底辟体或有根的侵入体振荡脱气并沿基底断裂灌入盆地并富集成藏。岩浆是幔源 CO_2气的气源库体和载体，火山—岩浆活动期即是幔源 CO_2气的释放期和聚集期。断裂与火山口控制 CO_2气聚集部位，断裂与火山口常相伴而生，火山口由于原生孔保存和后期裂缝发育为有利的储集体，沿着基底断裂和古火山通道上运的 CO_2气优先聚集在火山口上，是晚期 CO_2汇聚的有利地区。因此松辽盆地目前发现的 CO_2主要聚集在火山口上。频繁断裂活动导致岩浆房(热流底辟体或有根的侵入体)压力降低，CO_2气大量脱出并沿与之相连的基底断裂灌入盆地，由于基底断裂断穿层位不同，形成了上(泉三四段)下(营城组)两套 CO_2气聚集。

第十二章　松南气田火山岩气藏勘探开发

长岭断陷的油气勘探始于20世纪80年代，2006年在断陷层腰英台构造带部署了腰深1井，在营城组火山岩气藏试获天然气无阻流量$30\times10^4m^3/d$，发现了松南气田；在勘探取得突破的同时，向腰深1井南、北部构造低部位分别部署的腰深101、腰深102井均获得高产天然气。加快落实勘探的结果，探明松南气田营城组火山岩天然气地质储量$433.6\times10^8m^3$，可采储量$260.16\times10^8m^3$，叠合含气面积$16.83km^2$；2008年投入开发，通过松南气田勘探开发实践形成了一套具有火山岩气藏勘探开发特色的配套工艺技术。

第一节　松南气田火山岩气藏的勘探

松南火山岩气藏勘探实践表明：火山岩油藏具有同其他各类油藏所不同的特殊性，这一特点决定了要有效的解决这类特殊气藏勘探问题，必须形成一整套独具特色的火山岩气藏勘探配套技术。深入细致的规律研究和丰富多彩的勘探实践成为我们形成相关勘探技术的坚实基础。火山岩油藏相关勘探技术必须同气藏地质特征和地质规律相一致。在长期勘探实践经验和深入细致规律研究基础上，总结归纳出松南火山岩气藏勘探的七项技术：火山岩岩性识别技术、火成岩体形态描述技术、火成岩形成期次综合判断技术、火山岩岩相分析技术、火山岩储层裂缝特征及预测技术、裂缝性储层综合评价技术、火山岩气藏描述与三维地质建模研究技术。这七项技术贯穿了松南火山岩气藏勘探到开发前期整个过程。

一、火山岩岩性识别技术

火成岩的识别是火成岩气藏勘探的必须首先解决的问题，火成岩所特有的岩石、物理及其展布特征为火成岩的识别创造了条件。具体识别方法有三种：地震识别、测井识别和录井识别。

（一）地震识别技术

与沉积岩相比，火山岩类通常以地震波速较高、密度大、磁化率高、电阻率大和地震波吸收能量大为特征，这就为综合应用各种地球物理勘探方法提供了物理依据。因此，可通过地震岩性地层模拟、地震相解释、合成记录反射特征、瞬时信息特征、储层反演、三维可视化、属性聚类分析、层位综合标定、协调振幅、瞬时振幅等地震技术来识别“高波阻抗”的火山岩相与“低波阻抗”的陆源沉积相。成功的地震相带解释依赖于高质量和精细处理的地震资料，许多盆地高质量的地震资料完全可以用于火山岩油气藏解释。

1. 火山岩的地震识别标志

长岭断陷腰英台地区钻井揭露营城组火山岩岩性主要为气孔流纹岩、角砾化熔岩、晶屑熔结凝岩、凝灰岩、火山角砾岩等，这些营城组火山岩体对应一套眼球状的反射体，顶界为低频，蚯蚓状反射，系火山碎屑岩与上覆沉积岩的反射界面。火成岩在地震剖面上有以下识别标志：

（1）地震剖面上火山岩体反射外形多呈丘状，内部反射特征为强振幅、低频、同相轴呈断续分布，能量强，具有低角度斜交、平行和空白杂乱反射结构。

（2）如果火山岩体达到一定厚度，则顶面为较连续的强反射，内部反射杂乱。

（3）如果火山岩体以多期喷发的安山岩为主，层间夹凝灰岩，则地震剖面上成层性好；如果是以流纹岩为主的火山岩，则顶底为强反射，内部频率低，连续性差。

（4）火山岩体侧翼沉积岩往往有上超现象或沉积岩的反射同相轴与火山岩顶面相互交错；火山岩对其下部地层具有屏蔽作用，下部出现无反射现象。

（5）侵入相的火山岩往往呈不规则形态刺穿沉积岩层，内部呈杂乱或空白反射，岩体与围岩产状突变，界限比较清楚。

（6）火山岩体附近一般都存在规模较大的基底断层作为岩浆向上运移的通道。

2. 不同火山岩相的地震反射特征

（1）火山通道相及其组合：不对称碟状、透镜状或楔状，低—中频，弱—强振幅，连续性差。横向上与喷溢相中下部亚相呈指状交叉过渡。

（2）爆发相及其组合：席状、板状和楔状，中—低频，弱—中振幅，连续性中—差，偶见连续性好。

（3）喷溢相及其组合：楔状、席状、板状、透镜状，中—低频，中—弱振幅，连续性好。

（4）侵出相及其组合：不对称穹隆状、透镜状、板状—楔状，中—低频，中—弱振幅，连续性差—好。

（5）火山沉积岩相及其组合：席状，中—高频，强振幅，连续性好。

3. 火山岩地震识别技术

松南气田主要运用了以下三种地震识别关键技术：

（1）三维可视化解释技术：火山岩地震反射能量强、频率低，利用三维可视化自动追踪解释，保证了火山岩各期次界面得以准确落实，并能细致的刻画断裂结构。

（2）多数据体地震波形属性分析技术：与以往应用单一振幅数据体进行波形分类研究不同，采用地震纯波数据、相干数据、波阻抗反演数据共同迭代计算，划分地震相分布，再与单井岩相划分结合，划分成代表不同地质意义的区域，对应地质沉积分析，演化成火山岩相分类。

（3）火山岩岩相控制下的地震反演技术：开展模型约束下的波阻抗反演，应用地震纯波数据体、波阻抗反演数据体与测井密度曲线进行地震多属性分析，以各期次火山岩岩相界面建立模型，再利用神经网络方法求得密度数据体，以火山岩储层分类评价的密度标准及进行划分，提取各期次火山岩分类储层厚度与平均孔隙度，达到储层预测的目的。从合成地震记录标定看，爆发相火山岩对应一套连续性好的强振幅波谷，以底界为连续强振幅波谷与下部溢流相分隔，下部两套溢流相对应一套复波，为断续中强振幅波形(图 12-1-1)。

根据火山岩地震相特征，结合火山岩期次对比与构造解释成果，可以清楚的描述火山岩相的纵向分布特征。图 12-1-2 为腰平 7—腰深 1—腰平 1 井营城组连井地震相。第四期爆发相火山岩覆盖在整个火山顶部，为强振幅波谷，时间厚度 10~40ms；第三期以溢流相为主，为一套复波反射，连续性较差，时间厚度 10~50ms；第二期以溢流相为主，局部有爆发相强波谷反射，在腰深 1 井区覆盖在火山通道相之上，分布较局限时间厚度

10~30ms；第一期火山岩以爆发相为主，为强振幅波谷反射，在腰深 1 井区为火山通道相，为杂乱空白反射区；再向下为腰平 7 井火山岩，其顶界与腰深 1 井火山有连续强波峰隔开，形成另一个较早的火山序列；再向下则为一套较为连续的平行反射轴，振幅中强，为更早期火山体。

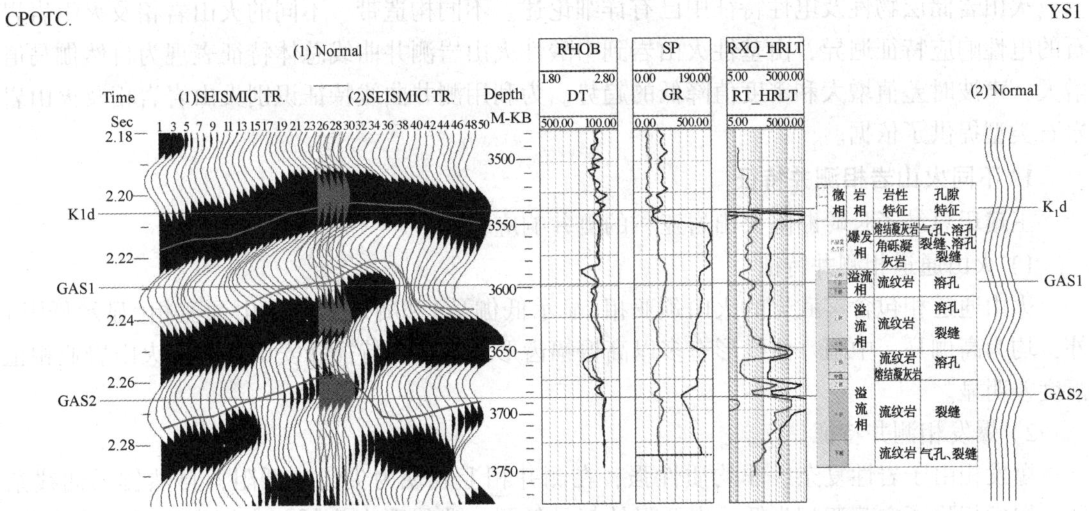

图 12-1-1　腰深 1 井火山岩地震相—测井相—岩相特征综合图

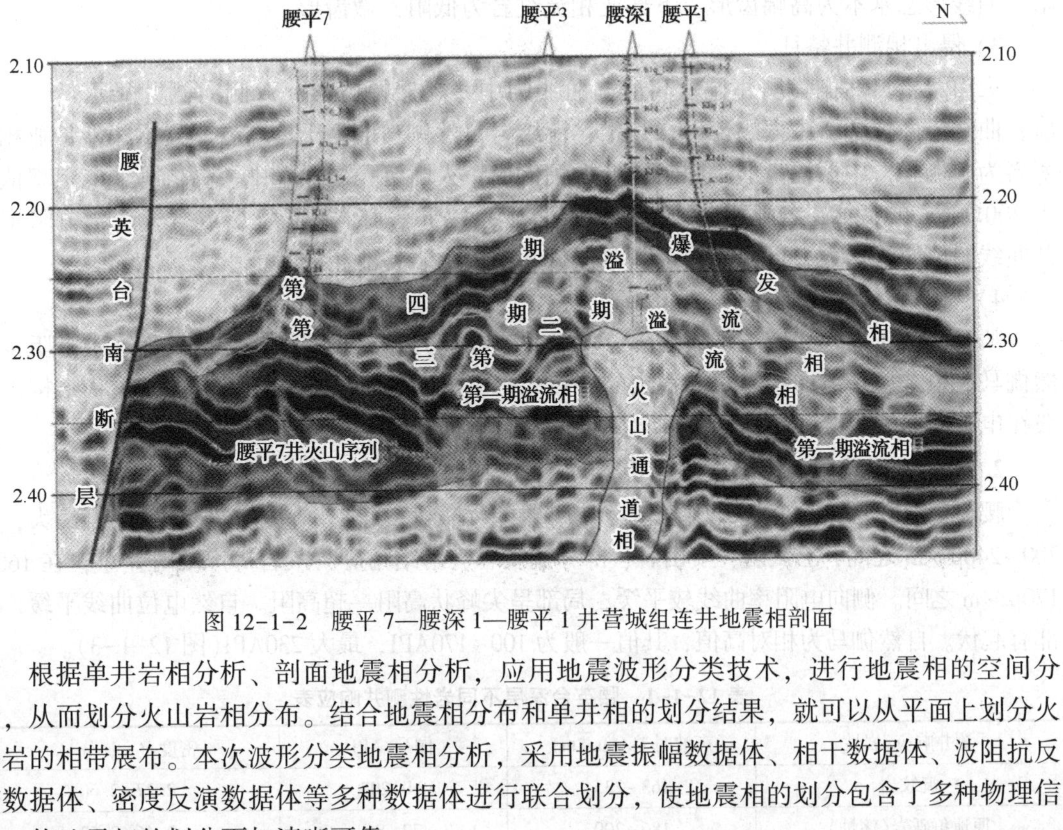

图 12-1-2　腰平 7—腰深 1—腰平 1 井营城组连井地震相剖面

根据单井岩相分析、剖面地震相分析，应用地震波形分类技术，进行地震相的空间分析，从而划分火山岩相分布。结合地震相分布和单井相的划分结果，就可以从平面上划分火山岩的相带展布。本次波形分类地震相分析，采用地震振幅数据体、相干数据体、波阻抗反演数据体、密度反演数据体等多种数据体进行联合划分，使地震相的划分包含了多种物理信息，使地震相的划分更加清晰可靠。

在图 12-1-2 中，腰深 1 井火山通道相被清晰的刻画出来，在地震剖面上难以解释的火山口破碎形态得以显现，呈发散状向四周扩散，波形类别明显与四周不同，结合剖面相，确定为火山岩通道相。

（二）测井识别技术

火山岩储层物性及电性特征中已有详细论述。不同构造带、不同的火山岩相及火山岩岩石的电性响应特征迥异，由基性火山岩到中酸性火山岩测井曲线总体特征表现为自然伽马值增大，声波时差值增大和密度值降低的趋势。为利用测井曲线特征识别火山岩岩相及火山岩岩石类型提供了依据。

1. 不同火山岩相测井特征

王璞珺总结了长岭断陷火山岩亚相的测井响应特征。

1）火山通道相测井特征

火山通道相包含玄武岩的火山颈亚相（显示低伽马）和凝灰岩的火山颈亚相（显示低阻）外，均为高伽马，中阻。曲线形态多以高振幅齿形和峰状为特征，安山岩的次火山岩亚相正幅度差明显。

2）爆发相测井特征

爆发相由于岩性复杂、非均质性强，在测井相上表现为尖齿、低阻，自然伽马曲线杂乱。爆发相除了空落亚相为低—中低阻外都是低阻。曲线形态为低—中幅齿形平直状为主。伽马测井基本上可以区分喷溢相火山岩的岩性。电阻率测井显示喷溢相火山岩为中低阻，中阻，曲线形态基本为高幅齿形。下部亚相流纹岩为低阻，微齿形。

3）侵出相测井特征

火山熔岩自然伽马测井显示高值，曲线为中—高振幅齿形；双侧向测井显示低—中低值，曲线为微振幅、中振幅齿形。其中，流纹岩自然伽马值高于珍珠岩。侵出相外带亚相凝灰岩为中伽马，中振幅齿形；中阻，低振幅齿形。火山沉积岩显示中—高伽马，电阻率值小于 200Ω · m 的特征；各亚相曲线形态差别明显，易于区别。对于气层或含气层，电阻率测井曲线幅值明显增大，但曲线形态基本保持干层火山岩各亚相的特征。

4）喷溢相测井特征

喷溢相由于岩性稳定、均质性强、厚度大，在测井相上表现为厚层、微齿、中高阻，自然伽马、中子、声波曲线等相对稳定的特点。FMI 图像一般显示纹层状结构和块状结构；一般在电阻率曲线上会显示由低到高再到低的复合旋回特征。

2. 松南气田营城组火山岩测井特征

腰英台地区营城组各类火山岩性声波时差差异较大（表 12-1-1），原地角砾岩最大，在 200~240μs/m 之间，玄武岩、安山岩、部分流纹岩、熔结角砾凝灰岩等声波时差小，在 160~170μs/m 之间。侧向电阻率曲线较平缓，局部呈尖峰状高阻—超高阻。自然电位曲线平缓，局部有起伏。自然伽马为相对高值，其值一般为 100~170API，最大 230API（图 12-1-3）。

表 12-1-1　腰英台深层不同岩性测井响应表

测井响应/岩性	声波时差/(μs/m)	伽马/API	密度/(mg/cm^3)
流纹岩	163~235	84~207	2.27~2.60
原地角砾岩（溶蚀）	186~209	72~86	2.46~2.53

续表

测井响应/岩性	声波时差/(μs/m)	伽马/API	密度/(mg/cm^3)
火山角砾岩	177	94	2.61
原地角砾岩	199~243	71~159	2.31~2.57
熔结角砾凝灰岩(冷凝)	166~190	90~141	2.09~2.59
熔结凝灰岩	175	189	2.61
角砾凝灰岩	191	96	2.54
熔结角砾凝灰岩	182~199	86~192	2.51~2.56
凝灰岩	176~198	110~150	2.59
玄武岩	167~185	58~64	
安山岩	175	57	
英安岩	181~193	95~101	
泥岩	231	103	
辉绿岩	206	59	

伽马曲线基本能够区分各类岩性，玄武岩和安山岩在50~70API之间，英安岩在90~100API之间，流纹岩变化范围较大。各岩性声波时差与密度有良好的线性关系。

流纹岩测井响应变化较大，高电阻、高密度流纹岩声波时差较低，在172~182μs/m左右，密度大于2.55g/m^3；低电阻、低密度流纹岩声波时差较高，主要集中在185~205μs/m，密度主要在2.25~2.55g/m^3。高速流纹岩声波时差在172~182μs/m，低速流纹岩声波时差在185~205μs/m作用，均高于上覆登娄库组砂岩速度，更高于泥岩速度。

从测井解释成果看，气层声波时差大，速度低，密度小，应用声波时差和密度曲线进行波阻抗反演能够识别出有利储集层。

（三）火山岩岩心描述及显微识别

1. 录井岩心识别

利用ECS数据进行TAS岩性分类结果表明腰深101、腰深102、腰深1井火山岩以流纹岩为主，含有少量粗面岩和英安岩。说明腰英台地区主要以酸性喷出岩为主。腰深1井取心井段为3567.0~3569.2m。3567.0~3568.1m井段岩性为紫灰色英安岩，成分由微晶斜长石、长英质矿物、微粒磁铁矿构成。斜长石呈平行、半平行排列。长英质矿物为玻璃质脱玻化而成。具交织结构、玻晶交织结构。荧光试验无显示。3568.1~3569.2m井段岩性为紫灰色凝灰岩，成分主要由粘土化火山灰，次为火成岩岩屑，斜长石晶屑，具凝灰结构，致密坚硬。荧光试验无显示。GR平直，无齿化，幅度中等，井径略有变化；电阻率中偏低；密度无变化，声波略有起伏，幅度中等。

2. 火山岩显微特征

1）爆发相岩显微特征

热碎屑流亚相：熔结凝灰岩、角砾凝灰岩

热浪基亚相：含晶屑、玻屑、浆屑的凝灰岩

空落亚相：火山角砾岩、角砾熔岩

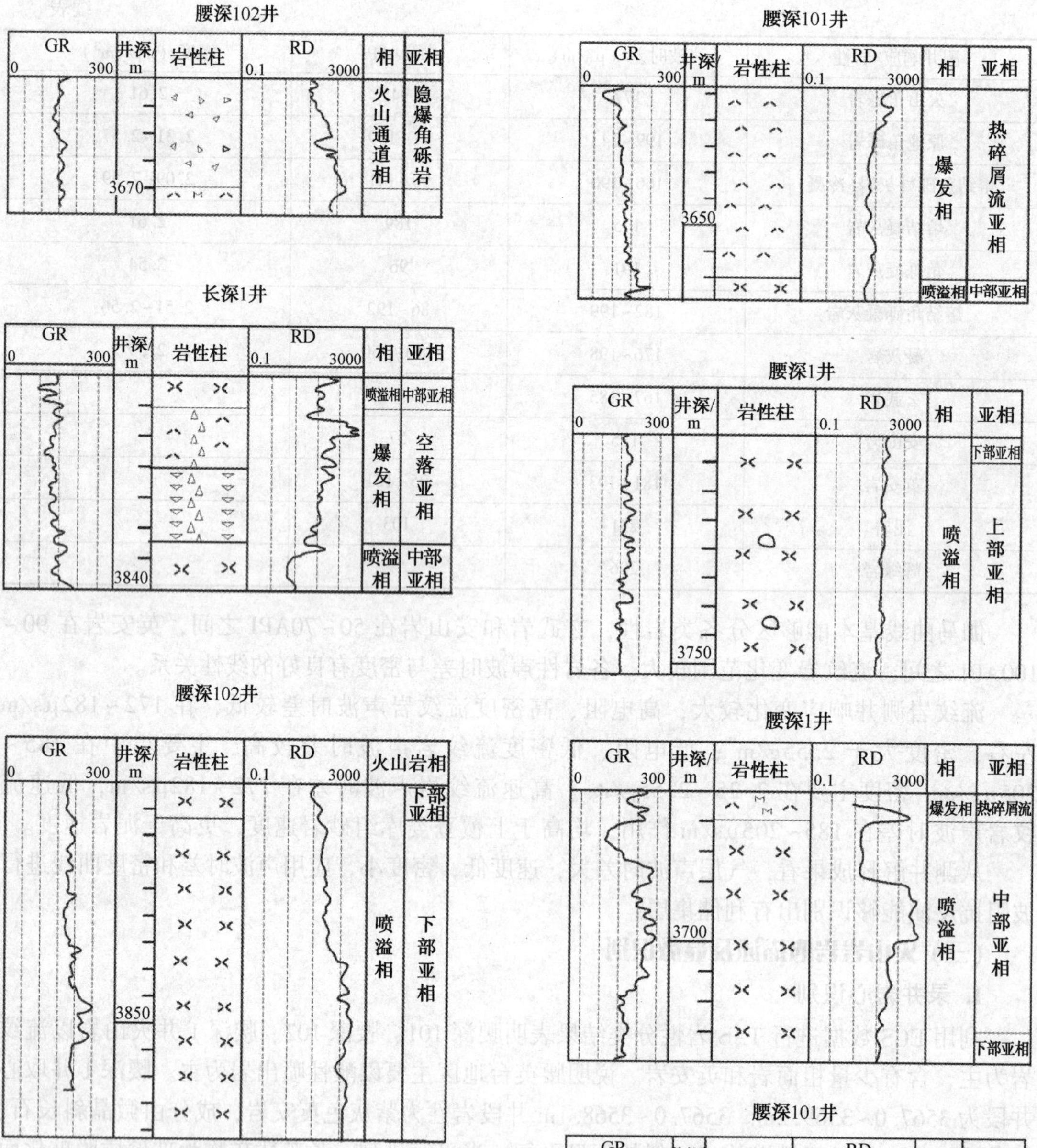

图 12-1-3 腰英台地区火山岩相测井曲线特征(据李仲东等，2009)

腰深1井、腰深101井等均有发育。腰深101井熔结凝灰岩，取心井段3646.72～3655.01m。具有熔结凝灰结构，层理不发育，块状构造及气孔构造，见假流纹构造。岩石主要由晶屑和流纹岩屑组成，玻屑少见，其中碎屑物占40%～80%，填隙物占15%～60%。晶屑为钾长石和石英，晶屑有溶蚀现象，并伴有裂纹，火山碎屑颗粒大小主要在0.5～2mm之间，分选中等，外形呈棱角状；岩屑主要由塑变火山岩，见流纹岩塑变岩屑；填隙物为火山灰、火山尘或隐晶质石英长石集合体，弱熔结胶结；基质为长石微晶及火山尘、浆屑、玻屑等组成，火山灰、玻屑已脱玻化，具定向，具绢云母化、碳酸盐化，浆屑具脱玻化。岩石具裂缝，内充填粘土矿物(图12-1-4)。

图12-1-4　腰英台地区营城组火山岩爆发相识别特征

2）喷溢相岩心显微特征

上部亚相：气孔流纹岩

中部亚相：流纹结构流纹岩

下部亚相：细晶流纹岩、含同生角砾的流纹岩、凝灰熔岩、英安岩。

发育于腰深1井、腰深101井、腰深102井、长深1井、长深1-1井等井中，为本区的主要火山岩储集类型。流纹岩具斑状结构、球粒结构，蚀变后具变晶结构，矿物成分为碱性长石、石英和隐晶玻璃质。腰深102井灰色流纹岩，取心井段3770.9～3773.96m，镜下见石英晶屑呈棱角状、尖角状，有的具港湾状熔蚀现象，另见少量岩屑。斑晶见熔蚀的石英和长石，石英颗粒之间粒间孔隙。长石被绢云母交代而呈镜像残留，局部见方解石交代。岩石中见晶间孔隙、气孔孔隙、裂隙孔隙，孔隙大小不一，分布不均(图12-1-5)。

二、火山岩体形态描述技术

火山岩体地下形态的描述过程中，应充分利用VSP、声波合成地震记录、地震标定、速度校正等相关地球物理技术，编制火山岩体构造图、等厚图等火成岩体形态展布图件，达到描述火成岩体形态的目的。

长岭断陷的层位标定采用了以下两种方式：

1. 利用 VSP 测井的垂直剖面直接进行层位标定

VSP 测井的上行波场剖面，准确提供了反射波的初至时间和地层深度的对应关系，因此，利用 VSP 测井剖面对地震地质层位进行准确标定。

图 12-1-5　腰英台地区喷溢相识别特征

2. 利用合成地震记录进行层位标定

在对工区内所有井进行了精细的合成地震记录标定后，确定了各主要地质层位界面的地震响应特征。具体方法如下：

（1）将地震振幅数据体、相干数据体以线、道、时间切片进行三维显示，在三个面上分析地震数据的相干特征来解释断层，保证三面的闭合统一。

在地震数据体断层解释中，主要依据下列特征解释断层：①断面波的出现；②反射结构的突变；③反射波组的错断；④同相轴扭曲、分叉、合并；⑤相干性较差的特征条带状分布；⑥相干性好、坏突变的边界线。

三维空间断裂解释不仅保证了断层组合的合理准确，也避免了地震反射轴相变引来的假断层解释，图 12-1-6 为 2336ms 振幅时间切片，火山岩反射的断断续续为断层解释制造了障碍，利用全三维解释，避免了乱开断层，图 12-1-7 为 2276ms 相干时间切片，存在多条不相干线性阴影，通过全三维解释，认定为地震反射轴相变或不同反射轴的叠置，避免了错误解释断层。

（2）在 3DCanvas 软件中，以波形特征、振幅能量、时窗限制、相似性阀值等约束条件，在三维地震数据体里种大量反射轴种子点，进行地震反射层位自动拾取，从而保证了解释层位的可靠与准确。

三、火山岩形成期次综合判断技术

分析火山岩的形成时期，有助于搞清火山岩储层的演化(如裂缝的发育期次等)，并可根据与油气运移期的关系来判断火山岩圈闭的有效性。

长岭断陷腰英台地区火山岩相主要有爆发相和溢流相两种。上部为爆发相凝灰岩和含砾凝灰岩，区域稳定分布；中下部发育不同喷发序列的溢流相流纹岩，每个喷发序列顶部发育物性较好的原地角砾岩，横向变化大。

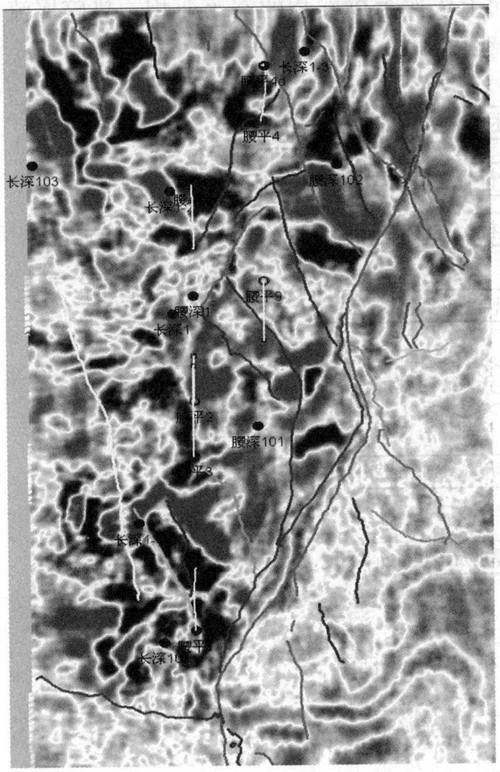

图 12-1-6 2336ms 振幅时间切片

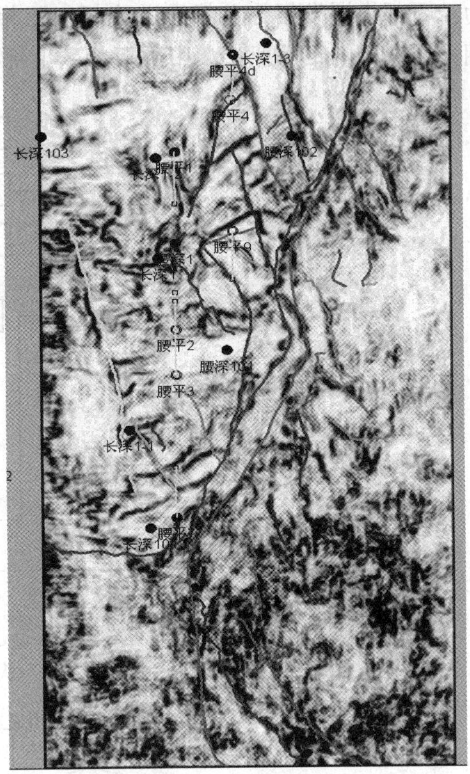

图 12-1-7 2276ms 相干切片

在充分利用地质、测井和地震资料，在地层对比、气层对比及火山岩相分布研究的基础上，根据其岩性、电性、含气性及沉积旋回特征，结合气层在纵、横向上的变化、气水系统、储盖组合等配置关系，并结合精细合成地震记录层位标定的结果及地震反射特征和地震层序，考虑地层厚度和沉积充填的总趋势(加厚减薄方向)进行综合对比，以松南气田腰深1井区为基准，将营城组气水界面(3810m)以上火山岩期次进行了划分。从上而下分别划为第四期火山岩、第三期火山岩、第二期火山岩、第一期火山岩和腰深7井火山序列(图 12-1-2)。

四、火山岩相分析技术

与碎屑岩沉积相研究的程序相同，火山岩相分析也是从单井相分析入手，进而拓展为剖面相、平面相的过程(图 12-1-8)。单井相的分析是在大量岩心描述的基础上进行的，根据火山岩的岩性(如火山角砾岩、凝灰岩、原地火山角砾岩、流纹岩等)，结构(隐晶、斑状、粗晶等)，构造(如气孔—杏仁、角砾、枕状、穿插、烘烤等)特征及其纵向变化特点，结合测井及地震资料，可以划分出多口井的单井相(包括相、亚相，甚至微相)，通过建立岩相与测井资料的相关模式，在无取心资料的情况下，则可以利用测井资料来划分岩相，利用多口单井相的资料可以建立多条骨干相剖面，在此基础上，结合火成岩厚度变化特征及产状分析可得出火成岩平面相图。

通过地震、测井资料分析、岩心描述和野外露头观测，结合前人的认识，建立了松辽盆地南部长岭断陷腰英台地区火山岩喷发模式：“火山喷发以中心式喷发为主，裂隙喷发为辅”。横向上自火山口由近及远可以分为爆发相区、溢流相区；垂向上各相带的接触关系为：下部为爆发相，上部为溢流相；亚相自下而上依次为爆发相的空落亚相、热碎屑流亚相；溢流相的下部亚相、中部亚相、上部亚相(图 12-1-9)。

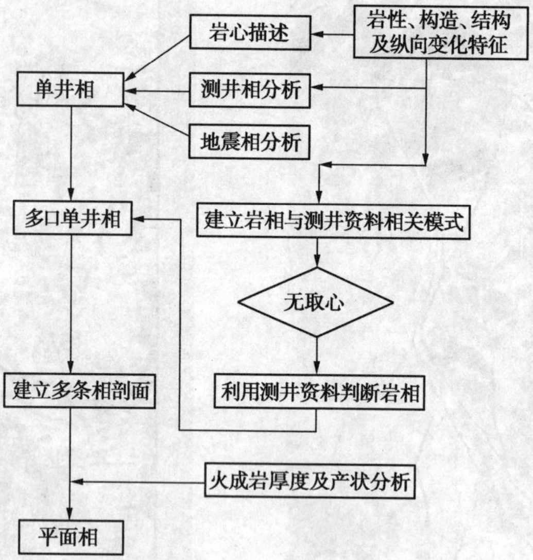

图 12-1-8　火山岩岩相分析程序框图

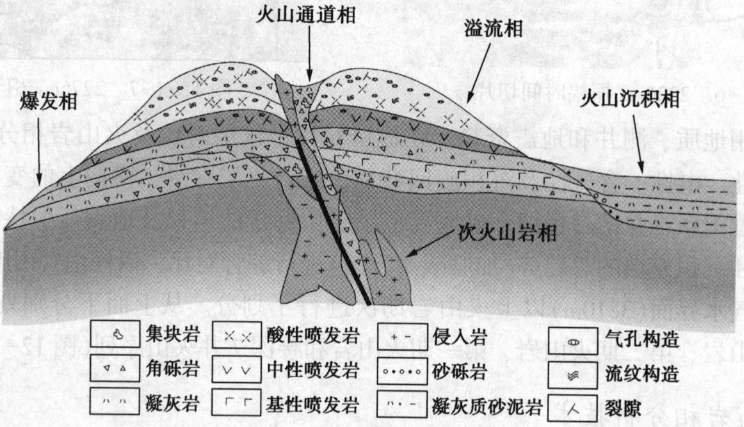

图 12-1-9　火山岩喷发模式

钻井揭示松南气田营城组火山岩厚度在 202.81~352.5m 之间，平均厚度 250.51m。腰深 1、腰平 1 井靠近火山口，钻遇最大厚度 352.5m，腰深 101、腰深 102 井位于远火山口区，钻遇厚度 211.0~258.0m。总体上，近火山口厚度大，远火山口区带厚度小。

1. 腰深 1 井营城组火山岩下部(3590.2~3750m)

自下而上，各小段的岩相分别为：①3703.2~3750m，形成于下部旋回火山作用后期，灰色含气流纹岩为主，电性曲线平缓，GR 弱齿化，溢流相的下部亚相；②3686.1~3703.2m，灰色、灰白色流纹岩为主，夹深灰色含气流纹岩，电性曲线平缓，GR 齿化，溢流相中部亚相；③3657.0~3686.0m，灰白色流纹岩，电性曲线较平缓，局部有起伏，GR 齿化箱型，溢流相上部亚相；④3635.0~3657.0m，深灰色流纹岩和灰色流纹岩，电性曲线较平缓，局部有起伏，GR 齿化箱型，溢流相中下部；⑤3610.1~3635.0m，灰色流纹岩，电性曲线平缓，GR 齿化，溢流相上部亚相；⑥3597.1～3610.1m，灰色流纹岩，电性曲线平缓，GR 齿化，溢流相中下部亚相；⑦3590.2～3597.1m，灰色流纹岩，电性曲线平缓，GR 齿化，溢流相上部亚相。

2. 腰深 1 井营城组火山岩上部(3542.1～3590.2m)

火山作用强烈，灰色含气流纹岩与灰色凝灰岩互层，电性曲线有起伏，GR 齿化明显，起伏较大，火山活动活跃，属爆发相。腰深 1 井区火山口明显，主要发育有二种相类型：爆发相、溢流相。爆发相储层以火山碎屑岩为主，尤其是熔结凝灰岩、熔结角砾凝灰岩十分发育；溢流相储层主要为流纹岩(表 12-1-2)。

表 12-1-2 腰英台地区火山岩相划分及岩性特征表

相	亚相	成因机制及划分标志	岩石类型	岩石结构	测井标志	地震标志
爆发相	热碎屑流亚相	气射柱崩塌后，灼热的碎屑物在自身重力和后续喷出物推动的作用下沿地表流动形成的岩体	以含晶屑、玻屑、浆屑、岩屑的熔结凝灰岩为主	熔结凝灰结构、火山碎屑结构	电阻率曲线表现为中低值，锯齿状	丘状外型，内部多为杂乱状，顶部为强反射，内部反射弱
	热基浪亚相	气射作用的气-固-液态多相浊流体系在重力作用下近地表呈悬移质搬运所形成的岩体	以含晶屑、玻屑、浆屑的凝灰岩为主	火山碎屑结构(以晶屑凝灰结构为主)		
	空落亚相	气射作用的喷出物(在风的影响下)作自由落体运动所形成的岩体	集块岩、角砾岩、晶屑凝灰岩	集块结构、角砾结构、凝灰结构		
溢流相	上部亚相	含晶出物和同生角砾的熔浆在自身重力和后续喷出物的推动下沿着地表流动形成的岩体，上部原生孔隙发育，下部构造裂缝发育，中部两者均有	气孔流纹岩、玄武岩、英安岩	角砾结构、细晶结构	电阻率曲线表现为中高值，厚层、微齿化	中-强反射，呈间断性连续
	中部亚相		流纹岩、英安岩	细晶结构、斑状结构		
	下部亚相		细晶流纹岩、英安岩	玻璃质及细晶结构、斑状结构		

五、火山岩储层裂缝特征及预测技术

裂缝不仅是火山岩储层形成产层的重要条件，也是溶蚀孔、洞发育的控制因素。通过松南气田深层火山岩储层的岩心观察研究，从裂缝的响应特征入手，综合应用各种测井资料建立了裂缝及裂缝性储层的识别和评价模式，在单井解释结果的基础上，应用地震属性分析的方法进行断裂及裂缝发育带的预测。

(一) 裂缝分类依据

裂缝分类主要根据裂缝成因、产状和大小进行。按成因，裂缝可以分为 4 大类 8 小类，按产状分为 3 大类，按大小分为 4 大类。具体分类依据见表 12-1-3。

表 12-1-3　裂缝分类依据表

依据	类型		主要特征
成因	成岩缝	砾间缝(砾内缝)	沿砾石边缘或砾石内部发育的不规则缝，弯曲，规模较小
		冷凝收缩缝	多数呈网状、同心圆状、马尾状、扫帚状或龟裂状布
		层间缝	发育在岩性差别大的两种岩层之间
		缝合缝	呈锯齿状，缝面凸凹不平
		晶间(晶内)缝	裂缝多不规则，长石晶内缝多沿解理缝、双晶缝形成
	构造缝		构造缝延伸较长，缝宽度变化较大，缝面平直、规则，具有组系性。
	风化缝		风化缝极其不规则，常呈马尾状、雁行式、叶脉状风化缝，缝延伸较短
	溶蚀缝		溶蚀缝宽窄不一，边缘不规则其规模变化较大
倾角	水平缝		与层理面交角 0°~10°
	斜交缝		与层理面交角 10°~60°
	高角度缝		与层理面交角 60°~90°
宽度	大缝		缝宽>0.1mm
	中缝		缝宽 0.1~0.05mm
	小缝		缝宽<0.05~0.01mm
	微缝		缝宽<0.01mm

（二）裂缝发育规律分析

1. 岩心观察

腰深 1 井营城组火山岩中大缝和小(微)缝都较发育，但大缝多被充填，小缝多为开启缝。图 12-1-10 紫灰色凝灰岩岩心孔洞直径最大 3mm，一般 1mm 以下，连通性较差，孔面率小于 5%。从顶到底具纵裂缝 1 条，缝宽 1~2mm，开启度较好，基本未充填。

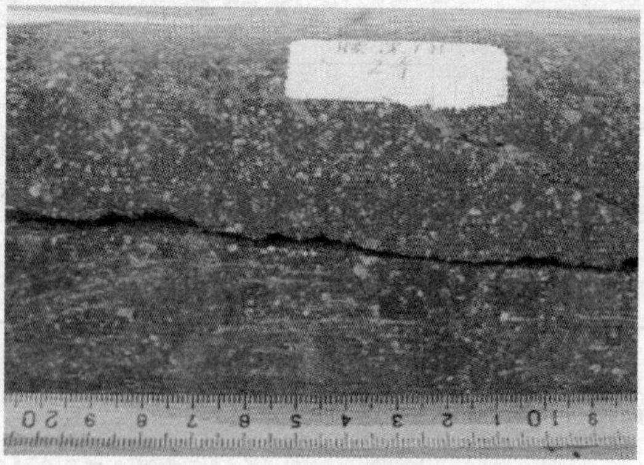

图 12-1-10　岩心显示的裂缝

2. 裂缝类型

(1) 根据裂缝形态可分为斜交缝、网状缝、直劈缝和半充填缝。

斜交缝：倾角小于 90°的开口缝，包括高角度斜交缝(倾角≥70°)、低角度斜交缝(30°≤倾角<70°)，FMI 图像显示为黑色正弦曲线。

网状缝：由相互切割的呈网状的开口缝组成。一种由斜交缝与短小的开口缝相互切割形成；另一种由斜交裂缝相互切割而成。

直劈缝：倾角近于90°的开口缝，FMI图像上表现为黑色竖线，缝宽不定，通常情况下两条竖线相互平行，延伸较长。直劈缝多数情况下与钻井诱导缝难以区分，为非正弦形态，处理时按不规则缝拾取。

充填、半充填缝：由于电流扩散，充填矿物的电阻率比周围岩石高，充填、半充填缝常常会在裂缝平面的上下倾斜交汇处显示一个高、低电阻率交互区。

（2）根据裂缝性质可分为高导缝、诱导缝、微裂缝和高阻缝。

高导缝在FMI图像上表现为深色（黑色）的正弦曲线，为钻井泥浆侵入或泥质或导电矿物充填所致。腰英台地区高导缝较为发育，有时见裂缝被局部充填，残余部分形成串珠状沿裂缝分布孔洞，高导缝倾向以北北西倾为主，走向以近东西向占优，倾角在30°~90°均有分布。有些裂缝因其局部被充填或胶结，可能不具备典型的裂缝渗流特征，在溶蚀发育段，高导缝的存在可以很好的沟通溶孔或溶洞，使储层的渗流能力增强。

高阻缝在FMI图像上表现为相对高阻（浅色~白色）正弦曲线，系高阻物质充填或裂缝闭合而成（图12-1-11）。腰深101井高阻缝不发育，零星分布，倾向为北东东倾和南西西倾两组，走向主要为北北西—南南东向，倾角在60°~80°之间。

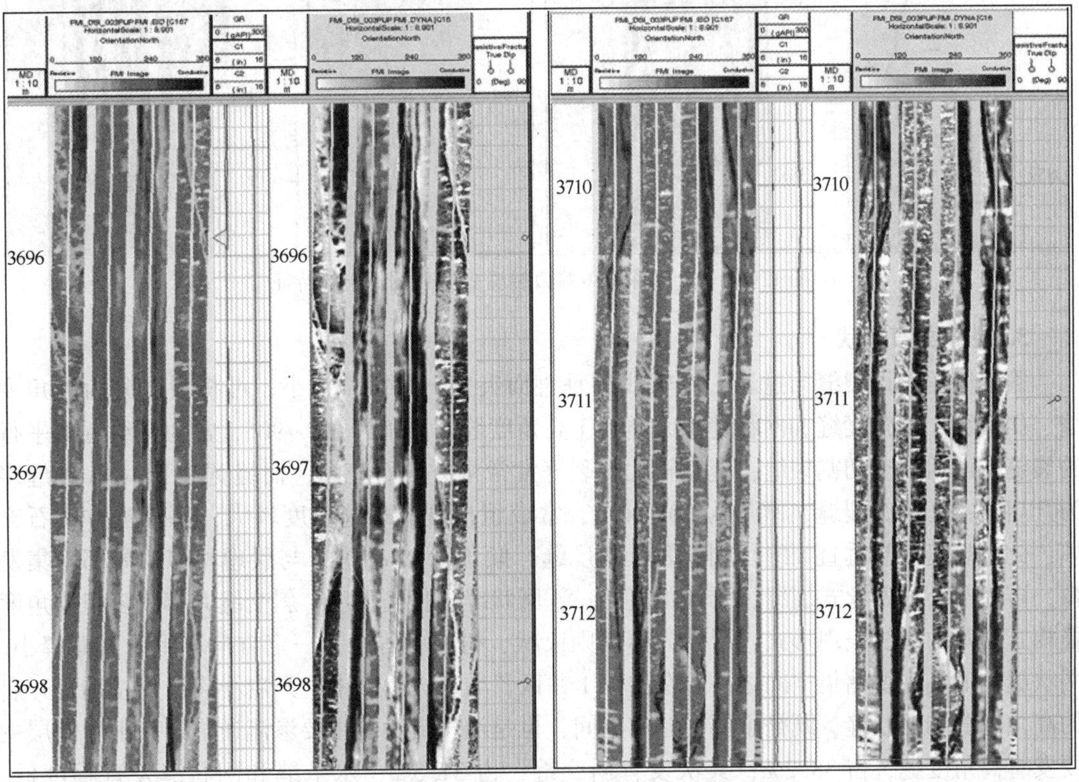

图12-1-11 腰深101井高阻缝在FMI图像上的特征

钻井诱导缝系钻井过程中产生的裂缝，钻井诱导缝的最大特点是沿井壁的对称出现，呈羽状或雁列状。多数诱导缝为高角度羽状对称裂缝，流纹岩中较多。诱导缝的走向方位较一致，为近东西方向，倾向为北倾，倾角集中在65°~90°。

微裂缝是指火山岩中各种延伸局限，在FMI图像上很难进行理论拟合的裂缝。它包括冷凝收缩缝、炸裂缝、节理缝和砾间缝等，它们一般与裂缝成因和岩石类型具有一定关系。

由于这些微裂缝延伸很有限，呈不规则分布，也见部分充填，所以它们对储集空间的贡献很小，一般也没有典型裂缝的反映特征，更多的是表现为类似沉积岩中孔隙喉道的作用，从而将气孔和各种溶孔沟通。腰深101井微裂缝主要发育在致密流纹岩和熔结凝灰岩当中，倾向以北北东倾、南东倾为主，走向比较散乱，不具优势走向，倾角变化大，在10°~70°之间(图12-1-12)。

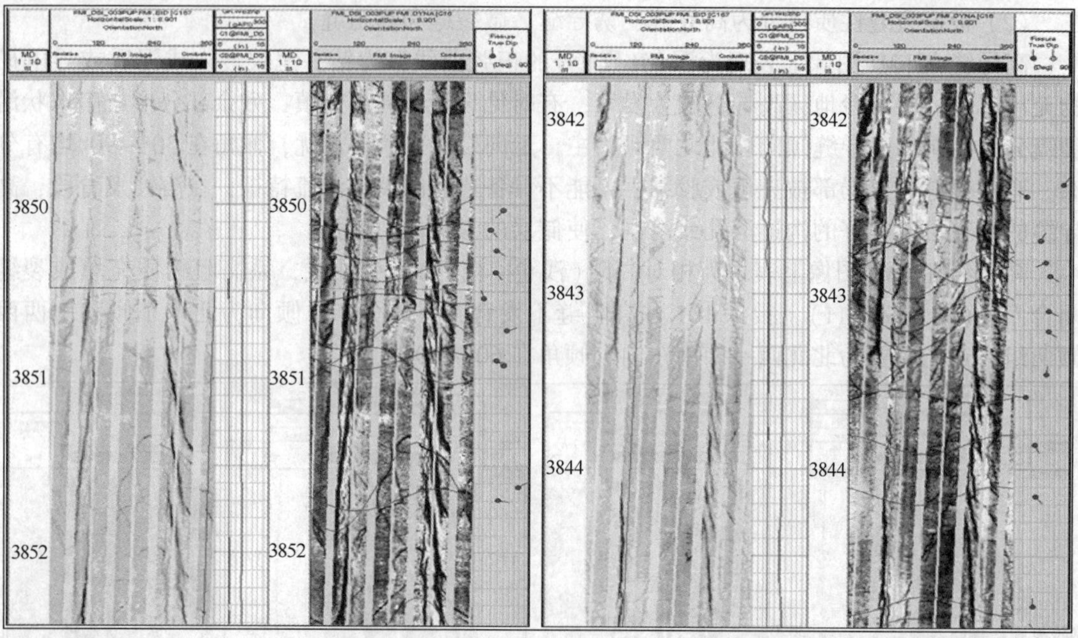

图12-1-12　腰深101井微裂缝在FMI图像上的特征

3. 裂缝发育产状

裂缝倾角：即裂缝与过岩心中轴线的垂直面夹角，按倾角大小，可将裂缝分为高角度缝、斜交缝、低角度缝和网状缝4大类：①高角度缝，倾角为60°~90°，常为一组近似平行的裂缝或两组斜交切割裂缝，缝宽较大的裂缝常常被方解石充填，而缝宽小于1mm的缝多为开启缝；②斜交裂缝，倾角为10°~60°，常成组出现，裂缝宽度较大，部分被方解石充填，此类裂缝多被垂直裂缝切割；③低角度缝，倾角为0°~10°，与层理相似，局部密集发育，多为窄小的发丝式裂缝，延伸距离短；④网状缝，指高角度、斜交缝并存或多组高角度缝相互切割的裂缝表现形式，形状为不规则束状、树枝状等，无一定方向和组系，缝窄小。网状缝是油气主要储集空间之一。在腰深1井区营城组火山岩中，开启小裂缝，特别是开启的高角度缝和网状缝，既是主要的储集空间，也是油气流动的主要渗流通道。火山岩储层主要发育高角度缝，占38.2%；其次发育斜交缝，占31.3%；水平缝和网状缝发育程度低，分别占18.3%和12.2%(图12-1-13、图12-1-14)。

裂缝的倾向与走向变化较大，腰深1井营城组火山岩中的微裂缝倾向北东东为主，走向北西西为主。优势方向明显。腰深102井，腰深101井的微裂缝的倾向和走向方向性不明显。

裂缝宽度：表12-1-3依据裂缝宽度将裂缝分成大缝、中缝、小缝和微缝四类。图12-1-15是火山岩裂缝宽度统计图，从中可以看出：腰英台地区火山岩储层以小缝、微缝为主，占76%。因此，从有效性来说，小缝和微缝对储层贡献最大。

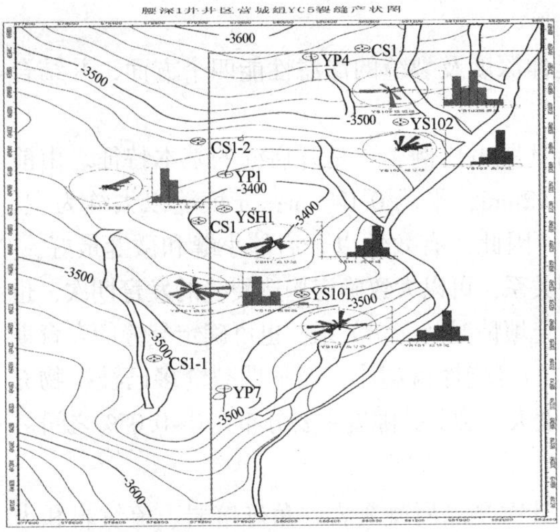

图 12-1-13　营城组爆发相火山岩裂缝产状

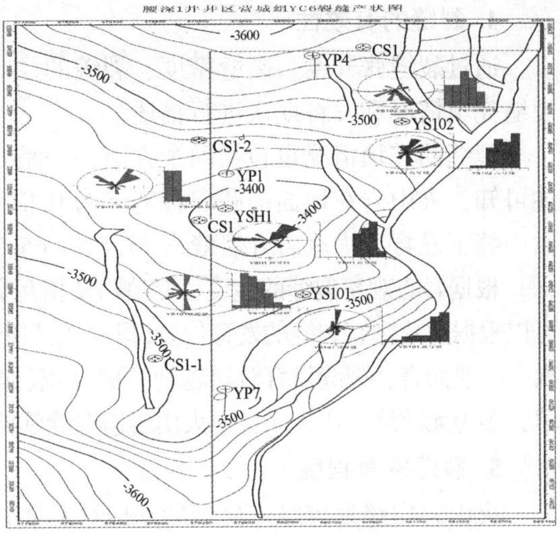

图 12-1-14　营城组溢流相上部火山岩裂缝产状

裂缝密度：如图 12-1-16 所示，火山岩裂缝开启缝密度为 1~15 条/m，平均 3.73 条/m。

裂缝长度：如图 12-1-17 所示，火山岩裂缝开启缝长度为 1~12m/m^2，平均 8m/m^2。

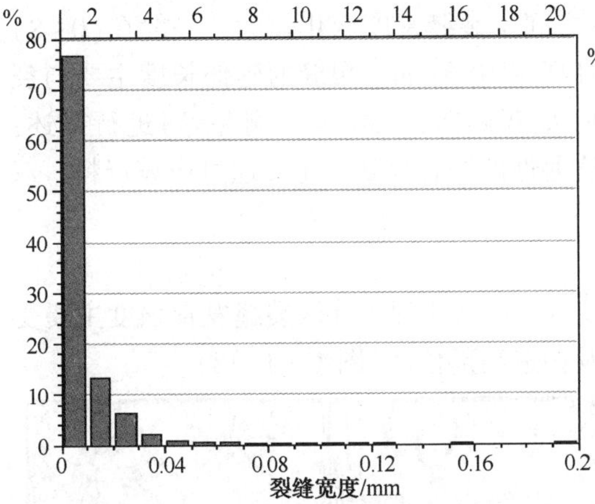

图 12-1-15　腰深 1 井区裂缝宽度直方图

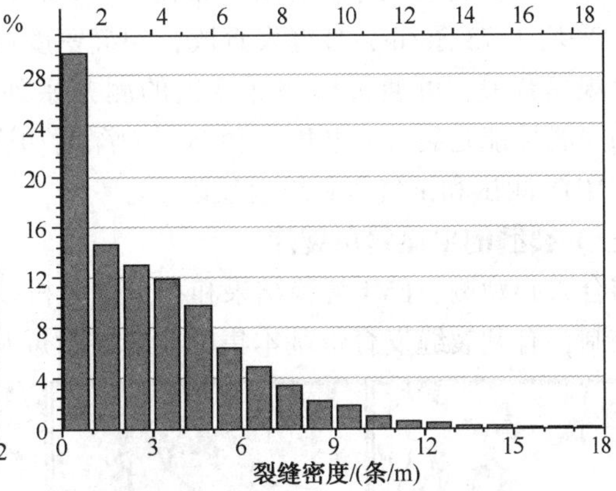

图 12-1-16　腰深 1 井区裂缝密度直方图

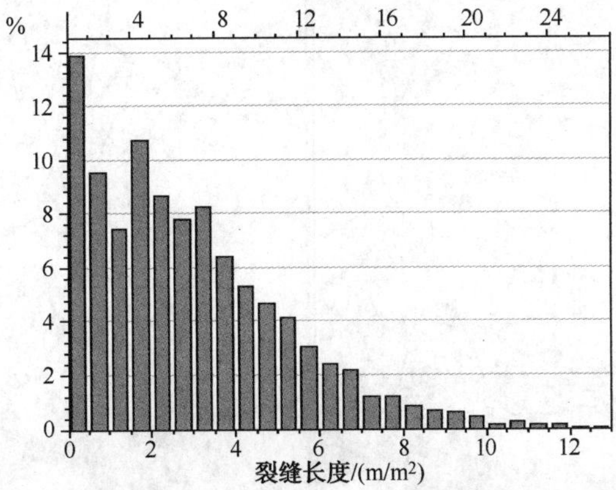

图 12-1-17　腰深 1 井区裂缝长度直方图

4. 裂缝的有效性

通过裂缝张开度、裂缝密度、裂缝的径向延伸深度及裂缝的渗滤性能四个方面，并结合裂缝充填情况和发育期次进行描述。

裂缝的充填情况也包括两个方面：一是开启缝所占比例，二是开启缝的基本特征。由前述可知，火山岩在地面的开启缝宽度为 0.01~0.12mm，平均 0.04mm；充填缝以大缝为主，而中缝不发育，火成岩开启缝占 57.6%~65.3%。因此，有效性以开启的小缝和微缝最好。

根据岩心观察裂缝的性质、充填物及相互交切关系，可以大致确定构造裂缝的发育期次，也可以根据薄片观察裂缝的发育位置(斑晶或基质)、充填情况及交切关系，也可确定裂缝的发育期次。一般而言，裂缝发育时间越晚，被充填、改造的可能性就越小，而早期裂缝多已被矿物充填，多为无效缝。比较而言，火山岩构造缝延伸长度大；裂缝孔隙度主要分布在 0~0.05%之间。

5. 裂缝发育程度

火山岩裂缝发育厚度最大的是熔结凝灰岩，其次是晶屑凝灰岩、角砾熔岩、流纹岩和火山角砾岩，裂缝宽度变化较大，裂缝宽度最大的是角砾熔岩(平均 41.2μm)，最小的熔结角砾岩(平均 19.1μm)，主要集中在 2~100μm，部分裂缝宽度可达 200μm，总体来说，松南气田火山岩裂缝发育程度爆发相高于溢流相。火成岩开启缝占 57.6%~65.3%，火山岩构造缝延伸长度大，裂缝孔隙度主要分布在 0~0.05%之间。裂缝密度变化较大，一般在(0~8)条/m，平均 1.73 条/m，裂缝发育段，裂缝密度可高达 10 条/m。裂缝的延伸长度主要与裂缝发育规模有关，可通过探测深度大的测井系列(如双侧向、FMI 成像测井等)进行描述；裂缝的渗滤性能是裂缝张开度、径向延伸深度和连通性的综合反映，主要通过声波资料、双侧向、MDT 测试和试气资料综合反映。

(三) 裂缝的平面分布规律

结合岩心观测、FMI 解释结果和相干体分析技术，认为腰深 1 井区裂缝发育强度主要受断裂控制，有利裂缝发育带基本集中在断层附近及构造高部位区(图 12-1-18)。

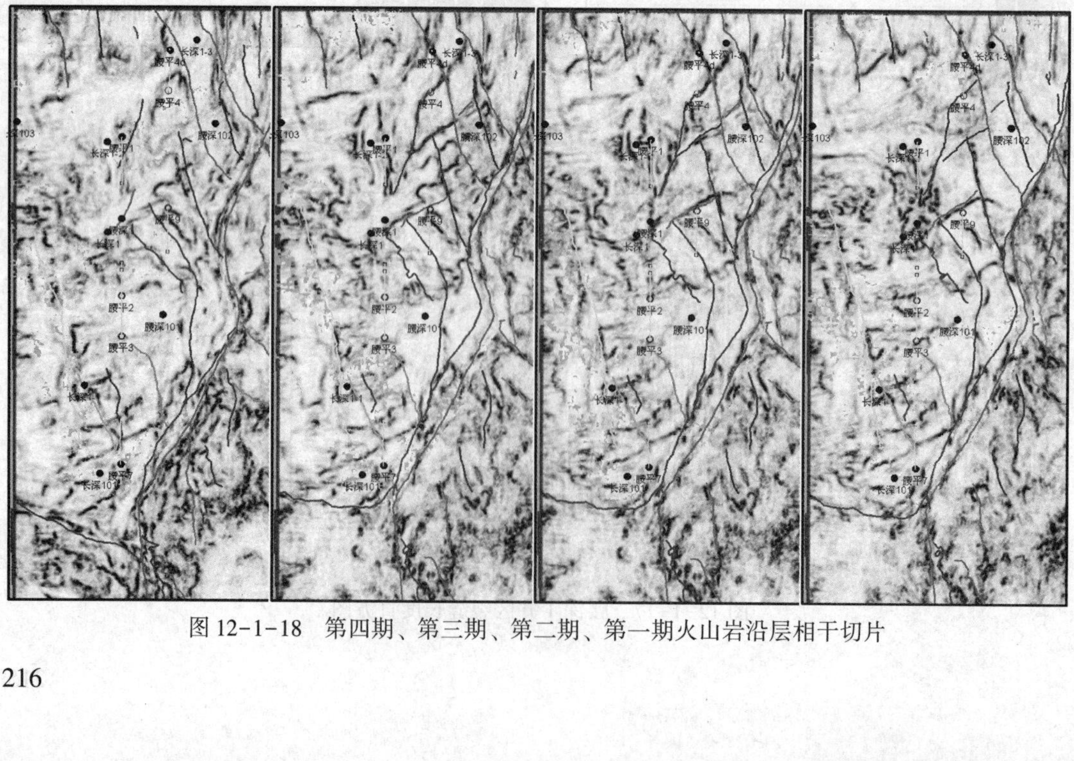

图 12-1-18　第四期、第三期、第二期、第一期火山岩沿层相干切片

六、火山岩裂缝性储层综合评价技术

火山岩能否作为储层并形成油气藏，主要取决于火山岩的岩性、岩相、储集空间、物性等。火山岩复杂的岩石学特征及成岩作用过程对储集物性演化的影响更复杂，因此，岩性和岩相是判断火山岩储层的直接要素。一般来说，火山岩要比沉火山碎屑岩储集性能好，我国中—新生代含油气盆地中的优质火山岩油气储层主要是气孔玄武岩和角砾熔岩，特别是后期经构造运动和溶蚀作用形成的孔、洞、缝将原生气孔等储集空间连通，增加和扩大了储集空间。从相带上来讲，爆发相带的火山岩(火山角砾岩、角砾熔岩、凝灰熔岩)，一方面由于粒(砾)间孔、气孔等原生孔隙较发育，另一方面爆发相带往往位于古构造高部位，是油气运移的指向部位，加之爆发相往往也是风化淋滤及次生溶蚀孔、缝发育的部位，可形成良好的油气储集体。

(一) 储层空间展布及非均质性

松南气田营城组爆发相、溢流相各储层孔隙度和渗透率在空间上的展布基本一致，孔隙度值大的区域，渗透率值也较高。

溢流相储层：纵向上，孔隙度高值段，主要分布在上部流纹质火山角砾凝灰岩、球粒流纹岩发育的相带；平面上：平均孔隙度>5%的储层，主要分布在腰深 1 井~腰平 1 井区，即近火山口区域。

爆发相储层：纵向上，孔隙度高值段，主要分布在上部熔结角砾凝灰岩、火山角砾凝灰岩发育的相带；平面上：平均孔隙度>5%的储层，主要分布在腰深 101 井区，即近火山口区域。

综合分析认为松南气田营城组火山岩储层属于低孔、低渗储层，储层物性以流纹岩最好，其次为熔结角砾岩；储层非均质性中—强；储集类型以基质孔隙和溶孔为主，裂缝是沟通孔、洞的渗流通道，裂缝与孔隙配置较好形成高产储层。

(二) 火山岩储层分布预测

在火山体识别、地震波阻抗反演和多参数储层反演的基础上，得到二维地震波阻抗体和密度体，在此基础上，综合储层分类研究成果，通过提取不同层段不同级别的储层数据体，从而得到分层储层厚度及储层孔隙度的分布趋势图。

1. 地震反演

应用波阻抗反演，确定气藏内部层序结构；在波阻抗反演的基础上，进行地震多属性分析反演，求取各种储层参数的平面分布。

(1) 地震波阻抗反演。精细的合成地震记录标定是做好地震反演的关键，松南气田各井井震匹配关系良好，为地震反演建立了可靠的基础条件。图 12-1-19 为腰平 7—腰深 101—腰深 1—腰平 1—腰平 4 导眼井连井地震波阻抗反演剖面，从图上看，反演结果与测井曲线匹配关系良好，反映了火山岩结构特征。火山岩总体为高阻抗地层，其中低阻抗的分布展示了有利储集空间的分布。

(2) 地震多属性反演是应用多种地震属性体合并预测目的层储层参数的一种方法，单一属性可以与储层参数建立简单的相关关系，但往往效果不好，应用多属性，可以最大地应用地震信息，达到准确预测的目的。如应用三种属性时，其公式简化如下：

$$L(t)=w_0+w_1A_1(t)+w_2A_2(t)+w_3A_3(t) \tag{12-1-1}$$

式中，$L(t)$为合并属性，w 为加权因子，是由最小二乘法预测误差求得，其公式如下：

$$E^2=\frac{1}{N}\sum_{i=1}^{N}(L_i-w_0-w_1A_{1i}-w_2A_{2i}-w_3A_{3i})_2 \qquad (12-1-2)$$

地震多属性反演通过提取地震数据、波阻抗、相干体、其他外部属性数据体的属性参数与电性进行相关性分析，优选地震属性参数及个数，反演出电性数据体。

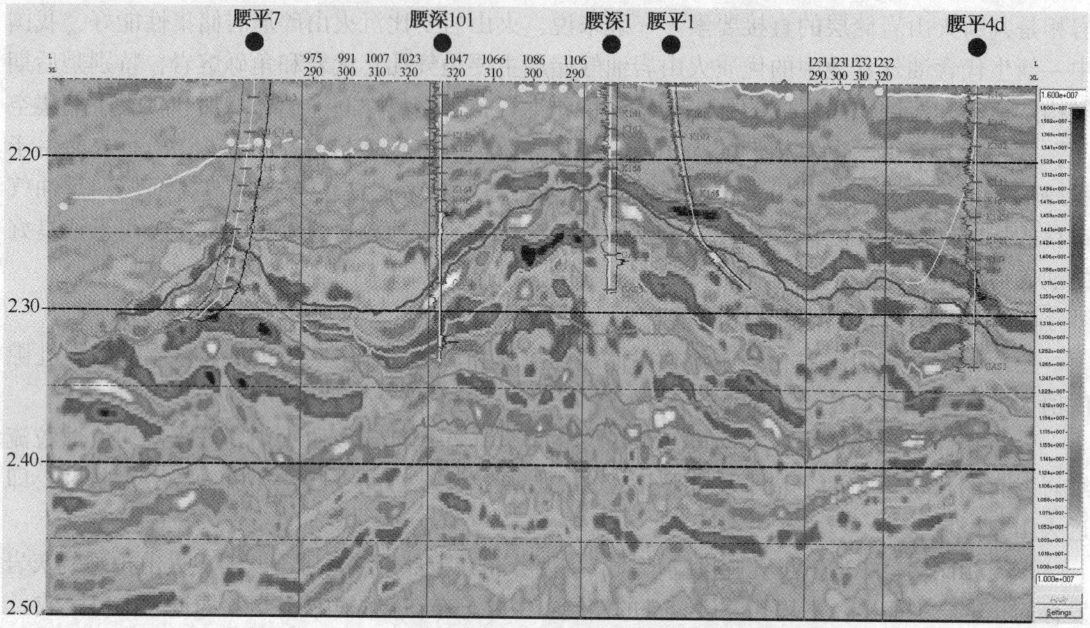

图 12-1-19　腰平 7—腰平 4 导眼井波阻抗反演剖面图

应用地震纯波数据体、波阻抗反演数据体与测井密度曲线进行地震多属性分析，统计相关性后，计算得到地震多属性密度反演数据体，各井密度曲线与预测结果误差逐渐稳定，其相关性达到 53.7%，单井平均误差最大 0.09g/cm³，最小 0.046g/cm³（图 12-1-20）。

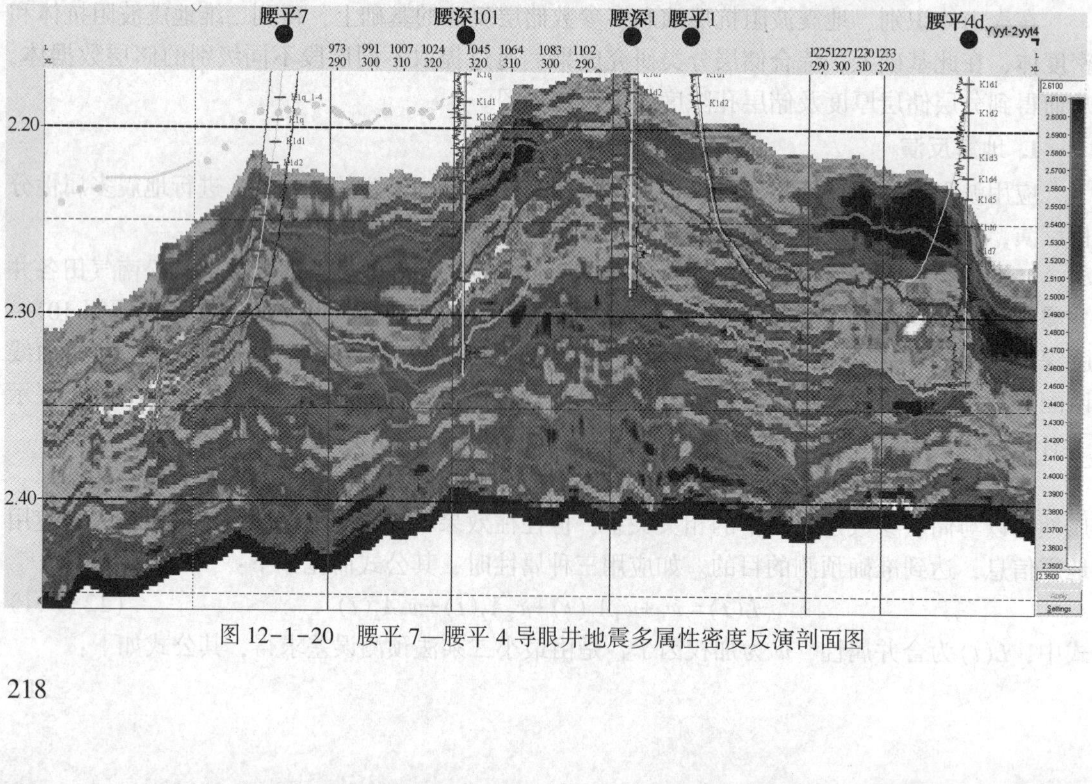

图 12-1-20　腰平 7—腰平 4 导眼井地震多属性密度反演剖面图

在此统计结果的基础上，再利用神经网络方法求得密度数据体，与测井数据最大拟合，相关性得到提高。最终密度反演数据体与测井密度相关性达到 68.5%，单井平均误差与线性多属性反演有所降低，如腰深 101 井误差由 $0.07g/cm^3$ 下降到 $0.05g/cm^3$，腰平 7 井误差由 $0.068g/cm^3$ 下降到 $0.053g/cm^3$。

图 12-1-21 为多属性神经网络反演密度剖面，从反演结果看，低密度火山体得以清晰刻画，有效的展示了储层的空间变化。

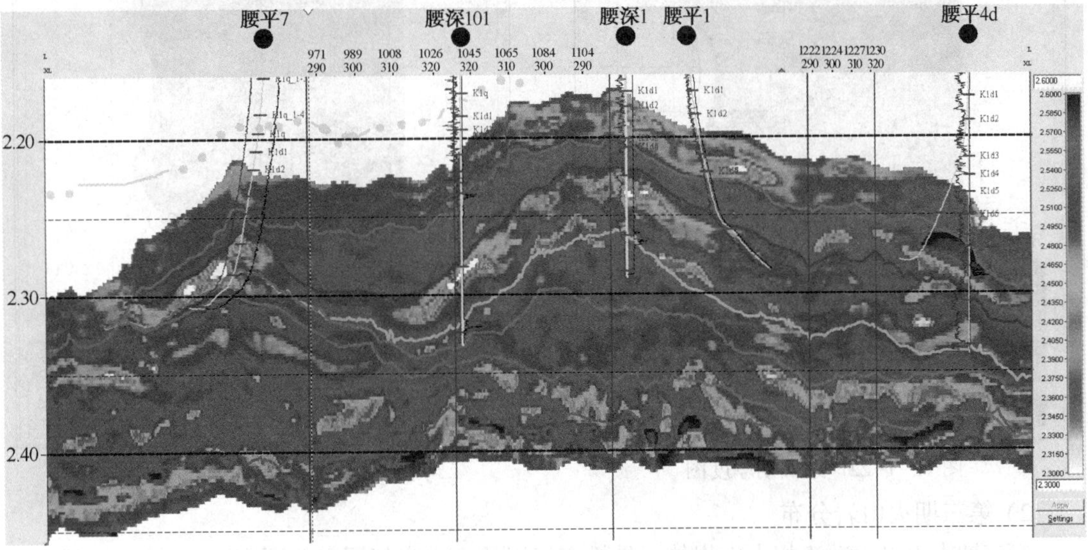

图 12-1-21　腰平 7—腰平 4 导眼井神经网络密度反演剖面图

通过平均反演密度与测井解释的有利储层孔隙度交会，统计其相关关系，为线性关系，相关系数达到 94%，因此可以应用该反演密度数据有效地求取储层数据。按照储层分类标准，孔隙度大于 10%为Ⅰ类储层，密度反演值为小于 2.48；孔隙度大于 5%为Ⅱ类储层，密度反演值为小于 2.533；孔隙度大于 4%为Ⅲ类储层，密度反演值为小于 2.544；孔隙度小于 4%为致密层，密度反演值大于 2.544。利用上述标准值对各期火山岩进行储层提取，得到各层储层参数。

2. 储层分布预测

在火山体识别、波阻抗反演和多参数储层反演的基础上，得到二维波阻抗体和密度体，通过井点的密度—孔隙度关系式将密度体换算成孔隙度体，同时，综合储层分类研究成果，对营城组火山岩储层进行不同级别分类，提取不同层段不同级别的储层数据体，从而得到储层厚度及储层孔隙度的分布趋势图。

1) 第四期火山岩分布

第四期火山岩为爆发相火山岩，总厚度 40~140m，腰深 101 井区和腰平 4 井区残留厚度最大，分别达到 130m 和 140m，长深 1 井、腰深 1 井区较薄，厚约 40m，反映了腰深 1 井区为近古火山口，腰深 101 井区、腰平 4 井区为两翼的特征(图 12-1-22)。从第四期火山岩平均孔隙度图上看(图 12-1-23)，平均孔隙度大于 4%的火山岩分布局限，在腰平 4 井区和腰平 7 井区有两个有利储层条带，平均孔隙度最高大于 10%。腰深 1 井、腰深 101 井、腰深 102 井等井区平均孔隙度均小于 4%。

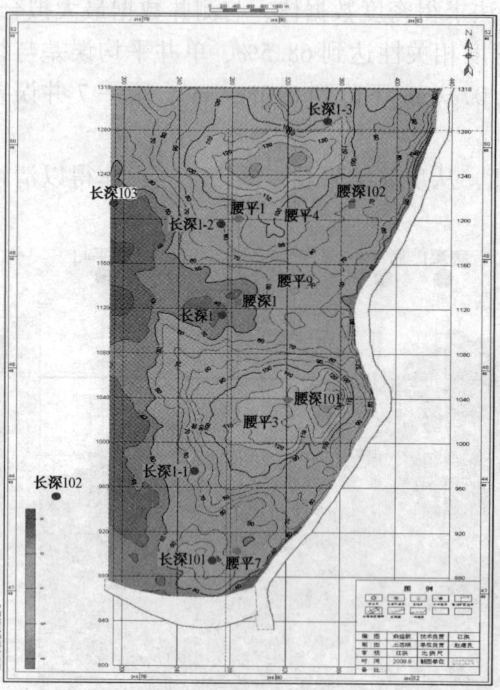

图 12-1-22　第四期厚度图

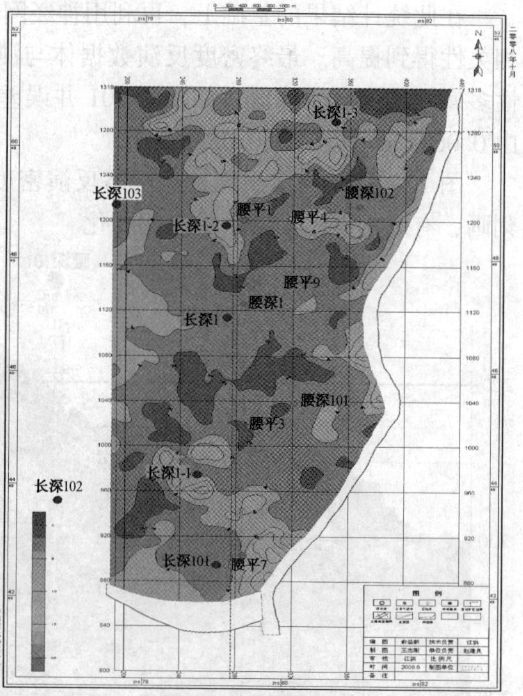

图 12-1-23　第四期孔隙度图

2）第三期火山岩分布

第三期火山岩为溢流相火山岩体，是松南气田的主力产气层。总厚度 30~130m，以腰深 1 井、腰平 1 井、腰深 102 井区为最厚，大于 100m，反映了近火山口溢流相火山岩沉积厚度大的特点。腰深 101 井、长深 1 井、长深 1-3 井等井区厚度也在 70m 之上，仅长深 1-1 井附近厚度薄，平均 40m 左右(图 12-1-24)。腰平 7 井区平均孔隙度最大，最高达到 18%。腰深 1 井、腰深 101 井区及长深 1-3 井区也是有利储层发育区，平均孔隙度大于 8%。其余地区平均孔隙度也都大于 4%，说明第三期火山岩有利储层分布广泛(图 12-1-25)。

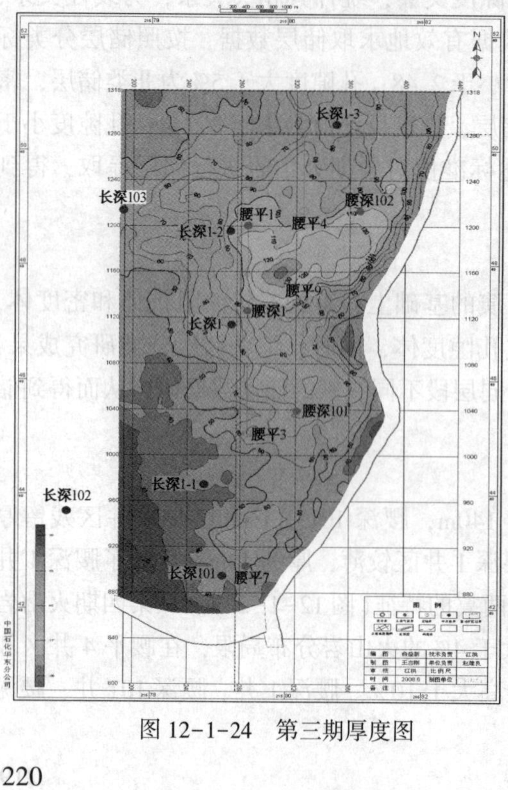

图 12-1-24　第三期厚度图

3）第二期火山岩分布

第二期火山岩分布范围与上两期相比有所减小，腰平 7 井区无分布。腰深 1 井、长深 1 井区最厚，大于 100m，以其为核心呈山丘状向四周减薄(图 12-1-26)。平均孔隙度分布规律性不强，总体上表现为腰深 1 井核心区外围平均孔隙度较高，大于 4%(图 12-1-27)。

4）松南气田气水界面之上溢流相火山岩储层分布

松南气田气水界面在 3810m（海拔

-3649m)左右，由于气田主力产层为溢流相火山岩，且储层非均质性强，整体储气，无统一的隔层，因此气水界面之上的溢流相火山岩进行了单独描述。气藏内溢流相火山岩以腰深1井核心区厚度最大，超过250m，沿火山体走向北东方向向两侧减薄，腰平7井区因有另一小火山口，与腰深1井主体之间有分隔，腰平7井区厚约160m以上(图12-1-28)

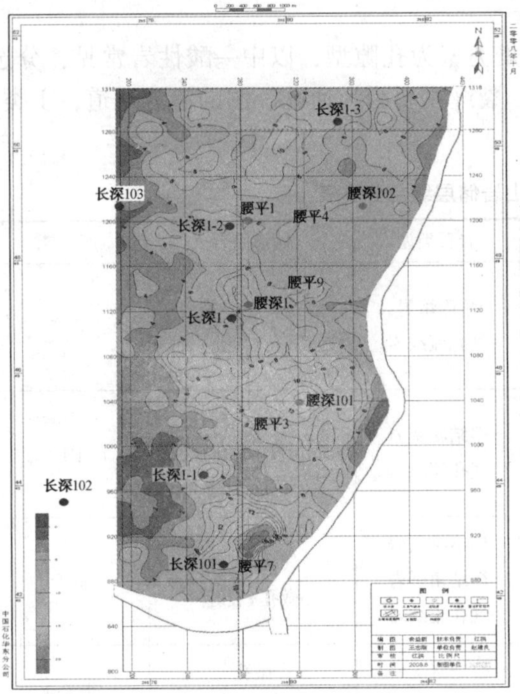

图12-1-25 第三期孔隙度图

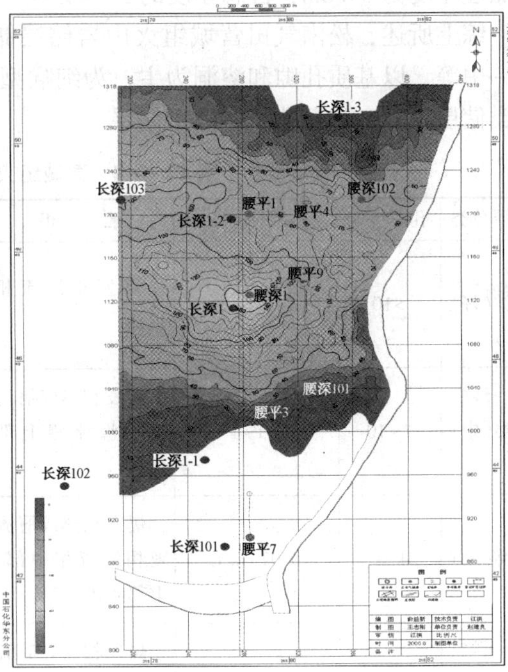

图12-1-26 第二期厚度图

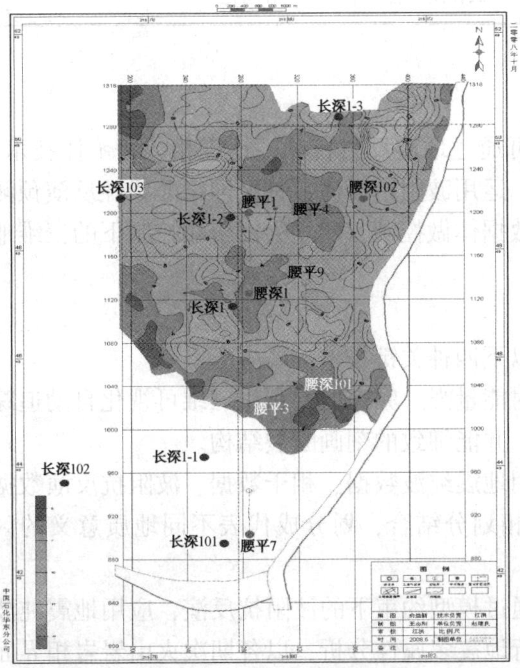

图12-1-27 第二期孔隙度图

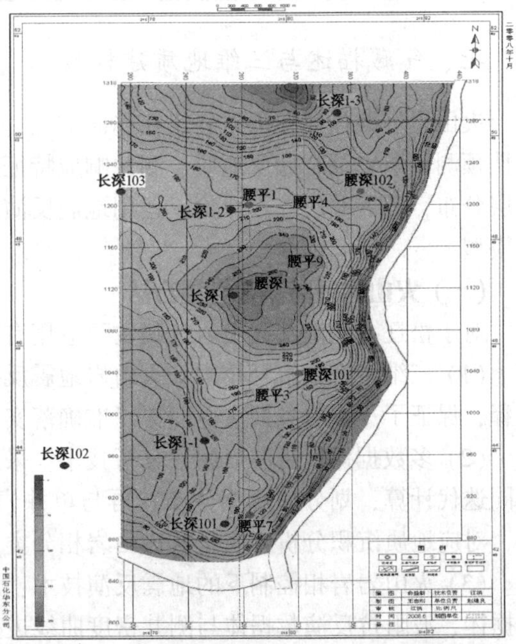

图12-1-28 气水之上溢流相厚度图

（三）储层分类评价

从储层岩相、储层储集空间特征及其演化、储层物性及孔喉特征和储层裂缝研究等方面入手，通过对储层的综合研究，对营城组火山岩储层进行了综合分类评价（表12-1-4）。从分类结果看，营城组火山岩储层中Ⅰ类储层厚120.5m，占储层总厚度的77.6%，Ⅱ类+Ⅲ类储层厚度为34.8m，占总厚度的22.4%。

综上所述，松南气田营城组火山岩储层储集类型为孔隙型，以中—酸性岩常见，分选好—中等，以基质孔隙和溶洞为主，为细喉型，裂缝主要为沟通孔、洞的渗流通道，Ⅰ类、Ⅱ类储层发育，为低孔、低渗型储层。

表12-1-4　营城组火山岩储层综合分类表

储层分类	孔隙度%	渗透率/$10^{-3}\mu m^2$	岩　相	岩石类型	储渗组合	产　能
Ⅰ类(好)	>10	>1	爆发相溢流相顶部	角砾熔岩 气孔流纹岩	溶孔+气孔+裂缝 粒间溶孔+微孔+裂缝	高产
Ⅱ类(中)	7~10	0.1~1	爆发相热碎屑流亚相溢流相上部亚相	熔结凝灰岩 气孔流纹岩	溶孔+气孔+裂缝 粒间溶孔+微孔+裂缝 气孔+裂缝	中产
Ⅲ类(差)	4~7	0.02~0.1	爆发相热碎屑流亚相溢流相中部、上部亚相	熔结凝灰岩 熔结角砾岩 气孔流纹岩	气孔+裂缝 微孔+裂缝	低产
Ⅳ类(非)	<4	<0.02	爆发相热碎屑流亚相溢流相下部亚相	熔结凝灰岩 火山角砾岩 低孔流纹岩	微孔 气孔 砾间孔	非工业 气流

七、气藏描述与三维地质建模技术

火山岩气藏描述在国内外正在趋向成熟，可通过地震反射特征、地震相、相干体技术，定性预测储层；综合储层地质、测井响应特征，运用波阻抗反演、神经网络非线性反演预测储层分布，开展储层综合评价，运用地震反演数据体做控制，建立火山岩相控制下的三维地质模型。

（一）火山岩气藏精细描述方法

对于松辽盆地南部火山岩气藏主要应用有以下四种关键技术：

（1）三维可视化解释技术：火山岩地震反射能量强、频率低，利用三维可视化自动追踪解释，保证了火山岩各期次界面得以准确落实，并能细致的刻画断裂结构。

（2）多数据体地震波形属性分析技术：采用地震纯波数据、相干数据、波阻抗反演数据共同迭代计算，划分地震相分布，再与单井岩相划分结合，划分成代表不同地质意义的区域，对应地质沉积分析，演化成火山岩相分类。

（3）火山岩岩相控制下的地震反演技术：通过模型约束下的波阻抗反演，应用地震纯波数据体、波阻抗反演数据体与测井密度曲线进行地震多属性分析，以各期次火山岩岩相界面建立模型，再利用神经网络方法求得密度数据体，以火山岩储层分类评价的密度标准及进行划分，提取各期次火山岩分类储层厚度与平均孔隙度，达到储层预测的目的。

(4) 火山岩气藏储层三维地质模型：以火山岩岩相分析为基础，以基于相分析的神经网络技术为手段，用地震反演数据体做控制，通过对三维构造模型、三维岩相模型、三维储层物性模型等多种参数的选取和计算，建立气藏储层三维地质模型，实现不同层次，多角度，任意切片，过滤，体积切割等三维储集层动态显示，为气藏开发、优化管理和决策创造条件。

(二) 气藏构造精细解释

构造精细解释是气藏描述的核心，松南气田采用 3DCanvas 软件对气藏构造进行全三维地震解释，从线、道、时间切片三个面上分析地震数据的相干特征来解释断层，保证三面的闭合统一；以波形特征、振幅能量、时窗限制、相似性阀值等约束条件，进行地震反射层位自动拾取，保证了解释层位的可靠与准确。

1. 精细地震解释

利用 3DCanvas 软件对气藏构造进行全三维地震解释，具体方法如下：

(1) 将地震振幅数据体、相干数据体以线、道、时间切片进行三维显示，在三个面上分析地震数据的相干特征来解释断层，保证三面的闭合统一。在地震数据体断层解释中，主要依据下列特征解释断层：a. 断面波的出现；b. 反射结构的突变；c. 反射波组的错断；d. 同相轴扭曲、分叉、合并；e. 相干性较差的特征条带状分布；f. 相干性好、坏突变的边界线。

火山岩反射的断断续续为断层解释制造了障碍，利用全三维解释不但保证了断层组合的合理准确，也避免了地震反射轴相变引来的假断层解释，避免了乱开断层。

(2) 在 3DCanvas 软件中，以波形特征、振幅能量、时窗限制、相似性阀值等约束条件，在三维地震数据体里种大量反射轴种子点，进行地震反射层位自动拾取，从而保证了解释层位的可靠与准确。同时三维可视化解释也能准确反应断裂结构，地震反射层的微小挠曲与错断都能够显现。通过精细的构造解释，落实松南气田 T_4、GAS1、GAS2、GAS3、GAS4 等反射层构造，应用各井合成地震记录拟合的平均速度转换成构造图。

2. 构造特征

松南气田总体处于两凹一凸的老英台—达尔罕低凸起上，是受腰英台—达尔罕断层控制的近南北向延伸的断鼻构造、地层超覆、火山岩体三位一体受构造—岩性双重控制的复合型构造。在该构造上已被钻井揭示并试获工业气流的含气层系主要有泉头组一段、登娄库组和营城组，其构造要素见表 12-1-5。

表 12-1-5 腰英台油气田腰深 1 井区块构造要素表

圈闭名称	层位	圈闭类型	高点埋深/m	闭合线/m	闭合高度/m	闭合面积/km^2	地层倾角/(°)	构造走向
腰英台深层圈闭	T_2^3	断鼻	3080	3180	100	>30	2.4	南北向
	T_3	断鼻	3300	3420	120	>30	1.9	南北向
	T_4	断背斜	3380	3640	260	>25	5.8	南北向

(1) 营城组气层顶面构造：三维地震资料精细解释成果证实松南气田是一较完整的断背斜构造，顶部埋深-3380m，闭合幅度 260m，闭合面积大于 30km^2。腰英台断层为北北东向展布，与深层区域构造走向一致，次级断裂多呈南北或北北西向。

(2) 登娄库组气层顶面构造：本层构造是一断鼻构造，走向近南北向，受控于腰英台断层及基底隆起。顶部埋深-3300m，闭合幅度120m，闭合面积大于$30km^2$。腰英台断裂为北北东向展布，与深层区域构造走向一致，次级断裂多呈南北、北北西或北东向。

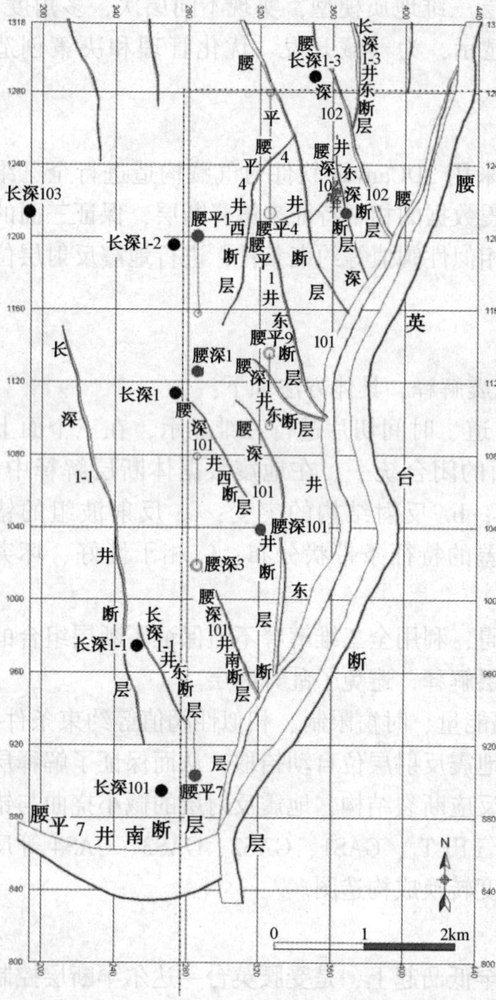

图12-1-29 腰英台断裂分布图

(3) 泉头组气层顶面构造：基本保持了登娄库组顶面构造形态，是一断鼻构造。顶部埋深-3040m，闭合幅度100m，闭合面积大于$25km^2$。腰英台断裂为北北东向展布，与深层区域构造走向一致，次级断裂多呈南北、北北西或北东向。

腰英台断层按发育时间分为两期(图12-1-29)。最重要的是第一期基底断裂，为NNE向发育，倾向为东，倾角30°~50°，构造内最大断距大约800m，发育在断凸带处，贯穿全区，是控制老英台-达尔罕低凸起和查干花断槽的大断层，该断裂活动始于火石岭期，部分区域一直延伸至明末，控制了本区火山岩的发育，同时也为深层天然气提供运移通道；自南向北，该断层有以下特点：①断层走向从北北西向转成北北东向；②断层多期活动的迹象明显，火石岭—营城期断裂强烈活动；③断层的断距变化明显，从老至新断距逐步变小直至消失；④断面下缓上陡，伴有断面波出现。综上所述腰英台断层的活动强度由强变弱，为构造东部主要控气断层。第二期是登娄库组沉积结束后构造运动产生的断层，规模相对较小，可改善深层储层储集条件，提高储层的渗透率。在气田内部发育了多条伴生断层，走向北北西，倾向北东东，断距下大上小，T_4反射层断距基本在10~30m。也有北北东走向断层，如腰平4井西断层，使松南(腰英台)气田北部形成多个小断块。

(三) 三维地质建模

综合应用地质、地震、测井和测试等数据体，依据地质统计学方法和顺序高斯模拟变量等原理和Petrel地质建模软件等，定量建立了三维构造模型、岩相模型和三维储层(孔隙度、渗透率和含气饱和度)预测模型。

1. 三维构造模型的建立

三维构造模型是把地质体离散化，用于定量表征构造和储层的分层特征，通常由网格化的顶面及地层厚度数据体来体现。目前流行的作法是：在平面内采用等间距的垂直交叉网格进行剖分，垂向上则利用地层对比结果，根据井点深度形成小层(或油组、砂组)顶底面几何形态，建立地层格架，在地层格架中根据储层的特征和分辨率的要求细分微层。垂向的微层及水平面的垂直交叉网格可将地质体剖分成数百万个网块。

1）构造建模的方法及步骤

（1）准备时间域的营城组顶面和底面的地震解释成果；

（2）根据网格设计，采用插值法计算，形成网格化的顶面和底面；

（3）根据井点的地层厚度，通过井间内插，形成各期次的厚度分布，由网格化顶底面顺次减去各期次的厚度分布，得到各个期次顶底面的几何形状，形成地层格架。垂向上的地层格架及水平面内的垂直交叉网格，将建模地质体离散化成地质模型体。

建立好各期次的时间域的构造模型以后，根据各井的时深关系形成的速度场，整体转化为深度域的构造模型(图 12-1-30)。

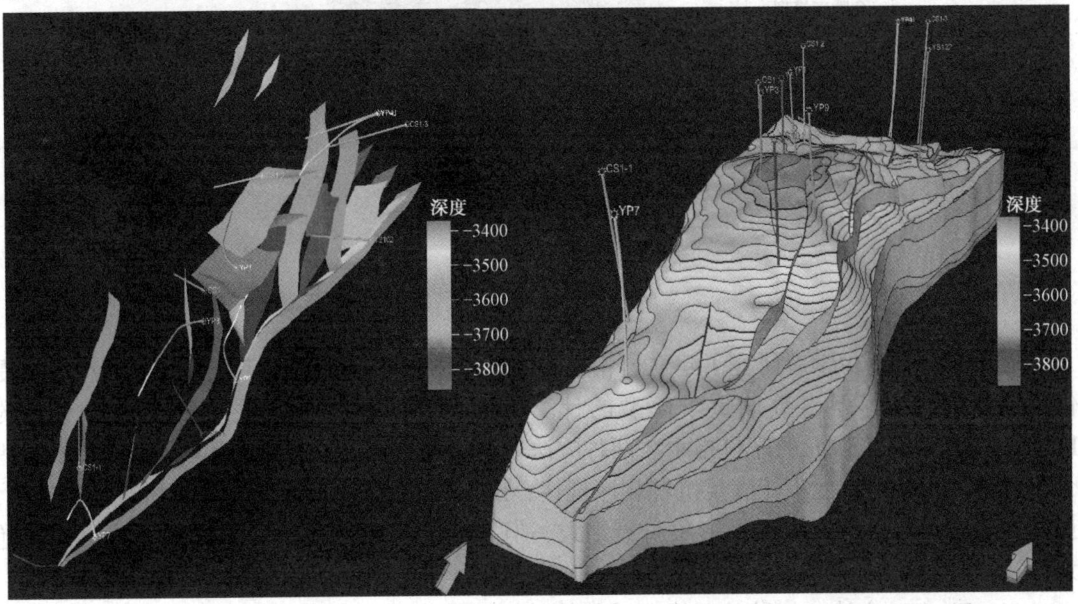

图 12-1-30　松南气田气藏断层与三维构造模型

2）构造图的网格化技术

网格化顶面是通过水平面内垂直交叉网格结点上的深度表征顶面构造几何形态的高低起伏的空间相对关系。地层面相对于一般的曲面来说，具有两个主要特点：①层面所造成的几何形状满足弹性力学规律；②断层处出现阶梯性的变化。

地层格架是通过一系列地层面自上而下顺序排列，将研究的地质体分成若干个层序空间。地层格架实际表征了地质分层特征，其中包含的地层面越多，地质分层特征刻画得越确切。腰深 1 井区的地层格架建模由营城组顶、YC6、YC5、YC4 共 4 个层面组成。

2. 三维岩相模型的建立

1）储层建模步骤和流程

岩相建模有两种方法，即基于像元或基于对象的模拟技术，孔隙度和渗透率一般采用连续变量的地质统计学方法(图 12-1-31)。

2）三维岩相模型的建立

储层岩相模型也就是常说的储层骨架模型，就是以数据体的形式来表征地质中的储层结构，即储层的几何形态、连通程度和配置关系以及隔夹层的空间分布。储层骨架模型的建立一般主要基于测井及地震两类精度不同的数据控制点。储层骨架模型满足严格的过点性，即井点的储层厚度与测井解释结果相符，井间储层厚度的变化趋势参照地震横向预测结果；岩相的空间展布符合研究工区的地质概念模式。

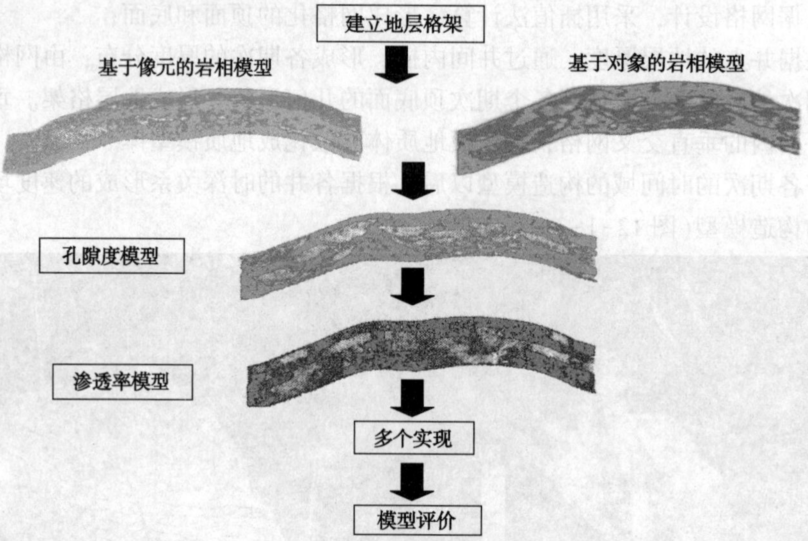

图 12-1-31　储层建模流程

近年来，有不少学者研究了建立岩相模型的技术方法。这些研究工作为建立岩相模型提供了宝贵的经验，但多数偏重于模型的计算方法的研究。模拟方法主要有基于对象的 Fluvsim 方法和基于像元的序贯指示法两种方法。这两种方法各有优缺点：A. 序贯指示法适合于各种沉积环境，但不能满足沉积相序规律；B. Fluvsim 算法只适合于河流相的沉积环境，虽然在表面上对河道的描述最形象，最细致，但实际上应用过程中参数的选择有很强的随意性。

（1）Fluvsim 方法：一种基于标点过程的随机地质统计方法。标点过程就是按照空间中几何物体的分布规律，将物体性质标注于各点之上。它根据具体问题设计一个具体目标函数，并确定一个目标函数阈值，然后用随机抽样的方法通过已知样本中抽样产生标点过程的随机变量来计算目标函数值，直至达到函数阈值为止。Fluvsim 计算方法在标点过程的基础上采用非线性动态自组织原则，专门针对河流相沉积利用模糊逻辑理论对样点进行多点统计，综合各种地质信息对河流相沉积层序进行模拟。这种方法可以沿河道对砂体进行追踪，但需要有详细的层序地层或岩相研究做基础。

（2）序贯指示法：是以随机函数理论为基础的的一种随机模拟。随机函数由一个区域化变量的分布函数和协方差函数（或变差函数）来表征。

3）岩相模拟的参数分析

建模所需的参数。主要包括基础地质（条件）数据和统计特征参数。基础地质（条件）数据包括：单井岩相的“硬”数据，还包括前述地质研究成果，如各期次的岩相平面分布图；统计特征参数主要是统计每个期次内各类岩相所占的比例，各类岩相的变差函数拟合参数值。

（1）岩相所占比例：统计不同岩相所占的体积百分比，由表 12-1-6 可以看出，腰英台地区腰深 1 井区三期中部亚相占优，而二期上部亚相占优。

表 12-1-6　腰深 1 井区营城组岩相所占百分比

岩相类型	四　期	三　期	二　期
热碎屑流亚相	100%	0	0
空落亚相	0	6. 29%	0
上部亚相	0	32. 87%	47. 33%
中部亚相	0	43. 52%	36. 12%
下部亚相	0	17. 32%	16. 55%

（2）波阻抗与岩相的概率关系垂向百分比曲线代表了微相在垂向上的变化趋势以及某小层在某一时间内的各岩相的百分比，在岩相模拟中主要约束各岩相在垂向上的变化范围。本次建模中建立的各小层岩相的垂向百分比曲线如图 12-1-32 所示。从图中可以看出，四期的波阻抗与岩相的关系较为密切，空落亚相表现为以低阻抗为主，上部亚相、中部亚相和下部亚相的阻抗值分布虽均有分布，但中部亚相集中分布在中偏低阻抗区域，下部亚相分布在中偏高区域，中部亚相则分布在高值区。三期的波阻抗与 YC5 类似，但分布的重叠区域较大。

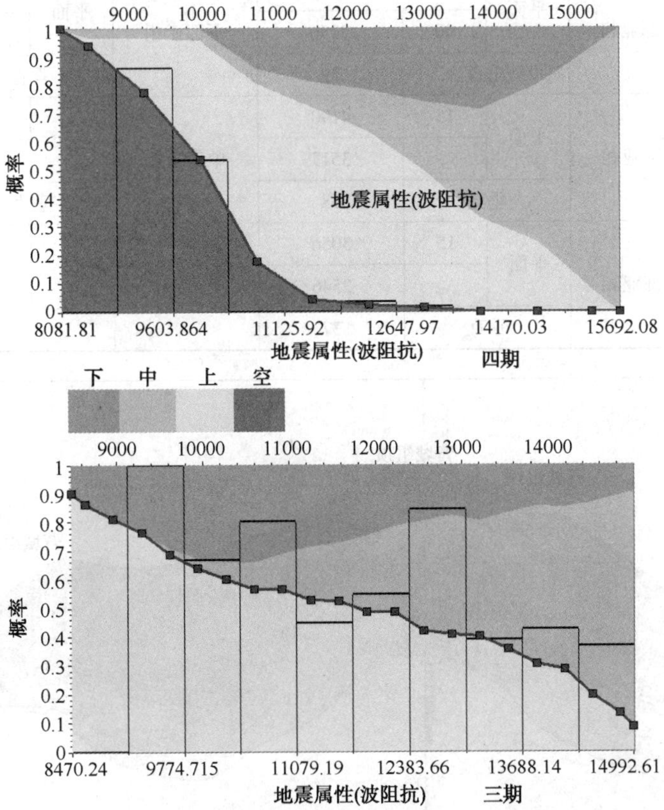

图 12-1-32　岩相与波阻抗的概率曲线

4）岩相的变差函数

计算岩相在平面和垂向的变差函数，主要是为了了解各岩相分布的非均质性。研究中在平面上以 0 度（正北）为第一个方向，以 15 度为间隔计算了 12 个方向的变差函数。在计算实验变差函数后对其进行理论模型拟合，确定主方位角、主方向变程、次方向(与主方向垂直且在同一平面)变程、垂直方向变程。

通常选择球状模型进行拟合。在得到各个方向的拟合参数后，可以通过做变程方位图，确定变量在各个方向的变异程度。各期次的岩相变差函数拟合的参数如表12-1-7所示，三期的火山岩主要展布方向为0°，二期的主要火山岩展布方向为15°，这与前述的火山喷发流动方向一致。图12-1-33为三维岩相模型、过井切片模型。从中可以看出相控模型与岩相研究成果十分接近，顶部为一套全区分布的爆发相中的热碎屑流亚相。在剖面上岩相模型也很好的反映了岩相在纵向上的分布与变化，说明建立的岩相模型效果较好，所建立的模型为进一步的储层分布研究及岩石物理模型的建立提供了可靠的基础。

表12-1-7　各层岩相变差函数拟合参数表

层位	亚相类型	方向/(°)		变程/m	微相类型	方向/(°)		变程/m
三期	空落沉积	平面	0	3767	上部亚相	平面	0	4363
			90	2190			90	3359
		垂直		30		垂直		47
	中部亚相	平面	0	4762	下部亚相	平面	0	4679
			90	3356			90	3322
		垂直		29		垂直		52
二期	上部亚相	平面	15	4190	中部亚相	平面	15	4830
				3517				3102
		垂直		38		垂直		20
	下部亚相	平面	15	3056				
				2546				
		垂直		37				

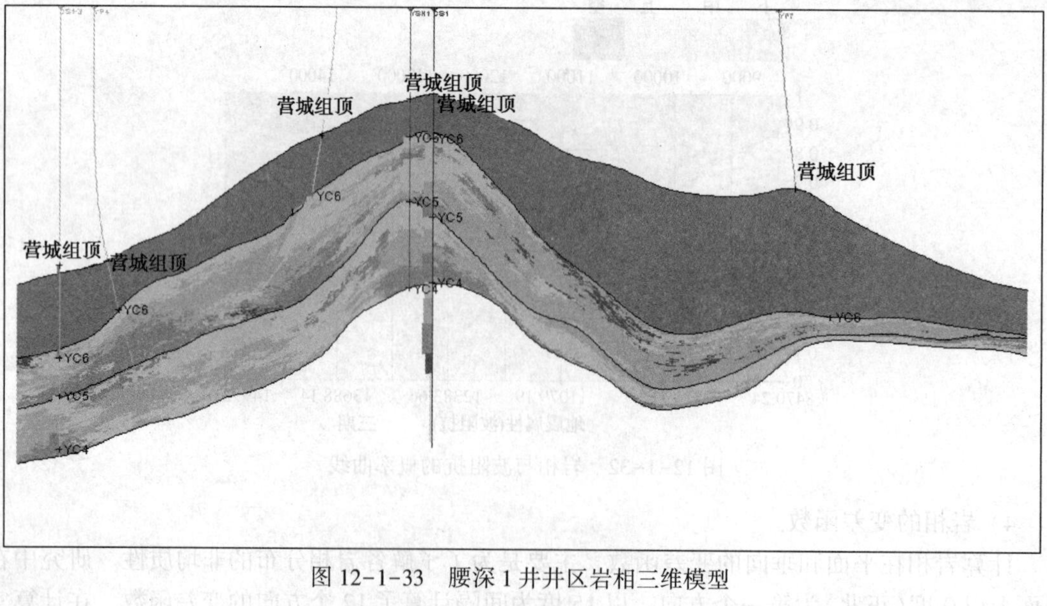

图12-1-33　腰深1井井区岩相三维模型

3. 储层物性模型的建立

1）模拟方法的确定

高斯随机域是最经典的随机函数。该模型的最大特征是随机变量符合高斯分布（正态分布）。该方法主要用于连续变量（如孔隙度、厚度）的随机模拟。顺序高斯模拟是一种应用高斯概率理论和顺序模拟算法产生连续变量空间分布的随机模拟方法。模拟过程是从一个象元到另一个象元顺序进行的，用于计算某象元 LCPD 的条件数据除包括在给定有效范围内的原始数据和已被模拟的网格数据。

顺序高斯模拟变量 $Z(u)$ 的步骤如下：

（1）确定代表整个研究区的单变量分布函数（cdf）。如果 Z 数据分布不均，则应先对其进行去丛聚效应分析。

（2）利用变量的分布函数，对 Z 数据进行正态得分变换转换成 y 数据，使之具有标准正态分布的分布函数。

（3）检验 y 数据的二元正态性。如果符合则可使用该方法，否则应考虑其他随机模型。

（4）如果多变量高斯模型适用于 y 变量，则可按下列步骤进行顺序模拟，即：

① 确定随机访问每个网格节点路径。指定估计网格点的邻域条件数据（包括原始 y 数据和先前模拟的网格节点的 y 值）的个数（最大值和最小值）。

② 应用简单克里金来确定该节点处随机函数 $Y(u)$ 的条件分布函数（ccdf）的参数（均值和方差）。

③ 从 ccdf 随机地抽取模拟值 $Y^l(u)$ 。

④ 将模拟值 $Y^l(u)$ 加入已有的条件数据集。

⑤ 沿随机路径处理下一个网格节点，直到每个节点都被模拟，就可得到一个实现。

（5）把模拟的正态值 $Y^l(u)$ 经过逆变换变回到原始变量 $Z(u)$ 的模拟值。在逆变换过程中可能需要进行数据的内插和外推。

整个顺序模拟过程可以按一条新的随机路径重复以上步骤，以获取一个新的实现，通常的做法是改变用于产生随机路径的随机种子数。

顺序高斯模拟的输入参数主要包括：变量统计参数（均值、标准偏差、极值），变差函数参数（变程、拱高、块金值、方位角、非均质轴等）、网格的划分、条件数据等。

2）物性模型的建立

分期次计算每种岩相平面及垂直方向变差函数后，还需要分期次对岩相的物性进行统计，确定其分布的特征参数。根据不同岩相各自的统计特征参数及变差函数，采用相控物性参数建模技术，利用高斯模拟方法分别建立每个小层的孔隙度和渗透率的三维模型。在模拟过程中，还需要考虑孔隙度场和渗透率场之间的一致性，在模拟渗透率场时，把孔隙度场作为第二约束条件来约束渗透率。图 12-1-34 为孔隙度三维模型，图 12-1-35 为渗透率的三维模型。从中可以看出，孔隙度主要集中在 8%附近，这和数据统计结果吻合；渗透率模型分布在 2 毫达西左右，分布符合岩相的分布规律；含气饱和度自上而下变低，符合底水含碳天然气藏特点，说明建立的物性模型满足了要求。

在储层表征和三维地质建模基础上，应用前述的火山岩气藏成藏条件及成藏模式研究成果，确定长岭断陷松南气田的成藏模式为：松南气田是 CH_4 和 CO_2 的混合气藏，具有多期成藏特征。气藏构造形成于营城组末期，经登娄库—明水组末期的两次挤压构造反转运动定型；沙河子组、营城组这两套主力烃源岩在嫩江末期达到生烃高峰；构造形成时间早于烃源岩的生烃高峰期，成藏配置条件有利，有煤型气生成并充注圈闭的过程；晚白垩纪以后的火山活动和深大断裂沟通地幔，使油型气和无机成因的 CO_2 与混合成因的 CO_2 沿着深大断裂运移到火山岩储集层，同时使早期形成的有机成因天然气藏遭受了改造甚至被破坏，运移至浅部地层聚集或溢散。后期充注无机气体的成分与早期形成的有机天然气藏的破坏程度决定了现今天然气藏的 CO_2 与有机烃类气体的含量。由于松南气田的火山和构造活动强度由南向北逐次增强，松南气田中的 CO_2 含量也由南向北逐渐增高。深大断裂、次级断层和不整合面共同构成了良好的油气运移通道，良好的火山岩储集层，构成下生上储或自生自储成油组合关系。

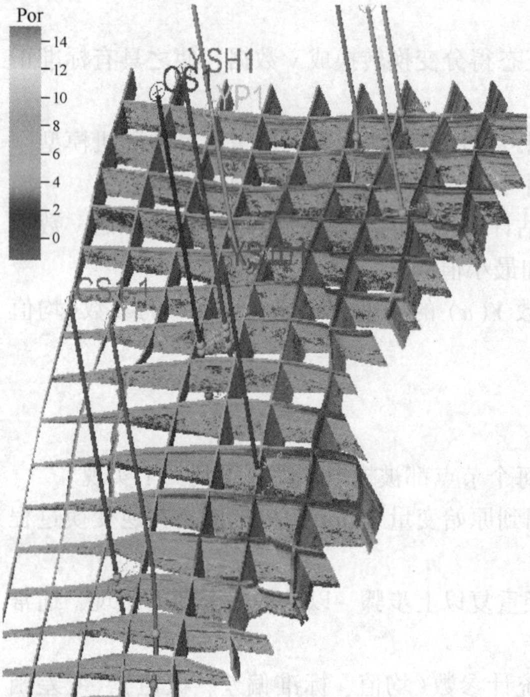

图 12-1-34　腰深 1 井井区孔隙度三维模型

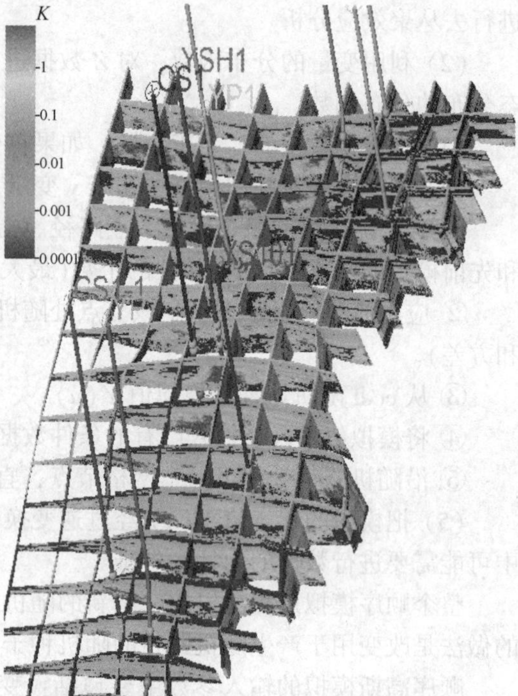

图 12-1-35　腰深 1 井井区渗透率三维模型

第二节　火山岩气藏开发实践

通过松南火山岩气藏开发实践，形成了以火山岩双重介质高压含碳天然气藏的测试评价技术，火山岩储层的水平井欠平衡钻井、完井和深井排水采气配套工艺，火山岩气藏 CO_2 防腐工艺，含碳天然气脱碳工艺及适应特低渗透油田 CO_2 驱油方案及配套工艺等集成技术。

一、高压含碳天然气藏测试评价技术

通过对高压含碳气藏的测试工艺技术研究，分析现有气井的产能试井方法，优化测试方案，研究火山岩储层试井技术，优化工作制度设计，评价产能试井及不稳定试井资料解释的适应性，建立适应高产高压气井的处理解释技术，确定气井的产能方程和无阻流量。

(一) 测试工艺技术

针对高压含 CO_2 天然气藏地层特点，对测试工具及测试管串进行优化，对井口控制装置及地面流程的进行设计研究，形成并完善一套适合高压含 CO_2 气藏的测试工艺技术。

1. 测试工况应用分析

1）封隔器、胶筒、工具密封橡胶件比较分析

国内深井、超深井测试，大多采用耐高温、全通径、耐大压差及可回收式的简单可靠RTTS封隔器，双向耐压的最大可达70MPa以上，钢体耐腐蚀性强，适用于松南高温、高压、高产气藏测试作业。

根据表12-2-1比较结果，对于高温、高压、高产气井，封隔器胶筒优先选择硬度为90度，内衬金属网的氟橡胶胶筒，选取氟橡胶材质的密封胶圈，能够满足测试施工需要。

表 12-2-1　密封橡胶件工况比较表

材料名称 / 物性要求	丁氰橡胶 NBR (N)	硅矽橡胶 SI (S)	氟素橡胶 VIION (V)	三元乙丙胶 EPOM (E)	氯丁橡胶 CR (C)	聚四氯乙烯 PIFE (T)	聚氰脂橡胶 PU	克力橡胶 ACR (A)
抗热性	120℃	250℃	240℃	150℃	120℃	280℃	120℃	150℃
耐化学性	○△	◇○	◇	◇	○△	◇	◇	×
抗油性	◇	○△	◇	×	○△	◇	◇	◇
密水性	○	×	○	○	○	◇	◇	◇
耐寒性	-40℃	-60℃	-40℃	-40℃	-55℃	-100℃	-40℃	-20℃
耐磨性	○	×	○	○	○	◇	◇	◇
可变形性	◇○	◇○	○	◇○	△	×	×	△
机械性	◇○	×	◇○	◇○	△	◇	◇	△
抗酸性	△	○△	◇	○	○△	◇	◇	×
强力强度	◇○	×	◇○	◇○	○	△×	△	△
储存年限	5~10年	ABT20年	ABT20年	5~10年	5~10年	ABT20年	ABT20年	ABT20年

硬度 SHOREA	硬度 RHO	使用范围
40+/-5		低压情况下必须高压密封条件下使用
50+/-5		
60+/-5	63+/-5	
70+/-5	73+/-5	一般情况下之密封圈
80+/-5	83+/-5	高压情况下之密封圈
90+/-5	93+/-5	

注：本表格中◇—特佳；○—佳；△—普通；×—差。

2）MFE、APR地层测试器比较分析

目前国内常用的地层测试工具有MFE地层测试器、HST常规测试器、APR全通径压控测试器、PCT压控测试器、膨胀式地层测试器。通过长期松南工区裸眼、套管井地层测试，MFE、APR工具能满足5in、5½in、7in、9⅝in套管直井、定向井、水平井，配备不同尺寸

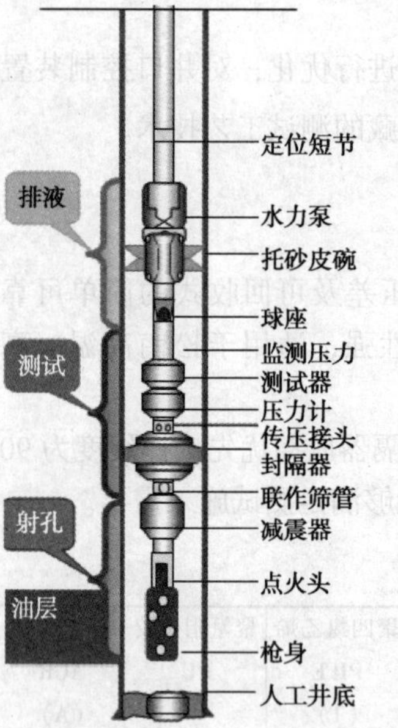

图 12-2-1　射孔—测试—排液联作示意图

的裸眼封隔器，可以在各规格裸眼井中，进行中途测试。在目前已经施工的井中，基本是使用 MFE 地层测试器。MFE 测试器成功率高，并能够满足松南火山岩高产气层的测试要求。

3)测试管柱结构选择

测试管柱优化的原则："强度够、密封好、打得开、关得严、起得出、资料准、测试、助排、储层改造一体化"。针对松南火山岩气藏钻井污染严重，产液出气量小，缺乏自喷能力的情况下，应大力提倡采用水力泵排液，尤其对低产层起到了强排解堵疏通地层孔道的作用，一趟管柱完成射孔、测试、泵排工作，降低成本，减轻了作业强度；保护油气层，防止地层第二次污染；此管柱方式不影响二联作测试，起到排液保障的作用。具体管串结构如图 12-2-1 所示。

(1) 托砂皮碗工作原理及技术特点：在起下测试管柱时，托砂皮碗上下的液体绕过皮碗及托通过衬管流动从而达到卸压的目的；环空加压点火时同样通过衬管传递地面压力以达到加压点火的目的。

传压托砂皮碗除了具有常规托砂皮碗的托砂功能外，能够实现加压点火。同时在起下管柱时能及时平衡皮碗上下液体压力，从而降低了起油管时托砂皮碗的胶皮掉落的可能性；下油管时又不会对底部射孔枪的点火装置造成加压，提高了联作工艺的安全可靠性。

(2) 水力排液泵工作原理及技术特点：滑套短水力泵是水力喷射泵的一种，其基本原理与传统水力喷射泵一致，通过地面泵正循环动力液，当高压动力液经过喷嘴和喉管时，在喷嘴和喉管之间形成负压，依靠这个负压把地层流体抽吸上来并随着动力液一同进入喉管和扩散管，被扩散管降速的混合液通过环行空间带到地面计量罐内，在罐内进行油水计量、取样。滑套短水力泵除了具有常规水力喷射泵的功能外，还具有以下独特优点：负压密封机构的设计，实现了与地层测试器的配套使用；泵芯长度设计为 1. 1m，比传统水力泵短了 2. 45m，更容易实现反洗泵芯，同时在斜井中泵芯更容易到位。

2. 地层测试管柱工况分析

1) 测试管柱力学分析

(1) 测试管柱载荷分析。测试管柱在井眼中受压后，存在直线稳定状态、正弦弯曲状态和螺旋弯曲状态三种不同的平衡状态。

(2) 测试管柱变形分析。测试管柱的轴向变形分为实际轴力、螺旋弯曲、内外压力鼓胀、以及温度变化引起的轴向变形。管柱的轴向变形分析在测试工作中，用于确定方余的长短、密封管的长度及伸缩接头的个数等。

(3) 测试管柱强度分析。若测试管柱的许用应力为$[\sigma]$，则各危险截面的安全系数 K_s 为：$K_s=\dfrac{[\sigma]}{\sigma_{zd}}$

极限操作参数的确定：对于确定的测试管柱，若各工况所取各危险截面的最小安全系数均大于 K_s，则该趟测试管柱是安全的。否则要对施工参数进行调整或重新进行测试管柱设计，确定出极限操作参数。对于高温高压气井，可按表12-2-2所列有关参数设计测试管柱强度。

表12-2-2　测试管柱强度设计表

强度名称	有关参数推荐
所受最大拉力	钢材本身屈服强度的60%，即安全系数1.67
各工序的剩余拉力	≮300kN
抗内压安全系数	≮1.25
抗外挤安全系数	≮1.125

2）CO_2酸性腐蚀分析

松南气藏CO_2分压达到11MPa，远远超过国际上公认的CO_2产生腐蚀的分压值为0.196MPa。CO_2腐蚀速率还受到温度、pH值、腐蚀产物等影响。腐蚀一般从管柱内壁开始发生，经腐蚀溶解、流体冲刷的双重作用下，发生管壁穿孔甚至断裂，严重影响气井测试管柱抗拉强度及套管的安全，井下管材必须防腐，丝扣具有良好的密封性，不能渗漏，保证测试工具管柱的安全。宜选用FOX、NEW、TM、3SB、VAM或SEC等特殊丝扣油管最好(图12-2-2)。

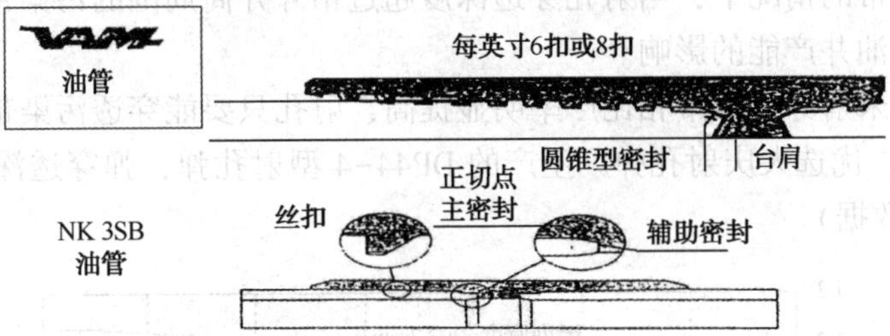

图12-2-2　VAM扣和3SB扣型剖面

对测试管柱进行综合分析，最后得出相应参数数据，优化测试管柱，保证井下管柱安全。

3. TCP射孔优化

松南火山岩气藏为高温高压、非均质、微裂缝发育、储层岩性为坚固的火山岩，最高井底温度达到157℃，井底压力56MPa，CO_2分压达到11MPa，远远超过国际上公认的CO_2产生腐蚀的分压值为0.196MPa。

从而对射孔的安全、有效提出了新的更高要求。

目前，深井采用的射孔方式有：常规聚能射孔、复合射孔、气体推进成缝技术，同时正在开展超正压酸化射孔技术的试验工作。主要以常规聚能射孔，以射孔枪弹配合、孔深、孔径、孔密、相位角等参数为研究对象。

1）射孔枪、弹选型

根据不同的套管尺寸，优选射孔枪弹。目前射孔枪主要为大庆、华北$\phi140$、$\phi127$、$\phi102$、$\phi89$、$\phi73$等系列，弹型主要有60、102、127及1m弹，均为深穿透聚能射孔弹，其中1米弹最大穿深可到1080mm，孔径在13.2mm。射孔枪、弹选择遵循小枪配大弹的原则，$\phi89$、$\phi73$枪可选用102弹，$\phi102$枪可选用127弹，$\phi127$、$\phi140$枪可选择1m弹。目前通常采用的射孔弹药RDX(黑索金)不能满足150℃、48h稳定的要求(过热会使炸药释放气体，使爆炸威力降低，大大降低射孔效果)，故选用 HMX(奥克托金)、PYX(耐温大于 200℃/48h)炸药、高温起爆器、导爆索、传爆管及耐高压的射孔枪，射孔枪入井后，具备在高温高压条件下 48h 内有效射孔。图 12-2-3 展示了温度对药性的变化。

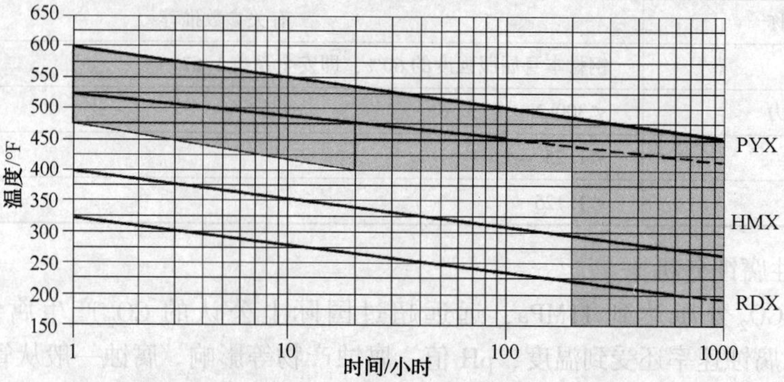

图 12-2-3　炸药—温度时间关系示意图

2）孔深优选

在有钻井污染带的情况下，当射孔穿透深度超过钻井井筒周围的污染带时，可以减小甚至消除钻井污染对油井产能的影响。

射穿污染带与未射穿污染带相比产率明显提高，射孔只要能穿透污染带就能保证较好的产量(图 12-2-4)。优选大庆射孔弹厂生产的 DP44-4 型射孔弹，弹穿透深度不小于 780mm(地面水泥靶试验数据)。

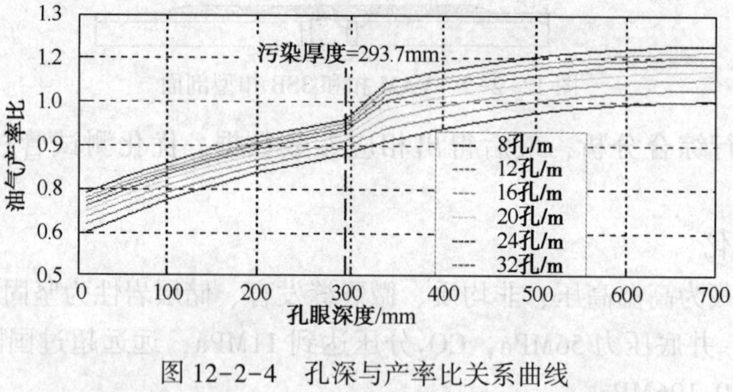

图 12-2-4　孔深与产率比关系曲线

3）孔径优选

随着射孔技术不断发展，射孔弹种类日益增多，为适用不同类型的油气藏，射孔孔径变化较大，国内射孔孔径一般在 10~20mm 之间，当孔径较小时，加大孔径可明显提高油井产能；但当孔径达到一定值时，再增加孔径产能提高不大(图 12-2-5)。

在保证孔深的情况下，提高孔径可以提高产率比，特别是稠油，可以降低油流流动阻力，提高油井产量。

优选大庆射孔弹厂 DP44-4 型射孔弹，孔径 10mm(地面水泥靶试验数据)。

4）孔密优选

在有射孔污染的油气井中，增加孔密能明显提高油井产能。但当射孔密度增加到一定值时，射孔密度对油井产能的影响就很小了。

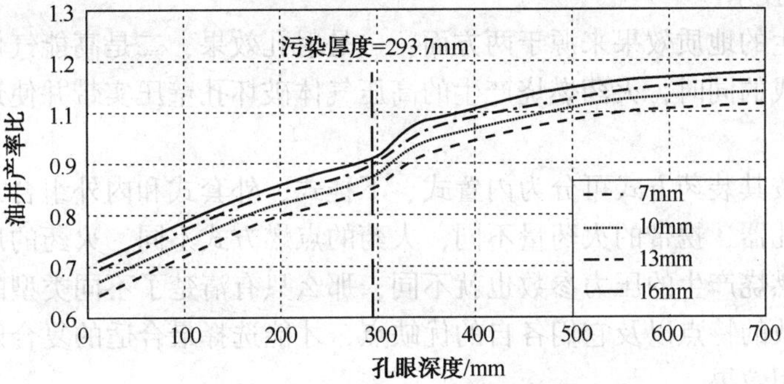

图 12-2-5 孔径与产率比关系曲线

当射孔孔径较小时，孔密增加对套管强度降低影响不大，孔密由 16 孔/m 增加到 40 孔/m，套管强度降低系数由 1.8% 下降到 4.7%，而当孔径增大后，随着射孔密度的增加，套管的强度显著降低，孔密由 16 孔/m 增加到 40 孔/m，套管强度降低系数由 3.7% 下降到 20.5%，所以在射孔作业中，一般油井选择 16 孔/m。采取限流压裂射孔工艺时，要严格控制炮眼数量，一般不超过 30 孔，孔密一般为 2~8 孔/m(参见图 12-2-6)。

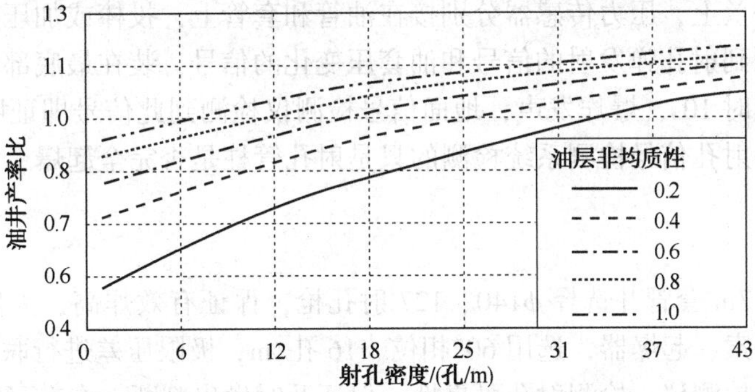

图 12-2-6 射孔孔密与产率比关系曲线

优选射孔密度为 16 孔/m。

5）相位角优选

根据国内射孔技术研究结果，当 60°射孔时，不仅射孔孔眼最稳定，同时该相位射孔时对套管强度降低系数也最低，因此，稠油疏松砂岩地层在大孔径射孔时为减轻射孔对套管强度的降低程度，选择 60°射孔是最佳的射孔相位(参见图 12-2-7)。

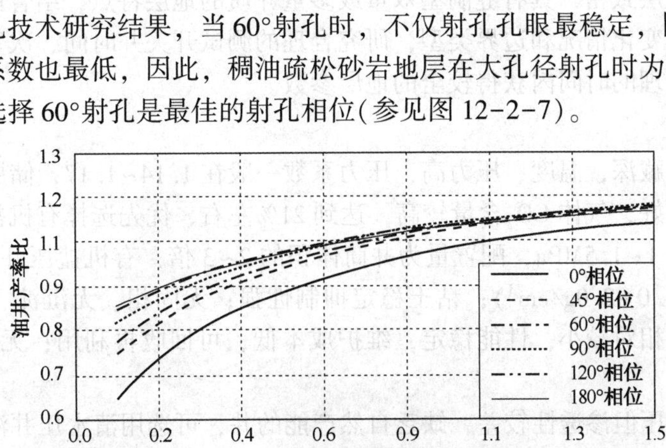

图 12-2-7 射孔相位角与产率比关系曲线

6）复合射孔技术

复合射孔产生的地质效果来源于两方面：一是射孔效果，二是高能气体压裂效果。目的是在射孔孔眼形成的同时，火药燃烧产生的高压气体破坏孔壁压实带并使近井周围地层产生微裂缝。

复合射孔器按其装药方式可分为内置式、下挂式、外套式和内外组合式等多种类型。不同类型的复合射孔器，携带的火药量不同，火药的点燃方式不同，火药的形状不同，燃烧环境不同，在井下燃烧产生的压力参数也就不同，那么只有清楚了不同类型的复合射孔器在井下产生的压力参数的特点以及它们各自的优缺点，才能选择最合适的复合射孔器，使目的层达到最理想的作用效果。

7）射孔监检

在油管传输射孔时，射孔枪是否全部发射在地面靠操作人员听射孔弹的发射声音来判断是不可靠的，特别是加压起爆时的泵车噪声将严重影响判断效果。解决准确判断射孔枪是否完全起爆的方法是利用射孔信号检测系统。

射孔信号检测系统由地面信号检测仪、传感器及射孔枪底部的尾声弹构成。

工作原理：将尾声弹接在第一支下井的射孔器底部，在射孔管柱校深调整后，将振动传感器吸附在井口法兰上，压力传感器分别接在油管和套管上，投棒或加压起爆射孔管柱，地面信号检测仪检测到射孔弹发射的信号和油套压变化的信号，装在最底部的尾声弹在射孔管柱全部发射后，延时10s，爆炸发声，地面信号检测仪检测到此信号即证明射孔管柱全部起爆。需要指出的是射孔信号检测系统检测的只是射孔管柱是否完全起爆，而不能检测射孔发射率。

8）现场应用

在松南地区，7in套管井选择ϕ140、127射孔枪，保证有效炸高，大庆深穿透1m HMX高温射孔弹、导爆索、起爆器，选用60°相位、16孔/m，极限压差进行联作负压TCP射孔；同时采用地面信号检测仪，检测射孔可靠性，保证及时做出判断；在有可能的条件下，进行复合射孔对储层进行改造。

（二）测试方案优化技术

针对火山岩地层致密，具有缝洞型双重或多重介质的地层特点，结合区域地质资料，评价储层物性、流体变化情况和边界类型，研究合理的测试开关井时间、次数，测试压差和测试方式，保证在合理的时间内获得较全的地层参数。

1. 压井液

火山岩气藏埋藏深，温度、压力高，压力系数一般在1.14~1.17，储层岩性致密，渗透率低，裂隙发育较好，气体CO_2含量较高，达到21%左右，优先选择有机盐压井液，密度控制在大于地层压力1~1.5MPa，配置量为井筒体积的2~3倍，有机盐压井液具备下列特点：密度可调范围大（1.0~2.0g/cm^3）；粘土稳定抑制性强；无固相、无沉淀、独特的抗高温性能；对水性的影响相对较小；性能稳定，维护成本低，可回收再利用；无毒，可生物降解，满足环保的要求。

同时，对于高压但渗透性较差，缺乏自然产能的井，可选用清水压井液，以降低测试成本，同时减少环境污染。

在中途测试中，尽量选择钻井泥浆作为压井液，以节省测试周期和费用。例如，腰南1

井，腰深2井，龙深1井。在联作测试中，由于地层尚未打开，可直接选用防膨液+清水作为压井液即可，如若地层压力偏高，可在关井后向环空内加压5~8MPa，以保证封隔器不失封。例如，龙深1井，腰深3井等。

2. 测试方式的选择

对松南火山岩气井两种状况，采取不同的测试方式：

(1) 对具备自然产能高温、高压、含酸性气体的有自喷能力的井，采取钻杆裸眼中途测试、TCP+DST联作测试方式。

(2) 对高温、高压、岩性致密、低渗透无自喷能力，需要后期压裂改造的井，最优采取射孔—测试—排液三联作测试方式，以降低二次污染，及时准确的取得地层真实资料。

(3) 通过腰深2井、腰深3井、双深1井等井采用TCP+MFE二联作方式测试，均取得了较好测试成果。

3. 工作制度的优化

1) 测试压差的选择

测试压差的选择原则是能有效激动地层、解除所试层的近井地带的污染。针对松南火山岩，岩性致密，渗透性差，质地坚硬，初期流动缓慢等特征，设计测试压差应主要根据岩石抗剪切强度1.7倍和渗流方程理论为参照(图12-2-8)，以封隔器胶筒、井下工具所能承受的最大压差为准则，液垫为水垫。最大化的放置压差范围，以有效激动地层、解除测试层的近井地带的污染。

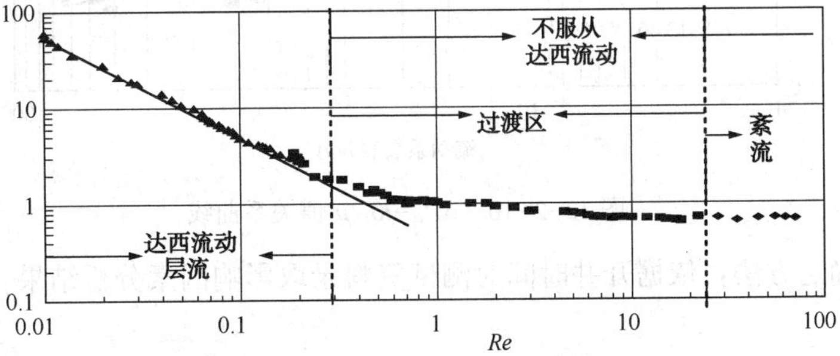

图12-2-8　流体渗流特征示意图

2) 测试开关井次数、时间的研究选择

(1) 非自喷套管井测试。

非自喷井测试过程中井底流压和流量都是逐渐变化的过程，该过程满足如下关系：

$$q = \frac{1}{C} \cdot \frac{\mathrm{d}P_{\mathrm{wf}}}{\mathrm{d}t}$$

式中　q——井底流量；

P_{wf}——井底流压；

C——井筒存储系数。

为了描述上述变化，我们把非自喷井流动IPI曲线中进入达西流动段的始点称之为“拐点”，与之对应的时间称为拐点时间(t_{G})，对应压差称为拐点压差(ΔP_{G})，对应产量称拐点产量(Q_G)，统计后发现将拐点对应生产压差与地层流动系数遵循随地层物性变好，流动系数高，拐点压差递减(图 12-2-9)。说明非自喷井流动 IPI 曲线拐点的大小与初始流压，流动通道等无关，它是反映储层物性特征的一个参数，随着储层物性变好，非线性流动增强，拐点压差减小。相关性方程为：

$\Delta P_G = 13.643(Kh/\mu) - 0.1701$　　相关系数：0.8064(图 12-2-10)。

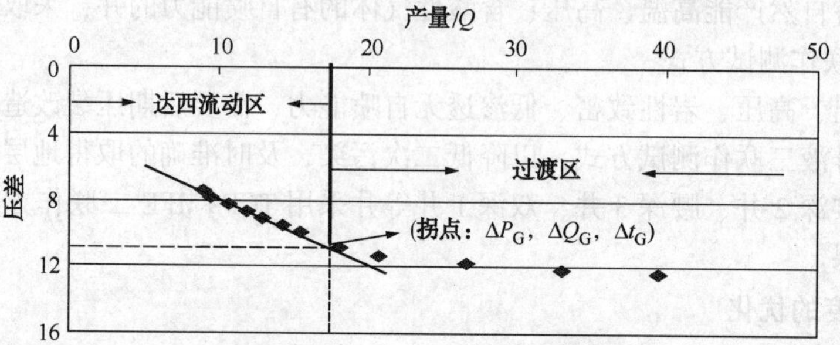

图 12-2-9　非自喷流动阶段 IPI 曲线关系图

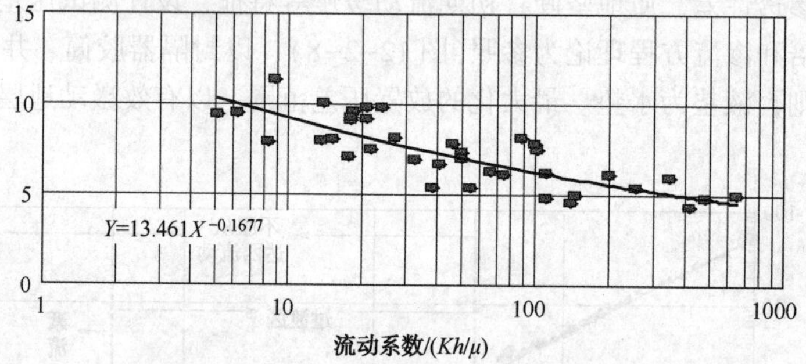

图 12-2-10　ΔP_G-Kh/μ 值关系曲线

开井时间确定方法：依据开井时间对测试资料录取影响因素分析结果，确定第二次开井时间。

计算方法如下：

$$tp_2 = \frac{146.84 \times (P_{C2} - P_{B1}) \times V_{\mu}}{q\rho} - tp_1$$

其中产量 q 为非自喷测试层平均产量，计算方法如下：

$$q = J \times \Delta\overline{P},\ \Delta\overline{P} = P_i - 0.5(P_{C2} + P_{B11})$$

最短开井流动时间的确定：

$$tp_2 = \frac{146.84 \times (P_i - \Delta P_G - P_{B1}) \times V_{\mu}}{q\rho} = tp_1$$

式中　P_i——地层压力，MPa；

ΔP_G——拐点对应生产压差，MPa。

不同渗流条件下第二次开井时间确定原则如表 12-2-3 所示，关井时间的确定原则如表 12-2-4 所示。

表 12-2-3 不同渗流条件下第二次开井时间确定

流动系数(Kh/μ)/($\times10^{-3}\mu m^2\cdot m/MPa\cdot s$)	末点流压(P_{c2})/MPa	二次开井时间(t_{p2})/min	对应产量(q)/m^3
$Kh/\mu<1$	$1/5\Delta P_R+P_{B1}$	$t_{p2}=\frac{29.368\Delta P_R\times V_\mu}{q\rho}-tp_1$	$q=J\times0.9(P_i-P_{B1})$
$1\leqslant Kh/\mu<10$	$1/3\Delta P_R+P_{B1}$	$t_{p2}=\frac{48.15\Delta P_R\times V_\mu}{q\rho}-tp_1$	$q=J\times\frac{5}{6}(P_i-P_{B1})$
$10\leqslant Kh/\mu<50$	$P_i-5.0$	$t_{p2}=\frac{14.684(P_i-P_{B1}-5.0)V_\mu}{q\rho}-tp_1$	$q=J\times0.5(P_i-P_{B1}+5.0)$

注：ΔP_R为初始流动压差；V_μ 为测试管柱容积

表 12-2-4 关井时间的确定原则

序号	条件(Kh/μ)/($10^{-3}\mu m^2\cdot m/MPa\cdot s$)	初关井	终关井		
		设计关井时间值/min	径向流原始点范围/min	开井时间影响补充值/min	设计关井时间推荐值/min
1	<1	500~400	900~600	$3tp_2$	$2000+3tp_2$　$1600+3tp_2$
2	1~10	400~240	450~270	$2tp_2$	$1600+2tp_2$　$1200+2tp_2$
3	10~50	240~180	200~290	$1tp_2$	$1200+tp_2$　$800+tp_2$

通过上述过程的研究，能够实现利用静态资料在前期对储层压力、物性以及流体性质等参数进行预测，并为制定优化测试方案提供了准确的地质依据，确保测试取得完整、准确的地层资料。

不具备自喷能力的井，地层测试一般采用二开二关测试制度，初开目的是较大压差下短时开井实现疏导产层导流通道的目的，初关资料用于求取原始或目前地层压力；二次开井流动是通过较长时间的流动来扩大泄油半径，求准产层的产量和取得合格的样品；二关资料用于求取储层物性特征参数。甚至为满足地质目的还可以设计多次开关井测试制度。三次开井流动是观察地层流体能否喷出地面，并进一步落实产能液性。对于自喷层，应按常规试油标准录取产能和液性资料；对于非自喷层能抽汲的，可进行抽汲排液，准确确定液性和油水比例。对于极低渗透性地层，由于储层物性差，压力传导速度慢，进行多次开关井由于受时间限制难以取到地层压力，所以只选用两开一关的工作制度即可。

(2) 自喷套管井测试。

通过对国内多口高温高压含 H_2S、CO_2腐蚀深井测试实际施工多采用地层测试井下一开一关方式，并且关井时间一般为 4~12h，开井时间 4~8h。限制主要因素：第一是井下测试工具受力复杂、负载大，准确的井下开、关井操作难度大；第二是直接交替改变井下工具工作状态，对工具密封件保护不利。

(3) 中途裸眼测试。

中途裸眼测试，由于测试风险大和测试时间短(6~8h)，一般只进行一次开井和一次关井。一次开井求产能液性，一次关井获得地层压力和参数。对坐封在套管内测试裸眼段时，也可进行两次开井两次关井的工作制度。

（4）酸化或压裂后效果评价测试

可采用一次开井一次关井的工作制度。一次开井流动（10~48h）应尽可能扩大泄油半径，以保证措施有效范围内地层压降的形成，为关井压力恢复（48~120h）充分揭示储层渗流特征创造条件。

3）松南火山岩气藏测试工作制度优化

裸眼井采取一开一关井，一开井1~2h，一关井4~6h，如腰南1井，测试卡片见图12-2-11。挂套测裸时则可采用多次开关井的方式进行测试，如龙深1井中途测试（图12-2-12）。

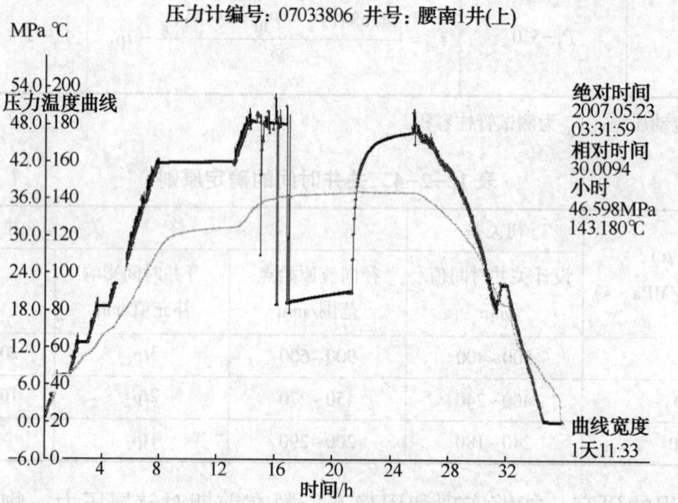

图12-2-11　腰南1井裸眼测试卡片

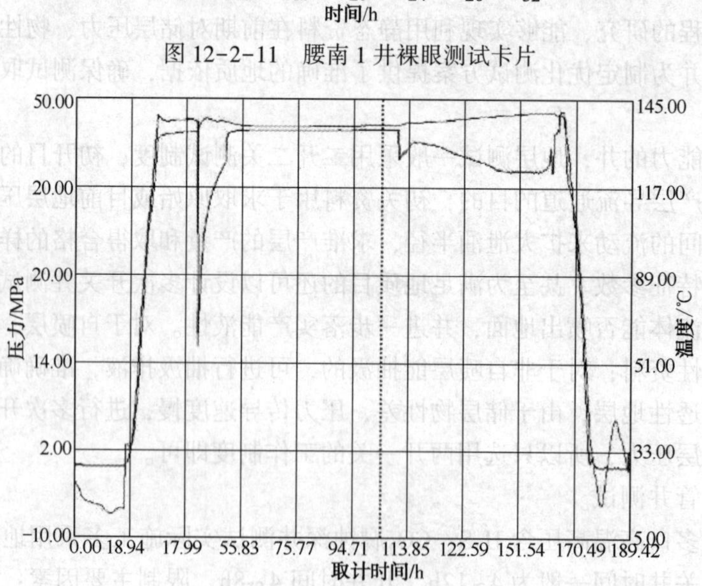

图12-2-12　龙深1井裸眼测试卡片

对套管井则以负压射孔—测试二联作方式为主，负压射孔—测试—水力泵三排液联作方式为辅，使用无机盐压井液、压差以岩石抗剪切强度1.7倍及渗流方程理论为参照，以封隔器胶筒、井下工具所能承受的最大压差为准则，一般施加测试液垫（水）高度控制在500m以内。

采用 TCP+DST 井底三开二关的测试方式，测试初开时间控制在 10~20min，初关 16~48h，二开 2~4h，二关 96~120h，视现场情况决定三开时间，以求取稳定测试产量为目的。三开无自喷能力，可实施排液措施，无自然产能，应尽快实施压裂或酸化等增产措施，尽早获得工业油气流。

（三）火山岩储层试井技术

针对火山岩气藏微裂缝发育、储层非均质性强、且存在底水等特征，在气藏地质研究的基础上，优化试井方法和工作制度，以更准确地计算气藏参数和产能。

1. 试气方法

气井试井，关井压力恢复测试是进行储层动态描述的关键。不管采用哪种方法测试，在产能测试结束或短期试采后，均要求进行关井测压力恢复曲线录取资料。而松南火山岩气藏属低渗透储层，一般情况下压力恢复至稳定状态需要较长时间。

目前的最常用的试气方法主要有回压试井、等时试井、修正等时试井、一点法试井 4 种方法。比较分析四种试井方法，等时试井每个工作制度均要求地层压力恢复至原始地层压力，不适合该地区气井进行产能试井。一点法试井由于其自身的局限性，不适用于处于开发初期的火山岩气藏进行产能评价。适合松南火山岩气藏的试井方法为回压试井和修正等时试井这两种方法。

2. 试气合理工作制度选择

气井试气，油嘴工作制度的选择是否合理，是关系到试气成败的关键。在松南气井试气时，根据井口油压对应的工作制度油嘴直径的对数线性关系，进行对系统产能试井油嘴工作制度预选，取得了很好的效果。

1）放喷排液后期求初产

在放喷排液后期，选择“一大一小、先大后小”两个工作制度进行求初产，并录取相应制度稳定的井口油压和产量。

2）建立 P_t-log$D$ 线性图板

依据录取的两个工作制度稳定的井口油压（P_t）与对应油嘴直径（D）对数关系建立 P_t-log$D$ 线性图板（参见图 12-2-13）。

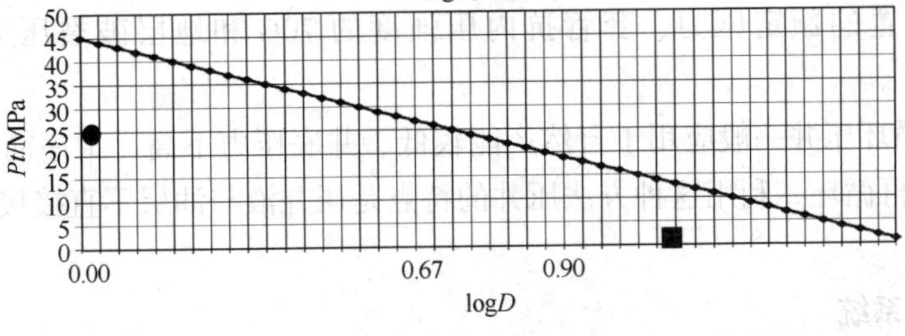

图 12-2-13　井口油压（P_t）和油嘴直径对数（log$D$）关系曲线

3）录取最大关井压力，确定系统试井合理井口回压

在关井测静压期间，录取井口最大关井压力。根据最大关井压力，设计 4~5 个工作制度的回压。要求设定的回压压差由小到大，范围控制在井口最大关井压力的 70%~90%，即 5 个工作制度步长按 5%左右递减，测点产量由小到大逐步递增。

4）图版查找、计算

经图版查找、计算出在设计的不同井口回压对应的油嘴大小即为预选工作制度。

3. 试气作业工序

松南火山岩气藏气井为高温、高压且大部分为自然产能较高的井，对井筒、地面控制设备及试气资料录取的准确性要求较高。通过对该地区气井的多井的试气，完善了一套适合该区试气作业工序，包括试气准备(地面及井筒准备)、替喷、控制放喷排液及排液后期求初产、系统测试、压井(探井多层测试)、封堵上返测试。

(1) 试气工序主要包括替喷、控制放喷排液及求初产及系统求产三个方面。

替喷，一般采用一次替喷完成诱喷，为使井底回压较小，尽量减少压井液及替喷液对气层的污染，一般采用清水正循环替喷，并且要用连续大排量，中途不停泵。对于松南火成岩气藏的高压气井，在排液刚开始排液阶段，一般采用可调式节流阀控制；当排液出口气量增加时，因为井口压力逐渐升高，考虑漏失气层内泥浆或井内出砂对节流处磨损严重，一般采用固定式节流阀(合金油咀)节流，排液后期进入测试流程，排液同时选择一大一小油嘴求初产、预选系统求产时的油嘴工作制度。

进入系统求产阶段，首先关井测取地层静压，并录取井口最大关井压力，为油嘴工作制度的预选及求产结束后资料的处理提供依据，然后根据预选的油嘴工作制度求产，求产结束后关井测压力恢复曲线。

(2) 目前常用压井方式有三种，即循环压井、挤注压井和灌注压井。在松南气井试气作业，通常采用的压井方式为挤注压井+循环压井或灌注压井+循环压井组合形式。

挤注压井+循环压井：在油、套管内既不连通，又无循环通道的井不能循环压井，也不能采用灌注压井的情况下采用挤入(注)法。在松南地区，该方法最常用于气井自然产能高、井口压力高或者气层压裂改造后井下为带有封隔器的管串结构的气井作业。一般压井程序是：压井前期采用挤注压井，待压井液充满井使液柱压力和地层压力平衡后，解封封隔器(或打开循环通道)，再进行循环压井脱气。其缺点是，挤注压井可能将脏物(砂、泥)等挤入产层，造成孔道堵塞；需要压裂来解除堵塞，但是只要经过压井液优选，对产层的污染可以降到最低。值得注意的是采用挤压法时，在挤压过程中，其最高压力不得超过井控装置的额定压力、套管抗内压强度的70%和地层破裂压力值三者中的最小值。

灌注压井+循环压井一般应用于自然产能较低、井底压力不高、工序简单、作业时间短的井，先灌注、再循环。利用这种方法压井的特点是压井液与油层不直接接触，可以避免对产层造成污染。

4. 地面控制系统

针对松南深层火山岩气藏高温高压、CO_2分压达到11MPa(远远超过国际上公认的CO_2产生腐蚀的分压值为0.196MPa)以及不含硫等特点，对测试设备管材的压力级别、工作环境以及操作条件的要求极为严格。为了地面测试安全，形成了采用二级节流、一级保温、灵活增加化学注入泵为特色的高温高压气井地面控制技术，实践证明，满足松南高温高压含腐蚀介质气井地层测试需要。

1）地面设备

从该区气井试气实际情况出发，结合采气井口等设备的材质工况特性分析、选型标准以及施工工况压力进行选择测试设备。

（1）采气井口选择。一般压裂井试气选用 KQ105/78-65 型采气井口装置，试气后转采井选用 KQ70/78-65 型采气井口装置，井口装置均采用不锈钢材料 FF 级制造，能满足松南地区深井测试和压裂井转采的要求。参见表 12-2-5、表 12-2-6。

表 12-2-5　采气树各类材料类别材质工况特性及部件材料表

材料类别	工况特性	本体、盖和法兰	闸板、阀座、阀杆、顶丝和悬挂器本体
AA	一般使用——无腐蚀	碳钢或低合金钢	碳钢或低合金钢
BB	一般使用——轻度腐蚀		不锈钢
CC	一般使用——中腐蚀到高腐蚀	不锈钢	
DD	酸性环境——无腐蚀	碳钢或低合金钢	碳钢或低合金钢
EE	酸性环境——轻度腐蚀		不锈钢
FF	酸性环境——中度到高度腐蚀	不锈钢	
HH	酸性环境——严重腐蚀	抗腐蚀合金	抗腐蚀合金

表 12-2-6　采油树选择表　API 修订日期：2004-10-8

材料类别	允许氯化物含量/ppm	允许 CO_2 腐蚀分压/MPa	允许 H_2S 腐蚀分压/MPa
材料类别 AA	小于 10000	小于 0.04823	小于 0.0003443
材料类别 BB	小于 10000	小于 0.207	小于 0.0003443
材料类别 DD	小于 10000	小于 0.04823	小于 0.0207
材料类别 EE	小于 20000	小于 0.207	小于 0.0207
材料类别 FF	小于 20000	超过 0.207	小于 0.0207
材料类别 HH（全部金属堆焊金属）	小于 200000ppm	超过 0.207MPa	大于 0.0207MPa

（2）防喷器和地面安全阀选择。防喷器选用 2FZ18-70 双闸板及 700 型地面安全阀，安装远程液控系统，便于快速开关和远程控制。

（3）管汇台选择。考虑形成水合物以及冰堵，测试安全、易于操作，采用多级节流管汇控制。选择国产承德石油机械厂 FF 级保温管汇台，工作压力 70/105MPa，工作温度 -50~180℃，内径 65/76mm，工作介质 H_2S、CO_2、酸液。其中第一级采用 105MPa 管汇台，作为临时井口控制开关井，并承担节流降压任务。第二级管汇台选用 70MPa 管汇台。

（4）高压管线选择。井口控制头（或采气树）—地面安全阀—管汇台之间采用耐压等级不小于 70MPa、通径 52mm 的 FIG2202 或 FIG1502 由壬管线连接；管汇台—水套炉—分离器之间连接的高压管线采用耐压等级 35MPa、通径 76mm 的 FIG602 管线连接，工作温度：-50~175℃，工作介质 H_2S、CO_2、酸液。

（5）节流装置选择。对于高压气井，在测试刚开始排液阶段，一般采用可调式节流阀控制；在进入放喷求产阶段，一般采用固定式节流阀（合金油咀）节流。

(6) 三相分离器和水套炉选择。三相分离器为 WS1.0×4.5×9.8 型，工作压力 10MPa/50℃(9.8MPa/50℃)，工作温度-50~121℃，分离液体能力：200m^3/d，分离气体能力 50×10^4m^3/d，分离效率：99.5%，允许含砂量 5%，配有油气水电子流量计及自动排污系统。

水套炉为 HJ250-Q/35-Q，工作压力 35/20MPa，工作温度：-20~200℃；热交换量：110×10^4kcal/h，工作介质：H_2S、CO_2、酸液。

(7) 数据采集系统应用。数据采集系统应用于高压深井放喷测试作业，能安全、准确、全自动获取详尽的测试资料并加以处理；避免测试时人为读取数据的误差及各资料录取时的不同时性；随时监测整个测试流程安全状态，提供安全报警。

(8) 压井设备选择。采用 SJ5194TYL70 水泥车、200m^3 泥浆循环系统及 700 型压井管汇组。

2) 地面流程设计研究

试气地面流程由节流控制系统、保温系统、分离系统、计量系统、安全控制系统、数据采集系统等组成。流程应满足替喷、放喷、测试、压井、洗井、气举的需要，并能实现分级节流和满足风向改变后连续放喷、测试的需要。流程设计时配套了保温系统、数据监测系统、分离计量系统、安全控制系统(图 12-2-14)。

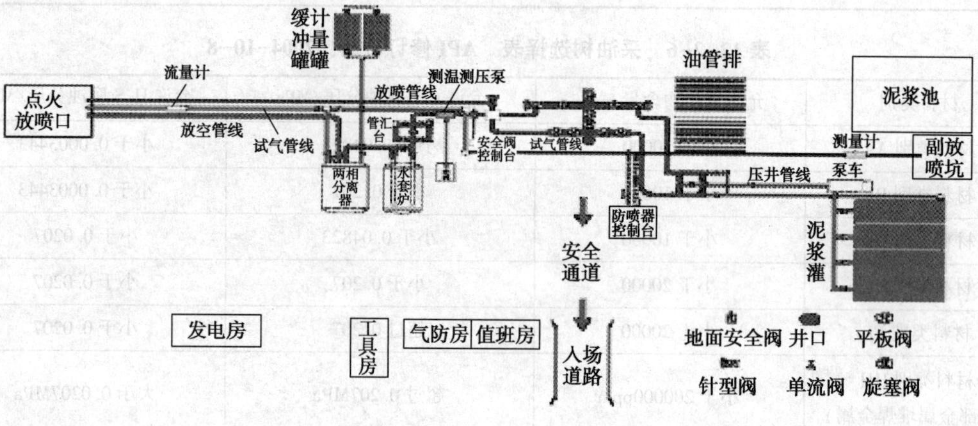

图 12-2-14　现场试气地面流程示意图

在钻井期间漏失进入地层的泥浆随天然气流携带至地面，泥浆中的固相物质会对测试流程产生极大的刺蚀，首先采用二级节流，逐级降低各级测试管汇台压差，减轻天然气的冲蚀；其次，流程设计时专门设计可调式节流阀控制节点，在测试刚开始排液阶段，一般采用可调式节流阀控制；在进入排液后期放喷及系统求产阶段，因为井口压力较高，考虑漏失气层内泥浆或井内出砂对节流处磨损严重，一般采用固定式节流阀(合金油咀)节流。对于压裂后试气的井，由于高速含砂流体对测试地面流程装置冲蚀破坏严重，研制开发出缓冲直角弯头等，延长了使用时间，保证了测试安全。

(四) 测试处理解释技术

针对低渗、多重介质等复杂的储层和流体条件，选用低渗、特低渗、或多重介质模型进行处理解释，提高资料解释成功率和准确率。结合地质、油藏、测试工艺等学科知识，对远离井筒的地层、流体和边界变化的情况进行精细评价研究。

1. 试井仪器选择

为了保证测试能够获取合格的压力资料数据，优选了适应含 H_2S 和 CO_2 工作环境的耐高压、高温电子压力计及其提升、防喷等辅助设备，参见表 12-2-7。

表 12-2-7 试井配套设备及基本参数

试井设备	规格型号	工作压力/MPa	抗酸硫等级
钨加重杆(外壳为 Inconel718 材质)	外径 35mm，长度 0.62m，单根质量 8kg		适应 H_2S：250g/m³，CO_2：250g/m³ 的工作环境
单翼液压防喷器	内径 77mm	75	
防喷管(Inconel925 材质)	内径 76mm	75	
注脂短节		75	
防喷盒		75	
试井钢丝	GD31MO，长度 6000m，直径 2.4/2.8mm		
电子压力计	2000C、2000D、DDI 外径 31.8mm	103	

松南火山岩气藏为酸性气体气藏，对各种仪器设备存在一定程度的腐蚀，尤其是对试井钢丝的影响较大。如，腰平 1 井、腰深 2 井因井筒内酸性气体腐蚀试井钢丝，导致压力计落井，腰平 7 井钢丝绳井筒遇阻，无法提出地面。增加了施工项目，延长了施工周期，并对资料的录取和解释带来了困难。

为了解决此难题，我们引进了脱挂器。高压试井井下脱挂器的应用，实现了将试井仪器留在井筒内任意设计深度。试井期间无须人员、车辆守候井场，可从事其他井施工作业，提高了设备、人员的工作效率；减少了试井钢丝在井内受各种矿化物和酸性气体的腐蚀，延长了钢丝的使用寿命，避免了因钢丝腐蚀而造成仪器落井的事故。

2. 测试资料处理解释技术方法

1）火山岩气藏地质特征

（1）火山岩气藏岩性岩相变化快，厚度变化大，横向连通性差，非均质性强，火山岩储层孔隙结构复杂，储集空间多样，主要为块状分布，其主要储集空间既有孔隙，也有裂缝；成因上既有原生孔缝(晶间孔、气孔及成岩缝)，也有大量次生孔缝(溶蚀孔、屑间孔及构造缝)，人们已认识到火山岩气藏的储层结构与开发特点不同于砂砾岩及碳酸盐岩油气藏，但相关的理论研究仍处于初级阶段，目前尚未形成系统成熟的火山岩气藏开发的规律和经验。

（2）火山岩储层微裂缝比较发育，气井压裂后一般形成多裂缝，同时裂缝延伸类型复杂多样，目前的产能模型很难对其进行产能预测及影响因素分析；根据松辽盆地火山岩气田压裂实践表明，采用等效裂缝处理方法建立的等效物理模型可以较好的描述实际裂缝分布特征。

（3）火山岩气藏普遍为低渗储层，自然产能非常低，达不到工业气流，大部分都必须进行压裂改造后才能投入开发。

（4）火山岩气藏渗流模型有：不等厚横向非均质复合油气藏渗流模型、裂缝-孔隙型气藏非均质、多区双重孔隙介质复合地层模型、表皮效应、井筒存储效应、气藏地层、多区不等厚横向非均质复合气藏渗流模型、层间窜流的层状渗流模型。

2）测试曲线的重要性

测试压力曲线是整个测试过程的缩影和地层特征的记载，也是进行参数计算和油层评价的基础，是极其重要的原始资料。完整的地层测试曲线，可以提供地层静压力值。对于探井，静压力代表地层的原始地层压力；对生产井(采油井、注水井、观察井)，静压力代表目前地层压力，这个压力值的重要性，在于它能准确地表示出地层能量是否充足(因为根据地层压力可以计算地层的压力系数的大小)。流动曲线可以准确地计算地层在某生产压差下的平均日产油量，对于探井它可以评价产层的工业价值，对于生产井它可以计算油井在某一深度位置下泵的生产能力。

通过对测试压力曲线的分析，可以鉴别测试工艺是否成功，工具、仪表工作是否正常，并初步了解地层的产能、渗透性、压力高低和压力恢复曲线特征，对产层作出定性评价。通过对压力曲线的阅读和计算，经过计算机试井解释软件处理，可以计算出地层的特征参数，了解油层堵塞污染原因和堵塞污染程度，定量的对测试层作出评价。为油田增产措施提供科学依据，提高措施成功率。

3）测试曲线分析

在松南火山岩气藏共进行了 22 次测试及试气作业，除其中 6 次测试作业因地层低渗，压力恢复缓慢，导致无法解释资料外，其他均成功的解释得到了地层参数，为下步措施提供了依据。

腰深 1 井压恢双对数诊断曲线呈现三个不同状态流(图 12-2-15)，早期“井筒存储”；中期“径向流”；晚期“恒压边界”。恒压边界状态的出现与气藏边部及下部火成岩体发育巨大的边底水相吻合，该井采用 5. 3mm 油嘴试采 167 天，稳定日产气量 $10.2\times10^4m^3$，期间累产气 $1130\times10^4m^3$，地层压力由 42. 039MPa 降为 42. 015MPa，说明地层供应能力非常强。参考双对数拟合曲线形态，结合地层岩性特征，选用井筒储集、表皮系数+均质油藏+平行断层的气藏模型进行解释，拟合曲线的吻合程度较高，其有效渗透率 $0.08\times10^{-3}\ \mu m^2$(测试井段长)，表皮系数 1. 07。

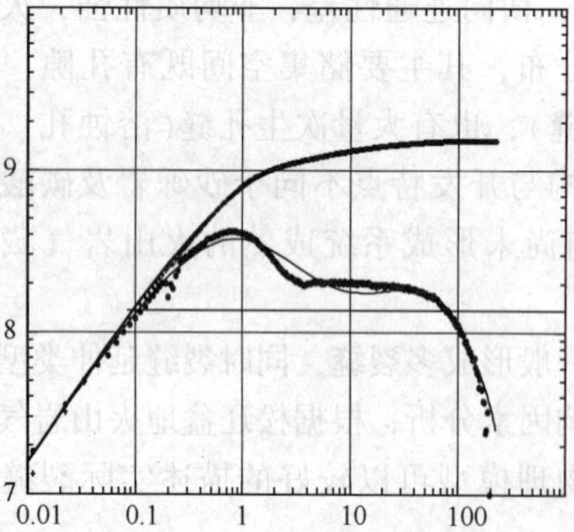

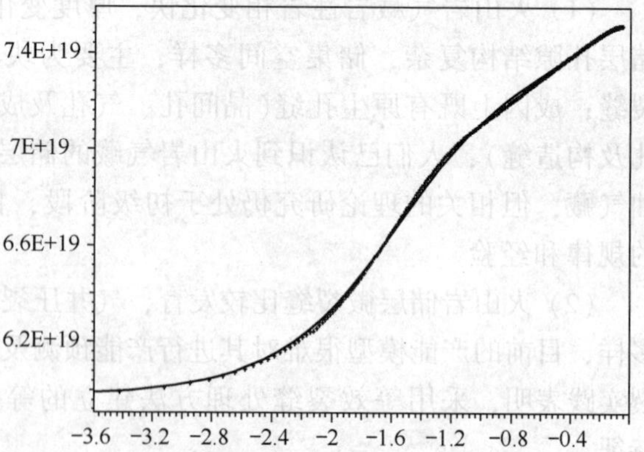

图 12-2-15　腰深 1 井拟合曲线

腰平 1 井采用系统回压法试井。参考双对数拟合曲线形态(图 12-2-16)，结合地层岩性特征，选用水平井+均质油藏+交叉断层的气藏模型进行解释，其有效渗透率 $6.42\times10^{-3}\ \mu m^2$，表皮系数 0. 44。双对数诊断曲线呈现三个不同状态流，早期“内缘径向流”；中期“过渡段”；晚期“外缘径向流”。早期井筒存储极短就出现内缘径向流，说明气井压力恢复速度快，产能高；较长的过渡段及外缘径向流状态的出现表明该井控制范围气藏广。

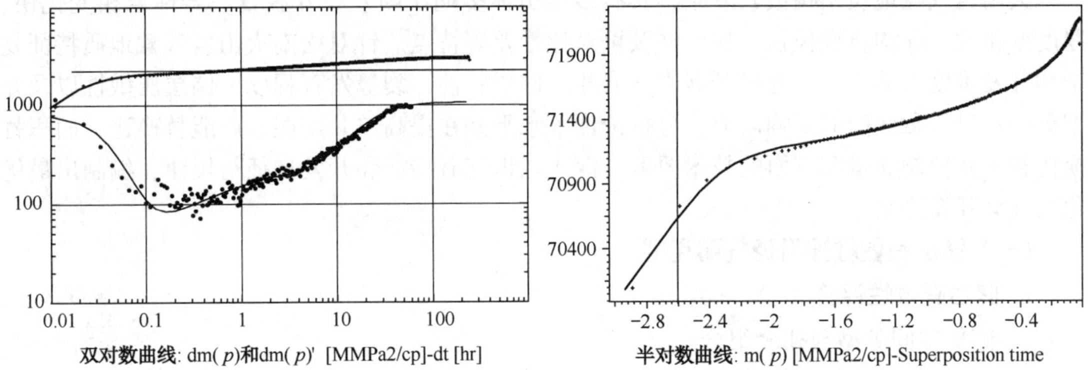

图 12-2-16　腰平 1 井拟合曲线

腰平 7 井，选用水平井+均质油藏+交叉断层的气藏模型进行解释，其有效渗透率 $0.24\times10^{-3}\mu m^2$，表皮系数 1.29。压恢双对数诊断曲线呈现四个不同状态流，早期“井筒存储”；中期“内缘径向流”；后期“过渡段”；晚期导数诊断曲线后期上翘为“不渗透边界”反映，与腰平 1 井相比前三段相似，但晚期出现不渗透边界表明储层横向上存在相变或断层遮挡。

腰平 3 井压恢试井采用“水平井+均质油藏+交叉断层”模型解释，其有效渗透率 $1.89\times10^{-3}\mu m^2$，表皮系数 12.8，导数诊断曲线后期下掉，表现恒压边界特征反映(图 12-2-17)。

腰平 9 井压恢试井采用“水平井+均质油藏+交叉断层”模型解释，其有效渗透率 $0.426\times10^{-3}\mu m^2$，表皮系数−1.13，导数诊断曲线呈驼峰状，表现为双重介质储层(图 12-2-18)。

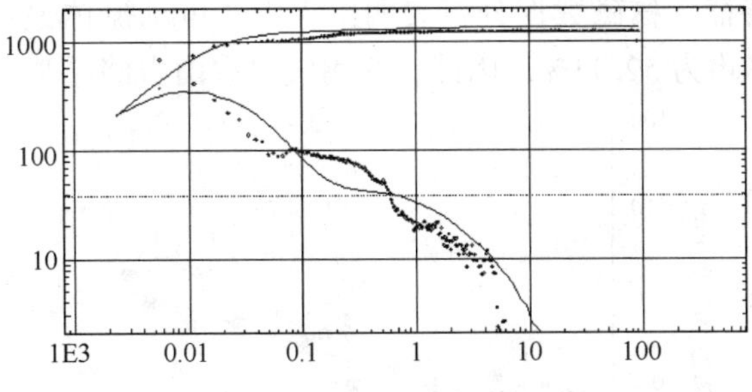

图 12-2-17　腰平 3 井压恢试井双对数曲线

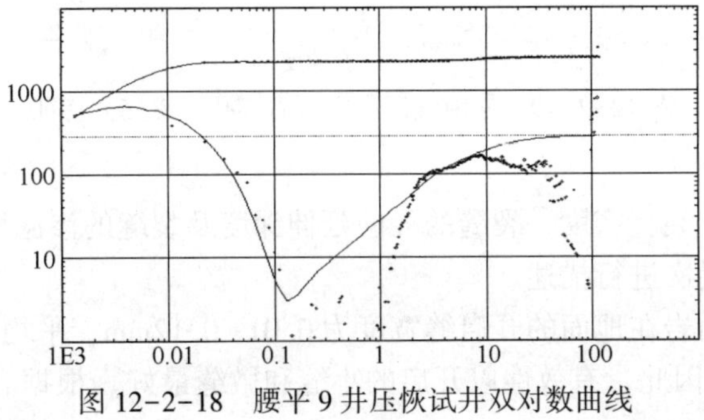

图 12-2-18　腰平 9 井压恢试井双对数曲线

二、火山岩气藏气藏工程优化技术

火山岩气藏地质结构极其复杂，具有多火山体多期次喷发交互叠置、岩性岩相变化快、厚度变化大、非均质性极强、连续性及可对比性差等特点。针对松南火山岩气藏地质特征复杂和开发难度大的特点，通过开展岩性岩相、储层物性、裂缝发育程度、储层压敏性以及井型等因素对气藏产能的影响研究，分析论证了水平井在提高单井产能、产能替换比、面积替换比和单井控制储量等方面的技术要素，深入认识气藏特征和开发特征与规律，编制出最优化的气藏开发方案。

（一）储层有效性评价及气藏类型

1. 储层有效性评价

1）储集空间类型与孔缝组合

松南气田营城组气藏储层主要为溢流相和爆发相火山岩。综合分析认为腰深 1 井区营城组火山岩储层属于低孔、低渗储层，储层物性以流纹岩最好，其次为熔结角砾岩；储层非均质性为中到强；储集类型是以基质孔隙和溶孔为主的孔隙型，裂缝是沟通孔、洞的渗流通道，裂缝与孔隙较好搭配易形成高产储层。通过对波阻抗反演数据体、密度反演数据体和孔隙度反演数据体计算分析，认为溢流相火山岩具有孔隙条件好、裂缝发育等特点，是该区火山岩的主要储层，利用波阻抗数据体在火山岩中寻找低阻抗发育区，是发现和落实火山岩有利储层的有效方法。

2）基质有效性

松南气田岩心、铸体薄片以及 X-CT 扫描图像表明岩石相对较疏松、储层孔隙较发育。岩心分析孔、渗数据大于有效储层下限的占 70%以上，孔、渗数据相关性好（图 12-2-19），说明储层基质既具有一定的储集性，又有一定的渗透能力。压汞分析资料表明，火山岩具有较好的微观孔隙结构特征。核磁数据分析表明，火山岩可动流体饱和度与岩心孔、渗正相关，可动流体饱和度平均为 52.11%。因此，松南气田火山岩储层基质是有效的。

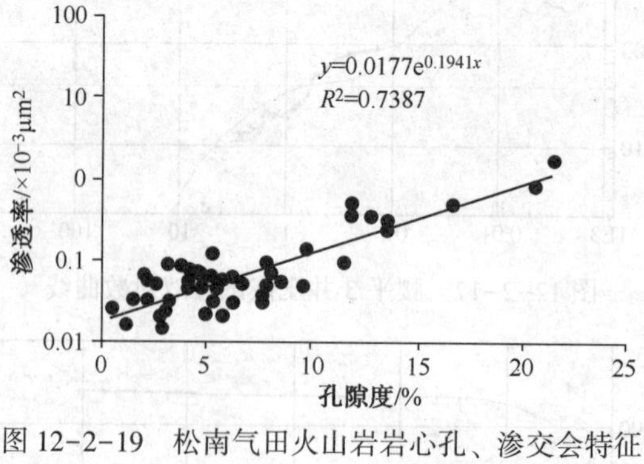

图 12-2-19　松南气田火山岩岩心孔、渗交会特征

3）裂缝有效性

通过裂缝张开度、裂缝密度、裂缝的径向延伸深度及裂缝的渗滤性能四个方面，并结合裂缝充填情况和发育期次进行描述。

由前述可知，火山岩在地面的开启缝宽度为 0.01~0.12mm，平均 0.04mm；火成岩开启缝占 57.6%~65.3%。因此，有效性以开启的小缝和微缝最好。根据岩心和薄片观察裂缝的性质、发育位置(斑晶或基质)、充填物及相互交切关系，大致确定构造裂缝的发育期次。一般而言，裂缝发育时间越晚，被充填、改造的可能性就越小，而早期裂缝多已被矿物充填，多为无效缝。比较而言，火山岩构造缝延伸长度大；裂缝孔隙度主要分布在0~0.05%之间。

4）储层连通性分析

(1) 通过采用以波阻抗反演为主的地震反演方法，结合密度反演，进行储层物性预测，分析火山岩储层的连通性和有效储层空间分布特征。平面上，由南向北储层物性逐渐变差，非均质性增加，渗透率级差由69.1~138.2，渗透率变异系数0.32~0.72；腰深101井储层物性最好，岩心分析孔隙度、渗透率分别为8.96%、$6.91\times10^{-3}\mu m^2$；腰深1井岩心分析孔隙度、渗透率分别为7.62%、$0.10\times10^{-3}\mu m^2$；腰深102井岩心分析孔隙度、渗透率分别为5.27%、$0.05\times10^{-3}\mu m^2$。溢流相储层孔隙度高值段，纵向上主要分布在上部流纹质火山角砾凝灰岩、球粒流纹岩发育的相带；平面上平均孔隙度>5%的储层，主要分布在腰深1—腰平1井区，即近火山口区域；爆发相储层孔隙度高值段，纵向上主要分布在上部熔结角砾凝灰岩、火山角砾凝灰岩发育的相带；平面上平均孔隙度>5%的储层，主要分布在腰深101井区，即近火山口区域(图12-2-20)。裂缝是沟通孔、洞的渗流通道，起到连通储层的作用。

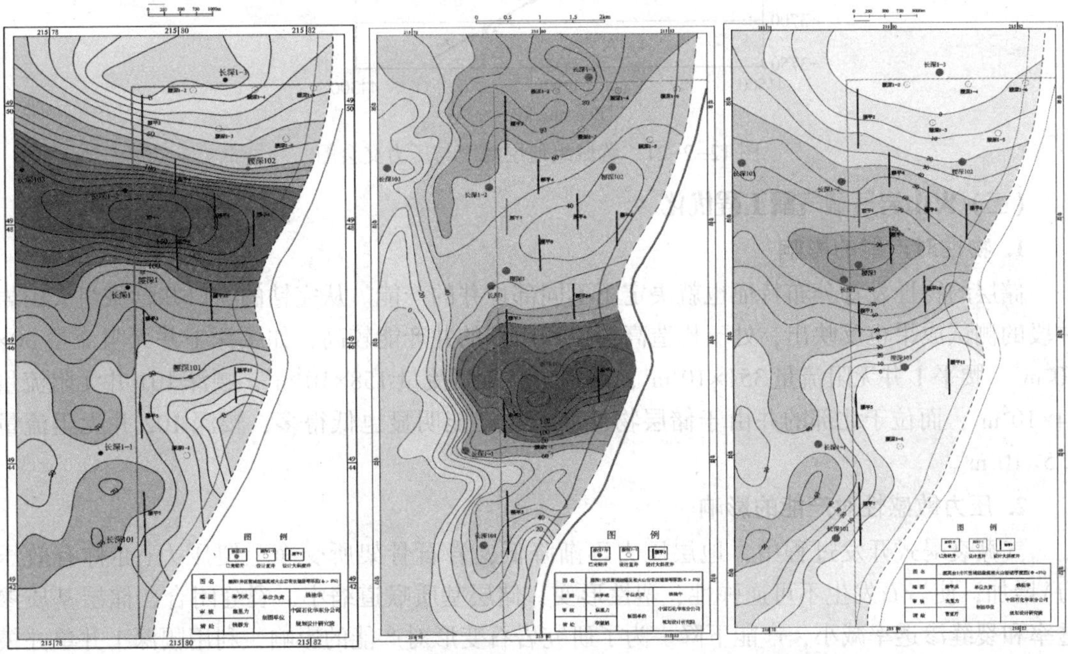

图12-2-20　松南气田火山岩有效储集空间分布图

(2) 钻井、录井、试井资料反映，松南气田营城组火山岩气藏可能存在一个裂缝带，而且具有一定的连通性和统一的压力系统。在腰深1井3655~3674m，腰平1井3691.94~3717.87m(斜深4003~4148m)，腰深101井3730~3740.5m，腰深102井3765~3784m以及长深1-2井3690~3703m的营城组火山岩岩性变化相似，钻时整体变快，气测显示连续性强，单根峰明显逐渐升高，属同一期火山岩底部的同一裂缝带气层。气田内四口井测试表明，不同部位井的压力系数均在 1.16 左右，表明气藏连通性较好，具有统一的压力系统。

2. 气藏类型

根据钻井、测井及测试所揭示气水界面在 3810m 左右，腰深 102 井测试测井解释为水层的日产水量为仅 3.12m^3/d，腰深 1 井试采期间在累计产气量 1134×$10^4 m^3$ 的情况下未见地层水并结合其他地质资料分析研究认为，松南气田营城组火山岩气藏为一受构造、岩性控制，具有独立的压力、气水系统。水体不活跃，水界面受构造控制的块状底水气藏。

表明气藏主要靠气体本身的弹性膨胀能驱动为主，分布具有明显的上气、下水的特点(图 12-2-21)，高部位产纯气，低部位气水同出，气藏高点埋藏深度为-3380m；气藏中部海拔-3629m；含气高度为 162~270m。

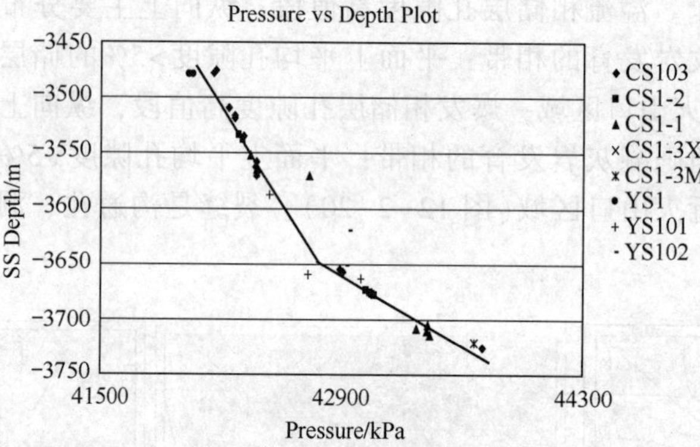

图 12-2-21　营城组地层深度与压力交会图

(二) 火山岩气藏气藏工程优化

1. 物性对产能的影响

储层的物性发育分布特征也就决定了不同部位井的产能。从完钻的 5 口井营城组火山岩井段的测试成果也反映出，处于构造高部位和南部的井产能较高，如腰深 1 井无阻流量 30×$10^4 m^3$，腰平 1 井无阻流量 351×$10^4 m^3$，腰平 7 井无阻流量 158×$10^4 m^3$，腰深 101 井无阻流量 34×$10^4 m^3$，而位于北部的井由于储层物性变差，产能明显也低得多，腰深 102 井无阻流量 7.5×$10^4 m^3$。

2. 压力敏感性对产能的影响

气藏衰竭式开发过程中，地层压力逐渐降低，岩石骨架所受净上覆压力(亦称有效压力)增加，使岩石发生不可逆弹性、塑性形变，储层基质喉道缩小，裂缝闭合，储层基质渗透率和裂缝渗透率减小，产能下降。为了研究岩石变形对产能的影响，利用腰深 1 井单井模型设计了 4 个方案：方案 1 裂缝不发生变形、方案 2 裂缝变形中等、方案 3 裂缝变形大、方案 4 裂缝变形初期加剧，后期缓慢，裂缝变形总体幅度与方案 3 相同。

数值模拟结果表明裂缝变形对气藏开发效果有很大影响，在产能评价和开发指标预测中必须考虑变形的影响(图 12-2-22、图 12-2-23)。具体表现在：①裂缝变形程度对稳产期有明显影响：裂缝变形越大，稳产期越短；②裂缝变形对采出程度有很大影响：裂缝变形越大，采出程度越低；③裂缝在压力下降初期的变形程度对稳产期和采出程度也有影响：在相同的变形程度下，初期裂缝变形越大，稳产期越短，采出程度越低。

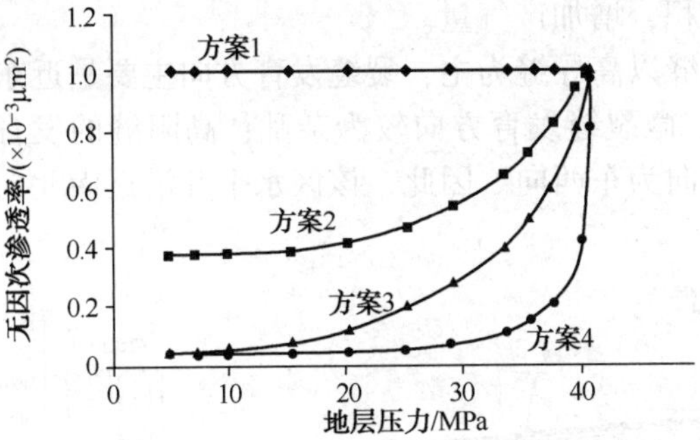

图 12-2-22　裂缝无因次渗透率与地层压力关系

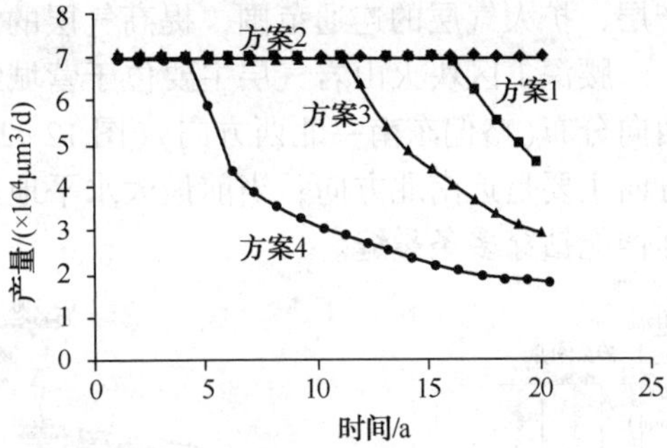

图 12-2-23　4 种方案累计产量曲线

3. 井型对产能的影响

通过对水平井单井产能、产能替换比(图 12-2-24)、面积替换比(图 12-2-25)、单井控制储量以及生产压差等技术要素的论证，证明了水平井技术是适合火山岩气藏开发的高效技术。

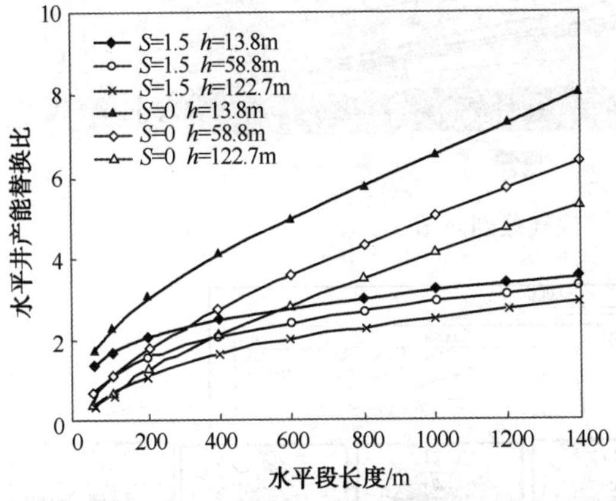

图 12-2-24　水平井产能替换比与水平段长度关系

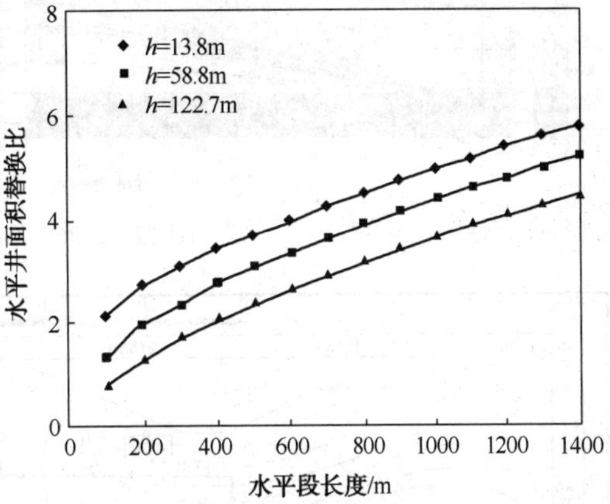

图 12-2-25　水平井面积替换比与水平段长度关系

(1) 利用水平井(或大斜度井)开发可以加大裸露长度、增加泄气范围，提高单井产量。

腰深 1 井区块总体上属于低孔低渗气藏。腰深 1、腰深 101 井测试物性好的储层的无阻流量在 30×10^4 ~ $42\times10^4m^3/d$，因此采用水平井(或大斜度井)开发可以加大裸露长度、增加泄气范围，不压裂就可获得高产气流，提高单井产量。

通过类比及理论研究表明：水平井产能替换比与水平井段长度、产层厚度、表皮系数等因素有关，水平井段长度越长，水平井产能替换比越大；气层厚度越大，水平井产能替换比越小；储层污染愈严重，水平井产能替换比愈小。腰深 1 区块火山岩气藏水平井产能替换比在 3~5 倍左右。

(2) 有效抑制底水锥进。根据地质认识，营城组火山岩气藏为整装构造气藏，腰深 1、腰深 101、腰深 102、腰平 1 井处于同一个压力系统中，具有统一的气水界面，气底海拔为 −3649m。从气藏剖面图(图 12-2-26)可以看出，气藏总体上表现为构造高部位为气，低部位为水。

纵向上气水层之间隔夹层较发育，采用直井开发易形成水锥，因此利用水平井开发可降低生产压差，延缓和减少气藏底水脊进的影响，延长无水采气期，提高采收率。

(3) 扩大气层的连通范围，增加产气量。根据地质研究成果，本区高角度裂缝发育，垂直天然裂缝方向钻大斜度井在平面上能钻穿多条垂直裂缝，纵向上裂缝也可以沟通上下多层产层，扩大气层的连通范围，提高气层的泄气体积，增加产气量。

腰深1区块火山岩气层主要位于营城组。裂缝以高导缝为主，裂缝发育方向主要是近东西向分布（略偏东南—北西方向）（图12-2-27）；微裂缝发育方向较为杂乱；高阻缝的发育方向主要是近南北方向；当前最大水平地应力方向为东西向。因此，该区水平井沿近南北向延伸能钻穿多条裂缝。

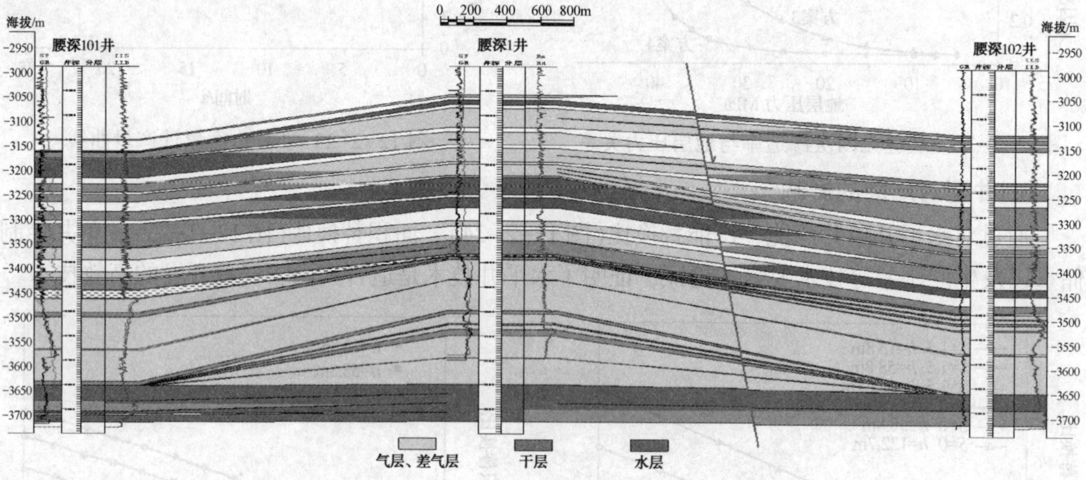

图12-2-26 腰深1井区块气藏剖面图

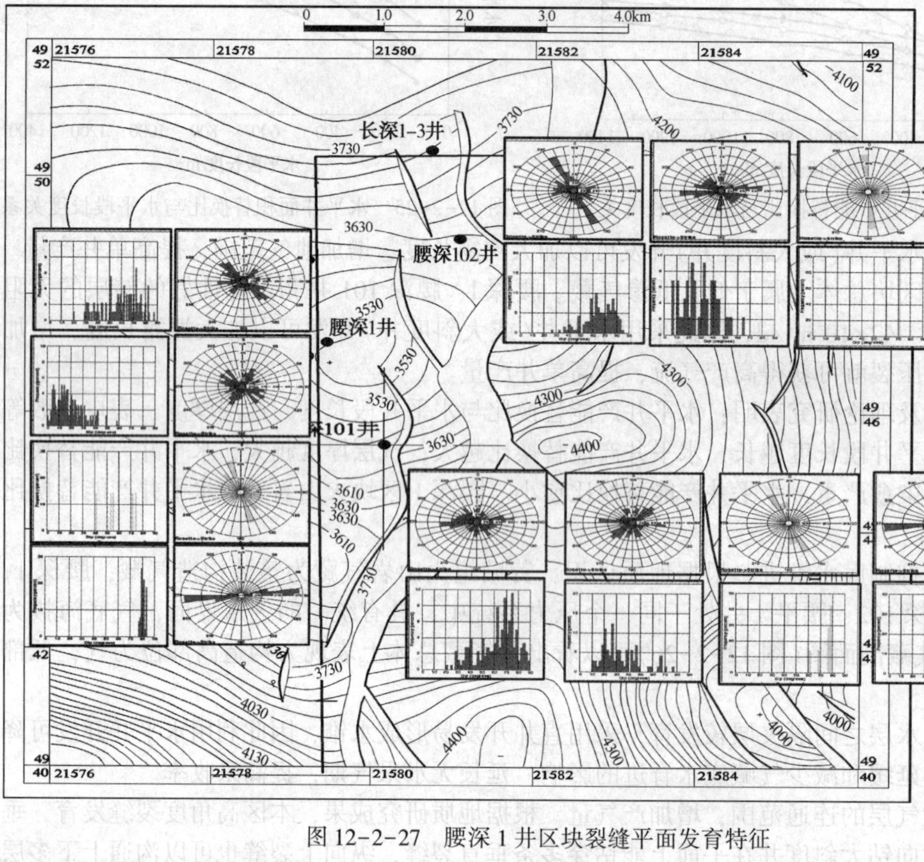

图12-2-27 腰深1井区块裂缝平面发育特征

（4）增加可动用储量。营城组野外露头和徐深1区块密井网解剖研究表明：从野外剖面看，营城组火山体分布范围一般小于10km²；从亚相发育规模看，同一岩性岩相带的厚度范围在10~50m，侧向分布范围30~200m；而且单个火山口控制的火山岩体积较小，火山岩相横向规模小，连通性差，横向范围在200~800m。

腰深1区块营城组火山岩储层多个火山岩体相互叠置(图12-2-28)，岩性、岩相、物性变化大，在火山岩体叠置部位及岩性岩相变化部位存在阻流带，因而在火山岩体内部存在多个互不连通的流动单元。利用水平井开发可穿越多个火山岩体，把火山岩气藏中多个封闭的流动单元与井眼连接起来，扩大了连通范围，增加了控制可动用储量。

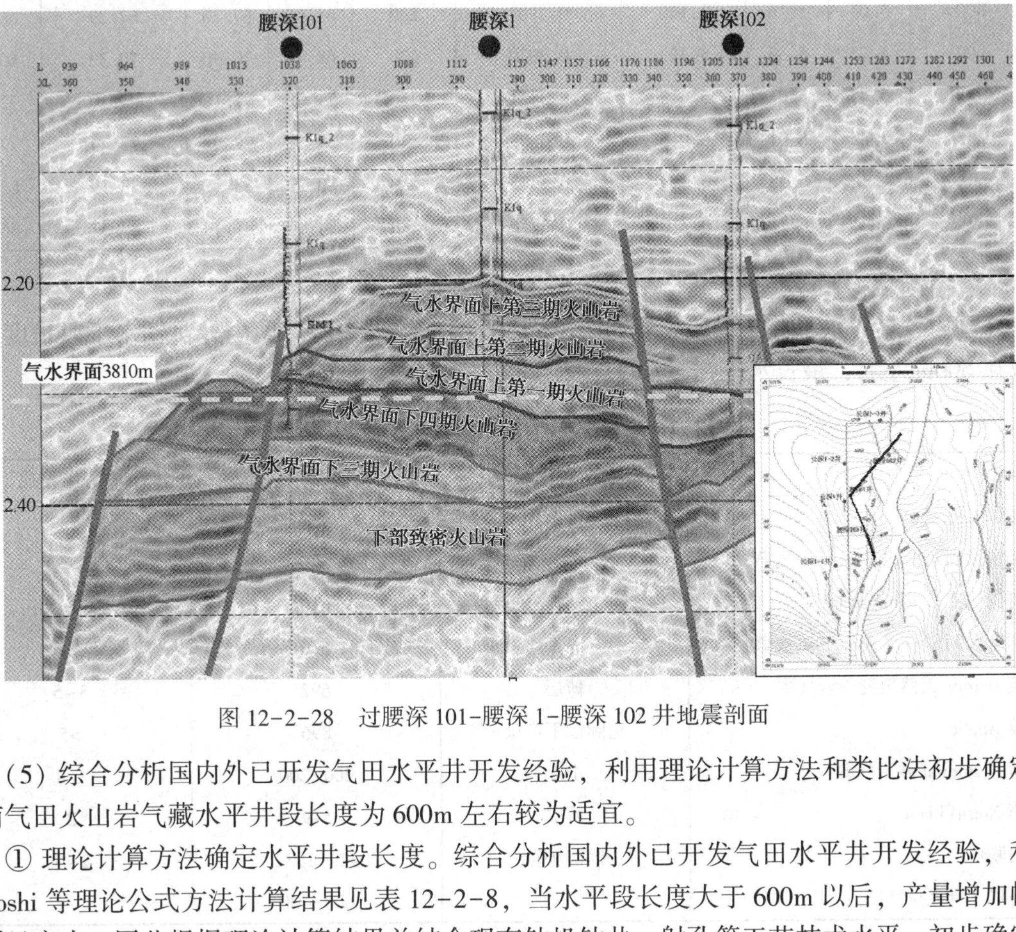

图12-2-28　过腰深101-腰深1-腰深102井地震剖面

（5）综合分析国内外已开发气田水平井开发经验，利用理论计算方法和类比法初步确定松南气田火山岩气藏水平井段长度为600m左右较为适宜。

① 理论计算方法确定水平井段长度。综合分析国内外已开发气田水平井开发经验，利用Joshi等理论公式方法计算结果见表12-2-8，当水平段长度大于600m以后，产量增加幅度明显变小。因此根据理论计算结果并结合现有钻机钻井、射孔等工艺技术水平，初步确定松南气田水平井段长度为600m左右较为适宜。

表12-2-8　水平井不同水平段长度产能预测表

水平段长度/m	J_h/J_v			采气指数/(10^4m^3/d·MPa)	生产压差/MPa	日产气/10^4m^3			
	Joshi公式1	Joshi公式2	Renard-Dupuy公式			Joshi公式1	Joshi公式2	Renard-Dupuy公式	采用值
200	3.13	3.15	3.152	0.1782	230	40.82	41.06	41.10	40.99
300	3.59	3.62	3.627	0.2049	230	46.82	47.26	47.29	47.13

续表

水平段长度/m	J_h/J_v			采气指数/(10^4m^3/d·MPa)	生产压差/MPa	日产气/10^4m^3			
	Joshi公式1	Joshi公式2	Renard-Dupuy公式			Joshi公式1	Joshi公式2	Renard-Dupuy公式	采用值
400	3.96	4.01	4.011	0.2264	230	51.63	52.28	52.31	52.07
500	4.27	4.34	4.343	0.2449	230	55.73	56.61	56.64	56.33
600	4.55	4.64	4.640	0.2614	230	59.36	60.48	60.51	60.12
700	4.80	4.91	4.910	0.2763	230	62.64	64.00	64.03	63.56
800	5.03	5.16	5.160	0.2902	230	65.66	67.26	67.29	66.74
900	5.25	5.39	5.393	0.3030	230	68.46	70.30	70.33	69.70
1000	5.45	5.61	5.612	0.3151	230	71.08	73.16	73.19	72.47
1200	5.82	6.01	6.015	0.3373	230	75.88	78.42	78.44	77.58
1400	6.15	6.38	6.379	0.3573	230	80.20	83.17	83.19	82.19
1600	6.45	6.71	6.710	0.3756	230	84.14	87.49	87.51	86.38

② 类比法。

国内外气田水平井水平段长度(表12-2-9)统计结果表明：国内外实钻水平段长度大多数在600m左右，最长水平井段长度达2000m左右。

表12-2-9　国内外气田水平井水平段长度统计表

气　田	储层厚度/m	水平段长度/m	产量替换比
美国Carthage气田		437	
加拿大阿尔伯达Westerose气藏		596	
哥伦比亚Chuchupa气田	51	610	
加拿大阿尔伯达Westerose气藏	6.5	610	
英Barque天然裂缝砂岩气藏	薄层	692	3~5
英Anglia	边际以下产层	896	>5
荷兰zuidwai砂岩气藏	100	200+200	1.8
德NortnViliant	薄层	549	2
阿联球	致密灰岩	429-1932	2~3
塔里木雅克拉气田上、下气层		600+400	

通过类比国内外天然气藏水平井开发经验和利用Joshi等理论公式方法计算，初步确定松南气田水平井段长度为600m左右较为适宜。

4. 井型筛选

松南火山岩气藏底部普遍发育水层，与直井对比，采用水平井开发，一方面可大幅度增加可动用储量、提高单井产能，同时在控制底水锥进方面比直井更有优势。从储层地质参数来看主力产层在常规地震剖面上可追踪对比，平面分布较稳定；储层物性较好，垂向渗透率较高。与钻水平井对气藏地质参数要求对比，基本具备钻水平井的地质条件，因此，可采用水平井与直井组合方式进行开发部署。

5. 井网密度和井距论证

衰竭式开采的合理井网密度的大小主要取决于储层空间展布、裂缝发育方向、井网对火山岩体的控制程度等因素。由于气体黏度小，气体流动性较大，相比于油井，气井的井距一般也较大。国内外大型气田井距均较大，一般井距1.6～3km，也有气田根据气藏渗透率大小确定气井井距的。下面采用气藏工程方法(储层连通性及井控程度、启动压力梯度、压裂裂缝半长、不稳定试井以及经济极限法、采气速度法)结合气田地质特征合理确定松南气田井网密度及井距。

1）储层连通性与井距的关系

松南气田主要储层在横向上受火山岩体控制，相互叠置的火山岩体之间互不连通；同时同一火山岩体内部不同岩性、岩相带间连通性差。从已完钻的腰深1井、腰深101井和腰深102井来看：腰深1井与腰深101井之间相距1.88km，分属不同的火山岩体，是不连通的；腰深1井与腰深102井尽管在同一火山岩体内，相距2.45km也是不连通的。因此，针对分布面积小、平面非均质性强的火山岩气藏，为了提高井控程度，有效动用地质储量，井距不能太大，大约在1.0～1.5km。

2）启动压力梯度与井距的关系

对于低孔低渗储层，束缚水饱和度高，孔喉半径小(火山岩为0.022～4.658μm，平均为0.242μm)，只有当启动压力达到一定程度时，气体才开始流动。西南石油大学采用气泡法对徐深1井区22块全直径岩样进行了启动压力梯度实验，实验结果表明：气体启动压力梯度与渗透率成反比，渗透率越低，启动压力梯度越大。启动压力梯度与渗透率的关系为：$\lambda = 0.096566k^{-0.431546}$

应用启动压力梯度，计算出单井最大泄气半径，最大泄气半径的2倍即为合理的井距。营四段砂砾岩储层的平均基质渗透率为$0.0869\times10^{-3}\mu m^2$，平均裂缝渗透率为$0.2882\times10^{-3}\mu m^2$；营一段火山岩储层的平均基质渗透率$0.0604\times10^{-3}\mu m^2$，平均裂缝渗透率为$0.6299\times10^{-3}\mu m^2$。根据启动压力梯度与渗透率的关系式分别计算基质、裂缝的启动压力梯度，进而可以确定最大极限井距。如果储层基质发育，裂缝不发育，井距大约为200～250m；如果储层裂缝发育，则井距大约在400～650m。

3）不稳定试井方法

根据腰深1井试井解释的探测半径可知：火山岩储层非均质性强，横向连通性差，探测半径小。根据探测半径初步确定火山岩储层井距最大不超过500m。

4）压裂裂缝半长与井距的关系

人工压裂裂缝半长对低孔、低渗透火山岩气藏的井网部署具有重要的影响。裂缝长度越长，能够很好地沟通天然裂缝和基质孔隙，获得较好的产能。因此对于要压裂投产的气田，其井网部署的最小井距至少应大于裂缝半长的2倍。试井解释徐深气田兴城开发区的压裂裂缝半长在14～204.5m，若取最大裂缝半长为50～150m，考虑基质具有启动压力梯度，所需的距离为200m，则井距应在500～700m。

5）经济极限法

根据地质研究成果，松南气田腰深1井区块储量丰度为$24.6\times10^8 m^3/km^2$；天然气价格按1.0元/m^3计，当评价年限为10年时，腰深1井区块的极限井网密度为10井/km^2，极限井距为322m。

6）类比法

目前国内还没有正式投入开发的火山岩气藏，没有可供借鉴的经验。国外投入开发的火山岩气藏较少，还没有形成可供借鉴的成熟的火山岩气藏开发部署方法和经验。日本几个类似火山岩气藏的开发情况见表12-2-10。

表12-2-10　日本火山岩气藏开发井距统计表

气田名称	面积/km^2	层　位	岩　性	埋深/m	厚度/m	孔隙度/%	渗透率/$10^{-3}\mu m^2$	井距/m
Katagai(1960)	2	新近系	安山集块岩	800	130	17~25	1	700
Yoshii	28	新近系	英安岩，英安凝灰角砾岩	2310	111	9~32	5~150	700~1000
Fujikaw	2	新近系	英安角砾岩	2180~2370	57	15~18		500

松南气田腰深1井区块营城组火山岩储层具有横向变化较大的特点(如徐深1与徐深1-1井相距1.06km，试采半年，未见干扰)。考虑到营城组火山岩含气厚度较大，气柱高度在150m(长深1-1)~260m(长深1)之间，纵向上，由四个期次的火山岩储层组成，用一套井网、不同井组开发不同期次的气层。结合试井的探测半径、极限井距的计算(表12-2-11)，确定松南气田合理井距取值：储层连通性较好的区块1000~1200m，储层连通性较差的区块600~700m。

表12-2-11　松南气田井距计算及合理井距取值

井距计算方法		井距/m
储层连通性与井距的关系	腰深1区块	1000~1500
启动压力梯度法	裂缝发育区	400~650
	裂缝不发育区	200~250
经济极限法	腰深1区块	极限322
合理井距取值	储层连通性较好、裂缝较发育区	1000~1200
	储层连通性较差、裂缝较不发育区	600~700

6. 井位优化部署

通过开展井网、井距和井型等气藏工程优化论证研究，确定以整体动用Ⅰ类储层为主，按一套层系，采用不均匀井网形式，“水平井与直井组合、稀井高产、高效开采低渗气藏”的滚动部署方式，综合储层构造特征、火山机构地震反射特征、地震储层预测、地震属性分析和储层物性等发育特征，进行井网优化部署，经过两轮优化部署后，区块部署总井数14口，利用探井和滚动勘探井3口，新钻井11口(直井1口，水平井10口)(表12-2-12)。

7. 实施效果分析

松南气田前期1口探井和2口评价井均为直井，为了有效地控制底水，经对储层部分射开和控制压裂规模试气求产，3口井全部获工业气流，无阻流量介于(7.5~34.0)×$10^4m^3/d$之间，平均为23.8×$10^4m^3/d$；井位优化部署后已经实施的4口水平井(包括大斜度井)无阻流量介于(158.0~581.2)×$10^4m^3/d$之间，平均为348.5×$10^4m^3/d$，是区内3口直井平均无阻流量的14.6倍，增产效果明显。

表 12-2-12 松南气田开发方案井网部署优化表

		不均匀面积井网部署					
		初始设计方案		初次优化方案		二次优化方案	
		水平井/口	直井/口	水平井/口	直井/口	水平井/口	直井/口
新钻井	井数	9	14	11	1	10	1
	合计	23		12		11	
钻井进尺/m		9.64×10^4m		5.66×10^4m		5.18×10^4m	
利用老井/口		3		3		3	
新建产能		$12.74\times10^8m^3$					

总之，通过近几年的滚动评价与开发优化部署，深化了气藏地质认识，加快了松南气田的产能建设步伐，提高了钻井成功率和开发部署水平，取得了较好的实施效果，为深入探索火山岩气藏的有效开发模式，经济有效地动用松南气田火山岩气藏奠定了基础。

三、含碳天然气井采气工艺技术

采气工艺方式优选应遵循科学、安全、适用、经济的原则，目的是针对含 H_2S 和 CO_2 气井，采取适用的配套采气工艺技术来提高气井的产能和稳产期，方法是以节点分析理论为基础，把气井从气层、井筒到地面分离器作为系统考虑，分析各环节的压力损失，确定合理的生产管柱、工作制度及工艺措施。

（一）气井生产系统节点分析

1. 气井生产系统的节点分析原理

气井生产系统节点分析是研究气田开发系统的气藏工程、采气工程、集输工程之间压力与流量的关系的方法，其特点就是将气藏工程、采气工程、集输工程有机地集合为一个统一的气井生产系统工程，把气井从气藏完井井段、井底、油管、人工举升装置、井口、地面管线至分离器的各个环节作为一个完整的生产系统来考虑，就其各个部分在生产系统中的压力消耗进行综合分析，以气藏能量及生产过程中各节点的压力变化的综合分析为依据，改变有关部分的主要参数或工作制度后预测气井产量变化，从而优化设计出最大发挥气藏能量利用率的油管直径、井身结构、生产管柱结构、投产方式，并为采气工艺方式及地面集输工程设计提供技术决策依据。

2. 气井生产系统的节点分析可实现的目标

节点分析应用于气井，可对以下几个方面进行分析：

（1）对已钻的新井，根据预测气井流入动态曲线，选择完井方式和有关参数，确定油管尺寸、合理的生产压差；

（2）对已投产的生产井系统，找出遏制气井产量的部位及影响因素，采取措施使之达到合理利用自身压力，实现稳产高产；

（3）改善现有生产井的某些条件，预测产能变化。例如，改善气层渗流条件、进行加密补孔、更换合适的油管、气嘴、集气管、调整对于井的回压及改变排水采气工艺中的参数等；

（4）选用某一方法(例如气井产量递减曲线分析、采气曲线分析等)，预测未来气井产量随时间的变化，如何时停喷、何时转为排水采气及采用哪种排水工艺等；

（5）对于各种产量下的开采方式进行经济分析，寻求最佳生产方案和最大经济效益。

3. 节点分析在松南气田应用

1）油管直径对气井产能的影响

松南气田目前许多井已经测试投产，今后生产中更关心的是采用何种油管尺寸既经济又能满足生产需要、确定合理的生产压差及在保持井口供气压力一定的情况下地层压力下降到何值后开始停喷。不同直径的油管对应气井产能不同，直径较小的油管将会约束气井的产能，直径较大的油管设置设计能力过大，造成材料浪费。为选择合适的管径，采用系统节点分析，将节点放在井底。井底节点将整个气井系统分为两个部分，节点流入部分(从地层到井底)即为气层渗流，用流入动态 IPR 曲线来描述(图 12-2-29 中 BAF 曲线)，节点流出部分为井底到井口再到地面分离器(图 12-2-29 中 DAE 曲线)。

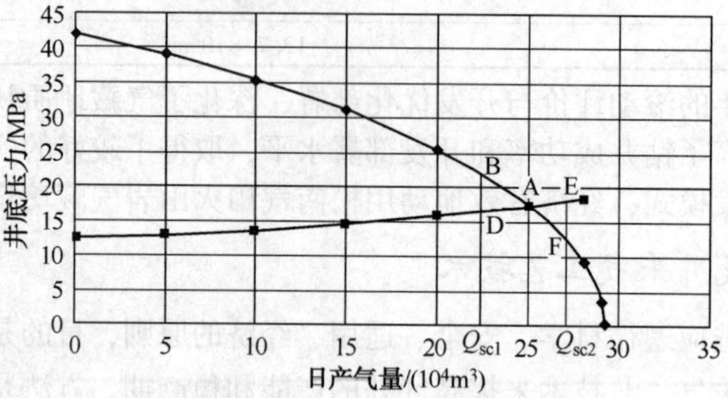

图 12-2-29　井底节点系统分析曲线图

在图 12-2-29 中交点 A 的左侧，气体以 Q_{sc_1} 流量从地层到井底剩余压力即井底流压为 P_{wfB}，而以相同产量生产，排出到地面所需地层压力为 P_{wfD}，从图中可以看出 $P_{wfB} > P_{wfD}$，说明地层的生产能力达不到设计流出管路系统的能力或气井的某些参数控制不合理，设计井筒管径太大，可以采用更小规格的管径。在图 12-2-29 中 A 点右侧，流入井底的压力 $P_{wfF}<$ 排出气体所需的井底压力 P_{wfE}，说明地层井底污染或所设计井筒管径太小或流出部分管柱有阻碍流动的因素存在，不能将气体举升到地面。

为简化分析，假定井口压力为某一定值(具体大小根据地面集输系统的要求而定)，现以直井腰深 1 井和水平井腰平 1 井为例分析：

腰深 1 井：开采营城组，气层部位井段 3545～3745m，地层静压 42.039MPa，地层温度 134.54℃。假设采用 4 种不同的管径(内径为 50mm、62mm、76mm、90.1mm)，则系统协调产量为 $22.5\times10^4m^3/d$、$25\times10^4m^3/d$、$26.5\times10^4m^3/d$、$27\times10^4m^3/d$(图 12-2-30)，显然采用较大的管径，可以提高系统的产能，但随着管径的增大，系统产能增加幅度愈来愈小，从图 12-2-31可以看出，当油管内径为 62mm 时，产量递增曲线趋于平稳。

腰平 1 井：开采营城组 133～138 层，井段：3597.2～4287.7m，地层静压 41.982MPa，地层温度 133.392℃，假设采用 4 种不同的管径(内径为 50mm、62mm、76mm、90.1mm)，则系统产量为 $50\times10^4m^3/d$、$78\times10^4m^3/d$、$125\times10^4m^3/d$、$175\times10^4m^3/d$(图 12-2-32、图 12-2-33)。从图中可以看出，在地层压力几乎相同的情况下，水平井 IPR 曲线与直井 IPR 曲线有明显区别，在同样的井底流压下(压差相同)，如井底流压为 35MPa，直井产量为 $10\times10^4m^3/d$，而水平井的达 $150\times10^4m^3/d$。两井产能相差较大主要原因是：水平井控制流动面积较大；渗透率不同，腰平 1 井渗透率为 $6.42\times10^{-3}\mu m^2$，而腰深 1 井为 $0.08\times10^{-3}\mu m^2$；流动方式不同，水平井为三维空间流动，垂向流动与水平流动的叠加，而直井只为平面流动。总而言之，即腰平 1 井地层流动和井眼流动阻力小，井底能量充足，产能大。对腰平 1 井而言，因井底能量充足，管径愈大，产量愈大。

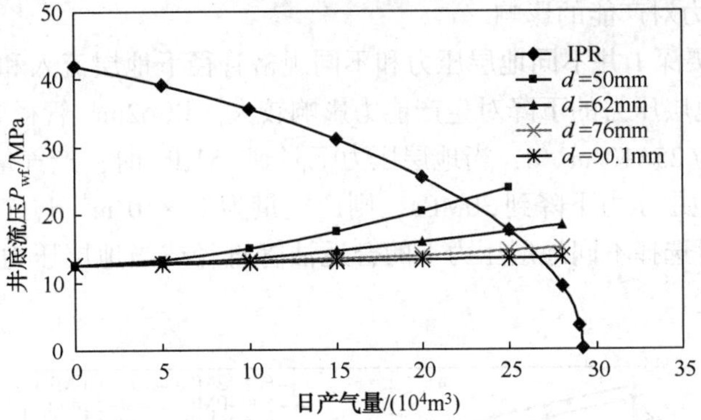

图 12-2-30　腰深 1 井不同规格管径系统产能曲线

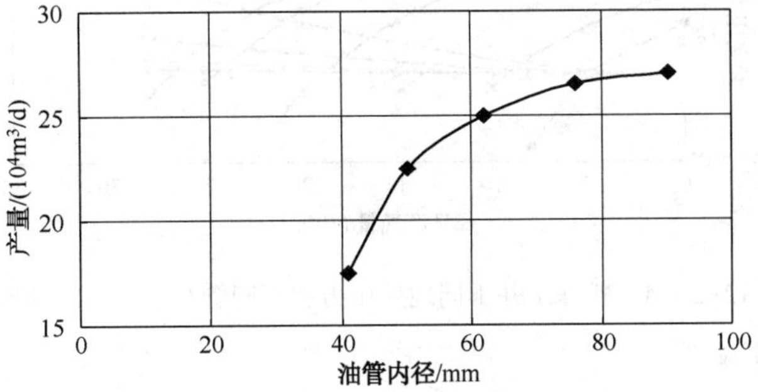

图 12-2-31　腰深 1 井不同管径系统协调产量曲线

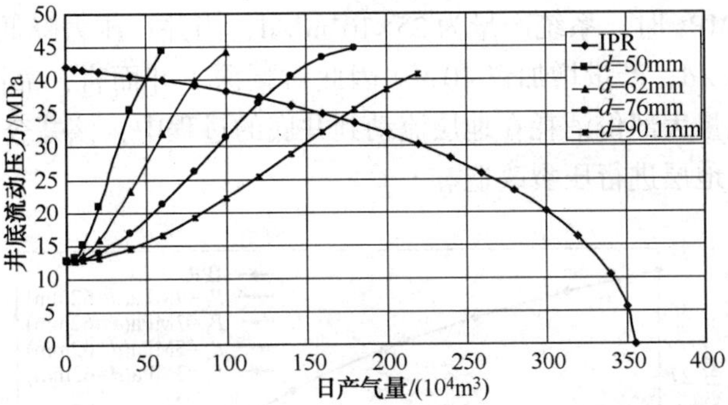

图 12-2-32　腰平 1 井不同规格管径下的系统产能曲线

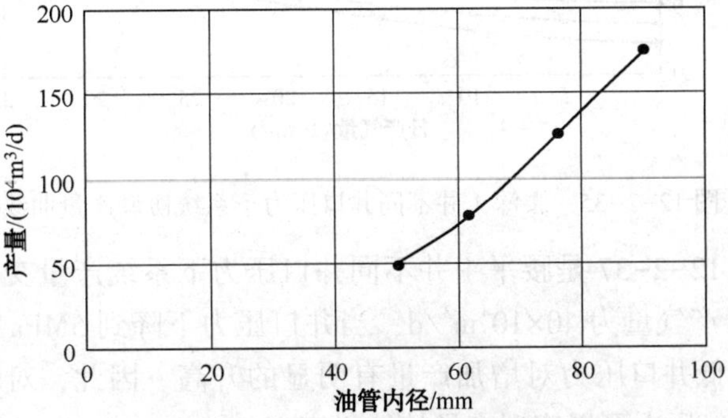

图 12-2-33　腰平 1 井不同管径下产能曲线

2）不同地层压力对产能的影响

图 12-2-34 是腰深 1 井不同地层压力和不同规格管径下地层流入和井筒流出交会曲线，从图中可以看出，地层压力的下降对生产能力影响较大。以 62mm 管径为例，当地层压力为 42MPa 时，产气量为 $25\times10^4m^3/d$，当地层压力下降到 35MPa 时，产气量为 $16\times10^4m^3/d$，产量下降了 36%；若地层压力下降到 30MPa，则产气量为 $13\times10^4m^3/d$，产量下降 48%。根据对产气量的要求，可选择不同地层压力下的合适油管直径或当地层压力、油管直径一定时，选择气井的合理产量。

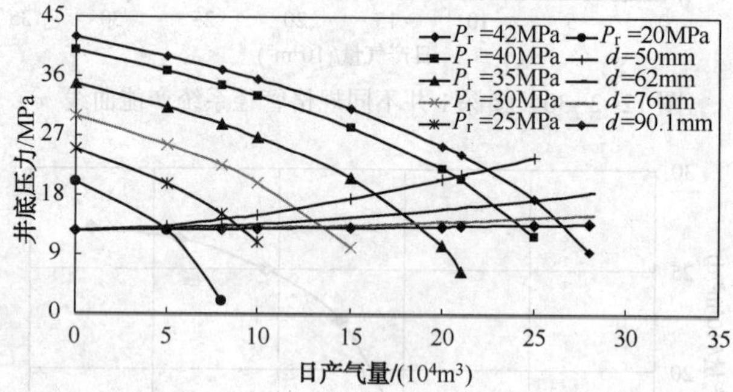

图 12-2-34　腰深 1 井不同地层压力和不同管径下系统产能曲线

3）井口压力的影响

在单井系统其他条件不变的情况下，图 12-2-35 是腰深 1 井不同井口压力下系统产量交会曲线，从图中可以看出，降低井口压力可以增加系统的产量，但腰深 1 井增加产量有限，当井口压力为 9MPa 时，系统产量为 $25\times10^4m^3/d$，当井口压力降低到 3MPa 时，系统协调产量为 $27.5\times10^4m^3/d$，产量增加仅 10%。因此对腰深 1 井而言，靠降低井口压力增产有限。主要原因地层能量大部份消耗在地层流动到井底的过程中，该井今后如果要提高产能必须解除井底污染或对地层进行压裂改造。

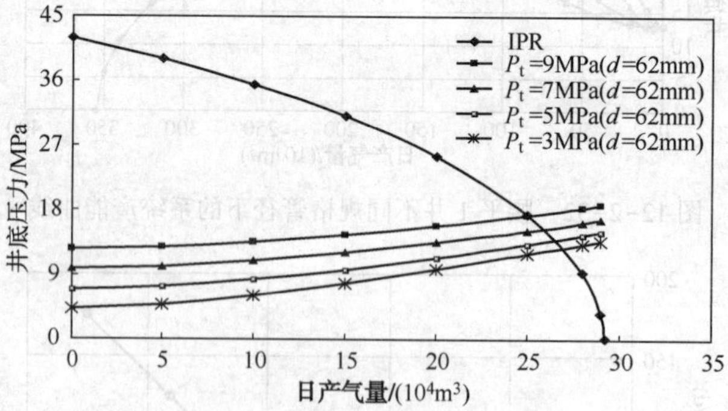

图 12-2-35　腰深 1 井不同井口压力下系统协调产量曲线

图 12-2-36、图 12-2-37 是腰平 1 井不同井口压力下系统产量交会曲线，当井口压力控制为 30MPa 时，日产气量为 $40\times10^4m^3/d$，当井口压力下降到 5MPa 时，日产量可提高到 $80\times10^4m^3/d$，显然降低井口压力对增加产量有明显的升高。因此，对腰平 1 井而言当气井产量下降时，降低井口压力可以实现产量持续稳定。

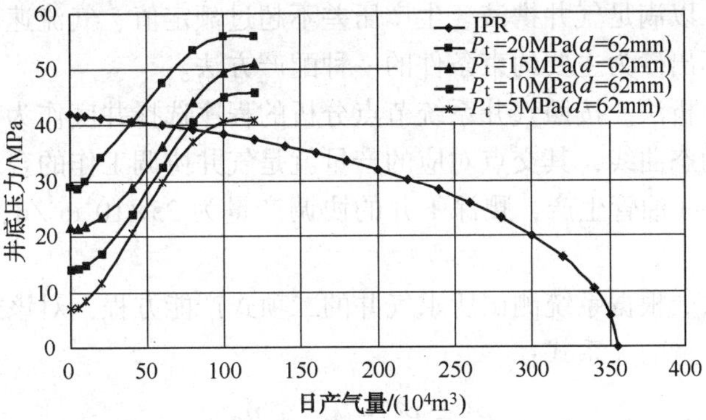

图 12-2-36　腰平 1 井不同井口压力下系统协调产量(1)

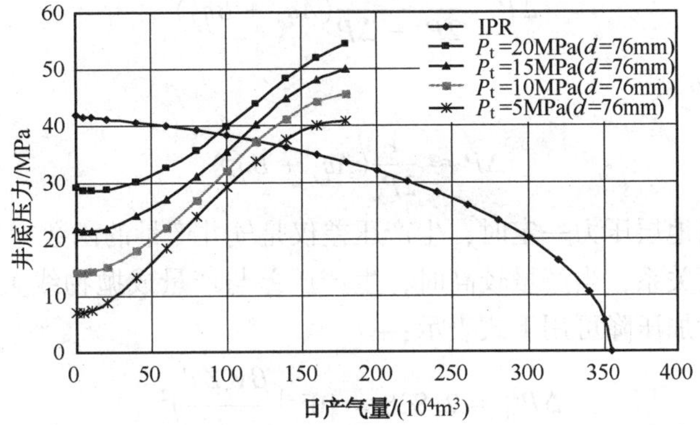

图 12-2-37　腰平 1 井不同井口压力下系统协调产量(2)

(二)气井合理产量及工作制度的确定

1. 气井合理配产考虑的因素

气井的合理配产即科学确定气井的工作制度，其本质即气井在较低的投入下获得较长的稳产时间，同时在合理满足生产要求的采气速度下获得较高的采收率，从而获得较高的经济效益。确定气井合理的产量有如下几点要求：气藏要保持合理的采气速度；气井井身结构不受破坏；气井出水时间晚，不造成早期突发性水淹；平稳供气，产能接替；合理产量与市场需求要协调。

2. 常用气井配产方法

气井常用配产方法主要有以下两种：经验配产法和最优化配产法。

1）经验配产法

对于产气层胶结致密，不宜垮塌的无水气井，合理的产气量应控制在绝对无阻流量的15%~20%。

根据气田储量大小，求得气田的采气速度，进而求得单井合理产气量。储量大于$50\times10^8m^3$气藏，采气速度为3%~5%，稳产期要求在10年以上；储量$(10\sim50)\times10^8m^3$气藏，采气速度为5%左右，稳产期5~8年，储量小于$10\times10^8m^3$气藏采气速度5%~6%，稳产期5~8年。

2）最优化方法

最优化配产是建立在气井多种因素多目标优化基础上的，以气井产量高而消耗的地层能量最小为主要目标，以满足气井携液、生产压差不超过额定值、气流速度不太高，以不导致油套管剥蚀和地层不出砂为主要约束条件的一种配产方法。

(1) 生产系统分析法。按照气井系统节点分析的程序选择井底作为节点分析，在同一坐标下绘出流入流出动态曲线，其交点对应的产量就是气井协调工作的合理产量。根据井底节点分析，若采用62mm 油管生产，腰深 1 井的协调产量为 $25\times10^4\text{m}^3/\text{d}$，腰平 1 井协调产量为 $78\times10^4\text{m}^3/\text{d}$。

(2) 采气曲线法。根据系统测试所求气井的二项式产能方程，对该式进行整理即可求得气井的生产压差与产量的关系式：

$$P_{\text{r}}^2 - P_{\text{wf}}^2 = Aq_{\text{g}} + Bq_{\text{g}}^2$$

$$\Delta P = \frac{1}{2P_{\text{r}} - \Delta P}(Aq_{\text{g}} + Bq_{\text{g}}^2)$$

由于 $\Delta P \ll 2P_{\text{r}}$

所以 $$\Delta P \approx \frac{1}{2P_{\text{r}}}(Aq_{\text{g}} + Bq_{\text{g}}^2)$$

由上式可见，当地层压力一定时，生产压差仅是气井产量的函数，当产气量较小时，生产压差与产量成线性关系，当产量较高时，生产压差与产量成抛物线关系。理论研究表明，非达西流动引起的附加压降可用下式表示：

$$\Delta P_{\text{nD}}^2 = 2.828 \times 10^{-21}\frac{\beta\gamma_{\text{g}}ZT}{r_{\text{w}}h^2}q_{\text{sc}}^2$$

其中： $$\beta = \frac{7.644 \times 10^{10}}{K^{1.2}}$$

非达西流动引起的附加压降与地层渗透率、地层厚度、井眼半径成反比，与地层温度、流量的平方成正比。为直观说明非达西流动引起的压降大小，现举例说明：某井渗透率 $k=1.5\times10^{-3}\mu\text{m}^2$，地层厚度 $h=9.144\text{m}$，地层压力 $Pe=31.88994\text{MPa}$，井底流压 $P_{\text{wf}}=8.799\text{MPa}$，气体相对密度 $\gamma_{\text{g}}=0.76$，地层温度 $T=395.6\text{K}$，气体黏度 $\mu=0.027\text{mPa}\cdot\text{s}$，气体压缩系数 $Z=0.89$，气井控制半径 $Re=167.64\text{m}$，井眼半径 $Rw=0.1015\text{m}$，表皮系数 $S=1.5$，流量 $q_{\text{sc}}=11.2079\times10^4\text{m}^3/\text{d}$。求表皮系数引起的压降，非达西流动引起的压降，地层层流引起的压降。

表皮效应引起的附加压降：

$$\Delta P_{\text{Skin}}^2 = \frac{1.291 \times 10^{-3}q_{\text{sc}}T\mu Z}{Kh}S = 1504$$

$$\Delta P_{\text{skin}} = 12.265\ \text{MPa}$$

非达西流动引起的压降：

$$\Delta P_{\text{nD}}^2 = 2.828 \times 10^{-21}\frac{\beta\gamma_{\text{g}}ZT}{r_{\text{w}}h^2}q_{\text{sc}}^2 = 46.607$$

$$\Delta P_{\text{nD}} = 6.827\text{MPa}$$

而井底流压为 8.799MPa，地层总压降为 23.09MPa，地层层流引起的压降为 3.913MPa，由非达西流动引起的地层压降占总压降的 30%。

图 12-2-38 是腰深 1 井压差与产量的关系曲线，在气井产量较小时，生产压差与产量

呈直线关系，随着产量的增加，生产压差的增加不再沿直线而是偏离直线凹向压差轴，这时气井表现出明显的非达西效应，且产量愈大非达西效应愈强烈(实测曲线与直线之间的差)。显然，如果气井的产量超过图中所示的直线段外，气井生产会把部分压力用于克服非达西效应上，浪费地层能量。所以，以偏离早期直线的产量作为气井生产的合理产量，这就是采气曲线法配产的理论依据。对腰深1井而言，当产量 $Q_g<11\times10^4m^3/d$ 时，压降与产量成直线关系，当产量 $Q_g>11\times10^4m^3/d$，实际压降开始偏离直线，且当产量 $Q_g>25\times10^4m^3/d$ 时，由非达西流动造成的压降急剧增大，地层很大一部分能量消耗在紊流效应上。

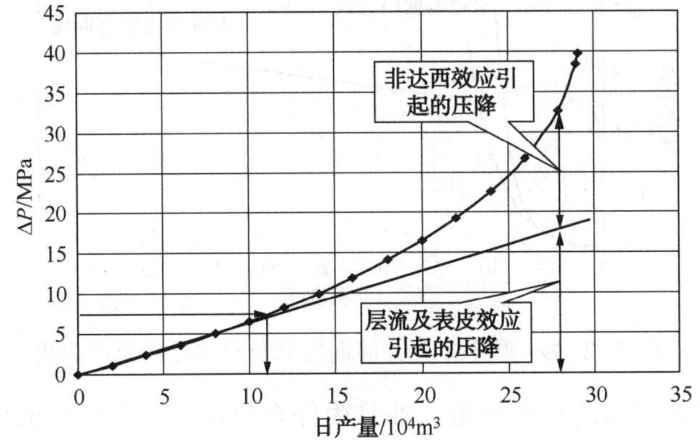

图 12-2-38　腰深1井 $\Delta P-Qsc$ 的关系曲线

(3) 管内冲蚀流速的影响。高速气体在管内流动时会发生冲蚀，产生明显冲蚀作用的流速称为冲蚀流速，1984年Beggs提出计算冲蚀流速的公式，气井油管的通过能力要受冲蚀流速的约束，根据冲蚀流速确定的油管的日通过能力为：

$$q_e = 51640A\left(\frac{p}{ZT\gamma_g}\right)^{0.5}$$

式中　Z——气体在油管流动条件下的偏差系数；

T——气体的温度，取井底流动温度，K；

p——气体的压力(取井底流动压力)，MPa；

A——油管的横截面积，m^2；

γ_g——气体的相对密度。

若腰平1井采用内径62mm油管生产，最大日产为 $40\times10^4m^3$，此时井底流压为40.68MPa，温度为133℃，代入上式得：

$$q_e = 51640\times0.00302\left(\frac{40.68}{0.99\times406\times0.8039}\right)^{0.5} = 55.33\times10^4m^3/d$$

即不产生冲蚀的最大日产气量不超过 $55\times10^4m^3$。

(4) 不形成水化物堵塞油管影响生产。从气藏采出的天然气或多或少都含有水汽，天然气水化物的生成与天然气的温度、压力、天然气的组成有关，具体而言即：天然气的温度必须低于天然气中水汽的露点，有自由水存在；低温达到水化物生成温度；高压；其他条件有：高流速、压力波动、气体受扰动、酸性气体的存在及微小水化晶核的诱导等。

显然当气井产量较低或关井时就会形成水化物，必须求出生产时的最低产气量，以避免该井形成水化物产生堵塞，影响正常生产。若腰平 1 井使用 62mm 内径的油管生产，将腰平 1 井天然气组分输入水化物预测软件，假设一些列不同的产量，求得井筒温度分布曲线、腰平 1 井天然气水化物形成的温度压力曲线，绘制在同一坐标系中，如果两曲线相交，说明以该产量生产有可能形成水化物，如果两种形式的曲线不相交，说明该产量生产不会形成水化物。据此求得腰平 1 井不会形成水化物的最低产气量为 $13\times10^4m^3/d$(图 12-2-39)。

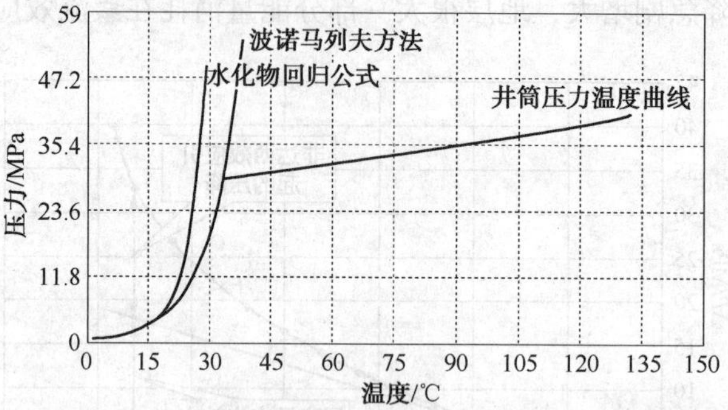

图 12-2-39　腰平 1 井井筒温压分布与水化物温压曲线

(5) 气体连续排液所需的最小气量。油管内任意流压下，能将气流中最大液滴携带到井口的流速谓之气井连续排液所需最小流速，或称最小卸载流速。最小卸载流速与所下油管截面积的乘积换算到标准状态则称为气井连续排液的卸载流量，理论公式为：

$$q_{sc} = 61.78A\frac{\sqrt{\rho_g}}{\rho_{sc}}[10^{-3}\sigma(\rho_l-\rho_g)]^{\frac{1}{4}}$$

仍以腰平 1 井为例：假定以 $40\times10^4m^3/d$ 生产，见水初期井底流压 $P_{wf}=40.68MPa$，井底温度 $T_{wf}=333K$，油管截面积 $A=0.00302m^2$，$\gamma_g=0.8039$，$\gamma_w=1.074$，$\sigma_w=60mN/m$。将这些参数代入上式得：

$$\begin{aligned} q_{sc} &= 61.78\times0.00302\frac{\sqrt{345.64}}{1.205\times0.8039}[10^{-3}\times60(1074-345.64)]\frac{1}{4} \\ &= 9.21\times10^4m^3/d \end{aligned}$$

即携带最大液滴到井口的最小气量为 $9.21\times10^4m^3/d$。

综合上面五种情况分析考虑，在满足市场需求的情况下，腰平 1 井最佳产气量应为 $40\times10^4m^3/d$，最低产气量不能小于 $13\times10^4m^3/d$，建议采用 62mm 内径管柱(节点分析协调点产量 $78\times10^4m^3/d$)，这样的产量非达西效应较小，不会形成水化物，同时又能将产出水携带到地面。

根据以上确定气井合理产量的方法，结合松南气田目前普遍使用 62mm 内径油管生产，现对腰平 1 井、腰深 1 井及腰平 7 井三口气井进行正常生产产量优化，优化结果说明直井气量较小，产量范围也较小，水平井产量较大，合理气产量范围也较大。各井优化结果见表 12-2-13。另外，形成水合物的最低产量也要根据实际气井操作情况而定，表 12-2-13 中是假定气井连续生产 24h 得到的结果，当气井连续不断生产时，井筒中的温度会持续升高，最低产量的下限会有所提高。

表 12-2-13　松南油田各井产量优化结果表

井　名	协调点产量	偏离直线时的产量	不形成水化物时最低产量	不产生冲蚀作用的最高产量	建议合理产量范围
腰平 1	78	36	13	55.33	13~36
腰深 1	25	11	10	48.58	10~11
腰平 7	70	42	28	54	28~42

3. 气井工作制度的选择

气井的工作制度是指适应气井产层地质特征和满足生产需要时产量和压力应遵循的关系。气井工作制度一般有五种，最常用的有三种，即定产量制度、定井口压力制度、定井底压差制度。

1）定产量制度

适用于产层岩石胶结紧密无水气井的早期生产，是气井稳定阶段最常用的制度。气井投产早期地层压力高，井口压力高，采用气井允许的合理产量生产，具有产量高，采气成本低，易于管理的优点。当地层压力下降后，可以采取降低井底压力的方法来保持产量一定。松南气田各井合理产量见表 12-2-13，在此产量范围内产量，能保证气井的正常生产。

2）定井口压力制度

当气井生产到一定的时间，井口压力接近输气压力时，转入定井口压力制度生产。适用于凝析气井，防止井底压力低于某值时油在地层凝析出来，当地面输气压力一定时，要求一定的井口压力，以保证输入管网。

3）定井底压差制度

适用于气层岩石不紧密，易坍塌的井；有边底水的井，防止生产压差过大引起水锥。

从上述三种常用的工作制度分析，松南气田目前处于开发早期，气层岩石致密，宜采用定产量制度生产。

（三）采气生产管柱研究

1. 生产管柱设计

1）含酸性气井油管管柱的特殊要求

由于松南气田气井天然气中普遍含有 CO_2 酸性气体，因此对于油管柱有一些特殊要求，这些特殊要求包括：

（1）含 H_2S 或 CO_2 的气井，采用生产封隔器永久完井管柱，封隔器完井后，酸性气体不会接触套管，可以同时防止套管和油管外壁被腐蚀。

（2）凡含有 H_2S 和 CO_2 的气井，井下油管、套管材质及井下工具与配件应选择抗 H_2S 和 CO_2 腐蚀的材质，油管应采用高气密性能特殊螺纹油管。

（3）井口防喷管线与采气井口装置，也应采取防 CO_2 措施。一是选用钢材要热处理，洛氏硬度小于 22；二是选用抗 CO_2 材质；三是管线不能焊接冷作；四是可采用超声波探伤。

（4）若含 CO_2 气井地层产水，则油套管腐蚀更厉害，因此应加泡沫助排剂排水，或者换小油管排水。

(5) 气井中加注防腐缓蚀剂可以有效减缓 H_2S、CO_2和 Cl^-对油套管的电化学腐蚀;

(6) 油管内壁为防止 H_2S、CO_2和 Cl^-的电化学腐蚀，可选用内涂层或内衬玻璃钢油管。

2) 油管强度等级及螺纹选择

(1) 油管选择。

油管允许下入深度计算：管柱的下入深度及承受的负荷受管柱抗拉强度条件限制，对不同尺寸的油管进行计算，得出不同安全系数下的油管最大下深。

由表 12-2-14 可知，当安全系数取 1.3 时，外加厚油管允许下入深度能满足下入深度的要求。

表 12-2-14 外加厚油管允许下入深度

公称直径/in	钢级	壁厚/mm	允许下入深度/m		
			$n=1.1$	$n=1.2$	$n=1.3$
2⅞	N80	5.51	4980	4526	4142
		7.82	5229	4865	4372
	P105	5.51	6681	6085	5582
		7.82	6972	6362	5846
	P110	5.51	7021	6397	5870
3½	N80	6.45	5118	4664	4280
		9.52			
	P105	6.45	6818	6223	5719
		9.52			
	P110	6.45	7158	6535	6007
		9.52			

(2) 材质选择。

据美国腐蚀工程师协会标准，当 H_2S 分压值达到 0.000343MPa 时，就会产生氢脆，当 CO_2分压值达到 0.196MPa 时，就会产生电化学腐蚀。

由于松南气田含腐蚀性介质 CO_2含量>20%，可以计算出其井底分压为 11MPa，井口分压为 4.71MPa，远远大于 CO_2腐蚀的临界分压值，需要考虑防腐。根据住友公司管材选用流程图(图 12-2-40)，考虑到松南区块井底温度为 130℃左右，因此可以选择 D 区的 SM13Cr80 系列的管材。

(3) 对管柱密封性能的要求。

对于高温高压气井，不论是中途测试还是完井测试，管柱内外压差很高(一般都在 70MPa 甚至 100MPa 以上)，都要求采用封隔器且丝扣应具有良好的密封性。

钻杆和 API 圆丝扣油管在高压差下容易泄漏，不能满足高压井测试要求。特殊扣螺纹靠圆锥体的过盈配合产生线接触起主密封作用，端面的紧密接触起辅助密封作用，而斜梯形丝扣只起连接作用，不起密封作用，其连接能力远远超过 API 圆扣螺纹，确保了主密封和辅助紧密结合，因而密封性得到很大提高。为此，高温高压井试气需选用 FOX、3SB、VAM 或 SEC 等特殊丝扣油管。

3）对测试工具的要求

高温高压井完井工具主要是指封隔器及其他配套工具，考虑高温高压及可能高产的特点，对测试工具也有特殊要求。

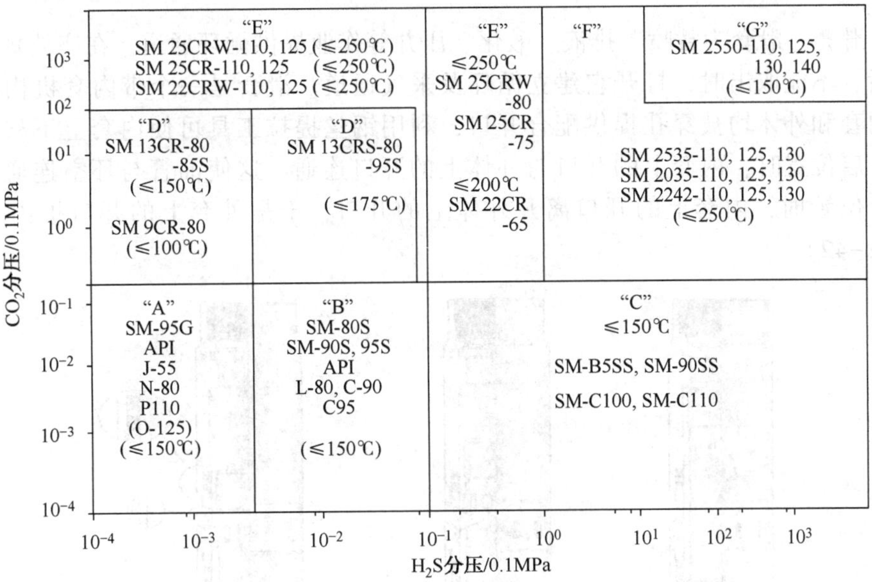

图 12-2-40　住友公司管材选用流程图

（1）生产封隔器。高温高压油气井测试后直接转采推荐采用永久式封隔器管柱完井，它带双卡瓦，双向承压，无管柱拉伸压缩的影响，封隔油层套管与产层，使套管在完井作业及开采期间不承受高压和腐蚀，是测试管柱中的重要工具。进行完井测试时，常采用插管式和锚定式封隔器。适用于高温高压井试气的永久式封隔器主要有 Baker、Hallibburton 或 Weatherford 等公司生产的产品（图 12-2-41）。

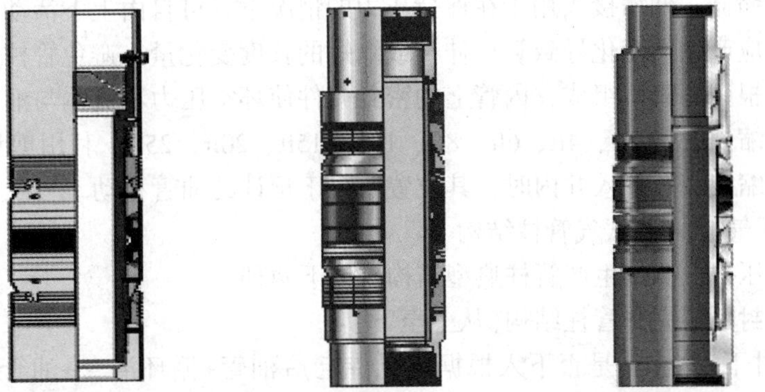

(a) SB-3型　　(b) BArrowdrill　　(c) HPHT Perma-Series

图 12-2-41　SB-3 型（Bakerhughes），BArrowdrill（Weatherford）和 HPHT Perma-Series® 永久型封隔器示意图

按坐封方式，永久式封隔器分为电缆坐封、机械坐封和水力坐封三种。电缆坐封永久式封隔器一般用电缆下入并坐封，当达到所要求的深度时，由地面电流启动坐封工具使封隔器坐封；机械压缩坐封的永久式封隔器是以油管带封隔器入井，压缩管柱迫使卡瓦张开支撑在

套管壁上坐封，或靠钻杆带封隔器加压坐封，再提出钻杆，下油管带插入工具连接密封封隔器；也可用水力坐封。水力坐封封隔器一般连接在油管底部下入，有一个坐封活塞，油管底部必须带一个球座，坐封工具由油管下入，当达到所要求深度时，由地面泵加压使封隔器坐封。

（2）滑套。滑套为替喷、排液、酸化、压井等作业提供循环通道，在座放短节内下入堵塞器后，不能取出时，打开它建立循环及采气通道。滑套是一个带内套机构的圆筒形装置，内套和外体均被穿孔提供配合开口，利用钢丝提拉工具可使内套上下移动。当内套提至开启位置时，内套上的开口与外体上的开口连通，这使油管与环空连通，当内套转至闭合位置时，内套上的开口离开外体上的开口，于是外套上的开口被内套壁隔离（图 12-2-42）。

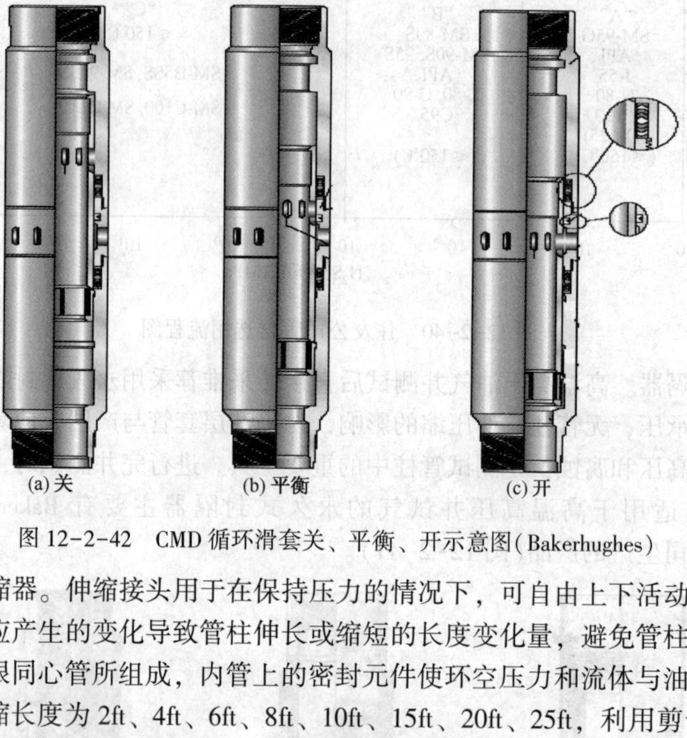

图 12-2-42　CMD 循环滑套关、平衡、开示意图(Bakerhughes)

（3）油管伸缩器。伸缩接头用于在保持压力的情况下，可自由上下活动，以补偿因井内温度、压力等效应产生的变化导致管柱伸长或缩短的长度变化量，避免管柱变形。伸缩接头由相互伸缩的两根同心管所组成，内管上的密封元件使环空压力和流体与油管柱相隔离。伸缩接头的标准伸缩长度为 2ft、4ft、6ft、8ft、10ft、15ft、20ft、25ft，利用剪切销钉可使伸缩接头启动，当伸缩接头被下入井内时，其位置取决于预计的油管移动。

4）高温高压气(油)井试气管柱结构

对于高温高压井，测试生产管柱典型结构有以下两种。

永久式插管封隔器完井管柱结构(从上至下)：

（1）油管+井下安全阀(是否下入根据情况待定)+油管+循环滑套+油管+永久式插管封隔器+密封延伸管+磨铣短节+座放短节+筛管+减震器+液压延时引爆器+TCP 射孔枪+液压延时引爆器+引鞋(图 12-2-43)。对于裸眼、衬管井，去掉减震器、液压延时引爆器和射孔枪即可。封隔器采用耐高压差永久式插管封隔器，投球，井口打压坐封，需修井可采用上提出插管，再磨铣完成。

（2）锚定式封隔器完井管柱结构(自上而下)：油管+井下安全阀(是否下入根据情况待定)+油管+循环滑套+油管+伸缩短节+油管+锚定式封隔器+磨铣短节+座放短节+筛管+减震

器+液压延时引爆器+TCP 射孔枪+液压延时引爆器+引鞋(图 12-2-44)。对于裸眼井，去掉减震器、液压延时引爆器和射孔枪即可。封隔器采用耐高压差永久式封隔器，投球、井口打压坐封，需修井可采用倒扣，再磨铣完成。

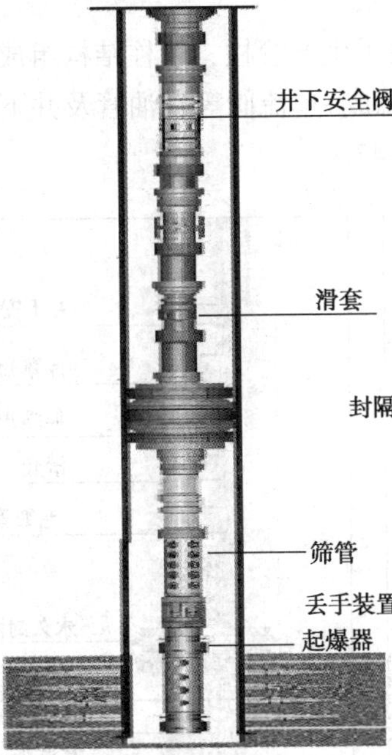

图 12-2-43 插管式封隔器完井管柱结构示意图

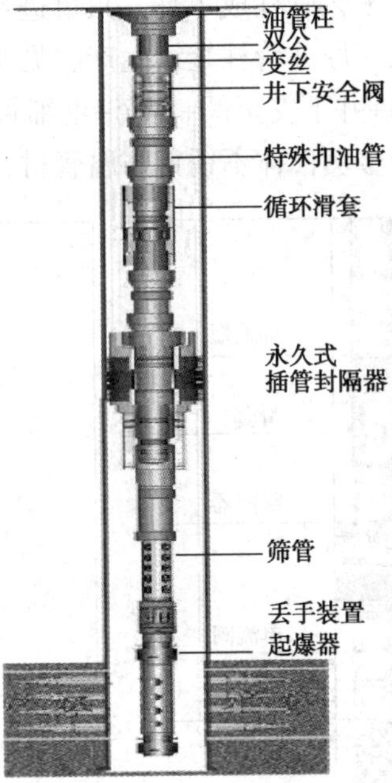

图 12-2-44 锚定式封隔器完井管柱结构示意图

5）采气管柱设计

方案一：原井管柱继续生产，见水后换防腐保护套管生产管柱，管柱组成由上至下油管+伸缩短节+滑套+封隔器+单流阀等，油管及井下工具全部用高合金奥氏体不锈钢防腐管材，管柱结构示意图见图 12-2-45。

特点：

(1) 目前试气管柱在无水期完全能满足开采要求，节省了作业工序和费用；

(2) 工艺管柱的配套井下工具及油管均由特殊的防腐材料制造，具有很好的防腐性能，且整个管柱配套简单，成本低；

(3) 封隔器坐封后，在油套环空注隔离液，并定期在油套环空注入缓蚀剂，起到保护套管目的；

(4) 可满足化学、柱塞排水采气生产要求；

(5) 管柱具有自动调整因温度、压力的变化而引起的伸缩。

方案二：起原试气管柱，换防腐保护套管安全生产管柱，管柱结构组成由上至下：油管+井下安全阀+伸缩短节+滑套+永久封隔器+密封延伸筒+弹簧指示接箍+套铣延伸筒+插管总成+球阀+电缆引鞋，油管及井下工具全部用高合金奥氏体不锈钢防腐管材，管柱结构见图 12-2-46。

特点：

(1) 耐蚀合金钢油管和配套工具可满足长期安全生产需要；

(2) 在紧急情况下可由地面控制进行气井关断；

（3）封隔器性能安全可靠，比可取式使用寿命长，套铣延伸筒的配套提供了足够的长度和内径，以容纳磨铣工具，为后期换管提供了可靠的保证；

（4）管柱具有自动调整因温度、压力的变化而引起的管柱伸缩，提高了管柱使用寿命；

（5）该工艺管柱成本高，只可进行化学排水采气工艺要求。

方案三：原井管柱继续生产，见水后换防腐保护套管丢手生产管柱，管柱结构组成由上至下：油管+井下安全阀+滑套+毛细管传压筒+丢手封隔器总成+单流阀等，油管及井下工具全部用高合金奥氏体不锈钢防腐管材，管柱结构见图 12-2-47。

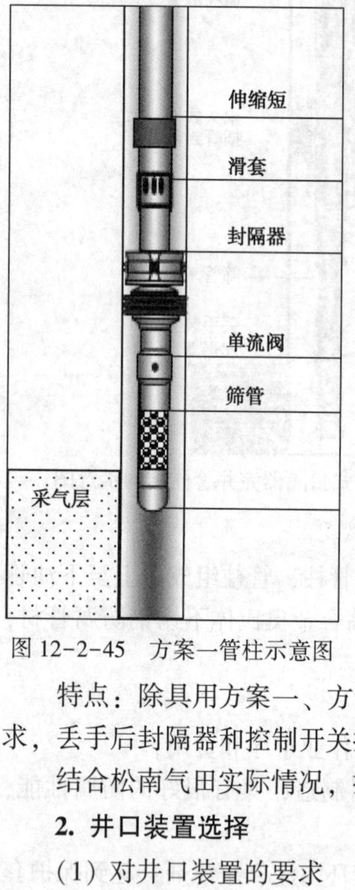

图 12-2-45　方案一管柱示意图

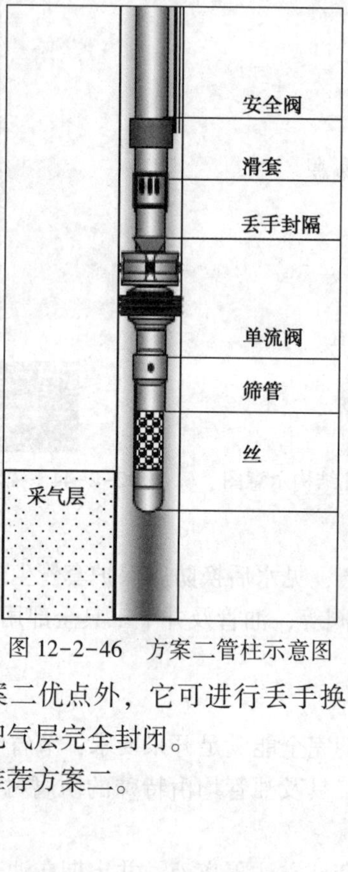

图 12-2-46　方案二管柱示意图

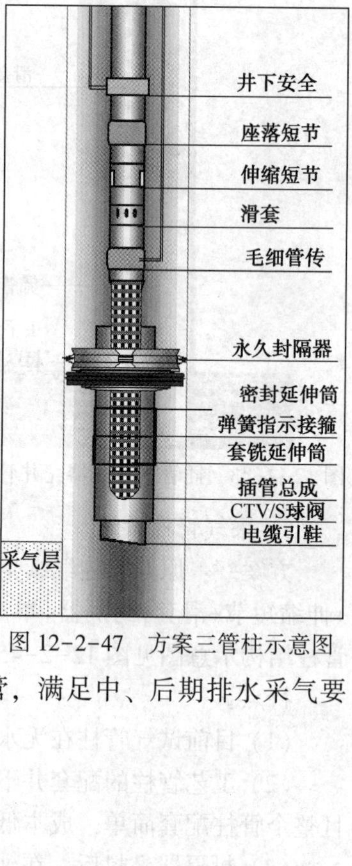

图 12-2-47　方案三管柱示意图

特点：除具用方案一、方案二优点外，它可进行丢手换管，满足中、后期排水采气要求，丢手后封隔器和控制开关把气层完全封闭。

结合松南气田实际情况，推荐方案二。

2. 井口装置选择

（1）对井口装置的要求

井口装置的额定压力需大于最高井口关井压力。应配备手动、液动均可操作的井口安全阀(ESD)。当井口安全阀下流方向的采输装置发生故障时(如管线或分离器爆炸)，由于自动控制系统的控制压力是与安全阀下流压力相连并与之匹配，井口安全阀下流压力会发生急剧变化，自动控制系统安全阀能自动紧急关井。这种安全阀也可单作远控操作，不与其下流压力相连，由人操作控制系统使安全阀关或开，使操作人员远离井口，在较远处操作自控系统，有利于人身安全。

测试管柱上应尽量配置与井口装置配套的井下安全阀，当井口装置无控制部分(如靠近大四通的总闸门、套管闸阀以及油管头等)发生故障需关井检修时，可通过远程液压控制系统实施井下关井或直接由井下的条件控制，然后对井口装置无控制部分进行检修(图 12-2-48、图 12-2-49)。

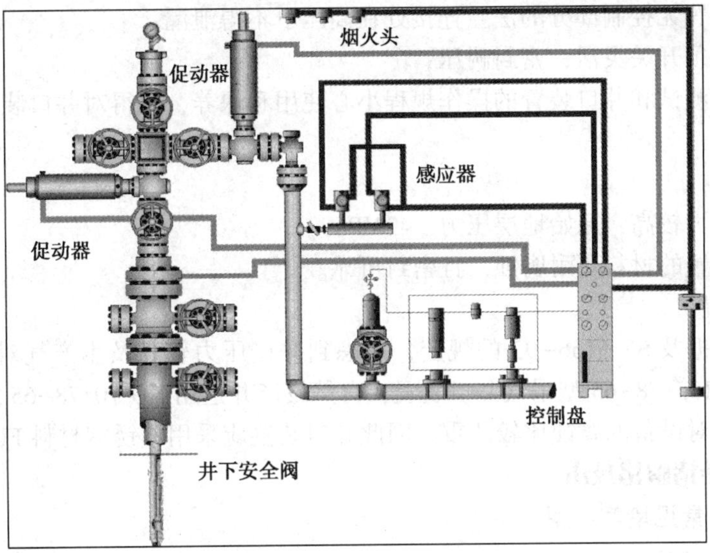

图 12-2-48 井口装置示意图(baker hughes)

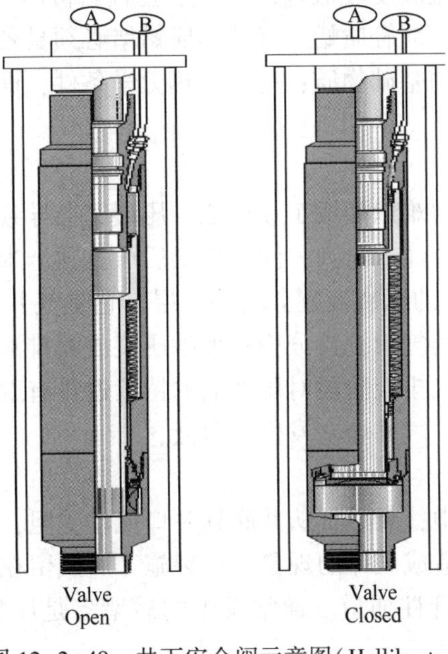

图 12-2-49 井下安全阀示意图(Halliburton)

目前，国产井口装置都没有井下安全阀，需从国外进口，若井口没有井下安全阀，测试时须做好以下几点：

(1) 在固完油层套管后，就要装上井口装置的大四通，必须对底法兰和井口大四通的连接部位进行试压；

(2) 必须在井口装置的大四通内装上保护套后，才能往下钻开油气层或进行其他井下作业，以免损坏或磨损井口大四通的内密封腔，直到完井测试下完油管坐油管挂前才取出保护套；

(3) 坐油管挂时，必须认真仔细检查油管挂和采气井口装置的内密封部位，不得有影响密封的损坏；

(4) 井口装置无控制部分的法兰连接处在高压下不得泄漏;

(5) 闸阀必须开关灵活,密封耐压;

(6) 必须按测试和井口装置的操作规程小心使用和保养,不得对井口装置无控制部分造成损伤。

2) 选型依据

(1) 地层压力较高,原始地层压力,42MPa;

(2) 井口装置的材料要耐腐蚀,且密封可靠。

3) 井口装置

根据上述依据及 SY 5156-93 的规定,考虑到井口压力较高及生产气对材料的腐蚀性,压裂井选用 KQ 105/78-65 型采气井口装置,自然投产井选用 KQ 70/78-65 型井口装置。

由于产出气对设备的腐蚀比较严重,因此井口装置应采用不锈钢材料 FF 级制造。

(四) 气井防堵解堵技术

1. 气田气井常见堵塞类型

1) 蜡形成的堵塞

气井在开采过程中当气流温度较低时,气井中会有蜡析出,其成分一般为 $C_{17}\sim C_{22}$ 范围内正构烷烃,一般熔点较低,属轻质蜡。气井形成蜡堵必须具备两个条件:气流中含有较多的高碳烃,高碳烃是蜡形成的基础物质;一定的热力学条件,即温度愈低,蜡愈易析出,与压力关联性不强。

2) 压裂液形成的堵塞

对致密气层而言,不压裂难以形成工业产能,压裂又会导致地层污染堵塞。压裂液在高压下进入地层,因其黏度高,注入量大,注入地层后可达数十米甚至更远,由于返排不及时或返排率达不到 100%,残存的压裂液就会堵塞地层,它是气井堵塞的主要物质,影响气井可达数年之久。根据川西新场气田统计分析,加砂压裂放喷排液结束后关井时间与气井堵塞发生率呈正相关;不关井输气排液阶段对压裂液的持续返排有着十分积极的作用;投产初期产量愈高愈有利于残液返排,气井堵塞发生率愈低。

3) 砂堵

砂堵是指气井生产过程中,天然气从井底到井口流动受阻,砂粒在井筒内阻碍气流顺利通过,或对地面流程及设备造成破坏的现象。压裂施工后残留在井筒或近井地带地层中的陶粒流动到井筒并沉积,堵塞管柱通道。通常发生的砂堵多是压裂液、蜡等堵塞物中夹带砂粒,本质上讲属吸附堆积堵塞。

4) 水合物堵塞

在天然气开采、加工和运输过程中,时有水合物生成,严重时会导致井筒、管线、阀门和设备的堵塞,从而影响天然气的开采、集输和加工的正常运转,甚至造成停产等严重事故。如松南气田大多数气井测试均发生不同程度的水合物堵塞,直接影响了松南气田测试和开发。

2. 水合物生成条件

1) 与天然气组分有关

天然气各种组分形成水合物的先后顺序是:H_2S—异丁烷—丙烷—乙烷—二氧化碳—甲烷—氮气。建南气田水合物堵塞事故主要发生在 H_2S 含量高的飞三和长二气藏,而石炭系黄龙组和嘉一气藏未曾出现过该类事故。

2）需要一定的温度、压力条件

水合物的生成需要一定的热力学条件，即一定的温度和压力。当天然气的温度低于或等于某一压力下的水的露点温度时，天然气中有自由水凝析出来。自由水的出现是水合物生成的必要条件。当温度低于水合物生成温度，水合物晶核形成、生长，逐渐形成致密的天然气水合物。概言之，生成水合物的主要条件如下：天然气的温度必须等于或低于天然气中水汽的露点，有自由水存在；低温达到水合物生成温度；高压。

3）其他条件有：高流速、压力波动、气体扰动、酸性气体（硫化氢和二氧化碳）的存在、微小水化晶核的诱导等。

3. 天然气水合物生成条件预测方法

目前，据文献介绍，确定天然气水合物生成的压力和温度的方法大致可分为图解法、经验公式法、相平衡计算法和统计热力学法四大类，但目前矿场使用方便，技术成熟且适合计算机编程的主要方法还是经验公式法，为适合矿场应用，只介绍经验公式法，相平衡计算法及统计热力学计算烦琐复杂，不作介绍。无论哪种经验公式，主要还是求得形成水合物的压力和温度，当气体压力温度状态处于形成水合物临界曲线左侧时（压力较高，温度较低），易形成水合物，当气体压力温度处于曲线右侧时（压力较低，温度较高），就难以形成水合物。

1）波诺马列夫法

波诺马列夫对大量实验数据进行回归整理，得出不同密度的天然气水合物生成条件方程：

当 $T>273.1$K 时

$$\lg p = -1.0055 + 0.0541(B + T - 273.1)$$

当 $T \leqslant 273.1$K 时

$$\lg p = 1.0055 + 0.0171(B_1 - T + 273.1)$$

式中　p——压力，kPa；

T——水合物平衡温度，K；

B，B_1——与天然气密度有关的系数，参见表12-2-15。

表12-2-15　B，B_1系数表

γ_g	0.56	0.60	0.64	0.66	0.68	0.70	0.75	0.80	0.85	0.90	0.95	1.00
B	24.25	17.67	15.47	14.76	14.34	14.00	13.32	12.74	12.18	11.66	11.17	10.77
B_1	77.4	64.2	48.6	46.9	45.6	44.4	42.0	39.9	37.9	36.2	34.5	33.1

2）天然气水合物 $P-T$ 图的回归法

为了便于计算机计算，将不同密度下水合物形成温度—压力临界曲线已回归成了如下公式：

$\gamma_g = 0.5539$　$p_1 = 3.4159517 + 5.202743 \times 10^{-2}T - 5.307049 \times 10^{-5}T^2 + 3.398805 \times 10^{-6}T^3$

$\gamma_g = 0.6$　$p_1 = 3.009796 + 5.284026 \times 10^{-2}T - 2.252739 \times 10^{-4}T^2 + 1.511213 \times 10^{-5}T^3$

$\gamma_g = 0.7$　$p_1 = 2.814824 + 5.019608 \times 10^{-2}T + 3.722427 \times 10^{-4}T^2 + 3.781786 \times 10^{-6}T^3$

$\gamma_g = 0.8$

$p_1 = 2.70442 + 5.82964 \times 10^{-2}T - 6.639789 \times 10^{-4}T^2 + 4.008056 \times 10^{-5}T^3$

$\gamma_g = 0.9 \quad p_1 = 2.613081 + 5.715702 \times 10^{-2}T - 1.871161 \times 10^{-4}T^2 + 1.93562 \times 10^{-5}T^3$

$\gamma_g = 1.0$

$p_1 = 2.527849 + 0.0625T - 5.781363 \times 10^{-4}T^2 + 3.069745 \times 10^{-5}T^3$

$p = 10^{-3} \times 10^{p_1}$

式中 p——压力，MPa；

p_1——参考压力；

γ_g——天然气的相对密度；

T——温度，℃。

若已知温度求水合物生成的压力，可选择式适合的公式计算；若已知压力求水合物生成的温度，可用牛顿迭代法求解。

3）天然气水合物生成条件预测的二次多项式

天然气密度为0.6~1.1的多种天然气在压力低于30MPa时，生成水合物的条件方程为：

$$\lg p = \alpha[(T - 273.1) + K(T - 273.1)^2] + \beta$$

式中 α——在 $T = 273.1$K 时生成水合物的平衡压力；

K，β——与天然气密度有关的系数，见表12-2-16。

表12-2-16 系数 K 和 β 与天然气密度的关系

γ_g	0.56	0.6	0.7	0.8	0.9	1	1.1
K	0.014	0.005	0.0075	0.01	0.0127	0.017	0.02
β	1.12	1	0.82	0.7	0.61	0.54	0.46

4. 预测方法在松南气井应用

根据不同产量可计算井底流动压力(IPR公式)，由井底流动压力和井底温度预测全井筒压力温度分布，再将该井某一相对密度气体形成水合物临界压力温度数据绘制在同一坐标中，若两曲线相交，说明以该产量数据生产，井筒可能形成水合物，影响气井的正常生产；两曲线不相交，说明以该产量生产是不会形成堵塞的。根据上述思路编制成水合物预测软件，可随时将生产数据输入，预测是否形成水合物。

1）预测长期关井时水合物形成深度

根据水合物预测软件预测，松南气井在关井后大多会发生水合物堵塞，堵塞深度均在400m以上(见表12-2-17)。

表12-2-17 松南气田关井后水合物预测深度

井 名	腰深1	腰平1井	腰深2	腰平7
水合物形成深度/m	94	100	338	291

2）预测正常生产时的不形成水合物最低产气量

水合物的形成主要取决于井筒内温度、压力的大小，井筒压力分布主要取决于井口输送压力，但温度取决于日产气量的大小及生产时间的长短，相同生产时间下，日产气量愈大，井筒温度愈高，日产气量一定的情况下，生产时间愈长，井筒温度愈高。因此正常生产时井筒内压力温度与工作制度密切相关。仍以腰平1井为例，如井下未装节流阀，则井口压力较高，当产气量较低时，井筒上部可能产生水合物，当产气量为 $5\times10^4m^3/d$ 时，连续生产时间设为 1 天，水合物产生的压力 28.89MPa，温度为 33℃，水合物的深度为 195m 左右；当以此产量连续生产 70 天，由于井筒温度升高，方不产生水合物，所以对该井而言，以 $5\times10^4m^3/d$ 生产，该井始终是不能正常生产的；当该井以 $13\times10^4m^3/d$ 生产时候，由于产量高，井筒温度升高，井筒不会形成水合物。

5. 天然气水合物的防治措施

天然气水合物的防治可采用物理的和化学的方法。工程中常用加热(保温)、降压、脱除等物理方法来预防和清除水合物的形成。化学防治方法的原理是：通过加入一定量的抑制剂，改变水合物形成的热力学条件、结晶速率或聚集形态，来达到保持流体流动的目的。常用的化学防止方法是注人甲醇或乙二醇，当天然气中加入了甲醇等抑制剂时，降低了系统中水蒸汽的压力，从而降低了水合物的生成温度。目前最新的技术是采用注入聚合物动力学抑制剂的方法，成熟的产品基本上是一些胺类、酰胺类以及 N 杂环的聚合物。

1) 加热(保温)法

通过加热(保温)，使流体的温度保持在水合物形成的平衡温度以上。对海底管道，可通过包裹绝热层来保温；对于井下油管，则可采用井下电缆加热或者采用热水循环加热气井中的天然气(图 12-2-50)，提高气流在井筒中的温度，从而防止水合物的形成；对地面管道，常用蒸汽逆流式套管换热器、水套炉加热，也可通过绝热或掩埋管道降低管道热量的损失(图 12-2-51)。

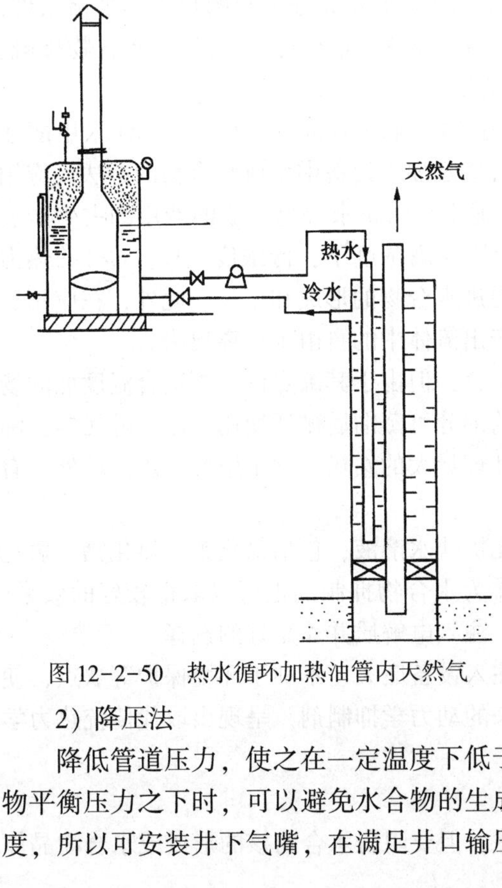

图 12-2-50　热水循环加热油管内天然气

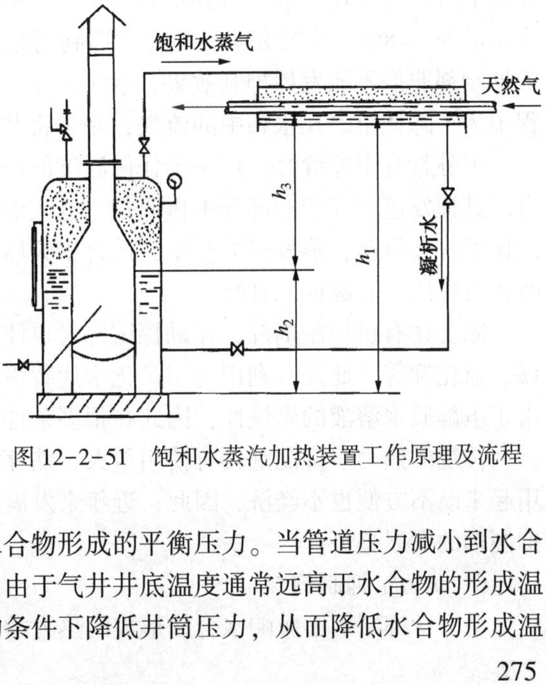

图 12-2-51　饱和水蒸汽加热装置工作原理及流程

2) 降压法

降低管道压力，使之在一定温度下低于水合物形成的平衡压力。当管道压力减小到水合物平衡压力之下时，可以避免水合物的生成。由于气井井底温度通常远高于水合物的形成温度，所以可安装井下气嘴，在满足井口输压的条件下降低井筒压力，从而降低水合物形成温度，避开水合物的形成区域。

对已经生成的水合物堵塞物，采用降压方法可使其边界发生分解，分解的热量被从邻近的溶解前方与周围环境所产生的温度梯度吸收。在这个温度梯度下，热量从周围环境流向水合物，使水合物不断分解，直到管道压力达到允许建立一个相对低温下的新平衡值。实验研究结果表明，在堵塞物下游端，降低压力对分解堵塞物几乎是无效的，由于气体泄漏引起的焦耳-汤姆逊效应，使温度下降很多，以致阻碍了分解的发生。

3）脱除法

将能形成水合物的成分，即水和低分子量的烃类物质或气体含量降低到一定程度，使水合物失去形成的基础。除去形成水合物的气体组分，也就是降低压力从重组分中分离出轻组分，通常需要进行连续的压缩和泵送。对轻组分进行远距离输送前脱水，目前已有冷冻分离、固体干燥剂吸附、溶剂吸收以及近年来发展起来的膜分离等技术，三甘醇溶剂吸收是目前应用最广泛的方法。对天然气长输管道，一般要求水的含量在47～125mg/m^{3}之间。

4）机械清除法和加人非水合物形成气法

除了以上方法外，还有机械清除法、加人非水合物形成气法等方法。前者是依靠提高管道压力，通球或吹扫除去水合物，后者是通过在气相中加人非水合物形成气来干扰水合物的形成。

5）加热力学抑制剂

通过抑制剂分子或离子增加与水分子的竞争力，改变水和烃分子间的热力学平衡条件，使温度、压力平衡条件处在实际操作条件之外，避免水合物的形成；或直接与水合物接触，移动相平衡曲线，使水合物不稳定发生分解得到清除。

甲醇、乙二醇是应用最为广泛的热力学抑制剂(Thermodynamic inhibitors)，注入甲醇或乙二醇是目前石油和天然气工业最常用预防集输管道及加工设备中生成水合物的方法。应用在海上时，其用量一般要占到水相的10%～60%。通常，防止水合物生成的费用约占生产总成本的5%～8%。研究表明，热力学抑制剂必须应用在高浓度下，低浓度(1%～5%)的热力学抑制剂非但不能发挥抑制效果，事实上还可以促进水合物的形成和生长。此外，在应用过程中为了降低甲醇在水相中的流失，必须将井口产出流体中的自由水分离出去。

甲醇具有中等毒性，可用于任何温度的操作场合，但由于其沸点低，更适合温度低的场合。其挥发进人气相的部分不再回收，进人液相的部分可蒸馏后循环使用。乙二醇无毒，沸点比甲醇高得多，蒸发损失量小，适合于天然气处理量大的站场。除了甲醇、乙二醇外，有时也可应用二甘醇或三甘醇。

除上述有机抑制剂外，在勘探试井时也使用无机盐水溶液，包括氯化钠、氯化钙、氯化镁、氯化钾等。此外，利用地层矿化水代替甲醇作为水合物抑制剂也可以取得较好的效果。由于电解质水溶液的腐蚀性，因此在很多条件下，注入电解质并非是好的选择。

传统的热力学抑制剂具有使用量大、储存和注入设备庞大、不利于环境保护等缺点，使用起来既不方便也不经济，因此，近年来发展起来的动力学抑制剂，呈现出取代传统热力学抑制剂的发展趋势。

6）动力学抑制剂

动力学抑制剂不影响水合物形成的热力学条件，但要阻碍水合物核的形成或水合物晶体的生长。动力学抑制剂的作用在于有效防止水合物的生成，若由于注人系统有故障、不定期关闭气井或抑制剂不足等原因造成的水合物堵塞，动力学抑制剂并不能予以消除，这时，往往需要采用注入甲醇和降压等方法。

常用的动力学抑制剂一般有聚合单体N-乙烯基吡咯烷酮(PVP)、丙氨酸、酪氨酸及其衍生物、三聚物产品VC-713等。其中VC-713的抑制效果最好，当VC-713的浓度为0.5%时，在24h内观察不到水合物的生成。

动力学抑制剂的使用浓度一般在0.01%~0.5%之间，分子量从几千到几百万，与热力学抑制剂相比，动力学抑制剂具有用量少、效果好、易于操作和维护等优点，使用成本可降低50%以上，并可大大减小储存体积和注入容量。但动力学抑制剂的适用范围有限，在输送距离不到10mile的天然气长输管道中，动力学抑制剂只能用于水合物生成温度降不超过6~7℃的情况，当温度非常低或压力非常高时，也不能适用。

7) 加抗聚集剂

抗聚集剂是通过化学和物理的共同作用，抑制水合物晶体的聚集趋势，使水合物悬浮于流体中并随液体流动，不至于造成堵塞。抗聚集剂包括表面活性剂和合成聚合物两大类。

(1) 表面活性剂类

表面活性剂在接近CMC(Critical Micelle Concentration)浓度下，对热力学性质没有明显的影响，但与纯水相比，可降低质量转移常数(Mass Transfer Coefficient)约50%，从而降低水和客体分子的接触机会，降低水合物的生成速率，聚氧乙烯壬基苯基酯、十二烷基硫酸钠、聚丙三醇油酸盐等均属此类。

(2) 聚合物类

其作用机理是通过共晶或吸附作用，阻止水合物晶核的生长，或使水合物微粒保持分散而不发生聚集，从而抑制水合物的形成。这类聚合物分子链的特点是含有大量水溶性基团并具有长的脂肪碳链，采用的聚合单体一般有N-乙烯基吡咯烷酮、(N，N-二甲胺)甲基丙烯酸乙酯、N-乙烯基己内酰胺、N-酰基聚烯烃亚胺、聚异丙基甲基丙烯酰胺、N，N-烷基丙烯酸胺、2-丙基-2-咪唑琳、丙烯酸酯、N-甲基-N-乙烯基乙酸胺等。

抗聚集剂的使用浓度小于1%，与动力学抑制剂相比，具有更广的压力温度应用范围，在理论上可用于任何管道温度和压力。抗聚集剂的效果受天然气的组成、盐的浓度及含水率的影响。当含水率很高时，抗聚集剂不再适用。若过冷温度不超过10℃，此时可用动力学抑制剂。

在以上这些方法中，加热(保温)法、降压法和脱除法是物理防止法，加热力学抑制剂、加动力学抑制剂和加聚集剂是化学防止法。在实际应用过程中，往往由于生产平台偏远或气候条件恶劣，且很多油气井到了开发后期，含水量上升，使得水合物的防止费用变得越来越昂贵。在这种情况下，仅仅依靠物理的方法防止水合物的生成是不够的，还需要采用化学的或物理化学相结合的方法才能达到有效且经济的目的。

工程上水合物抑制剂应满足如下八方面的要求：能最大限度地降低水合物生成温度；同气-液组分不发生化学反应，并且不生成固体沉淀物；不增加气体和燃烧产物的毒性；不会引起设备和管道的腐蚀；完全溶于水，并且易于再生；具有低浓度和低蒸汽压；具有低凝固点；价格低，且易于买到。因此目前运用最为广泛的天然气水合物预防方法是用加热提高天然气温度或加入热力学抑制剂。

6. 有关天然气水合物预防参数计算

1）天然气最大容许水含量计算

当天然气组成给定时，在一定的温度压力条件下，天然气存在不生成水合物的最大容许水含量。若天然气中的含水量超过一定含量，又不进行脱水处理，天然气中的饱和水可能在管道和加工装置中凝结生成水合物。准确预测给定组成天然气在一定温度、压力条件下最大容许的水含量(即与水合物相平衡的气相水含量)，对于天然气的运输和加工过程具有十分重要的理论与实际意义。

Robinson 模型和 Kobayshi 模型从 Vander Waals 和 Platteeuw 所提出的固体溶液理论出发，其逸度表示的形式为：

$$\ln\frac{f_{\mathrm{w}}^{H}}{f_{\mathrm{w}}^{\beta}}=-\frac{\Delta\mu^{H}}{RT}$$

经过对 2.068~12.065MPa 范围内四种组成气体 65 个点进行的计算，上述两模型预测的天然气中最大容许水含量与实测值的平均偏差均在 10^{-5}（摩尔分数)以上，而模型预测的天然气最大容许水含量的数量级一般也为 10^{-5}（摩尔分数)。可见，用这两个模型预测天然气中最大容许水含量，模型参数均需作少量的修正。基于改进的 Holder-John 天然气水合物生成条件预测模型，可较准确地预测天然气中最大容许水含量。

如前所述，Holder-John 提出下式计算天然气水合物生成条件：

$$\frac{\Delta\mu_0}{RT_0}-\int_{T_0}^{T}\frac{\Delta H_0+\Delta C_{\mathrm{p}}(T-T_0)}{RT^2}dT+\int_{P_0}^{P}\frac{\Delta V}{RT}dp=\ln(f_{\mathrm{w}}^{\alpha}/f_{\mathrm{w}}^{o})+\sum_{i}\nu_{i}\ln\Big(1+\sum_{j}C_{\mathrm{ji}}f_{\mathrm{j}}\Big) \tag{12-2-1}$$

式中符号同前所述。用下式计算纯液体水或冰的逸度 f_{w}^{o}

$$f_{\mathrm{w}}^{o}=p_0\exp\frac{V^0p}{RT} \tag{12-2-2}$$

式中 p_0——纯液体水或冰的饱和蒸汽压，Pa；

V^0——冰或纯水的摩尔体积。对冰 $V^0=19.6\mathrm{cm^3/mol}$，对水 $V^0=18.0\mathrm{cm^3/mol}$。

当水合物 H 相、α 相(富水相或冰相)、天然气 G 相(或富烃相)诸相达到平衡时，水在 α 相的逸度 f_{w}^{α} 就等于水在 G 相的逸度 f_{w}^{G}，即有：

$$f_{\mathrm{w}}^{\alpha}=f_{\mathrm{w}}^{G}=y_{\mathrm{w}}\phi_{\mathrm{w}}p \tag{12-2-3}$$

式中，y_{w} 及 ϕ_{w} 分别为水在气相中的摩尔分率及逸度系数，p 为体系压力。

将式(12-2-3)代入式(12-2-1)可得

$$\frac{\Delta\mu_0}{RT_0}-\int_{T_0}^{T}\frac{\Delta H_0+\Delta C_{\mathrm{p}}(T-T_0)}{RT^2}\mathrm{d}T+\int_{P_0}^{P}\frac{\Delta V}{RT}\mathrm{d}p=\ln\frac{y_{\mathrm{w}}\phi_{\mathrm{w}}p}{f_{\mathrm{w}}^{o}}+\sum_{i}\nu_{\mathrm{i}}\ln\Big(1+\sum_{j}C_{\mathrm{ji}}f_{\mathrm{j}}\Big) \tag{12-2-4}$$

用式(12-2-1)和式(12-2-4)计算给定温度 T、压力 p 及天然气组成情况下的最大容许含水量，需先给出纯水或冰的饱和蒸汽压与体系温度 T、压力 p 的关系。p_0 与体系温度 T 和压力 p 的函数式为：

$$\ln p_0=A+\frac{B}{T}+C\ln T+\frac{Dp}{T^2} \tag{12-2-5}$$

A、B、C、D 为估值常数，对于冰：

$A=17.372$，$B=-6141$，$C=0.070$，$D=-1205$。

对于液态水：

$A=14.484$，$B=-5351$，$C=0.010$，$D=-870$。

已知天然气组成和体系温度 T、压力 p，以 PR 状态方程预测天然气中最大容许水含量的计算步骤如下：

(1) 进行相平衡计算，并求出相应相态的压缩因子；

(2) 以干基天然气组成，用 PR 方程计算水合物生成组分的逸度；

(3) 计算给定温度 T 的 Langmiur 常数；

(4) 计算给定温度 T 压力 p 条件下纯水或冰的逸度 f_w^o；

(5) 给定天然气水含量初值 y_w，以 PR 状态方程计算在体系状态的逸度系数 φ_w；

(6) 如果设定的天然气含水量 y_w 满足式(12-2-4)，即为所求的最大容许天然气水含量；否则，可用迭代法求解。

2) 水套炉加热供热量

利用水套炉加热来提高节流前天然气的温度，或者铺设平行于集气管线的热水伴随管线，使气体流动温度保持在天然气的水露点以上可防止节流阀处或输气管线水合物的形成。为保证气体在采出和输送过程中不形成水合物，需要水套炉提供一定热量，即

$$q = 0.17445 Q r_g C_p (T_2 - T_1) \tag{12-2-6}$$

式中　q——加热天然气所需的热量，kJ/h；

T_1、T_2——天然气加热前后的温度，K；

Q——管线输气量，m^3/d；

C_p——天然气定压比热，kJ/(kg·K)；

r_g——天然气相对密度。

3) 抑制剂作用下水合物生成温度降的定量关系

通过加入水合物抑制剂，水合物的生成曲线可移向温度较低的一边，Hammerschmidt 第一次提出了天然气水合物生成温度降 ΔT 与抑制剂水溶液重量百分浓度 $W\%$ 的半经验关系式

$$\Delta T = \frac{KW}{M(100 - W)}$$

式中　M——抑制剂的分子量；

W——抑制剂溶液重量百分数；

ΔT——水溶液生成温度降；

K——与抑制剂种类有关的常数(对甲醇、乙醇、氨等取 1228，对氯化钙取 1220，对二甘醇取 2425)。

上述方程仅适用于天然气和溶质浓度小于 0.2(摩尔分数)的溶液，对浓甲醇溶液，推荐使用下列方程：

$$\Delta T = -129.6 \ln(1 - x_{甲醇})$$

式中　ΔT——水合物形成温度降，°F；

$x_{甲醇}$——摩尔分数；

4）热力学抑制剂加入量计算

虽然动力学抑制剂能有效的防止水合物的生成，具有用量少、效果好、成本低、易于操作和维护等优点，但动力学抑制剂的适用范围有限，一般只能用于水合物生成温度降不超过6~7℃的情况，当温度过低或压力非常高时，也不能适用。目前，热力学抑制剂仍是应用最广泛的抑制剂。

天然气中所使用的抑制剂用量应包括保证水合物生成温度降低所必需的抑制剂用量和饱和气体所必需的抑制剂用量，因通常电解质型溶液的饱和蒸汽压低于由气流中凝结出的纯水蒸汽压，汽化到气体中的抑制剂用量极少可忽略。而用醇类作抑制剂时，这一部分不能忽略。

抑制剂最小单位耗量可由式(12-2-7)确定：

$$q_s = \frac{(W_1 - W_2)C_2}{C_1 - C_2} + C_2 \times 10^{-3} \times \alpha \tag{12-2-7}$$

式中 q_s——抑制剂的单位耗量，g/cm^3；

W_1——在抑制剂加入点天然气的含水量，g/cm^3；

W_2——出口气流中的最终含水量，g/cm^3；

C_1——加入抑制剂的浓度，%(质)；

C_2——回收抑制剂的浓度，%(质)；

α——系数，对电解质可取 $\alpha = 0$；对甲醇则按式(12-2-8)计算(对乙二醇未见报道)。

$$\alpha = 1.97 \times 10^{-2} p^{-0.7} \exp^{(6.054T \times 10^{-2} - 11.128)} \tag{12-2-8}$$

5）降压法参数设计

(1) 井下节流参数优化。

对高压气井，当控制产量生产时，由于产量较低，在井筒上部靠近井口部分由于温度低，易形成水合物，井底安装节流器，可降低压力，破坏水合物的生成条件。井下节流降压，主要解决两个参数设计，一是节流器的下入深度，二是气嘴的规格。根据松南关井测算和现场实际遇堵深度统计，遇堵深度大致在400m以上部分，因此，现场可将节流器下放到600m左右，保证从井底到节流器不会形成水合物。节流器的最小下入深度公式：

$$L_{\min} \geq M_0[(t_h + 273)\beta^{-Z(k-1)/k} - (t_0 + 273)] \tag{12-2-9}$$

式中 M_0——地温递度，℃/m；

t_0——地面平均温度，℃；

t_h——水合物生成温度，℃；

β——气嘴前后压力比，(出口压力 P_2/入口压力 P_1)。

根据地层压力、产能方程计算某个产量下的井底压力，由井底压力和单相气体垂直管流计算方法计算流入气嘴处压力 P_1；由假设的产量和井口压力利用单相垂直管流计算到气嘴下入深度处的压力 P_2；再用下式确定气嘴的直径：

$$d^2 = \frac{q_{sc}\sqrt{\gamma_g T_1 Z_1}}{0.408P_1\sqrt{\frac{k}{k-1}\left[\left(\frac{p_2}{p_1}\right)^{\frac{2}{k}} - \left(\frac{P_2}{P_1}\right)^{\frac{k+1}{K}}\right]}} \tag{12-2-10}$$

式中 q_{sc}——气嘴的体积流量，$10^4 m^3/d$；

P_2、P_1 ——气嘴前后的压力，MPa；

d ——气嘴的直径，mm；

k ——气体绝热指数。

(2) 井下节流工艺。

● 固定式井下节流工艺原理

随生产管柱将节流器工作筒下到水合物防治深度，然后把装有气嘴的节流器通过测试车投入到工作筒内，即可实现井下节流生产，并可根据气井的情况调换井下气嘴规格，从而达到防治水合物的目的。

● 活动式井下节流工艺原理

当气井调低产量需要井下节流时，气井不需压井和起下油管，利用测井车将活动气嘴下到设计位置后坐封，即可实现井下节流。打捞更换井下气嘴前，先撞击解封，再下专用打捞工具将气嘴捞出，其优点是不需要作业，调整灵活，更换方便。

四、含 CO_2 天然气高效分离与提纯技术

从技术经济角度对国内外含碳天然气脱碳工艺进行了充分比较，选择了适合松南气田天然气组分特点的 MDEA 脱碳工艺。并在此基础上进一步优化 MDEA 脱碳工艺，创造性地提出了两步再生的节能流程，研发了一种分子结构中具有位阻效应的醇胺类新型活化剂，与 MDEA 形成的配方溶液吸收的 CO_2 量可趋近于 $1molCO_2/mol$ 胺，与常规烷醇胺活化剂相比，再生能耗低、腐蚀性小、稳定性高。在松南气田进行工业化应用，建成了 20 亿方/年天然气脱碳(净化)处理能力。

(一) 含 CO_2 天然气脱碳工艺方法初选

1. 各类含 CO_2 天然气脱碳工艺的技术特点

目前，国内外脱除天然气中 CO_2 的工艺方法主要分为化学反应法、物理分离法和化学物理法三大类，每一类中又可以进一步划分出若干种分离方法，表 12-2-18 简略对比了各类含 CO_2 天然气脱碳工艺方法的工作原理和主要技术特点。

表 12-2-18 各类含 CO_2 天然气脱碳工艺方法对比

类别		脱硫物料	工艺名称	工作原理	主要特点
化学反应类	醇胺法	各种醇胺溶液	MEA 法、DEA 法、DIPA 法、MDEA 法、DGA 法、SNPA - DEA、FlexsorbSE 等	醇胺溶液有碱性，可以在较低温度下与 H_2S 等反应，然后升温降压再生，解吸出所吸收的酸气，溶液循环使用	净化度高，既可完全脱除 H_2S 和 CO_2，也选择性脱除 H_2S，烃吸收少，脱有机硫效率不高，工业经验十分丰富
	热钾碱法	加有活化剂的 K_2CO_3 溶液	Benfield 法、Catacarb 法、G-V 法等	以热钾碱液吸收 H_2S 等，然后升温降压再生，溶液循环使用	可在较高温度下吸收酸气，净化度不如醇胺法，能耗也较高

续表

类别		脱硫物料	工艺名称	工作原理	主要特点
物理分离类	物理溶剂法	对 H_2S 和 CO_2 有较高溶解度而烃溶解度低的有机溶剂	Selexol 法、NHD 法、FlourSolvent 法、Rectisol 法、IFPexol 法、Purisol 法、Morphysorb 法等	利用不同组分在特定溶剂中溶解度的差异而脱除酸气，然后通过降压闪蒸等措施析出酸气而再生，溶剂循环使用	能耗低，达到高的净化度比较困难，有烃损失问题，溶剂较贵
	分子筛法	各类分子筛		利用分子筛吸附酸气，然后升温使之解吸，分子筛床层切换使用	有很高的净化度，对有机硫特别是硫醇的脱除能力好，再生气质量不稳定，仅在低到中等气流负荷下应用才是经济的
	膜分离法	具有可将 H_2S 和 CO_2 及烃分离的膜材料	Prism 法、Gasep 法、Delsep 法、Separex 法等	利用酸气和烃渗透通过薄膜性能的差异而脱除 H_2S 等	操作简单、无须外加能源、方便灵活、操作费用低、环境友好，但难于达到高的净化度，有烃损失问题
	低温分离法		Ryan/Holmes 法、Cryofrac 法等	通过低温分馏而脱除 H_2S 等	能耗高，但可将 NGL 回收融为一体
化学物理类	化学物理溶剂法	醇胺与物理溶剂组成的混合溶液	Sulfinol-M 法、Sulfinol-D 法、Selefining 法、Flex-sorbPS 法、UcarsolLE-701 法、Optisol 法、Amisol 法及 CFID 法	在较高的酸气分压下，溶液除化学性吸收酸气外，还有较高的酸气溶解度，升温降压再生，溶液循环使用	净化度高，对有机硫的脱除能力好，但酸气烃含量高，溶剂价格较贵

2. 松南气田脱碳工艺初选

在选择天然气脱碳工艺时，应主要考虑以下因素：①天然气中二氧化碳组分的含量；②是否需要选择性地脱除其他组分；③天然气处理量、能耗；④管输、下游加工工艺要求，以及销售合同、环保等强制性要求等；⑤重烃在气体中的数量等。根据松南气田营城组火山岩气藏 CO_2 含量高(平均 23.5%)，不含硫的特点，可供选择的脱碳工艺方法主要有醇胺溶剂吸收法、膜分离法及联合法。

1）醇胺溶剂吸收法

天然气脱硫脱碳占主导地位的方法是醇胺法，多年来醇胺法几乎是天然气净化唯一的工业上可供选择的方法，特别对于需要通过后续的克劳斯装置大量回收硫磺的净化装置，使用醇胺法被认为是最有效的工艺。所有醇胺法工艺都采用基本类似的工艺流程和设备。因此，该工艺的发展过程实质上是各种醇胺溶剂及与之复配的溶剂和添加剂的选择、改进的过程。其发展历程，大致经历了以下 8 个阶段。

(1) 一乙醇胺法。

早期的装置都以一乙醇胺(MEA)为溶剂，其特点是化学反应活性好，能同时大量脱除原料气中的 H_2S 和 CO_2，且几乎没有选择性。MEA 水溶液的缺点是容易发泡及降解变质。

同时，MEA的再生温度较高(约125℃)，导致再生系统腐蚀严重，在高酸气负荷下则更甚，故MEA溶液浓度一般采用15%(QJ)，最高也不超过20%；且酸气负荷也仅取(0.3~0.4)mol(酸气)/mol胺。

Dow Chemical和Union Carbide均对MEA溶剂做了大量研究，分别开发出GAS/SPEC FT—1技术和Amine GuardFS，1989年，Dow Chemical将其FT—1技术卖给Flour Daniel公司，后者将该技术改为Econamine法，这些改良的MEA溶剂的主要特点是MEA溶液浓度可达30%，从而极大地降低了投资和操作费用，目前，这些改良的MEA溶剂主要用于压力较低而对H_2S与CO_2要求较高的地方。

(2) 二乙醇胺法。

1950年后，针对法国、加拿大净化大量高含H_2S与CO_2天然气的要求，开发成功了以二乙醇胺(DEA)为溶剂的新工艺，即SNPA—DEA工艺。在合理选择材质并使用缓蚀剂的情况下，DEA水溶液的浓度可提高至40%~50%(QJ)，酸气负荷也可达到0.5(酸气)/mol胺以上，从而大幅度地降低了溶液循环量。但DEA对原料气中的H_2S与CO_2基本上也无选择性，且其降解变质也比较严重，现主要用于在较高的酸气分压下同时脱除H_2S和CO_2。

(3) 二异丙醇胺法。

20世纪50年代后期，二异丙醇胺(DIPA)开始应用于天然气和炼厂气净化，国外称此工艺为Adip法。其特点是在原料气中同时存在H_2S与CO_2时，可以完全脱除H_2S而部分地脱除CO_2，即溶剂具有一定选择性。早期的SCOT法尾气处理工艺中的选吸脱硫装置都采用DIPA溶剂，20世纪80年代后才逐步改用选吸性能更好的甲基二乙醇胺。DIPA的化学稳定性优于MEA和DEA，故溶剂的降解变质情况也较前者有所改善。DIPA水溶液的浓度一般为30%~40%(QJ)。DIPA对原料气中有机硫化合物引起的化学降解比较稳定，而且能有效地脱除其中的硫氧碳(COS)。目前欧洲仍大量采用DIPA水溶液。

(4) MDEA法。

1980年后，甲基二乙醇胺(MDEA)广泛应用于气体净化，其特点是在原料气中CO_2/H_2S比甚高的条件下，能选择性地脱除H_2S，而将相当大量的CO_2保留在净化气中，故不仅节能效果明显，也大大改善了克劳斯装置原料酸气的质量。由于MDEA是叔醇胺，分子中不存在活泼H原子，因而化学稳定性好，溶剂不易降解变质；且溶液的发泡倾向和腐蚀性也均优于MEA和DEA。鉴于MDEA的特性，其水溶液的浓度可达到50%(M)，酸气负荷也可取0.5~0.6(酸气)/mol胺，甚至更高。

(5) 配方型MDEA溶剂。

在MDEA溶液中加有一些添加剂以改善其某些方面性能的，例如改善选择性吸收性能、提高贫液质量、消泡、防腐、抗氧等。此一体系的品牌主要有：BASF公司的aMDEA系列、Elf公司的aMDEA、UCC公司的Ucarsol系列、Dow公司的Gas/Spec系列及TG-10等。

(6) MDEA基混合胺溶剂。

MDEA是一种叔胺，它与CO_2的反应慢，在较低吸收压力下或CO_2/H_2S比很高的情况下，净化气很难达到管输标准。为了将MEA或DEA的高脱CO_2性能与MDEA的低腐蚀、低降解、高溶液浓度、高酸气负荷和低吸收反应热等优势结合起来，开发出了将MEA或DEA与MDEA复混组成混合胺溶剂进行天然气净化。混合胺溶剂的开发克服了单纯MDEA在脱CO_2上的不足，既保留了伯胺或仲胺的强脱CO_2能力，又保留了MDEA低腐蚀和节能效果，是天然气净化工艺在技术上的一大突破。

(7) MDEA 基物理化学溶剂。

Shell 公司开发成功的 Sulfinol-M 是这类溶剂的典型代表，溶剂由 MDEA、环丁砜和水配比，用于较宽组成和气质条件的酸性气体处理，包括天然气、合成气、炼厂气、尾气或 LNG 原料气，其工艺装置与一般的醇胺处理装置相似。Sulfinol-M 工艺有其突出的优点，这些优点体现出合理的经济性：溶剂可以在接近吸收平衡的负荷下运行、在高负荷下，溶剂的循环率比较低、再生能耗低、易改善操作性能、溶剂不存在发泡，设备体积小、溶剂无腐蚀性，所有设备均可采用碳钢制作，因而投资比较低。其缺点是在处理含有重质烃类气体时，这些烃类的共吸现象比较严重，这一方面使原料气烃类损失，另一方面烃类干扰了克劳斯装置的性能。

(8) 位阻胺法。

Exxon 公司从 20 世纪 80 年代初开始对位阻胺在脱除 H_2S 和 CO_2 等酸气方面做了大量的基础研究和开发应用研究，筛选了几十种位阻胺，取得了惊人的成果，拥有大量的专利。该公司采用了基于位阻胺类的溶剂，到目前为止已商业化的溶剂有：Flexsorb SE、Flexsorb SE Plus、Flexsorb PS、Flexsorb HP 等溶剂，Flexsorb SE 及 Flexsorb SE Plus 用于高选择性脱除 H_2S，两者均为位阻胺的水溶液，后者另加添加剂，目的是将 H_2S 脱至最低水平，并能同时脱除有机硫。Flexsorb PS 用于大量 CO_2 和 H_2S 的同时脱除。

2) 膜分离法

膜法脱碳按其作用机理的不同，主要包括气体分离膜技术(gas separation membrane，GSM)和气体吸收膜技术(gas absorption membrane，GAM)。膜分离法是利用膜分离气体是基于混合气体中目标气体与其他组分透过膜材料的速度不同而实现目标气体与其他组分的分离；膜吸收法是一种膜法-化学吸收耦合技术，原理是用膜作为吸收组件，将膜和普通吸收相结合而出现的一种新型吸收过程，膜组件的作用类似化学吸收过程的吸收塔。膜法用于脱碳的选择主要依据气源条件、净化要求、运行成本等因素。

(1) 气体分离膜技术。

从 20 世纪 70 年代开始，世界上许多国家对膜分离技术用于气体分离进行了大量的工业试验。在工业上最先获得应用的是 1979 年 Mosaton 公司研制出的 PRISM 膜分离器。经过几十年的发展和完善，膜分离技术已经成熟，在国外得到了大范围的工业应用。

膜分离法工作原理是基于各种组分通过膜时的透过性不同，通过膜的驱动力是膜两侧组分分压。水和 CO_2 是高透过性物质，容易从大量的烃分子中分离出来。为克服一级膜分离法烃损失大的缺点，大规模的膜分离装置都采用二级膜分离装置，将经过一级膜分离的透过气增压后再进行一次膜分离，以提高烃收率，但需设置透过气压缩机。

气体分离膜的材料主要有高分子材料、无机材料和金属材料三大类。高分子材料主要有聚二甲硅氧烷、聚砜、聚酰胺和聚亚酰胺、醋酸纤维素、中空纤维等；无机材料包括陶瓷膜、微孔玻璃膜和碳分子膜等；金属膜主要是稀有金属。适用于天然气脱 CO_2 的是中空纤维膜。

膜分离脱碳装置其初期膜投资成本大，但总运行成本可比胺法节约 30% 以上，该法具有设备紧凑、占地面积小、能耗低、工艺简单操作方便、对物料组成和变化适应性强、不需要额外脱水装置等优点，是应用前景良好的 CO_2 分离方法。

膜分离工艺主要有如下缺点：

选择性差：分离膜技术仍面临着选择性不高的难题，难以得到高纯度 CO_2，而要使回收的 CO_2 达到理想的纯度，必须使用两级分离系统，使压缩气体所需要的能量大大增加，因而导致分离技术成本远高于 MEA 吸收法；同时，随酸气一起渗出的烃损失比较大。

净化度低：膜分离法可视为粗脱工艺，很难将 CO_2 脱至很低水平，一般只达到管输要求。

易污染：为防止污染膜，影响分离性能，一般需要在膜法前面加一些预处理设施。

目前膜分离法主要应用于天然气的大量脱 CO_2、沼气脱碳、油田强化驱油伴生气 CO_2 处理等，全球已经工业化的装置超过 300 套。

(2) 气体吸收膜技术。

膜吸收法是将膜和普通吸收相结合而出现的一种新型吸收过程。该技术主要采用的是微孔膜。膜吸收法采用的主要设备为中空纤维膜（HFM，HollowFiber Membrane）接触器，一般称为膜吸收器（Membrane absorber）或膜接触器（Membrane contactor）。在膜吸收法中，所处理的混合气体和吸收液不直接接触，二者分别在膜两侧流动，膜本身对气体没有选择性，只是起到隔离混合气体和吸收液的作用，微孔膜上的微孔足够大，理论上可以允许膜一侧被分离的气体分子不需要很高的压力就可以穿过微孔膜到膜另一侧，该过程主要依靠膜另一侧吸收液的选择性吸收达到分离混合气体中某一组分的目的。

膜吸收法是近年来发展起来的分离回收 CO_2 的工艺，该工艺结合了化学吸收法的选择性和膜分离法的紧凑性，是一种很有前景的 CO_2 脱除工艺。具有如下优点：

气液两相的界面是固定的，分别存在于膜孔的两侧表面处：对于填料吸收器，化学反应使气相传质阻力成为吸收过程的主要控制因素，而在膜—反应分离耦合过程中，气相阻力基本上可以忽略，气体通过中空纤维膜的传质和在液相中的传质是总传质过程的决定因素。

气液两相互不分散于另一相：从操作上看，填料吸收装置存在填料的润湿率问题。由于液体的壁流和淘流，液体在填料表面的分布很不均匀，造成吸收效率降低，操作不当会造成液泛等。膜分离过程中，气液两相是在中空纤维膜外表面接触，且气体和液体分别在中空纤维膜的两侧流动，互相不直接影响，从根本上避免了填料吸收器存在的液泛等操作问题。

气液两相的流动互不干扰，流动特性各自可以进行调整：在膜接触器中由膜分隔开的两相流体是相对独立的。这一方面消除了液泛、夹带等常规接触器中的常见问题。

使用膜可以产生很大的比表面积，有效提高气液接触面积：膜接触器过程中膜本身没有分离功能，它只有充当两相间的一个界面。膜最主要的作用是提供更大的传质比表面积，从而膜接触器比常规的分散相接触器更具优越性。另一方面，膜接触器在各种流速条件下可以保持恒定的接触面积，这有利于估算膜吸收器的净化计算过程。研究表明：即使假设常规的塔、柱设备具有与膜接触器相同的接触面积，其在低流速时的吸收速率也要比膜接触器低 30 倍。

操作简便，节省成本：填料吸收装置直径一般较大，需要填料支撑器、液体分布器、液体再分布器、气体分布器、除沫器、等一系列必要的附属结构以及性能较好的填料；采用中空纤维膜可以使膜分离装置非常紧凑，装置费用远低于填料吸收装置。研究表明，与传统的填料塔相比，膜吸收器的体积可减小 77%，重量减少 66% 左右。同时由于膜吸收器组件的模块性，其工业装置可以根据小试实验结果线性放大。

尽管膜吸收法相比传统填料塔有接触面积大，设备紧凑等优点，但也有其固有的缺点：

膜的引入增加了体系的传质阻力；相比传统有化学吸收过程，增加了膜内传质阻力，研究表明，不同的膜体系对传质阻力的贡献不同，膜传质阻力占总传质阻力的30%~80%；因此要根据传质影响因素，根据膜孔、膜厚、膜表面特性等设计选用高效稳定的膜材料。

壳程流体分布的不均匀性影响传质效率：一般流体在膜壳程流动时会出现较强的非理想性，即出现沟流、返混等现象，降低传质效率。因此需要改进进料方式或采用再分布设施，如常用的有多进口进料或在壳程添加挡板等方式。

膜的沉积物在以浓度差为驱动力的膜过程如膜接触器动力的膜过程要小，但是也需要注意膜污染的问题。

膜的寿命会影响到运行的成本。

长期运行的疏水膜的亲水化问题：吸收液会对膜表面侵蚀，造成膜孔径、润湿性等参数变化，膜润湿会使传质面积严重缩小，影响气体扩散过程使传质系数降低，严重时可能膜穿透影响吸收性能。

操作过程中需要注意临界突破压力的问题：在膜吸收过程中，膜孔内充满了润湿膜的流体(亲水膜)或气体(疏水膜)，为了防止一侧流体穿过膜穿透到另外一侧，两侧的压力差必须小于临界穿透压力。临界压力的大小直接决定了膜接触器操作过程的稳定性，临界穿透压越大，液相浸润膜的可能性越小，过程的稳定性越好。

目前，膜吸收法尚未实现工业化应用。

3）膜分离+MDEA 溶剂吸收联合法

由于膜渗透是以进气中二氧化碳的分压作为驱动力的，因此它特别适用于天然气中二氧化碳的脱除。这是因为处理前天然气的典型压力在3.0~8.0MPa，因此在进气前不再需要加压就能提供足够的驱动力。膜渗透技术可用于处理不同二氧化碳浓度的天然气，但一般认为在二氧化碳浓度大于10%时，膜渗透技术才显示出它在经济方面的优越性。一般来说，CO_2浓度在30%以上时分离膜技术成本较低，而CO_2浓度在30%以下时，醇胺吸收法更有优势。将两种技术集成，让气体先通过膜进行粗分离，带有少量酸气的气体进入胺法装置对剩余酸性气体进一步吸收和净化，不仅能够达到气体深度净化的目的，而且能够减少能耗，节约成本。工业上一般是在醇胺法处理装置上游安装一套膜法处理装置，两种方法结合会降低运行成本。

4）三种分离方法的技术经济比较

按照松南气田脱碳装置总规模$390\times10^4Nm^3/d$，从工程投资、成本等角度对方案进行了比选，各方案具体技术经济指标见表12-2-19。

表12-2-19　方案技术经济指标汇总表

经济指标 / 分离方法	工程费/万元	净化气产量/($10^4Nm^3/d$)	电耗/kW	燃料气消耗/($10^4Nm^3/d$)	脱碳成本/(元/m^3)
MDEA 溶剂吸收法	17570	311	2184	11.7	0.074
膜分离法	18000	307	19500	—	0.12
膜分离+MDEA 溶剂吸收联合法	18150	303	1456	7.8	0.058

比较结果显示：大规模脱碳装置采用一级膜分离法烃损失量太大，而采用二级膜分离法投资高，需配备压缩机动力设备，运行费用较高，因此，不宜采用单纯的膜分离法。

联合法投资较 MDEA 溶剂吸收法高，但能耗较低，与单一 MDEA 溶剂吸收法相比各有优缺点。考虑到 MDEA 溶剂吸收法脱碳工艺技术成熟，投资低，能耗适中，已成功用于国内数家气田天然气脱碳装置，装置可基本实现国产化，并且 MDEA 溶剂吸收法所需的大量热量可由天然气发电装置余热供应。因此，确定在松南气田采用 MDEA 溶剂吸收法为主的脱碳工艺。

（二）MDEA 溶液脱碳工艺优选

1. 常用脱碳流程比较

MDEA 脱碳技术是 20 世纪 70 年代由 BASF 公司开发的一种以甲基二乙醇胺（MDEA）水溶液为基础的脱碳新工艺，具有能耗低、溶液稳定性好、不降解、对碳钢不腐蚀以及对碳氢化合物溶解度低等优点，已被成功地应用于许多工业装置。目前活化 MDEA 脱碳工艺方案主要有如下三种。

（1）一段吸收+二级闪蒸再生的工艺方案。工艺方案流程图见图 12-2-52。

该流程适用于净化气要求 CO_2分压为 0.10~0.12MPa 的情况。当净化气要求 CO_2分压更低时，可通过附加一个半贫液冷却器加以解决。该流程的显著特点是能耗较低，仅为 20MJ/kmolCO_2。

（2）一段吸收+（闪蒸+汽提）再生的工艺方案。工艺方案流程图见图 12-2-53。

这种工艺组合很容易就可使净化气 CO_2和 H_2S 含量达到低于 50×10^{-6}(v) 和 4×10^{-6}(v) 的指标。然而，能耗较高，一般为(80~100)MJ/kmolCO_2。

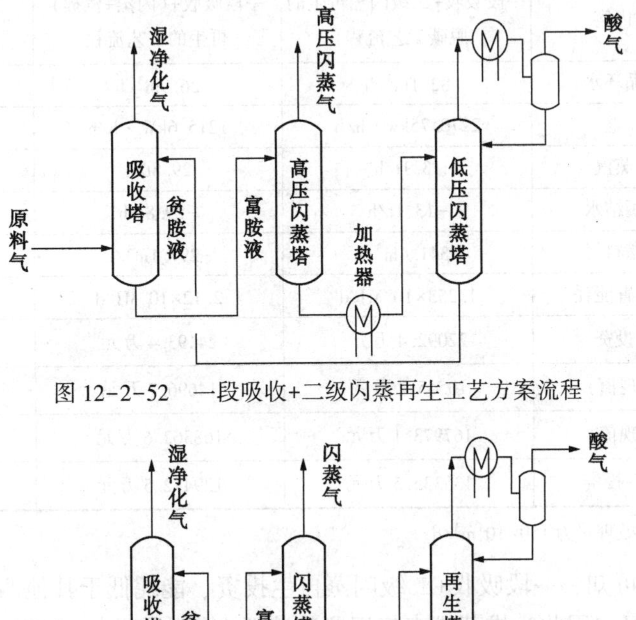

图 12-2-52　一段吸收+二级闪蒸再生工艺方案流程

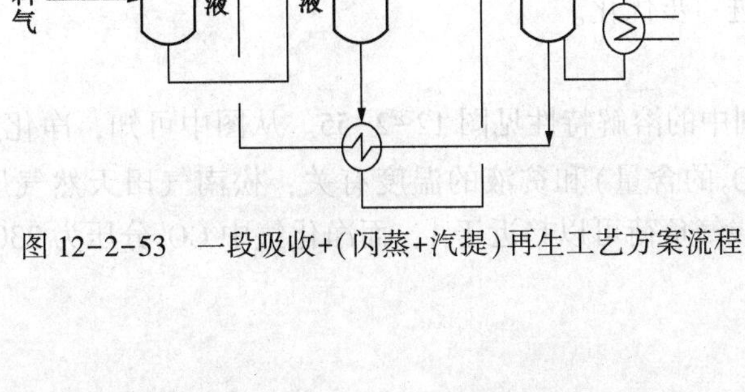

图 12-2-53　一段吸收+（闪蒸+汽提）再生工艺方案流程

(3) 二段吸收+(闪蒸+汽提)再生的工艺方案。工艺方案流程图见图 12-2-54。

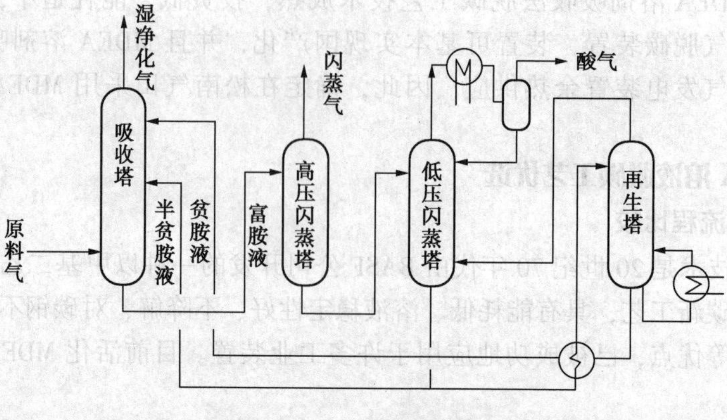

图 12-2-54 二段吸收+(闪蒸+汽提)再生的工艺方案流程示意图

这种工艺流程可得到净化度更高的气体，并降低能耗。由于采取了两级吸收，半贫液进行部分汽提，因而能耗比一级吸收+(闪蒸+汽提)流程的更低。

针对长岭和松南气田的脱碳工艺方案，对上述三种不同的工艺配置方案从能耗、工程可比投资、八年运行成本、八年收益等角度进行了比选(表 12-2-20)。

表 12-2-20 松南气田 MDEA 脱碳工艺方案比较

序号	工艺方案内容		一段吸收+二级闪蒸再生的脱碳工艺流程	一段吸收+(闪蒸+汽提)再生的工艺流程	二段吸收+(闪蒸+汽提)再生的工艺流程
1	能耗	循环水	82.1m³/h	26.9m³/h	36.3m³/h
		电	2270.75kw·h/h	1215.6kW·h/h	2191.6kW·h/h
		蒸汽	13.1t/h	29.8t/h	19.1t/h
		凝结水	-13.1t/h	-29.8t/h	-19.1t/h
		燃料气	-341.4m³/h	-297.1m³/h	-370m³/h
		装置能耗	1.253×10^6MJ/d	2.12×10^6MJ/d	1.779×10^6MJ/d
2	可比工程投资		22092.4 万元	24193.4 万元	23816.1 万元
3	8 年成本(现值)		10545.2 万元	14696.7 万元	12341.9 万元
4	8 年收益(现值)		167973.1 万元	168362.6 万元	167213.6 万元
5	收益-成本-投资		135335.5 万元	129472.5 万元	131055.6 万元

注：脱碳装置天然气处理量为 $150\times10^4 m^3/d$。

从表 12-2-20 可知，一段吸收+二级闪蒸再生投资、能耗低于其他两个方案，且 8 年气田稳产期内效益最好。因此，推荐松南气田脱碳装置在“一段吸收+二级闪蒸再生”的 MDEA 脱碳方案基础上进行进一步优化。

2. 流程优化

CO_2在 MDEA 溶剂中的溶解特性见图 12-2-55。从图中可知，净化天然气中 CO_2的分压与贫液中酸气负荷(CO_2的含量)和贫液的温度有关，松南气田天然气压力高，对应于原料气，吸收塔底富液的酸气负荷可以趋近于 1，而净化气中 CO_2分压为 230kPa 左右，在该 CO_2

分压下，可供选择的工艺条件比较多。

贫液酸气负荷：酸气负荷低，就可以采用较高的吸收温度，反之，酸气负荷高，则可配以较低的吸收温度，但贫液酸气负荷越低，其吸收 CO_2 的热效应就越大，相应所需的再生热耗就越高。

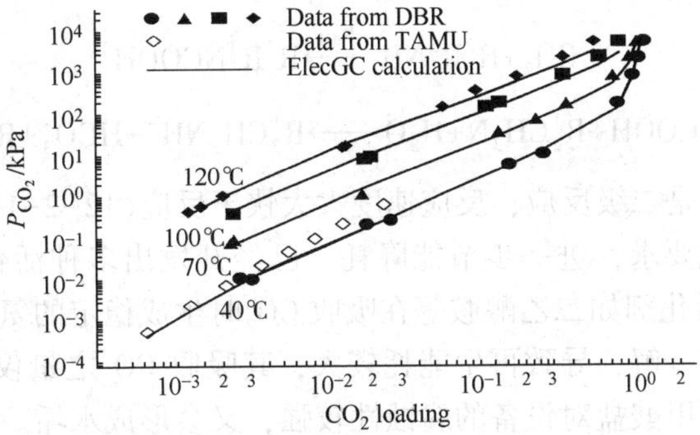

图 12-2-55　CO_2在 50%MDEA 溶剂中的溶解曲线

吸收温度：MDEA 吸收 CO_2的反应受动力学控制，故吸收温度越高，其吸收 CO_2的速度就越快，但随着吸收温度的升高，CO_2在溶液中的溶解度就随之下降。

根据松南气田的具体情况，在综合比较各种工艺条件之后，优选出最佳的条件为：吸收温度 70~75℃，贫液酸气负荷为 0. 2molCO_2/mol 胺。由于贫液酸气负荷较高，富液就无需再生得彻底，因此，相对于传统的闪蒸再生和气提再生，提出了一个两步再生的节能流程：

第一步，富液依靠外加的热量使吸收的大部分 CO_2解析出来。所解析出 CO_2的量约占总共需要解析的 CO_2量的 80%~95%。第二步，解析了部分 CO_2的富液依靠自身降温所产生的热量将剩余的 CO_2解析出来。

传统富液再生方式是使依靠外加的热量使需要解析的全部 CO_2解析出来，然后再将再生后的溶液冷却后循环到吸收步骤。两步再生节能流程只有约 80%~95%的 CO_2量需要使用外加热源解析，因而比传统方法所需要的热量低；同时，不需要特别的措施将再生后的溶液冷却。

3. 脱碳溶液配方优化

1）基本原理

MDEA 为叔胺，胺基氮原子上没有活泼氢，不像伯、仲胺可以直接与 CO_2反应，其反应实质是 MDEA 催化下的 CO_2水解反应，因此反应速率很慢。MDEA 与 CO_2反应如下：

$$CO_2+H_2O \xrightarrow{k_{oh}} H^+ + HCO_3^- \tag{12-2-11}$$

$$H^+ + R_2^1CH_3N \longrightarrow R'_2CH_3NH^+ \tag{12-2-12}$$

当在 MDEA 溶液中加入少量的伯胺或仲胺活化剂 R^2R^3NH 时，CO_2从气相扩散至气液界面，进入液相侧液膜边界层，在液膜边界层 CO_2遇上大量的 CO_2和 MDEA 及少量的活化剂。大部分的 CO_2与活化剂发生快速反应，生成两性中间化合物，并继续向液相主体扩散，在液相主体中与 MDEA 发生反应，将 H 转移给 MDEA，两性离子转化为氨基甲酸盐，氨基甲酸盐随即发生水解，COO^-转化为HCO_3^-。同时，活化剂得到还原又迅速回到界面处，继续吸收扩散过来的CO_2，这样活化剂成为CO_2的载体，在气液界面和液相主体之间快速穿梭，这一行为被称为活化效应，此效应从本质上加速了CO_2传质速度。吸收CO_2反应按下面的历程进行。

$$CO_2+R^2R^3NH \xrightarrow{k_{AM}} R^2R^3NCOOH \tag{12-2-13}$$

$$R^2R^3NCOOH+R_2^1CH_3N+H_2O \longrightarrow R_2^1CH_3NH^+ + HCO_3^- + R^2R^3NH \tag{12-2-14}$$

反应式(12-2-13)是二级反应，反应速度大大快于反应(12-2-11)。

为满足不同的净化要求，进一步节能降耗，已经开发出多种活化MDEA配方溶液，但大多数MDEA溶剂的活化剂如二乙醇胺等在吸收CO_2时生成稳定的氨基甲酸盐，在再生过程中需要较多的热量才能分解，导致再生能耗较大，其吸收CO_2之量仅能达到0.5molCO_2/mol胺的程度。同时，氨基甲酸盐对设备的腐蚀性较强，又会形成水垢。此外，氨基甲酸盐也加剧了烷醇胺与CO_2的降解反应，产生烷醇胺损耗增加、脱碳性能下降、腐蚀性上升等一系列问题。

针对松南气田研发了一种分子结构中具有位阻效应的醇胺类新型活化剂，与CO_2反应不生成稳定的氨基甲酸盐，所能吸收CO_2之量可趋近于1molCO_2/mol胺。根据松南气田天然气的具体组成，选择贫液吸收温度70~75℃，酸气负荷0.2molCO_2/mol胺，打破了传统MDEA脱碳设计理念，促进了CO_2的吸收速率，因此，与常规烷醇活化剂相比，吸收能力大，再生能耗低、腐蚀性小、稳定性高。

2）试验研究

(1) 不同溶剂吸收性能评价。

当原料气中CO_2的浓度为26%(V)时，不同吸收温度下，各配方溶剂的吸收性能见图12-2-56。

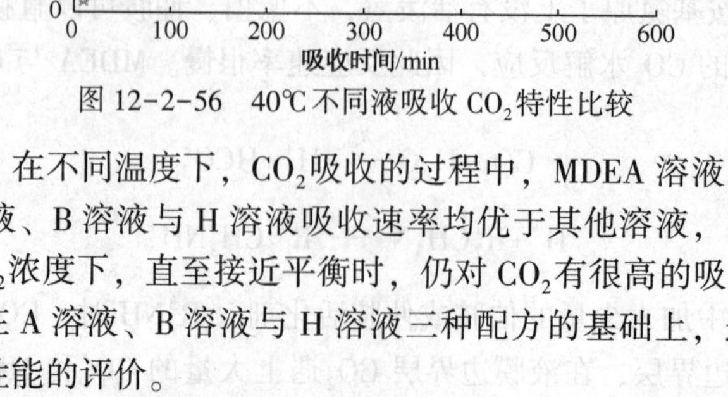

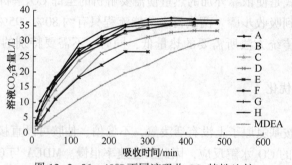

图12-2-56　40℃不同液吸收CO_2特性比较

从试验结果看出：在不同温度下，CO_2吸收的过程中，MDEA溶液的吸收速率远远低于复配溶液，其中A溶液、B溶液与H溶液吸收速率均优于其他溶液，同时也可以看出，这三种溶液在较高的CO_2浓度下，直至接近平衡时，仍对CO_2有很高的吸收速率。

根据试验结果，在A溶液、B溶液与H溶液三种配方的基础上，进一步进行优化，进行不同溶剂吸收再生性能的评价。

(2) 不同溶剂吸收再生性能的评价。

原料气CO_2含量为20%时的试验结果见图12-2-57、图12-2-58。

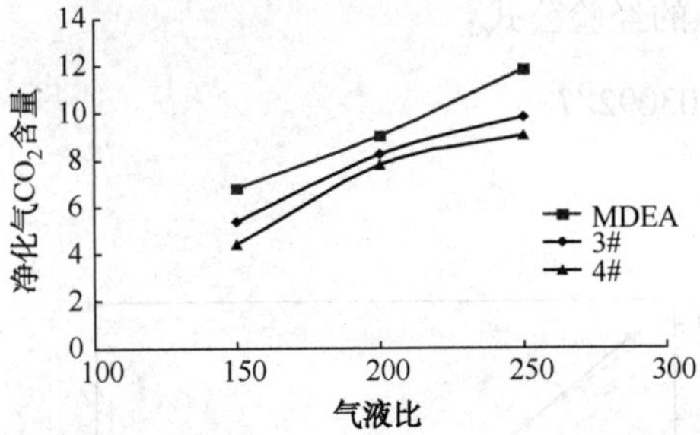

图 12-2-57　填料高度为 450mm 时的试验结果

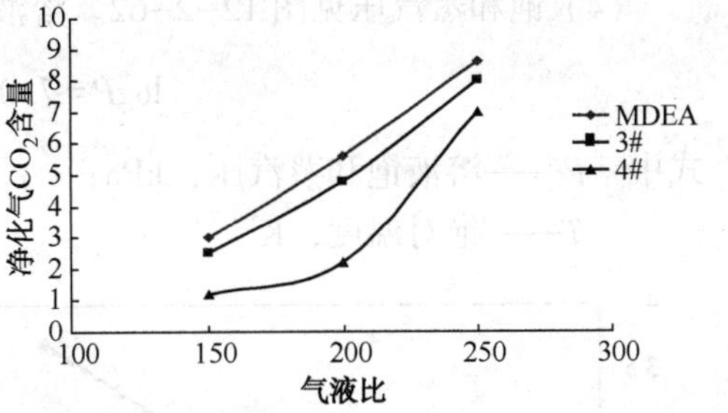

图 12-2-58　填料高度为 750mm 时的试验结果

试验结果显示，4#配方具有良好的脱碳性能，相同填料高度、达到相同的净化度(CO_2含量约为 3%)时，其气液比比 MDEA 溶液提高 50%以上，在相同处理能力(气液比为 200)时，达到相同的净化度，所需的填料高度远低于 MDEA 溶液。

3）优化结果

结合研究结果，根据溶剂配方优化结果，推荐松南气田天然气脱碳装置采用 4#(NCMA)配方。

(1) NCMA 溶液的表面张力见图 12-2-59。将测定数据整理后，得出了计算溶液表面张力的经验方程式：

$$\sigma = 17.331 - 3.23 \times 10^{-2} t$$

式中　σ——表面张力，N/m；

t——温度，℃。

(2) NCMA 溶液的密度见图 12-2-60。

将实验数据整理后，得出如下计算试验溶液密度的关联式：

$$\rho = 1.15636 - 0.000229T - 0.0000005T^2$$

式中　ρ——试验溶液的密度，g/cm³；

T——摄氏温度，℃。

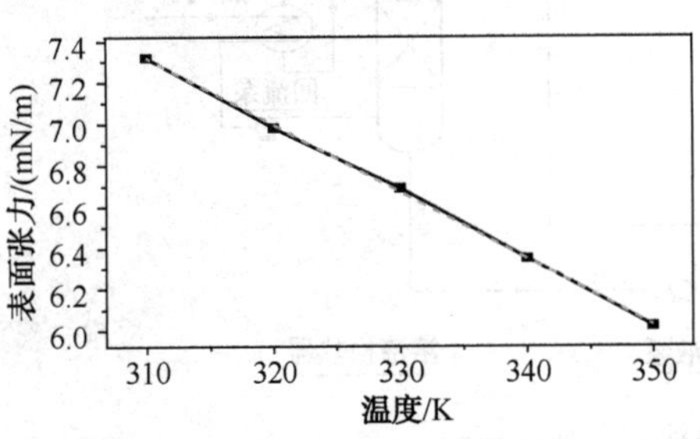

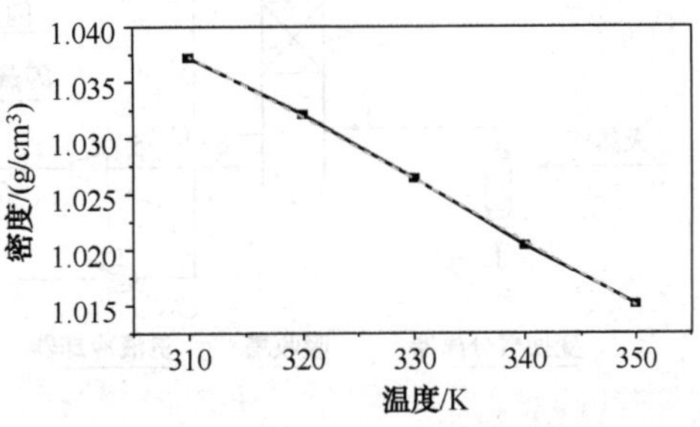

图 12-2-59　50%NCMA 溶液的表面张力-温度关系　图 12-2-60　50%NCMA 溶液的密度-温度关系

(3) NCMA 溶液的黏度见图 12-2-61。

将测定数据进行处理，得出如下计算式：

$$\eta = -16.0774 + 6062.8790/T$$

式中　η——运动黏度，cP；

T——绝对温度，K。

（4）饱和蒸汽压见图 12-2-62。溶液饱和蒸汽压的经验公式：

$$\log P=7.09196-1939.03092/T$$

式中 P——溶液饱和蒸汽压，kPa；

T——绝对温度，K。

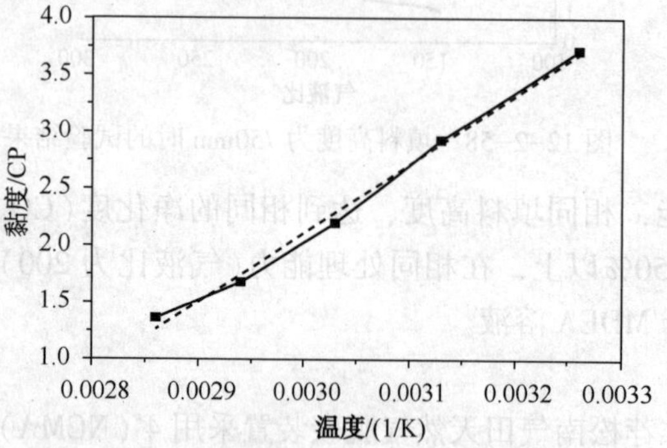

图 12-2-61 50%NCMA 溶液的黏度-温度关系

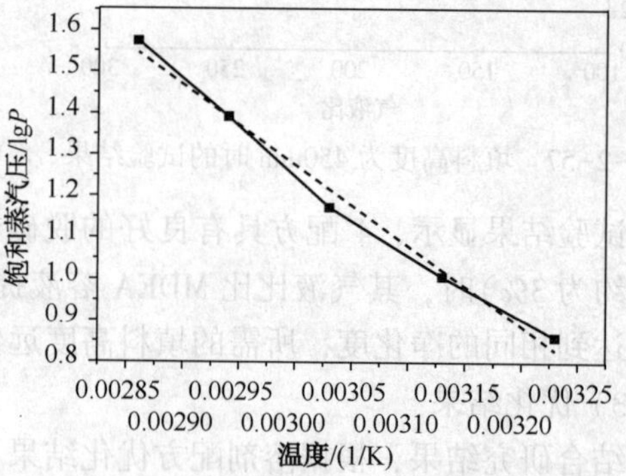

图 12-2-62 50%NCMA 溶液的饱和蒸汽压-温度关系

4. 工业应用

1）设计参数和工艺流程

松南气田目前已建成两套胺法脱碳装置用于处理高含 CO_2 天然气。单套脱碳装置的处理规模为 $150\times10^4m^3/d$ 装置操作弹性 60%~130%。设计基础数据见表 12-2-21、表 12-2-22，工艺流程见图 12-2-63。

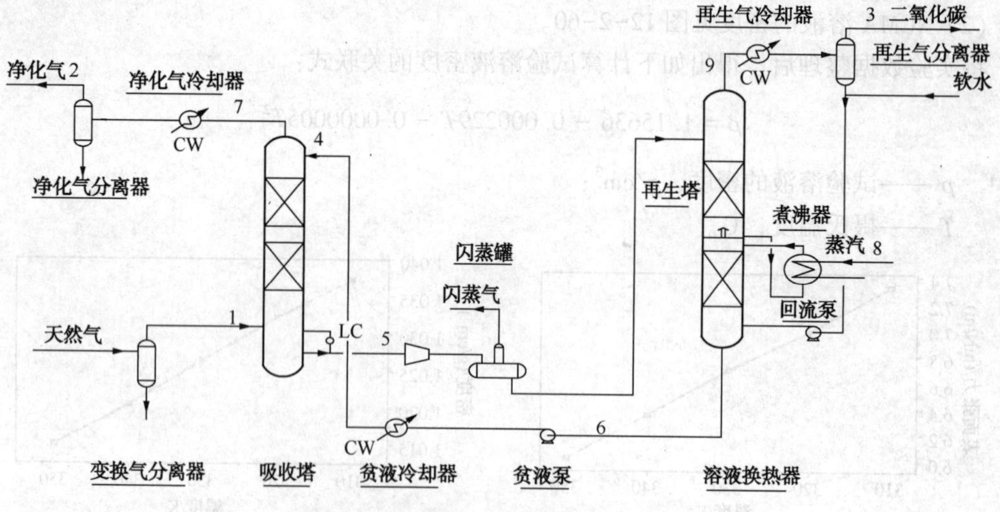

图 12-2-63 松南气田天然气脱碳流程图

来自集气站分离器的原料天然气，自下部进入吸收塔，在塔内与自上面下来的 MDEA 溶液逆流接触，原料天然气中大部分 CO_2 被 MDEA 溶液脱除。湿净化天然气由吸收塔塔顶出来经冷却分离水分后，至天然气脱水装置进行脱水处理；吸收塔塔底出来的 MDEA 富液经能量回收后进闪蒸塔闪蒸出溶解烃后，进入再生塔的上部进塔，在再生塔内自上而下流动，经减压解析出吸收的 CO_2，并在再生塔中间经蒸汽加热器，使之维持溶液温度。由再生塔塔底出来的MDEA贫液经冷却后，再次由贫液泵送入吸收塔上部，完成溶液的循环流程。为保持再次循环溶液的清洁，约15%的富液进行溶液过滤清除杂质。

表12-2-21 装置处理前后的气体组成

组 分	进装置原料气组成/mol%	出装置湿净化气组成/mol%	出装置酸气组成/mol%
CH_4	69.15	87.3	0.45
C_2H_6	1.70	2.14	0.02
C_3H_8	0.08	0.1	—
C_4^+	0.04	0.05	—
CO_2	22.99	2.76	93.83
N_2	5.91	7.48	0.02
H_2O	0.02	0.07	5.68
合计	100.00	100.00	100.00

表12-2-22 装置处理前后的设计参数

	进装置原料气	出装置湿净化气	出装置酸气
流量（单套）	$150\times10^4m^3/d$（20℃，101.325kPa）	$117.6\times10^4m^3/d$（20℃，101.325kPa）	614.75 kmol/h
温度/℃	约25	约40	40
压力	8.0MPa(g)	7.96MPa(g)	40kPa(g)

从闪蒸槽闪蒸出来的烃类气体，经冷却分离水分后，送燃烧系统。为维持系统水平衡，系统回流液及补充软水由补液泵送回再生塔底部。

2）松南气田脱碳装置运行效果

脱碳装置运行平稳，各项运行指标优于设计，溶液吸收CO_2的能力超过$38Nm^3CO_2/m^3$溶液，是国内其他采用MDEA天然气脱碳装置的两倍左右。

脱碳装置技术指标情况见表12-2-23，脱碳装置能耗指标情况见表12-2-24。

表12-2-23 脱碳装置技术指标情况

时 间	设计值	2009.11(优化前)	2011.11(优化后)
天然气压力/MPa	8.0	7.0	7.4
天然气CO_2含量/%	23.0	21.0	20.9
天然气处理量$10^4m^3/d$	150	130	156
蒸汽消耗/(t/h)	9.6	7.7	8.8
脱碳指标CO_2/%	3	1.75	2.7
胺液循环量/(m^3/h)	297	325	300
进吸收塔贫胺液温度/℃	70	78	66
出再生塔贫胺液温度/℃	75	84	72.5

表 12-2-24　脱碳装置能耗指标情况

项　目	设　计		优化后	
	数量	能耗/(MJ/h)	数量	能耗/(MJ/h)
蒸汽/(t/h)	9.6	26524.8	9.4	25972.2
电/(kW·h/h)	482	5706.9	460	5446.4
仪表空气/(Nm^3/h)	60	95.4	60	95.4
氮气/(Nm^3/h)	10	62.8	10	62.8
循环水/(t/h)	268	1122.9	262	1099.5
脱盐水/(t/h)	0.6	57.8	0.6	57.8
蒸汽冷凝水/(t/h)	9.6	-3074.9	9.4	-3010.8
综合能耗/(MJ/h)	30495.7		29723.3	
单位综合能耗/($MJ/10^4m^3$)	4879.3		4572.8	

参 考 文 献

[1] 张子枢，吴邦辉，国内外火成岩油气藏研究现状及勘探技术调研[J]．天然气勘探与开发，1994，16(1)：1~26.

[2] 邹才能，赵文智，贾承造，朱如凯，张光亚，赵霞，袁选俊．中国沉积盆地火山岩油气藏形成与分布[J]．石油勘探与开发，2008，35(3)：257~271.

[3] 伊培荣，彭峰，韩芸．国外火山岩油气藏特征及其勘探方法[J]．特种油气藏，1998，5(2)：65~70.

[4] 侯连华，朱如凯，赵霞，庞正炼，罗霞，毛治国．中国火山岩油气藏控制因素及分布规律[J]．中国工程科学，2012，14(6)：77~86.

[5] 孙红军，陈振岩，蔡国钢．辽河断陷盆地火成岩油气藏勘探现状与展望[J]．特种油气藏，2003，10(1)：1~6.

[6] 李 彬，贺 凯，吕海涛，高山林，杨素举．塔北地区二叠系火山岩岩性特征及油气勘探前景[J]．石油与天然气地质，2011，32(5)：851~858.

[7] 张占文，陈振岩，蔡国刚．马志宏，辽河坳陷火成岩油气藏勘探[J]．中国石油勘探，2005 年第 4 期：16~22.

[8] 刘泽容，信荃麟，王永杰，徐丕琴，张晓峰．山东惠民凹陷西部第三纪火山岩油气藏形成条件与分布规律[J]．地质学报，1988 年第 3 期：210~222.

[9] 曹喜文．欧利坨子油田火山岩油气藏开发特征[J]，内蒙古石油化工，2010 年第 6 期：133~134.

[10] 宋庆祥．日本的第三系及火山油气藏[J]，天然气地球科学，1991 年第 3 期：137~141.

[11] 季春海，罗艳杨，翟京天．日本新近系火山岩油气藏储层特征[J]，内蒙古石油化工，2010 年第 14 期：108~109.

[12] 吴聿元，周荔青．松辽盆地主要断陷大中型油气田形成分布特征[J]．石油实验地质，2007，29(3)：231~237.

[13] 牛嘉玉，张映红，袁选俊，吴贤顺．中国东部中、新生代火成岩石油地质研究、油气勘探前景及面临问题[J]．特种油气藏，2003，10(1)：7~12、21.

[14] 何登发，陈新发，况军，袁航，吴晓智，杜鹏，唐勇．准噶尔盆地石炭系油气成藏组合特征及勘探前景[J]，石油学报，2010，31(1)：1~11.

[15] 周荔青，吴聿元等．松辽盆地断陷层系油气成藏的分区特征[J]．石油实验地质，2007，29(1)：7~12.

[16] 唐伏平，胡新平，颜泽江，侯向阳，胡万庆，杜长春．准噶尔盆地西北缘五八区二叠系佳木河组火山岩相分布与油气富集规律研究[J]，新疆石油天然气，2008，4(增刊)：1~7.

[17] 中国石化股份公司华东分公司．松辽盆地长岭断陷层天然气勘探潜力研究[R]．2005 年 12 月

[18] 中国石化股份公司华东分公司．松南(腰英台)气田火山岩气藏开发关键技术研究[R]．2008 年 12 月

[19] 俞凯，侯洪斌，郭念发，何兴华．松辽盆地南部断陷层系石油天然气地质[M]．北京：石油工业出版社，2002

[20] 赵澄林等．特殊油气储层[M]．北京：石油工业出版社，1997

[21] 于英太．二连盆地火山岩油藏勘探前景[J]．石油勘探与开发，1988 年第 4 期：9~19.

[22] 刘俊田，朱有信，李在光，闫立纲，覃新平，刘媛萍．三塘湖盆地石炭系火山岩油藏特征及主控因素[J]．岩性油气藏，2009，21(3)：23~27.

[23] 范文科，张福东，王宗礼，杨冬，杨慎．中国石油“十一五”天然气勘探新进展与未来大气田勘探新领域分析[J]．中国石油勘探，2012 年第 1 期：8~13、18.

[24] 孙晓岗，王彬，杨作明．克拉美丽气田火山岩气藏开发主体技术[J]．天然气工业，2010，30(2)：11~15.

[25] 王延杰，张玉亮，刘念周，伍顺伟，杨作明，李道清．克拉美丽气田石炭系火成岩有利储集层预测[J]．新疆石油地质，2010，31(1)：7~9.
[26] 姜洪福，师永民，张玉广，范正平，师锋，寇彧，王磊．全球火山岩油气资源前景分析[J]．资源与产业，2009，11(3)，20~22.
[27] 江怀友，鞠斌山，江良冀，齐仁理，李龙．世界火成岩油气勘探开发现状与展望[J]．特种油气藏，2011，18(2)：1~6.
[28] 张玉广，刘永建，霍进杰，于浩业等．中国火山岩油气资源现状及前景预测[J]．资源与产业，2009，11(3)：23~25.
[29] 冯志强．松辽盆地庆深大型气田的勘探前景[J]．天然气工业，2006，26(6)：1~5.
[30] 舒萍，曲延明，丁日新，纪学雁．松辽盆地北部庆深气田火山岩储层岩性岩相研究[J]．大庆石油地质与开发，2007，26(6)：31~35.
[31] 曲延明，舒萍，纪学雁，丁日新，白雪峰，王璞珺．松辽盆地庆深气田火山岩储层的微观结构研究[J]．吉林大学学报(地球科学版)，2007，37(4)：721~725.
[32] 王金秀，杨明慧，王东良，兰朝利，张君峰．准噶尔盆地陆东-五彩湾地区石炭系火山机构类型及其油气勘探，石油天然气学报(江汉石油学院学报)2009，31(5)：27~31.
[33] 康静，罗静兰，郭永峰，寇婷．准噶尔盆地陆东地区石炭系火山岩储层特征及控制因素[J]．科学技术与工程，2012，12(4)：754~757.
[34] 林向洋，苏玉平，郑建平，马强，张明民．准噶尔盆地克拉美丽气田复杂火山岩储层特征及控制因素[J]．地质科技情报，2011，30(6)：28~37.
[35] 闫利恒，王延杰，麦欣，李庆，邱恩波，杨琨．克拉美丽气田火山岩气藏配产方法优选[J]．天然气工业，2012，32(2)：51~53.
[36] 陆建林，王果寿．长岭断陷火山岩气藏勘探潜力[J]．天然气工业，2007，27(8)：13~15.
[37] 中国石化股份公司华东分公司．松辽盆地长岭断陷松南气田营城组火山岩相及天然气成藏条件研究[R]. 2009 年 1 月.
[38] 王德滋、周新民．火山岩岩石学[M]．北京：科学出版社，1982.
[39] 邱家骧．岩浆岩岩石学[M]．北京：地质出版社，1985.
[40] 陶奎元．火山岩相构造学[M]．南京：江苏科学技术出版社，1994.
[41] 邱家骧，陶奎元，赵俊磊等．火山岩[M]．地质出版社，1996.
[42] 赵劲松，唐洪明，雷卞军．矿物岩石薄片研究基础[M]．北京：石油工业出版社，2003.
[43] 中国石油天然气总公司．SY/T 5830—93，中华人民共和国石油天然气行业标准——火山岩储集层描述方法(S)，北京：石油工业出版社，1993-11-16
[44] 蔡先华．松辽盆地南部长岭断陷的火山岩分布及成藏规律[J]．石油地球物理勘探，2002，37(3)：291~294.
[45] 李洪革，林心玉．长岭断陷深层构造特征及天然气勘探潜力分析[J]．石油地球物理勘探，2006，41(增刊)：33~37.
[46] 朱夏等．中国中新生代沉积盆地[M]，北京：石油工业出版社，1990.
[47] 赵庆吉，何兴华等．松辽盆地的形成演化及油气成藏规律[M]，石油与天然气地质文集(第6集)，1997.
[48] 王涛等．中国东部裂谷盆地油气藏地质[M]．北京：石油工业出版社，1997.
[49] 高瑞祺，萧德铭．松辽及其外围盆地油气勘探新进展[M]．北京：石油工业出版社，1995.
[50] 高瑞祺，蔡希源等．松辽盆地油气田形成条件与分布规律[M]．北京：石油工业出版社，1997.
[51] 宋建国，窦立荣等．中国东部中生代盆地分析和含油气系统[M]．北京：石油工业出版社，1997.
[52] DouL. Characteristics of the Mesozoic and Cenozoic rift-type petroleum systems in Northeasr and East China.

AAPG Annual Congress(Abstrct), 1995.

[53] Harding T P. Graben hydrocarbon occurrences and structural styles. AAPG Bulletin, 1984. 68(3): 333~362.

[54] 陈孔全，吴金才，唐黎明等．松辽盆地南部断陷成藏体系[M]. 北京：中国地质大学出版社，1991.

[55] 樊太亮，王宏语，侯伟，沈武显，王进财，等．长岭地区坳陷层油气成藏规律及勘探目标研究[R]. 中国石油化工股份公司华东分公司，2008.

[56] 俞凯．松辽盆地南部长岭断陷油气地质与勘探目标研究[D]. 中国科学院研究生院博士学位论文. 2006，15~21.

[57] 漆家福，杨桥，童亨茂，等．构造因素对半地堑盆地的层序充填的影响[J]. 1997(06).

[58] 赵澄林．辽河盆地火山岩与油气[M]. 北京：石油工业出版社，1999.

[59] 李仲东，罗小平．宋荣彩，等．松辽盆地长岭断陷松南气田营城组火山岩相及天然气成藏条件研究[R]. 中国石油化工股份公司华东分公司，2009.

[60] 张枝焕，童亨茂，张振英，昝灵，等．长岭断陷火成岩天然气富集规律及目标评价[R]. 中国石油化工股份公司 华东分公司，2008.

[61]黄志龙等．松辽盆地南部深层天然气成藏条件与有利区带预测[R]. 研究报告，2005.

[62] 张义纲等．天然气的生成聚集和保存[M]. 南京：河海大学出版社，1991.

[63] 时应敏．松辽盆地长岭断陷火山机构及天然气成藏特征研究[D]. 中国地质大学博士论文．2011，167~188.

[64] 刘震、张善文、赵阳，等．东营凹陷南斜坡输导体系发育特征[J]. 石油勘探与开发．2003，30(3)：84~86.

[65] 卢双舫，付广，王明岩，等．天然气富集主控因素的定量研究[M]. 北京：石油工业出版社．2002：1~13、67~98.

[66] 肖尚斌，姜在兴，操应长，邱隆伟，等．火山岩油气藏分类初探[J]. 石油实验地质，1999，21(4)：324~327.

[67] 肖永军，徐佑德，段晓艳，于永利，等．长岭断陷东岭地区火石岭组油气成藏特征分析[J]. 天然气地球科学，2012，23(4)：720~726.

[68] 于永利，肖永军，余海洋，修安鹏，韩志宁，陈亮，等．查干花地区早白垩世营城组火山岩气藏成藏机理研究[J]. 西部探矿工程，2013(2)：54~56.

[69] 李庶勤，牛克智，刘淑慧，等．松辽盆地北部深层气藏类型及形成条件分析．大庆石油地质与开发，1997. 16(4)：1~5.

[70] 刘伟，沈阿平．松南营城组火山岩气藏成藏模式[J]. 东华理工大学学报(自然科学版)，2011，(3)：75~80.

[71] 漆家福，张一伟，陆克政．渤海湾盆地新生代裂陷盆地的伸展模式及其动力学过程[J]. 石油实验地质，1995，(4)：316~322.

[72] 朱黎鹞，童敏，阮宝涛，李忠诚，马彩琴，等．长岭 1 号气田火山岩气藏产能控制因素研究[J]. 天然气地球科学，2010，21(3)365~379.

[73] Sun Yuanhui, Shen Pingping, Ruan Baotao, *etal*. Lithologic ang storage permeation characteristics of Changshen 1 volcanic gas reservoirs in Jilin[J]. Natural Gas Geoscience, 2008, 19(5): 630~633. [74] 孙圆辉，沈平平，阮宝涛，等．松辽盆地长岭断陷长深 1 号气田火山岩岩性及储渗特征研究[J]. 天然气地球科学，2008，19(5)：63~633.

[74] 张庆春，胡素云，王立武，李建忠，董景海，王颖，郑曼，等．松辽盆地含 CO_2 火山岩气藏的形成和分布[J]. 岩石学报，2010，26(1)，109~120.

[75] 苗鸿伟，邢伟国，于春旭，初丛辉，等．松辽盆地南部深层油气富集规律及成藏模式剖析[J]. 中国石油勘探，2002，7(4)41~45.

[76] 戴金星．天然气碳氢同位素特征和各类天然气鉴别[J]．天然气地球科学，1993，4(2，3)：1~40.
[77] 戴金星．概论有机烷烃气碳同位素系列倒转的成因问题[J]．天然气工业，1990，10(6)：15~20.
[78] 黄海平．松辽盆地徐家围子断陷深层天然气同位素倒转现象研究[J]．地球科学—中国地质大学学报，2000，25(6)：617~628.
[79] 戴金星．各类烷烃气的鉴别[J]．中国科学(B)，1992，22(2)：185~193.
[80] 刚文哲，高岗，郝石生，等．论乙烷碳同位素在天然气成因类型研究中的应用[J]．石油实验地质，1997，19(2)：164~167.
[81] 冯福闿，王庭斌，张士亚，等．中国天然气地质[M]．北京：地质出版社，1995.
[82] 徐永昌．天然气成因理论及应用[M]．北京：科学出版社，1994.
[83] 黄籍中．再论四川盆地天然气的地球化学特征[J]．地球化学，1990，19(1)：32~43
[84] 黄第藩，杨俊杰．鄂尔多斯盆地中部大气田的气源判识和天然气成因类型[J]．科学通报，1996，41(17)：1588~1592.
[85] 戴金星，宋岩，戴春森．中国东部无机成因气及其气藏形成条件[M]．北京：科学出版社，1995：18~20.
[86] 顾忆，罗宏，邵志兵，等．塔里木盆地北部油气成因与保存[M]．北京：地质出版社，1998，74~75.
[87] 卢焕章．美国德克萨斯州 Delaware 油气盆地中 Culberson 重晶石-硫磺矿中流体包裹体的研究[C]．《国际有机裹体研究及其应用》短训班第十四届全国包裹体及地质流体学术研讨会．2004.
[88] 米敬奎，张水昌，陶士振，刘婷，罗霞，等．松辽盆地南部长岭断陷 CO_2成因与成藏期研究[J]．天然气地球科学，2008，19(4)：452~456.
[89] 张金亮．利用流体包裹体研究油藏注入史[J]．西安石油学院学报，1998，13(4)：1~4.
[90] 吴聿元，张淮，朱桂生，李建青，邓玉胜，等．松辽盆地长岭断陷层天然气勘探潜力研究[R]．中国石油化工股份公司华东分公司，2006.
[91] 卢双舫，孙慧，王伟明，王立武，邵明礼，等．松辽盆地南部深层火山岩气藏成藏主控因素[J]．大庆石油学院学报，2010. 34(5)：42~47.
[92] 付晓飞，宋岩．松辽盆地无机成因气及气源模式[J]．石油学报，2005，26(4)：23~28.
[93] 付晓飞，云金表，等．松辽盆地无机成因气富集规律研究[J]．天然气工业，2005，25(10)：14~17.
[94] 李智勇．松辽盆地南部深层天然气成因类型与成藏模式[M]．吉林大学硕士研究生论文，2007，45~49.
[95] 冯志强．松辽盆地庆深大型气田的勘探前景[J]．天然气工业，2006，26(6)：1~6.
[96] 孙永河，漆家福，吕延防，等．渤中拗陷断裂构造特征及其对油气的控制[J]．石油学报．2008. 29(5)：670~675.
[97] 王璞珺，冯志强．盆地火山岩[M]．北京．科学出版社．2008：1~176.
[98] 蒙启安，门广田，赵洪文，等．松辽盆地中生界火山岩储层特征及对气藏的控制作用[J]．石油与天然气地质．2002. 23(3)：285~292.
[99] 刘建，李功权，桂志先，段天友，潘仁芳，王振奇．长岭断陷腰英台气田营城组储层表征[R]．中国石油化工股份公司华东分公司，2008. 10.
[100] 李相方，王新伦，石军太，宋兆杰，等．中石化高产高压气井测试评价研究[R]．中国石油化工股份公司华东分公司，2009. 6.
[101] 李士伦，天然气工程[M]．北京：石油工业出版社，2000.
[102] 杨继盛，刘建仪．《采气实用计算》[M]．北京：石油工业出版社，1994.
[103] 试井手册编写组编．试井手册(下册)．北京：石油工业出版社．1992 年 7 月第 1 版．
[104] 金忠臣，等．采气工程．北京：石油工业出版社．2004 年 12 月第 1 版：83~107.
[105] 袁士义，冉启全，徐正顺，等．火山岩气藏高效开发策略研究[J]．石油学报，2007，28(1)：

73~77.

[106] 陆建林，全书进，朱建辉，等．长岭断陷火山岩喷发类型及火山岩展布特征研究[J]．石油天然气学报，2007，29(6)：29~32.

[107] 陈元千．水平井产量公式的推导与对比[J]．新疆石油地质，2008：29(1)：68~71.

[108] 舒萍，庞彦明等．如何提高火山岩气藏有利储层地震预测精度[J]．天然气工业．2007，27(增刊B)：48~53.

[109] 李士伦，王鸣华，何江川，等．气田与凝析气田开发[M]．第一版．北京：石油工业出版社，2004. 104.

[110] 杨满平，郭平，彭彩珍，等．火山岩储层的应力敏感性分析[J]．大庆石油地质与开发，2004，23(2)：19~20.

[111] 万仁溥，等编译．水平井开采技术[M]．第一版．北京：石油工业出版社，1995. 4~12.